Lehrbuch der Photometrie

Von

Friedrich Uppenborn

weil. Stadtbaurat in München

Nach dem Tode des Verfassers bearbeitet und herausgegeben

von

Dr.-Ing. Berthold Monasch

Mit 254 in den Text gedruckten Abbildungen

München und Berlin
Druck und Verlag von R. Oldenbourg
1912

Vorwort.

Am 25. März 1907 starb Friedrich Uppenborn. Er hinterließ den Entwurf eines Lehrbuchs der Photometrie, von dem bereits einige Kapitel bearbeitet waren. Da Uppenborn von den Anfängen der elektrischen Beleuchtungstechnik an in ständiger Verbindung mit der Photometrie geblieben und sie durch schöpferische Betätigung bereichert hat, erschien es wertvoll, seinen Nachlaß der Nachwelt zugänglich zu machen.

Wenn in der Zeit nach Uppenborns Tode bis zur Herausgabe des Werkes die beleuchtungstechnische Photometrie große Fortschritte gemacht hat — die in dem nun vorliegenden Werke voll berücksichtigt worden sind — so war es Uppenborn noch vergönnt, die Anfänge dieser Fortschritte mit vorzubereiten. Uppenborns Mitarbeit fehlte in keiner der deutschen Kommissionen, die sich mit der Frage der Normalisierung elektrischer Lichtquellen befaßten und seine reichen praktischen Erfahrungen, tiefen theoretischen Kenntnisse und die Wucht seiner überzeugenden Beredsamkeit vermochten in entscheidenden Augenblicken zu bewirken, daß die Arbeiten zu einem für die Allgemeinheit nützlichen Ergebnisse führen konnten.

In dem Buche ist die Kenntnis der energetischen Grundlagen des Lichtes aus dem Physikunterricht als bekannt vorausgesetzt.

Augsburg im März 1912.

Berthold Monasch.

Inhaltsverzeichnis.

I. Kapitel. Physiologisches.

II. Kapitel. Das Lambertsche Gesetz.

III. Kapitel. Die photometrischen Größen.

IV. Kapitel. Lichteinheiten und Zwischenlichtquellen.

V. Kapitel. Lichtstärke, Lichtstrom und mittlere Lichtstärke der Lichtquellen.

VI. Kapitel. Wirkung der Reflektoren und Lampenglocken.

VII. Kapitel. Die Beleuchtung.

VIII. Kapitel. Stationäre Photometer für Laboratorien.

IX. Kapitel. Transportable Photometer.

X. Kapitel. Photometerspiegel.

XI. Kapitel. Hilfsmittel zur Aufnahme der Lichtausstrahlungskurven.

XII. Kapitel. Integratoren.

XIII. Kapitel. Das Vergleichen verschiedenfarbiger Lichtquellen.

XIV. Kapitel. Selenphotometer.

XV. Kapitel. Photometrieren des Gases.

XVI. Kapitel. Photometrieren elektrischer Glühlampen.

XVII. Kapitel. Photometrieren elektrischer Bogenlampen.

XVIII. Kapitel. Photometrieren der Scheinwerfer.

I. Kapitel.
Physiologisches.

Bei der Beurteilung von Licht in der Beleuchtungstechnik hat man zu beachten, daß Licht nicht eine rein physikalische Erscheinung ist, sondern auch in seinen physiologischen Wirkungen betrachtet werden muß. Bei Lichtmessungen kann man daher in letzter Linie die Mitwirkung des menschlichen Auges nicht entbehren.

§ 1. Das menschliche Auge.

In Fig. 1 ist ein Horizontalschnitt durch ein normales menschliches Auge dargestellt. Das Augeninnere besteht aus einer wässerigen Flüssigkeit (humor aqueus) in der vorderen Augenkammer A, der Kristallinse L und dem Glaskörper oder der Glasfeuchtigkeit (humor vitreus), der den übrigen Teil P des Augeninneren ausfüllt. Eine hornige Haut von weißer Farbe, die Sehnenhaut oder harte Haut, umgibt das Augeninnere; der vordere, stärker gekrümmte Teil H dieser Haut ist durchsichtig und heißt Hornhaut. Durch die Sehnenhaut tritt der Sehnerv N (nervus opticus) in das Auge ein, welcher die Lichteindrücke dem Gehirn übermittelt. Die Sehnenhaut ist auf ihrer Innenfläche von einer weiteren, aus Verästelungen der Blutgefäße bestehenden Haut umgeben, welche an der Vorderseite des Auges in die Regenbogenhaut J (Iris) übergeht. Diese Regenbogenhaut ist bei verschiedenen Menschen verschieden gefärbt und besitzt in der Mitte eine kreisrunde Öffnung p, die Pupille. Die Sehnenhaut ist in der Gegend, in welcher der Sehnerv N durch sie hindurchtritt, von der Netzhaut R (retina) bedeckt, welche hauptsächlich Verzweigungen des Augennervs enthält. Die Netzhaut R hat ihre größte Dicke in ihrem der Pupille gegenüberliegenden Teile. An dieser Stelle befindet sich der

g e l b e F l e c k *F* (macula lutea), in welchem die Mehrzahl der feinen
Nervenverästelungen endet. Die Netzhaut ist von einer großen Zahl
von mikroskopisch kleinen S t ä b c h e n (bacilli) und Z a p f e n
(coni) durchsetzt. Ferner befindet sich auf der Netzhaut der S e h -
p u r p u r , welcher sich bei einer Lichteinwirkung zersetzt und im
Dunkeln wiederherstellt. Der mittlere Teil des gelben Flecks *F* ist
vertieft und heißt N e t z h a u t g r u b e (fovea centralis). Die Kristallinse *L* ist ein bikonvexer farbloser Körper, der einen Brechungskoeffizienten von etwa 1,4371 im Mittel besitzt; der Glaskörper besitzt ungefähr den gleichen Brechungskoeffizienten.

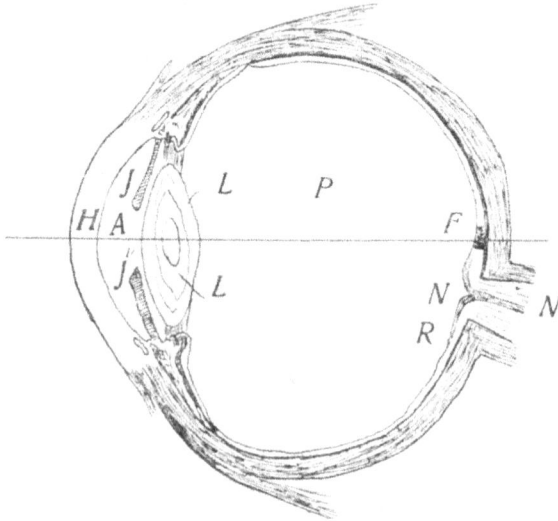

Fig. 1.

Optisch wirkt das Auge wie ein photographisches System, indem
es von dem beobachteten Gegenstand ein u m g e k e h r t e s , ver-
kleinertes Bild auf der Netzhaut entwirft. Hierbei wirkt als Linse
die Kristallinse *L*, die sich zwischen den beiden durchsichtigen Flüssigkeiten *A* und *P* befindet, welche achromatisch wirken. Als Blende
wirkt die Regenbogenhaut *J*, welche die Vergrößerung oder Verringerung der Pupillenöffnung *p* gestattet.

Das Auge ist ein optisches System von Medien, deren Grenzflächen
zentrierte sphärische Flächen sind, deren Mittelpunkte auf derselben
Geraden liegen.

Das Auge sieht einen Gegenstand dann deutlich, wenn sein Bild
auf die Mitte des gelben Flecks zu liegen kommt; will man einen Gegen-

stand deutlich sehen, so richtet man unwillkürlich das Auge so, daß die Mitte des Gegenstandes auf die Mitte des g e l b e n F l e c k s zu liegen kommt. Dies ist die Stelle des deutlichsten Sehens. Die den gelben Fleck umgebenden Stellen der Netzhaut ergeben nur eine unklare Vorstellung von Gestalt und Farbe der vom Auge betrachteten Gegenstände und dienen mehr zur Orientierung, nicht zum scharfen Sehen. Die Eintrittsstelle N des Sehnerven in das Augeninnere ist gegen Lichteindrücke unempfindlich (blinder Fleck).

§ 2. Akkomodation.

Unter Akkomodation versteht man die Anpassung der optischen Verhältnisse des Auges an die verschiedenen Entfernungen der zu betrachtenden Gegenstände, also die Fähigkeit des Auges, sowohl von fernen als auch von nahen Gegenständen scharfe Bilder auf der Netzhaut zu entwerfen. Das optische System des Auges muß sich für entfernter vom Auge liegende zu betrachtende Gegenstände anders einstellen als für näher liegende Gegenstände. Will sich z. B. das Auge von einem entfernt liegenden Gegenstand auf einen näher liegenden Gegenstand einstellen, so nimmt es nach Helmholtz[1] folgende Veränderungen vor. Der Durchmesser der Pupille verkleinert sich, der Innenrand der Regenbogenhaut und die Vorderfläche der Kristallinse schieben sich nach vorn, wodurch die Vorderfläche der Linse stärker konvex wird; die

Fig. 2.

Hinterfläche der Linse wird gleichfalls stärker konvex, ohne ihre Lage zu ändern. Würde das Auge diese Änderungen nicht vornehmen, so würde das Bild des näheren Gegenstandes hinter die Netzhaut fallen. Dadurch aber, daß die konvexer gewordene Linse ein stärkeres Brechungsvermögen besitzt, fällt das Bild des näheren Gegenstandes auf die Netzhaut. Im linken Teile der Fig. 2 ist nach Schmidt-Rimpler[2] ein Auge im Ruhezustand, im rechten Teile in akkomodiertem Zustande dargestellt. Weiteres über Akkomodation siehe § 121.

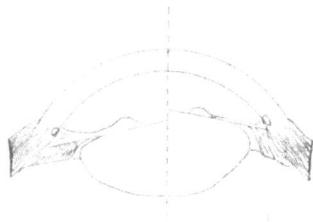

---

[1] H. von Helmholtz, Handbuch der Physiologischen Optik, 2. Aufl. S. 130 ff. Hamburg 1896.

[2] H. Schmidt-Rimpler, Augenheilkunde und Ophthalmoskopie, 4. Aufl. S. 43. Berlin 1889.

§ 3. Die Netzhaut.

In Fig. 3 ist die Netzhaut (oder der Augengrund) eines normalen, gesunden Auges nach Axenfeld[1]) dargestellt. Sie ist eine rötliche Fläche, die von Blutgefäßen durchsetzt ist. Man erkennt deutlich den blinden Fleck N, in welchen der Sehnerv eintritt. Die Eintrittsstelle des Sehnervs besitzt einen Durchmesser von etwa 1,8 mm. Die Eintrittsstelle des Sehnervs heißt deshalb blinder Fleck, weil sie ohne Lichtempfindung ist; sie ist f r e i v o n S t ä b c h e n u n d Z a p f e n. Die Blutgefäße gehen von einer Stelle aus, die heller als ihre Umgebung ist. Man erkennt ferner in Fig. 3 den gelben Fleck F, den Punkt, mit dem am schärfsten gesehen wird. Der gelbe Fleck stellt sich als eine dunklere Scheibe dar mit einem helleren Mittelpunkt, der Netzhautgrube. An der Netzhautgrube (fovea centralis) sieht man keine Blutgefäße, doch erkennt man, daß sie sich ihr nähern. Der Durchmesser der Netzhautgrube beträgt etwa 1 bis 1,5 mm. Die Netzhautgrube enthält n u r Z a p f e n, keine Stäbchen. Hieraus schließt man, daß die Zapfen zum Sehen geeigneter sind als die Stäbchen.

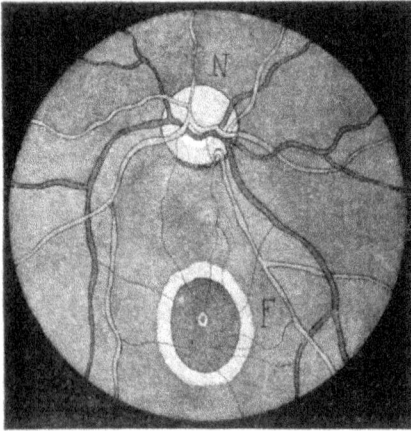

Fig. 3.

Die Stäbchen und Zapfen liegen in der unteren Schicht der Netzhaut, also in der vom Augeninneren entferntesten Schicht, so daß das Licht die ganze Dicke der Netzhaut zu durchdringen hat, bevor es zu den Stäbchen und Zapfen gelangt. Einen Schnitt durch die Netzhaut zeigt schematisch Fig. 4 nach Claus[2]). Die innere an den Glaskörper angrenzende Schicht Li (Limitans interna) besteht aus Nervenfasern Nf, in welche der Sehnerv ausstrahlt. Dann folgt die Ganglienzellenschicht Gz, die innere retikuläre ($J. re$), die innere Körnerschicht ($J. K$), die äußere retikuläre ($Ae. re$) und die äußere Körnerschicht ($Ae.$ K) und endlich die durch die limitans externa ($L. e$) abgegrenzte Schicht der Stäbchen und Zapfen ($S. Z$),

---

[1]) Th. Axenfeld, Lehrbuch der Augenheilkunde. Jena 1909 bei Gustav Fischer.

[2]) C. Claus, Lehrbuch der Zoologie, 4. Aufl. S. 76. Marburg 1887 bei Elwert.

auf welche noch eine Pigmentschicht (*L. p*) folgt. Die Stäbchen und Zapfen bestehen aus einem Außenglied und einem Innenglied. Die Außenglieder der Stäbchen enthalten während des Lebens einen roten Farbstoff, den N e t z h a u t p u r p u r. Die Stäbchen sind 0,04 bis 0,06 mm hoch und 0,0016 bis 0,0018 mm breit. Die Zapfen haben eine flaschenförmige Gestalt. Der Durchmesser eines Zapfens im gelben Fleck beträgt 0,002 bis 0,0025 mm. Die Stäbchen sitzen zu vielen gemeinschaftlich an einer Faser des Sehnervs; nach Landois[1]) gehören zu jeder Faser des Sehnervs etwa 100 Stäbchen und 7 bis 8 Zapfen. Den Zapfen der Netzhautgrube kommt je eine besondere Nervenleitung zu. Im ganzen besitzt der normale Mensch etwa 113 Millionen Stäbchen und 7 Millionen Zapfen: etwa 4000 Zapfen sitzen in der Netzhautgrube und 8000 bis 13 000 auf dem gelben Fleck. Die Stäbchen und Zapfen stellen die lichtempfindliche Schicht der Netzhaut dar. Die Stäbchen und Zapfen sind über die Netzhaut nicht gleichmäßig verteilt. Die Fig. 5 und 6 stellen nach Tigerstedt[2]) Schnitte durch die menschliche Netzhaut dar. Man erkennt eine mosaikartige Fläche; die kleineren Kreise sind die Stäbchen, die größeren Doppelkreise die Zapfen. Der Fig. 5 entspricht die Anordnung der Stäbchen in den meisten Teilen der Netzhaut, der Fig. 6 entspricht die Anordnung in der Nähe der Netzhautgrube. Man sieht, daß hier mehr Zapfen vorhanden sind. Während sich in der Netzhautgrube nur Zapfen befinden, kommen an den peripherischen Stellen der Netzhaut Stäbchen und Zapfen vor, am äußersten Rande der Netzhaut befinden sich mehr

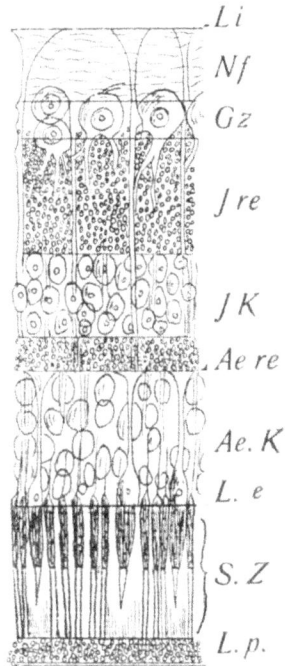

Fig. 4.

L i
N f
G z
J re
J K
Ae re
Ae. K
L. e
S. Z
L. p.

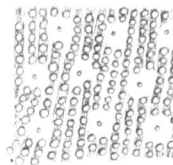

Fig. 5.

Fig. 6.

---

[1]) L. Landois, Lehrbuch der Physiologie des Menschen. S. 843. Wien 1887 bei Urban und Schwarzenberg.

[2]) R. Tigerstedt, Lehrbuch der Physiologie des Menschen, 4. Aufl. Bd. 2. S. 196. Leipzig 1908 bei S. Hirzel.

Stäbchen als Zapfen. Die Innenglieder der Zapfen verkürzen sich
unter der Einwirkung des Lichtes und verlängern sich im Dunkeln.
Auch an den Stäbchen-Außen- und Innengliedern beobachtet man
Bewegungserscheinungen, wobei auch die äußeren Körner ihre Gestalt
ändern. Die Wärme soll dem Lichte ähnlich wirken[1]).

§ 4. Helligkeitsunterschiede.

Das Auge kann sich verschiedenen Helligkeitsgraden des Lichtes,
von welchem es getroffen wird, anpassen, indem der Durchmesser
des Lichtstroms, der durch die Pupille ins Auge gelangt, dadurch
geändert wird, daß die Pupillenöffnung sich selbsttätig verändert.
Bei schwacher Beleuchtung ist die Pupille weit geöffnet, bei starker
Beleuchtung ist sie nur eng geöffnet. Der Pupillendurchmesser ist
jedoch nicht für dieselbe Beleuchtung bei allen Personen gleich, sondern
individuell verschieden. Tritt man aus der Dunkelheit in ein hell
beleuchtetes Zimmer, so fühlt man sich zunächst geblendet. Der
Augennerv ermüdet und wird weniger empfindlich: gleichzeitig wird
die Pupillenöffnung kleiner, und das Auge gewöhnt sich allmählich
an die Helligkeit.

Bei zwei v e r s c h i e d e n   s t a r k e n Lichtquellen, die man
nacheinander betrachtet, ist man mit Hilfe des Auges nicht imstande,
anzugeben, in welchem Verhältnis die Lichtstärken der beiden Lichtquellen zueinander stehen, da die Ermüdung des Augennervs und die
Pupillenöffnungsveränderung keine quantitative Beziehung zu der
Lichtstärkenänderung in der Zeiteinheit ergeben. Das Auge ist wohl
befähigt, anzugeben, daß es diese Lichtquelle als stärker empfindet
als jene, vermag aber nicht anzugeben, in welchem exakten Verhältnis
die Stärken der Lichtempfindungen zueinander stehen. Hingegen
ist das Auge wohl imstande, anzugeben, daß zwei beleuchtete Flächen
g l e i c h hell sind.

Auf dieser Eigenschaft des Auges beruht eine große Anzahl photometrischer Meßmethoden, indem auf irgendeine Weise die von zwei
verschieden starken Lichtquellen ausgehende Lichtstrahlung derart
beeinflußt wird, daß das Auge zu entscheiden hat, ob die von beiden
Lichtquellen an irgendeiner Stelle hervorgebrachte Beleuchtung
gleich geworden ist.

Hierbei ist es notwendig, die geringsten Helligkeitsunterschiede
zu kennen, welche das menschliche Auge noch wahrnehmen kann.

---

[1]) Landois a. a. O. S. 882.

Ändert man von zwei gleich hell beleuchteten Flächen die Beleuchtung der einen Fläche um einen ganz kleinen Betrag, so wird das Auge zunächst noch keine Änderung der Beleuchtung wahrnehmen, sondern die Flächen noch als gleich hell beleuchtet empfinden; wird die Änderung der Beleuchtung jetzt größer, so beginnt das Auge den Unterschied der Beleuchtung zu bemerken, es tritt nach Fechner die Empfindung eines Helligkeitsunterschiedes über die S c h w e l l e des Bewußtseins. Die Größe der Helligkeitsänderung, deren es bedurfte, daß die Helligkeitsänderung empfunden wurde, nennt man U n t e r - s c h i e d s s c h w e l l e oder U n t e r s c h i e d s s c h w e l l e n w e r t. Die Unterschiedsschwelle ist keine konstante Größe, sondern hauptsächlich von der absoluten Größe der Helligkeit e abhängig. Die Empfindungsstärke E ist mit der Helligkeit e durch ein logarithmisches Gesetz, das Fechnersche Empfindungsgesetz, verbunden. Es gilt

$$E = c \cdot \log \frac{e}{e_0},$$

wobei c eine Konstante und e_0 den Reizschwellenwert bedeutet. Der R e i z s c h w e l l e n w e r t stellt die zur Wahrnehmung einer Empfindung überhaupt notwendige geringste Helligkeit dar. Ein Wechsel der Beleuchtung von 1 Lux auf 1000 Lux ist demnach 1000 mal größer als ein Wechsel der Beleuchtung von 1 Lux auf 2 Lux; der Unterschied in der Empfindung ist jedoch im ersten Fall $\log 1000 = 3{,}0$, also nur 10 mal größer als der Unterschied der Empfindung im zweiten Falle, wo er $\log 2 = 0{,}301$ ist.

Die Empfindlichkeit des Auges ist nicht die gleiche bei verschieden großer absoluter Helligkeit. Bei geringer Helligkeit und bei sehr großer Helligkeit ist die Empfindlichkeit des Auges gegen Helligkeitsunterschiede nur gering; bei mittlerer Helligkeit ist die Empfindlichkeit ein Maximum. Im allgemeinen kann das Auge Unterschiede in der Helligkeit auf etwa 1 % genau vergleichen.

§ 5. Adaption.

Die Empfindlichkeit des Auges ändert sich ständig, sowohl wenn es von Lichtreizen getroffen wird, als auch wenn Lichtreize von ihm fernbleiben. Diese Veränderungen der Empfindlichkeit der Netzhaut nennt man A d a p t i o n. Wenn man aus einem hell erleuchteten Raum in einen dunkeln Raum geht, in welchem sich nur eine ganz schwache Lichtquelle befindet, so sieht man zunächst nichts; allmählich wird die Empfindlichkeit der Netzhaut größer, und die schwache

Lichtquelle ruft schließlich eine deutlich wahrnehmbare Erregung
der Netzhaut, also eine Lichtempfindung hervor. Nach Tigerstedt[1])
ist die Adaptionsfähigkeit in der Netzhautgrube für schwaches Licht
viel geringer als für die peripheren Teile der Netzhaut, und die dadurch
erreichte Empfindlichkeit dürfte für den stäbchenfreien Bezirk nur
etwa 20- bis 30 mal so groß wie die des helladaptierten Auges sein.
Im Zusammenhang hiermit steht die Tatsache, daß beim dunkeladaptierten Auge die absolute Empfindlichkeit in der Netzhautgrube
wesentlich geringer ist als außerhalb derselben; infolgedessen werden
Lichter, die bei direkter Fixation verschwinden, peripher sehr deutlich, aber f a r b l o s gesehen.

Wenn man umgekehrt nach vollständiger Dunkeladaption in
einen hell beleuchteten Raum tritt, so wirkt das starke Licht im ersten
Augenblick blendend auf die nun äußerst empfindliche Netzhaut;
nach kurzer Zeit hat indessen ihre Erregbarkeit wieder soweit abgenommen, daß keine Überreizung mehr stattfindet. Das d u n k e l -
a d a p t i e r t e Auge hat sich für die jetzt herrschende H e l l i g k e i t
a d a p t i e r t.

§ 6. Die Empfindlichkeit für Farben.

Man mißt mit dem Auge bei Betrachtung der Farbe einer Lichtquelle keinen physikalischen Effekt, sondern einen physiologischen
Effekt. Es ist nun nicht möglich, die physiologischen Effekte solcher
Strahlungen miteinander zu vergleichen, welche ungleich zusammengesetzt sind, man kann also nicht angeben, ob die Helligkeiten zweier
verschiedenfarbiger Lichtstrahlen, etwa eines roten und eines grünen,
einander gleich sind. Die Empfindlichkeit des Auges für Strahlungen
von verschiedener Wellenlänge ist verschieden. In Fig. 7 ist die Abhängigkeit des physiologischen Effekts von der Wellenlänge nach
König[2]) dargestellt. Der physiologische Effekt, der durch dieselbe
physikalische Strahlungsenergie hervorgebracht wird, zeigt sich am
größten etwa in der Mitte des sichtbaren Spektrums, im Grünen
etwa bei der Wellenlänge $\lambda = 0{,}51\,\mu$ in Kurve I und nimmt dann
sowohl nach dem roten als auch nach dem violetten Ende des Spektrums
hin ab. Die Verhältnisse erfahren aber noch eine weitere Kompli-
kation dadurch, daß die Empfindlichkeit für verschiedene Farben

---

[1]) Tigerstedt a. a. O. S. 250 ff.

[2]) A. König, Gesammelte Abhandlungen zur Physiologischen Optik. Leipzig
1903 bei Joh. Ambrosius Barth.

wiederum abhängig ist von der S t ä r k e der Strahlung, also von der Helligkeit der Farbe selbst. So gilt in Fig. 7 Kurve I nur für schwache Helligkeit. Wird die Helligkeit der Farben gesteigert, so verschiebt sich das Maximum der Empfindlichkeit des Auges mehr nach dem roten Ende des Spektrums hin, wie es Kurve II in Fig. 7 zeigt, wo das Maximum bei $\lambda = 0{,}57\,\mu$ liegt. Bei starker Helligkeit benötigt demnach ein gelblich-grünes Licht einen geringeren Energieaufwand als z. B. blaues Licht, um denselben physiologischen Effekt im Auge zu erzeugen. Am empfindlichsten ist das Auge für die grünen Strahlen,

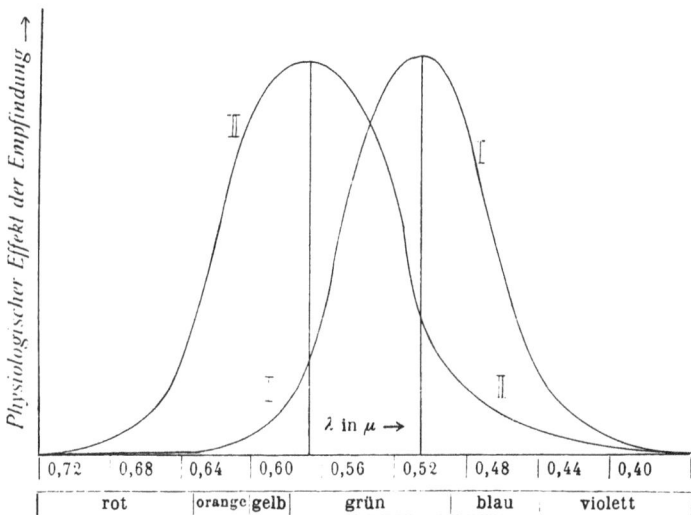

Fig. 7.

bei mittlerer Helligkeit für $\lambda = 0{,}53\,\mu$. Man erkennt auch aus den Kurven der Fig. 7, daß nicht nur das Maximum der Empfindlichkeit von der Helligkeit abhängt, sondern daß auch die Gestalt der Empfindlichkeitskurve durch die Helligkeit verändert wird. Bei schwacher Helligkeit (Kurve I) ist die Kurve spitzer, die Empfindlichkeit fällt also schneller vom Maximum ab nach den Enden des Spektrums hin als in der Kurve II, welche für stärkere Helligkeit gilt. Bekanntlich erscheinen violette Strahlen, wenn ihre Stärke erhöht wird, grau, wenn ihre Stärke vermindert wird, rötlich.

Beim h e l l adaptierten Auge ist die Empfindlichkeit für rotes, grünes und blaues Licht im N e t z h a u t z e n t r u m am größten und fällt nach der Peripherie der Netzhaut hin ziemlich schnell in einer für alle Farben fast ganz übereinstimmenden Kurve ab, so daß die

Empfindlichkeit 10^0 abseits von der Netzhautgrube nur noch rund $1\frac{1}{4}$.
bei 20^0 $^1/_{10}$, bei 35^0 $^1/_{40}$ der Empfindlichkeit in der Netzhautgrube
beträgt (Tigerstedt). Beim Dämmerungssehen sinkt die Empfindlichkeit für reines Rot ebenfalls ein wenig nach der Peripherie der
Netzhaut hin, während sie für die anderen Farben schnell ansteigt.
Beim d u n k e l a d a p t i e r t e n Auge begegnet man also einer
ganz eigenartigen, von der gewöhnlichen verschiedenen Wirkungsweise des Auges, welche aber der Netzhautgrube abzugehen scheint.

Man wußte schon lange, daß die im Dunkeln lebenden Tiere,
wie Maus, Fledermaus, Katze, Igel, Maulwurf und Eule, eine an Stäbchen
besonders reiche Netzhaut besitzen, während die Zapfen sehr zurücktreten bzw. gänzlich fehlen.

v. K r i e s hat daher folgende Theorie aufgestellt. Die beim
dunkeladaptierten Auge auftretenden Eigentümlichkeiten sind von
den Eigenschaften der Stäbchen abhängig. Die Stäbchen sind total
farbenblind, d. h. sie liefern bei Reizung mit jeder beliebigen Lichtart
schon bei geringer Dunkeladaption nur farblose oder etwas bläuliche
Empfindungen. Ferner sind die Stäbchen vorwiegend durch mittel-
oder kurzwelliges Licht erregbar, derart, daß das Wirkungsmaximum
im grünen Teile des Spektrums liegt, während das rote Ende fast
ganz unwirksam ist. Schließlich besitzen die Stäbchen eine sehr
große Adaptionsfähigkeit, so daß, wenn man aus vollem Tageslicht
in einen sehr schwach beleuchteten Raum geht, die Erregbarkeit
anfangs schnell, später langsamer ansteigend allmählich Werte erreicht,
welche die im Hellen gültigen Werte um ein Vielfaches übertreffen.
Da die Dunkeladaption wesentlich die peripheren Teile der Netzhaut
betrifft, so ergibt sich, daß die Sehschärfe des dunkeladaptierten
Auges, trotz seiner großen Lichtempfindlichkeit nicht die S e h -
s c h ä r f e des helladaptierten Auges erreicht. Anderseits stellen
die Zapfen den farbentüchtigen Apparat dar (s. S. 14).

§ 7. Das Purkinjesche Phänomen.

Zwei verschiedenfarbige, gleichstarke Lichtquellen, von denen
die eine blau leuchtet, die andere rot, sollen von zwei nebeneinander
liegenden Papierflächen je eine mit der betreffenden Farbe derart
beleuchten, daß die rot beleuchtete Fläche und die blau beleuchtete
dem Auge g l e i c h   h e l l beleuchtet erscheinen. Vermindert man
jetzt die Beleuchtung der Flächen um dieselbe Größe (etwa indem
man beide Lichtquellen um dieselbe Länge von den Flächen entfernt),

so erscheinen die Flächen nicht mehr gleich hell beleuchtet, sondern die blaue Fläche erscheint jetzt bedeutend h e l l e r als die rot beleuchtete Fläche. Diese Erscheinung nennt man P u r k i n j e s c h e s P h ä n o m e n[1]).

Eine Erscheinung, welche dem Purkinjeschen Phänomen entgegengesetzt ist, gab Weber[2]) an. Diese Erscheinung zeigt gleichzeitig, daß die G r ö ß e der farbigen Fläche einen Einfluß auf die von ihr hervorgebrachte Helligkeitsempfindung ausübt. Je kleiner die Flächen sind, um so heller erscheint dem normalen Auge die Helligkeit der von weniger brechbarem Lichte beleuchteten Fläche. Diese Erscheinung läßt sich durch folgenden Versuch zeigen. Ein Schirm A von etwa 40 cm Breite und 25 cm Höhe wird in der in Fig. 8 dargestellten Weise mit farbigem Papier überzogen, an einer Wandtafel befestigt und durch Regulierung von Gaslampen derart beleuchtet, daß die einige Meter entfernt sitzenden Beobachter den ungefähren Eindruck gleicher Helligkeit gewinnen. Fährt man dann mit einem zweiten in der Hand gehaltenen schwarzen Schirm B

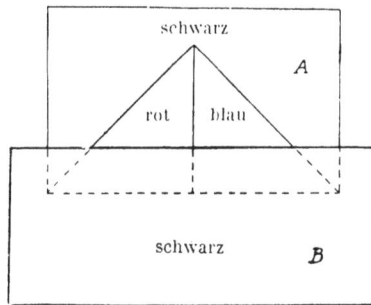

Fig. 8.

von unten her über den Karton A, so daß beständig zwei gleich große Dreiecke in Rot und Blau frei bleiben, so gewinnen die Beobachter den Eindruck, daß die Helligkeit des roten Dreiecks wächst. Die Erscheinung gilt nur bei schwachen Beleuchtungen des Schirms A.

Das Purkinjesche Phänomen, das die Vergleiche verschiedenfarbiger Lichtstrahlen an sich unmöglich machen würde, gilt n i c h t ganz allgemein, sondern erleidet gewisse Ausnahmen. So haben Macé de Lépinay und Nicati[3]) gezeigt, daß das Helligkeitsverhältnis verschiedenfarbiger Flächen konstant wird, wenn die Flächen unter einem Gesichtswinkel erscheinen, der kleiner als 45 Minuten ist.

Eine weitere Ausnahme des Purkinjeschen Phänomens hat Brodhun[4]) festgestellt. Brodhun hat gezeigt, daß das Purkinjesche Phä-

---

[1]) Purkinje, Zur Physiologie der Sinne. 2. S. 109. Prag 1825.

[2]) Nach H. Krüß, Die elektrotechnische Photometrie. 1885.

[3]) Macé de Lépinay und Nicati, Journal de Physique (2). 1. S. 42. 86. 1882. Annales de Chimie et de Physique (5) 24. S. 289. 1881. 30. S. 145. 1883.

[4]) E. Brodhun, Beiträge zur Farbenlehre. Dissertation. Berlin 1887.

nomen überhaupt nicht mehr oder nur in sehr geringem Maße besteht, sobald die Helligkeit der Flächen einen gewissen Betrag überschritten hat. Wird die Helligkeit beider Flächen über diesen Betrag in demselben Verhältnis gesteigert, so bleiben die beiden Flächen für das Auge gleich hell. Dow[1]) bestätigte dieses Ergebnis Brodhuns und zeigte, daß das Purkinjesche Phänomen nicht mehr auftritt, wenn die Beleuchtung des Photometerschirmes g r ö ß e r als 0,2 Lux ist.

In der beleuchtungstechnischen Photometrie hat man es fast durchweg mit Lichtfärbungen zu tun, die sich nicht so stark voneinander unterscheiden wie die rote und blaue Fläche bei Purkinje. Ein Vergleichen der Helligkeiten ist daher n i c h t ausgeschlossen, wenn auch ihre Genauigkeit geringer ist als beim Vergleichen von vollständig gleichfarbigem Licht, insbesondere, da man beim Photometrieren durchweg mit hinreichend großen und genügend stark beleuchteten Flächen arbeiten wird.

Aus dem physiologischen Charakter der Lichtmessungen ergibt sich auch, daß das sog. m e c h a n i s c h e Ä q u i v a l e n t des Lichtes keine konstante Größe wie etwa das mechanische Äquivalent der Wärme ist, sondern von der Wellenlänge, der Farbe des Lichtes abhängt. Für die Wellenlänge, bei welcher die größte Empfindlichkeit des Auges besteht ($\lambda = 0,545\,\mu$ im Gelbgrünen) ist der wahrscheinlichste Wert des Äquivalents des Lichtes etwa 800 Lumen pro Watt oder 0,015 Watt pro mittlere sphärische Kerze. Für weißes Licht, dessen Wellenlängen zwischen $\lambda = 0,70\,\mu$ und $\lambda = 0,43\,\mu$ liegen, ist die größte mögliche Lichtausbeute, wenn die gesamte Strahlung in sichtbares Licht verwandelt wird, a n g e n ä h e r t 400 Lumen pro Watt oder 0,03 Watt pro mittlere sphärische Kerze.

§ 8. Die Empfindung der Farbe.

Über die Art und Weise, wie das menschliche Auge die Farbe empfindet, sind verschiedene Theorien aufgestellt worden.

1. D i e   T h e o r i e   v o n   T h o m a s   Y o u n g   (1807) u n d v. H e l m h o l t z (1852) nimmt in der Netzhaut drei verschiedene, den Grundfarben entsprechende, terminale Netzhautelemente an. Reizung der ersten Art bewirkt die Empfindung von Rot, Reizung der zweiten Art die des Grün, Reizung der dritten Art die des Blau

---

[1]) J. S. Dow, Proc. of the Physical Society London. **20**. S. 245. **1906.** ref. Zeitschrift für Beleuchtungswesen **13**. S. 73. **1907.** The Illuminating Engineer (London) **2**. S. 238. **1909.**

nach Young, des Violett nach Helmholtz. Die rot empfindenden
Elemente würden am stärksten erregt vom Lichte größter Wellenlänge, die grün empfindenden vom Lichte mittlerer Wellenlänge, die
blau empfindenden vom Lichte kleinster Wellenlänge. Die Erregung
aller Elemente von ziemlich gleicher Stärke gibt die Empfindung
von Weiß. Nach dieser Dreifarbentheorie ist Schwarz nur ein sehr
lichtschwaches Weiß; zwischen Schwarz und Weiß besteht also kein
qualitativer, sondern nur ein quantitativer Unterschied.

2. Die Theorie von Hering. Ewald Hering geht bei
der Erklärung der Sehempfindung nach Landois[1]) von dem obersten
Grundsatz aus, daß dasjenige, was uns als Gesichtsempfindung zum
Bewußtsein kommt, der psychische Ausdruck für den Stoffwechsel
in der Sehsubstanz, d. h. in derjenigen Nervenmasse ist, die beim Sehen
in Erregung versetzt wird. Diese Substanz fällt, wie jede andere
Körpermaterie, während der Tätigkeit dem Stoffwechsel, der Zersetzung, der »Dissimilierung« anheim; späterhin, in der
Ruhe, muß sie sich wieder ersetzen oder »assimilieren«. Zunächst für die Wahrnehmung von Weiß (hell) und Schwarz (dunkel)
nimmt nun Hering zwei verschiedene Qualitäten des chemischen
Vorganges in der Sehsubstanz an, derart, daß der Empfindung des
Weißen oder Hellen die Dissimilierung (Umsatz), der Empfindung
des Schwarzen (Dunklen) die Assimilierung (Ersatz) der Sehsubstanz
entspricht. Demgemäß entsprechen den verschiedenen Verhältnissen
der Deutlichkeit oder Helligkeit, mit welcher jene beiden Empfindungen
in den einzelnen Übergängen zwischen reinem Weiß und tiefstem
Schwarz hervortreten, oder den Verhältnissen, in denen sie gemischt
erscheinen (Grau), dieselben Verhältnisse der Intensitäten jener beiden
psychophysischen Vorgänge. Es sind also Verbrauch und Wiederersatz
von Materie in der Sehsubstanz die ursächlichen Prozesse der Weiß-
und Schwarzempfindung. Der Verbrauch der Sehsubstanz bei der
Weißempfindung entsteht durch den auslösenden Reiz der Äther-
schwingungen, der Grad der Helligkeitsempfindung ist proportional der
Menge der verbrauchten Materie. Der Wiederersatz löst die Schwarzempfindung aus; je intensiver dieser erfolgt, um so tiefer ist die Schwarzempfindung. Ganz analog werden nun für die Farbenwahrnehmung
eine Empfindung des Umsatzes (Dissimilierung) und eine der An-
bildung (Assimilierung) angenommen; neben Weiß ist Rot und Gelb
der Ausdruck der Umsetzung, hingegen Grün und Blau die Empfindung

---

[1]) Landois a. a. O. S. 886 ff.

des Ersatzes; es ist also die Sehsubstanz in dreifach verschiedener
Weise der chemischen Veränderung oder des Stoffwechsels fähig.
Die schwarz-weiße Empfindung kann ferner mit allen Farben zugleich
eintreten, sie tönt daher bei jeder Farbenempfindung als dunkel oder
hell mit durch. Es gibt also drei verschiedene Bestandteile der Sehsubstanz: die schwarz-weiß (farblos) empfindende, die blaugelb und
die rotgrün empfindende. Alle Strahlen des sichtbaren Spektrums
wirken dissimilierend auf die schwarz-weiße Substanz, aber die verschiedenen Strahlen in verschiedenem Grade. Auf die blaugelbe oder
die rotgrüne Substanz dagegen wirken nur gewisse Strahlen dissimilierend, gewisse andere assimilierend und gewisse Strahlen überhaupt
nicht. Gemischtes Licht erscheint farblos, wenn es sowohl für die
blaugelbe oder die rotgrüne Substanz ein gleich starkes Dissimilierungs-
und Assimilierungsmoment setzt, weil dann beide Momente sich
gegenseitig aufheben und die Wirkung auf die schwarz-weiße Substanz
rein hervortritt.

3. Die Theorie von v. Kries [1]). Nach v. Kries sind
die Stäbchen in höherem Grade lichtempfindlich als die Zapfen, sie
sind jedoch nicht farbenempfindlich. Ein schwaches Licht wird von
den Stäbchen früher wahrgenommen als von den Zapfen und erscheint
farblos, grau. Zur Erregung der Zapfen ist eine größere Helligkeit
notwendig; die Zapfen sind f a r b e n e m p f i n d l i c h. Die Stäbchen
sind der t o t a l f a r b e n b l i n d e »D u n k e l a p p a r a t«, die
Zapfen der f a r b e n t ü c h t i g e »H e l l a p p a r a t«. In dem
peripheren Sehen nimmt die Fähigkeit, Farben zu empfinden, allmählich ab. Die Totalfarbenblinden besitzen nur Stäbchen. Die
Partiellfarbenblinden, die Rot- und Grünblinden, besitzen nach
Lummer [2]) auf der Netzhautgrube außer den Zapfen noch Stäbchen,
welche ihr Dunkeladaptionsvermögen verloren haben; beim Hell-
sehen besitzen diese Stäbchen der Partiellfarbenblinden eine größere
Empfindlichkeit als die Stäbchen der Farbentüchtigen.

§ 9. Einfluß der ultravioletten Strahlen praktisch verwendeter Lichtquellen auf das Auge.

Das unsichtbare u l t r a v i o l e t t e Spektrum kann bezüglich
der Wirkung der Strahlen auf das Auge in zwei Abschnitte geteilt
werden. Der erste Abschnitt umfaßt die ganz kurzwelligen unsicht-

---

[1]) v. Kries, Zeitschr. f. Psychol. u. Physiol. der Sinnesorgane **9**. S. 81. **1894**.
[2]) Lummer O., Verhandl. der Deutschen Physikal. Gesellschaft **6**. S. 62. **1904**.

baren Strahlen, die Strahlen von der Wellenlänge 0 bis 0,3 μ, während
der zweite Abschnitt die langwelligen ultravioletten Strahlen von
$\lambda = 0,3$ bis 0,4 μ umfaßt. Die Strahlen von $\lambda = 0$ bis 0,3 sind infolge der Absorption durch die Atmosphäre im diffusen Tageslicht
wenig enthalten. Hingegen treten sie im Lichte einiger künstlichen
Lichtquellen, z. B. bei der Reinkohlenbogenlampe, beim Magnetit-
lichtbogen stark auf, wenn diese Lichtquellen ohne Glasglocke benutzt
werden, was aber bei der beleuchtungstechnischen Anwendung nie
vorkommt. In das Augeninnere treten diese kurzwelligen, ultravioletten
Strahlen nicht ein, sie verursachen jedoch Entzündungen des äußeren
Auges. Bei den Lichtquellen, die in der Beleuchtungstechnik wirklich
verwendet werden und die für beleuchtungstechnische Zwecke stets
mit einer Schutzglocke aus Glas oder einem Glaszylinder umgeben
sind, werden diese kurzwelligen ultravioletten Strahlen durch das
Glas vollständig absorbiert.

Die Ansicht der Augenärzte, ob die l a n g w e l l i g e n u l t r a -
v i o l e t t e n Strahlen in den Wellenlängen $\lambda = 0,3$ bis 0,4 μ dem
g e s u n d e n Auge schädlich sind, ist noch sehr unentschieden.
Während Dr. Schanz[1]) diese Strahlen für schädlich hält, hält Prof.
Birch-Hirschfeld es nicht für nötig, daß diese ultravioletten Strahlen
von größerer Wellenlänge durch besondere Schutzvorrichtungen vom
gesunden menschlichen Auge ferngehalten werden.

Voege[2]) hat nachgewiesen, daß bei g l e i c h e r durch die Lichtquellen erzeugter Flächenhelle das auf eine beleuchtete Fläche auffallende Licht der elektrischen Glühlampen, des Gasglühlichtes und
auch das Licht der meisten Bogenlampenarten dem Tageslicht an
Gehalt von ultravioletten Strahlen erheblich nachsteht. Nur die
Reinkohlenbogenlampen mit eingeschlossenem, langem Lichtbogen
ohne Außenglocke und die Quecksilberlampen zeichnen sich durch
Reichtum an ultravioletten Strahlen aus.

Voege zeigte, daß von den künstlichen Lichtquellen eine wesentlich s c h w ä c h e r e ultraviolette Strahlung als vom Sonnenlicht
auch dann ausgeht, wenn man in die Lichtquelle selbst hineinblickt,
wobei die Entfernung der elektrischen Glühlampen und des Gasglüh-

---

[1]) Schanz und Stockhausen, E. T. Z. **29**. S. 777. 846. 1185. **1908.** The
Illuminating Engineer (London) **1**. S. 1049. **1908.**

[2]) W. Voege, E. T. Z. **29**. S. 779. 1185. **1908. 30**. S. 512. **1909.** Außerdem:
W. Voege, Die ultravioletten Strahlen der modernen künstlichen Lichtquellen
und ihre angebliche Gefahr für das Auge. Eine gemeinverständliche Darstellung.
Berlin **1910** bei J. Springer. 31 S. 8°.

lichts vom Auge 40 cm, die der kleinen Bogenlampen 60 cm und die
der großen Bogenlampen 1 m betrug. Da jedoch die Lichtquellen
bei direkter Beleuchtung in Wohnräumen und auf Straßen, wenn
die Möglichkeit gegeben ist, in die Lichtquelle selbst hineinzublicken,
vernünftigerweise in weit größeren Abständen vom Auge angeordnet
werden, so liegt keine Veranlassung vor, das Auge durch besondere
Schutzgläser, etwa Glühlampenglocken und Lampenzylinder aus
besonderem Glase vor den ultravioletten Strahlen der künstlichen
Lichtquellen zu schützen, so lange man sich nicht auch gegen die ultravioletten Strahlen des Tageslichtes schützt.

Ein besonderer Schutz des Auges vor den ultravioletten Strahlen
ist nur notwendig für Arbeiten und Untersuchungen am elektrischen
Lichtbogen und anderen Lichtquellen, die ultraviolett strahlen. In
diesem Falle wird man je nach dem Glanz der Lichtquelle und nach
dem Zweck der Untersuchung rotes Rubinglas, Hallauerglas, das von
Schanz und Stockhausen erfundene Euphosglas, gelbes Jenaer Schutz-
glas einzeln oder miteinander oder mit anders gefärbten Gläsern
kombiniert, verwenden.

§ 10. Wirkung der ultraroten Strahlen praktisch verwendeter Lichtquellen.

Da die heute praktisch verwendeten Lichtquellen durchweg
Temperaturstrahler sind, erzeugen sie in erheblichem Maße Strahlen
von größerer Wellenlänge als 0,81 μ, u l t r a r o t e Strahlen, die als
Wärme empfunden werden. Es ist unangenehm, beim Lichte künstlicher Lichtquellen zu arbeiten, die in zu starkem Maße Wärmestrahlen erzeugen. Sehr intensive Wärmestrahlung wirkt durch ihre
austrocknende Wirkung lästig und schädlich auf das Auge.

Voege[1]) hat nun untersucht, wie sich die Wärmestrahlen der künstlichen Lichtquellen zu den im diffusen Tageslicht enthaltenen Wärmestrahlen verhalten. An das Tageslicht hat sich das menschliche Auge
seit Jahrtausenden gewöhnt, es kann daher für einen Vergleich allein
maßgebend sein. Voege hat nun die gleiche Beleuchtung von ca.
88 Lux auf einer weißen Fläche F in Fig. 9 erzeugt und festgestellt,
wie groß die Energie des auf diese Fläche ausgestrahlten Lichtes bei
Verwendung verschiedener Lichtquellen relativ zueinander ausfällt.
Die weiße Fläche F auf dem Photometer P wurde von der zu prüfenden
Lampe L in horizontaler Richtung a beleuchtet. Unmittelbar neben

---

[1]) W. Voege, Journal für Gasbeleuchtung **54.** S. 295. **1911.**

dem Photometer war eine Thermosäule *Th* nach Rubens mit Auffangetrichter und geschwärzten Lötstellen aufgestellt, durch welche der Energiewert der Strahlung von *L* gemessen wurde; die Ausschläge des mit der Thermosäule verbundenen Spiegelgalvanometers geben ein relatives Maß für die Intensität der Strahlung bei den verschiedenen Lampen.

Ferner wurde noch der Energiewert der von der mit 88 Lux beleuchteten weißen Fläche *F* r e f l e k t i e r t e n Strahlung festgestellt, wobei die Thermosäule bei den verschiedenen Lichtquellen in konstanter Entfernung von der weißen Fläche belassen wurde. Es ergaben sich hierbei dieselben Relativwerte wie bei der ersten Versuchsanordnung. Die Werte sind aus der Tabelle S. 18 zu ersehen.

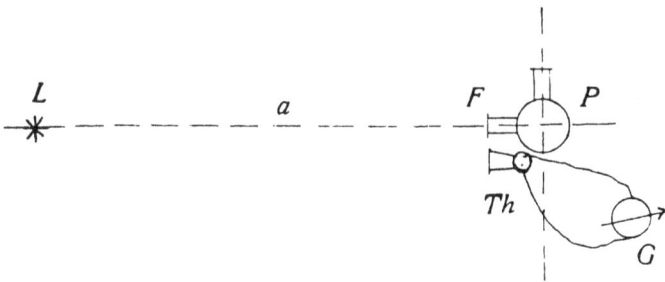

Fig. 9.

Die Spalte Wärmestrahlung gibt die Ausschläge des mit der Thermosäule verbundenen Spiegelgalvanometers an, wenn der für die normale Kohlenfadenglühlampe erhaltene Ausschlag gleich 10 gesetzt wird.

Aus den Werten über die Wärmestrahlung erkennt man, daß alle neueren Lichtquellen, sowohl Gas als auch elektrische Lichtquellen, der älteren Petroleumlampe und den offenen Gasflammen gegenüber einen bedeutenden Fortschritt darstellen, daß sie aber sämtlich dem diffusen Tageslicht gegenüber einen recht großen Energiewert der Strahlung aufweisen. Wenn wir eine Fläche z. B. eine Zeitung mit dem alten Argandbrenner und mit dem modernen Gasglühlicht mit Liliputbrenner gleich hell beleuchten, so erhalten wir bei der älteren Gaslampe die zehnfache Wärmestrahlung auf dieselbe Fläche wie bei der neuen Lampe. Dabei beträgt der Abstand des Argandbrenners von der Zeitung 43 cm, der des Gasglühlichtbrenners 96 cm; b e i g l e i c h e m A b s t a n d d e s A u g e s v o n d e r b e l e u c h t e t e n F l ä c h e w i r d a l s o d e r U n t e r s c h i e d i n d e r W ä r m e s t r a h l u n g , w e l c h e r d e r K o p f u n d d i e

Lichtquelle	Abstand a der Licht- quelle von der weißen Fläche	Licht- stärke HK horiz.	Verbrauch	Verbrauch HK	Wär- me- strah- lung. Grad	Ge- samte Ka- lorien	Ka- lorien HK	Tempe- ratur der Glocke 0° C
Petroleumlampe, älterer Rundbrenner	43	16	44 g/Std.	2,75 g	42	484	30	236
Argandbrenner	43	16	192 l/Std.	12 l	61	980	61	300
Älterer Auerbrenner (ste- hend)	103	93	114 ,,	1,22 l	11	580	6,25	340
Neuerer Liliputbrenner (stehend)	96	81	79 ,	0,98 ,,	6,6	403	5,0	238
Desgl. mit weißer Glocke von 18 cm Durchm.	71	44,5	79 ,,	1,78 ,,	6,1	403	9,1	55
Grätzinhängelicht mit klarem Zylinder . . .	106	99	97 ,,	0,98 ,,	9,8	495	5,0	—
Desgl. mit Opalglocke von 10 cm Durchm.	82	59	98 ,,	1,66 ,,	17,5	500	8,5	260
Desgl. mit Euphosglocke von 10 cm Durchm.	88,5	69	98 ,,	1,42 ,,	14,5	500	7,25	260
Kohlenfadenlampe 32 HK 108 Volt	62,5	34,4	89 Watt	2,58 Watt	10	76,5	2,2	115
Wolframlampe 50 HK 110 Volt	72	45,7	51 ,,	1,12 ,,	5,3	43,8	0,96	85
Nernstlampe 60 HK mit Opalglocke 9,5 cm .	85	63,5	116 ,,	1,83 ,,	7,6	100	1,57	93
Sparbogenlampe m. Opal- glocke 16 cm Durchm.	133	155	330 ,,	2,13 ,,	3,2	283	1,83	82
Diffuses Tageslicht . . .	--	—	—	—	ca, 0,5	—	—	—

Augen des Lesenden ausgesetzt sind, in vielen Fällen noch größer sein. Die elektrischen Lichtquellen weisen naturgemäß recht günstige Werte der Wärmestrahlung auf.

Rubner[1]) hatte im Jahre 1895 durch Versuche an verschiedenen Personen festgestellt, in welcher Weise eine Strahlung von bestimmtem Energiewert als Wärme empfunden wird. Es ergab sich, daß eine Strahlung von 0,06 g-Kal. pro Minute auf 1 qcm Fläche als warm, eine Strahlung von 0,1 bis 0,2 als sehr warm und eine Strahlung von 0,3 bis 0,4 g-Kal. pro Minute als sehr heiß und auf die Dauer unerträglich empfunden wird. Rubner gibt auf Grund seiner Versuche als idealen Grenzwert im Mittel eine Bestrahlung von 0,035 g-Kal.

[1]) Rubner, Archiv für Hygiene. 1895. S. 193.

in der Minute auf 1 qcm an, über welchen Wert man bei niederen Temperaturen (17 bis 18° C) nicht hinausgehen sollte, wenn es sich um die Erzeugung von Licht handelt. Bei höheren Temperaturen ist die Wärmestrahlung noch geringer zu halten.

V o e g e hat nun weiter untersucht, wie sich unsere modernen Lichtquellen diesem G r e n z w e r t d e r W ä r m e s t r a h l u n g gegenüber verhalten. Es wurde einerseits der Abstand der Lichtquelle festgestellt, bei welcher sich die Strahlung 0,035 Kal./Min. ergab, anderseits wurde die bei derselben Entfernung gleichzeitig auf dem Papierschirm erzeugte Beleuchtung gemessen. Es ergab sich folgendes:

Lichtquelle	Abstand a der Lichtquelle von derThermosäule	Beleuchtung des Schirms bei diesem Abstand a
	cm	Lux
Gasglühlicht, stehender Liliputbrenner	61	370
Auerbrenner (klarer Zylinder)	62	200
Auerbrenner mit Milchglasglocke, 18 cm Durchm.	28	300
Hängeglühlicht, klare Glocke	41,5	270
Hängeglühlicht, Milchglasglocke von 10 cm Dchm.	34	280
Argandbrenner	73	42
Petroleum-Rundbrenner	43	82
Kohlenfadenglühlampe (32 HK)	31	340
Tantallampe (25 HK)	19	575
Wolframlampe (25 HK)	15	770
Wolframlampe (40 HK)	23	770

Die Werte der Tabelle besagen, eine wie starke Beleuchtung man mit den betreffenden Lampen erzielen kann, wenn man für alle die gleiche, von Rubner als Grenzwert aufgestellte Wärmestrahlung zuläßt. Man kann nun den so erhaltenen Wert für die zu erzielende Beleuchtung als A u s n u t z b a r k e i t des Lichtes der betreffenden Lichtquelle bezeichnen. Nimmt man 120 Lux als größte Beleuchtung an, die man auf einem Arbeitsplatz zu haben wünscht, so erkennt man, daß fast alle modernen Lampen den Anforderungen an den Rubnerschen Grenzwert der Wärmestrahlung voll genügen, nur bei der Petroleumlampe wird der Wert von 0,035 Kal. etwas überschritten. Bei der 25 kerzigen Metallfadenlampe kann man bis auf 15 cm an die Lampe herangehen, ohne durch die Wärmestrahlung belästigt zu werden.

II. Kapitel.
Das Lambertsche Gesetz.

§ 11. Das Lambertsche Gesetz.

Die Grundlage der Photometrie und des »photometrischen Kalküls« bildet das Lambertsche Gesetz[1]). Dieses Gesetz beruht auf folgenden Grundsätzen:

1. Die von einem leuchtenden Punkte auf ein Flächenelement fallende Lichtmenge ist dem Quadrat des Abstandes zwischen Punkt und Flächenelement umgekehrt proportional. (Dieser Satz wurde schon von Kepler 1604 aufgestellt.)

2. Die von einem Flächenelement senkrecht ausgestrahlte und auf ein zweites Flächenelement fallende Lichtmenge ist dem Kosinus des Einfallswinkels proportional.

3. Die von einem Flächenelement ausgestrahlte und auf ein zweites Flächenelement senkrecht auffallende Lichtmenge ist dem Kosinus des Ausstrahlungswinkels proportional.

4. Die Menge des von einer Fläche empfangenen Lichtes ist der Größe der Fläche proportional.

5. Die Menge des von einer Fläche ausgestrahlten Lichtes ist der Größe der Fläche proportional.

Im vorstehenden ist stets das früher übliche Wort Lichtmenge gebraucht; im Sinne der in diesem Buche angewendeten modernen Terminologie wäre indessen das Wort Lichtstrom und gelegentlich Beleuchtung zu gebrauchen.

Die Sätze 4 und 5 sind bei der Annahme, daß das Verhältnis der empfangenen bzw. ausgestrahlten Lichtmenge zu der betreffenden Fläche konstant ist, ohne weiteres verständlich. Sie treffen also sicher für den Fall zu, wo die betreffende Fläche unendlich klein ist, wo es sich um ein Flächenelement handelt.

Zieht man die angeführten fünf Sätze zu einem einzigen Satz zusammen, so erhält man das von Lambert aufgestellte Grundgesetz der Photometrie, welches allerdings nur unter der Voraussetzung

---

[1]) J. H. Lambert, Photometria sive de mensura et gradibus luminis, colorum et umbrae. Augsburg 1760. Deutsch herausgegeben von E. Anding, Ostwalds Klassiker der exakten Wissenschaften Nr. 31 bis 33. Verlag von Wilhelm Engelmann in Leipzig.

einer v o l l k o m m e n diffus strahlenden Fläche gilt. Die Eigenschaften dieser Fläche sind durch das Kosinusgesetz gekennzeichnet. Das Gesetz hat also lediglich die Bedeutung, daß es die Eigenschaften eines vollkommen diffus reflektierenden Körpers, also eines rein hypothetischen Körpers festlegt, dessen Existenz möglich und sogar wahrscheinlich erschien.

Wenn man die Sonne durch dunkle Gläser betrachtet, so erscheint sie dem bloßen Auge als eine vollständig gleichmäßig leuchtende, ebene Scheibe, d. h. sie besitzt überall denselben »Glanz«. Da nun aber die Sonne in Wirklichkeit keine Scheibe, sondern eine Kugel ist, so folgerte Lambert, daß die Lichtstärke jedes Flächenstückes dem Kosinus des Ausstrahlungswinkels proportional ist.

Lambert nahm also an, die Beleuchtung dL eines beleuchteten Flächenelementes df' (Fig. 10) sei proportional:

1. der Größe des leuchtenden Flächenelementes df,
2. dem Kosinus des Ausstrahlungswinkels ε,
3. dem umgekehrten Quadrate der Entfernung r,
4. dem Kosinus des Einfallswinkels i',
5. der Größe des beleuchteten Elementes df'.

Außerdem wurden noch stillschweigend die Voraussetzungen gemacht:

6. das Azimut sei ohne Belang, und
7. die Natur der leuchtenden Fläche trete nur als konstanter Faktor J auf.

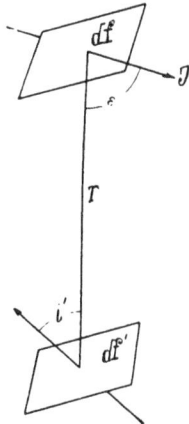

Fig. 10.

Aus diesen sieben Sätzen ergibt sich nun das Lambertsche Gesetz (für selbstleuchtende Körper) in der Beerschen Zusammenfassung:

$$dL = df \cdot \cos \varepsilon \cdot \frac{1}{r^2} \cdot \cos i' \cdot df' \cdot J \quad \ldots \ldots \quad 1)$$

Hierin bedeutet dL eine Beleuchtung oder eine Strahlenmenge (Lichtstrom). Lambert selbst läßt die Proportionalität mit df' als selbstverständlich fort und denkt sich das Gesetz in der Form:

$$dL' = df \cdot \cos \varepsilon \cdot \frac{1}{r^2} \cdot \cos i' \cdot J \quad \ldots \ldots \quad 2)$$

Hier hat dL' naturgemäß eine andere physikalische Bedeutung, es ist nicht mehr der Lichtstrom, sondern der Glanz. J hat hier bei Lambert die Bedeutung des Glanzes (vis illuminans, splendor), dL die

Bedeutung der Beleuchtung (illuminatio). Indessen wird an anderen Stellen auch das Wort claritas für beides gebraucht.

Voraussetzung für die Richtigkeit dieses Gesetzes ist, daß auf dem Wege r nicht Licht durch Absorption verloren gehe, was für die üblichen photometrischen Anordnungen, wenigstens innerhalb eines Laboratoriums, zutrifft.

Hiernach ergibt sich die Lichtmenge L, welche eine in allen Elementen mit gleichem Glanze e leuchtende Fläche senkrecht gegen das in sehr großer Entfernung r befindliche Flächenelement df' sendet:

$$L = \frac{e \cdot df'}{r^2} \int_e \cos a \cdot ds, \quad \ldots \ldots \ldots 3)$$

wobei das Integral über die ganze leuchtende Fläche s auszudehnen ist.

Nach dem Lambertschen Gesetz ist die Lichtstärke i_a eines leuchtenden Flächenelementes proportional einerseits dem Kosinus des Ausstrahlungswinkels a oder der scheinbaren Größe des Flächenelements, anderseits dem Glanze e:

$$i_a = e \cdot df \cdot \cos a \quad \ldots \ldots \ldots 4)$$

(Vgl. Definitionsgleichung des Glanzes auf S. 42.) Da aber nach dem Lambertschen Gesetz $i_a = J \cdot \cos a$, wenn J die Lichtstärke senkrecht zu ds ist, so ist der Glanz e von der Größe des Winkels a unabhängig und lediglich eine Eigenschaft des leuchtenden Flächenelementes ds.

Trägt man für verschiedene Größen des Winkels a die zugehörigen Werte von i vom Punkte O angefangen als Vektoren auf, so liegen die Endpunkte der Vektoren auf einer Kreislinie (Fig. 11) oder, wenn man aus der Papierebene hinausgeht, auf einer Kugelfläche vom Durchmesser ON.

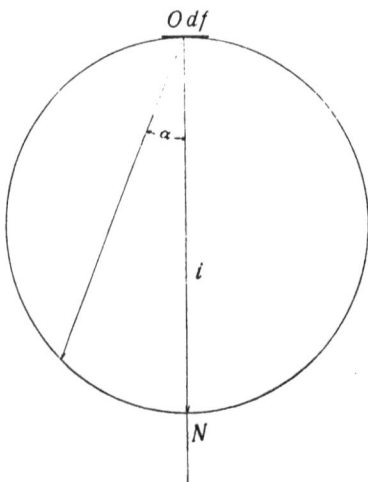

Fig. 11.

Die Lichtausstrahlung einer Fläche kann auf drei verschiedene Arten erfolgen:

1. dadurch, daß die Fläche infolge hoher Temperatur selbstleuchtend ist,
2. dadurch, daß sie nur von vorne beleuchtet ist,
3. dadurch, daß sie durchscheinend ist und von hinten beleuchtet wird.

§ 12. Selbstleuchtende Körper.

Feste schwarze Körper leuchten, wenn sie in Glut versetzt werden, vollständig diffus. Der Glanz e ist also in allen Richtungen konstant. Daß glühende Körper dem Lambertschen Gesetz folgen, wurde durch Möller[1]) nachgewiesen. Für die Lichtausstrahlung des glühenden Platins fand er folgende Werte:

Ausstrahlungswinkel	0⁰	10⁰	20⁰	30⁰	40⁰	50⁰	60⁰	70⁰	80⁰
Lichtstärken	1000	983	938	865	769	648	504	347	179
Kosinuszahlen. . . .	1000	985	940	866	766	643	500	342	174
Abweichungen . . .	0	− 2	− 2	− 1	+ 3	+ 5	+ 4	+ 5	+ 5

Die größte Abweichung beträgt 0,5%, während der Beobachtungsfehler sich im ungünstigsten Falle auch auf 0,5% beläuft. Damit ist das Lambertsche Gesetz für glühende Körper als innerhalb der Grenzen der Beobachtungsfehler richtig nachgewiesen.

§ 13. Diffusion durchscheinender Platten.

Eine vollkommen diffuse Fläche (durchscheinende Platte) muß folgende Eigenschaften haben[2]):

1. Sie darf keinen Strahl direkt durchlassen.

2. Sie muß das Licht von ihrer leuchtenden Fläche nach dem Kosinusgesetz aussenden.

3. Sie muß in einer gegebenen Richtung stets eine der Beleuchtung ihrer beleuchteten Fläche proportionale Lichtmenge aussenden, welche ganz unabhängig von dem Einfallswinkel des Lichtes ist.

Dabei ist unter der beleuchteten Fläche die der auftreffenden Strahlung zugekehrte Seite, unter der leuchtenden Fläche die andere Seite verstanden.

Das Gesetz über die Lichtstärke der zerstreuten Strahlen in jedem Punkte einer sehr dünnen diffundierenden Platte EOE' (Fig. 12) kann nach Crova gerade so dargestellt werden, wie dasjenige der von einer gewöhnlichen Lichtquelle ausgesandten Strahlen. Trägt man die

---

[1]) W. Möller, Photometrische Untersuchungen, E. T. Z. **5**. S. 406. **1884**.

[2]) André Blondel, La détermination de l'intensité moyenne sphérique des sources de lumière. Paris 1895. Georges Carré. Eclairage Electrique **3**. S. 57. 385. 406. 538. 583. **1895**.

Lichtstärken für jede Richtung α durch eine ihr proportionale LängeOM auf, so erhält man eine charakteristische Fläche, welche nach Crova die Indikatrix der Diffusion heißt.

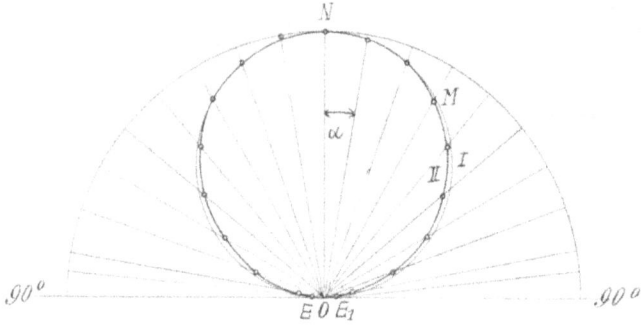

Fie. 12.

Für einen vollkommenen Diffusor, welcher also das Kosinusgesetz befolgt, ist die Form jener Fläche unabhängig vom Einfallswinkel. Sie ist eine die Emissionsfläche EOE_1 im Punkte O tangierende Kugelfläche, Kreis I in Fig. 12, deren Durchmesser ON der Beleuchtung E der beleuchteten Fläche des Diffusors proportional ist. In Fig. 12 Kurve II ist die Indikatrix für mattes Opalglas dargestellt. Sie weicht, wie ersichtlich, nur wenig vom Kreise I ab.

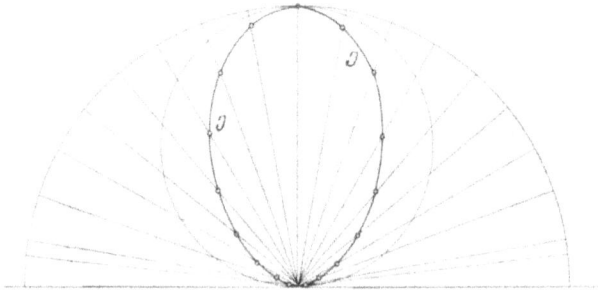

Fig. 13.

Will man die Beziehung zwischen der Beleuchtung der beleuchteten Fläche und dem Emissionsvermögen der leuchtenden Fläche eines Diffusors, dessen Indikatrix nicht durch die Größe des Einfallwinkels beeinflußt wird, feststellen, so genügt es, den Wert des Glanzes in der Richtung der Normalen zu messen, da alle übrigen Emissionsvermögen diesem proportional sind.

Bei den in der Praxis vorkommenden Diffusoren weicht indessen die Indikatrix der Diffusion mehr oder weniger von der Kreisform ab. Bei Gläsern mit ungleichmäßiger Oberfläche (z. B. Kathedralglas und anderen Kunstgläsern) sind die Abweichungen ganz unregelmäßig. Bei halb durchsichtigen Gläsern, wie z. B. mattiertem Glas, ist die Abweichung regelmäßig, und zwar um so größer, je mehr durchscheinend das Glas ist. In Fig. 13 ist durch J die Indikatrix der Diffusion einer einseitig mattierten Glasplatte von 1,8 mm Dicke dargestellt. Ein solches Glas ist ein sehr schlechter Diffusor. Bei schräg einfallender Beleuchtung wird die Indikatrix vollständig unsymmetrisch und in der Nähe der natürlichen Richtung der Strahlen sehr verstärkt.

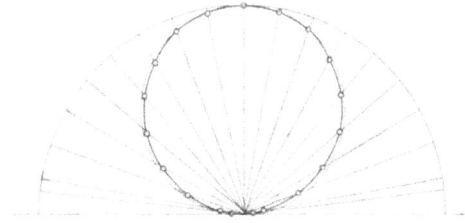

Fig. 14.

Im Gegensatz hierzu gibt es auch Diffusoren, welche bei schiefer Beleuchtung eine vollständig symmetrische Indikatrix der Diffusion aufweisen, sog. orthotrope Diffusoren. Gute orthotrope Diffusoren sind die Milchgläser. In Fig. 14 ist die Indikatrix der Diffusion einer einseitig mattierten Milchglasplatte von 3 mm Dicke dargestellt.

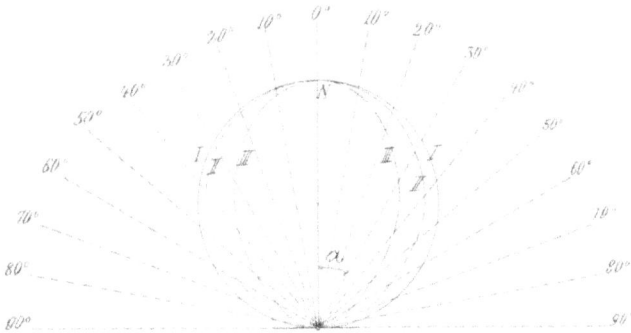

Fig. 15.

Die Indikatrix der Transmission weicht ebenfalls auch bei den orthotropen Diffusoren von der Kreisform ab. Blondel gibt die in Fig. 15 dargestellten Kurven für Papier (III) und poliertes Glas (II) an. Kurve I stellt den theoretischen Kreis dar.

§ 14. Diffuse Reflexion.

Lambert hat angenommen, daß matte weiße Körper das Kosinusgesetz befolgen. Dies war aber eine Täuschung, welche angesichts der
höchst primitiven experimentellen Hilfsmittel Lamberts durchaus ent-
schuldbar ist. Denn Lamberts »Photometer« bestand lediglich in
weißen Flächen (Papierscheiben usw.), deren Beleuchtung nach dem
Augenmaße gleich gemacht wurde, und sein ganzer Vorrat an Instrumenten, mit deren Hilfe er seine »Photometrie« aufbaute, bestand
lediglich aus drei kleinen Spiegeln, zwei Linsen, ein paar Glasplatten und einem Prisma.

Thaler[1]) hat in einer sehr eingehenden Arbeit den Nachweis er-
bracht, daß das Azimut, welches nach Lambert ohne Einfluß sein
sollte, einen sehr bedeutenden Einfluß besitzt, und daß das Kosinusgesetz von solchen Körpern wie Gips, mattiertem Glas, ja sogar nicht
einmal von einer mit Magnesiumrauch bedeckten, anscheinend ganz
diffus reflektierenden Magnesiaplatte auch nur annähernd erfüllt wird.

Indessen haben Untersuchungen von Blondel[2]) und Monasch[3])
ergeben, daß das Lambertsche Gesetz bei gewissen weißen Oberflächen
innerhalb einer gewissen Größe des Ausstrahlungswinkels doch richtig
ist, wenn Einfallswinkel und Azimut eine bestimmte konstante Größe
besitzen. Das ist sehr wichtig, weil andernfalls gewisse in der Photometrie benutzte Methoden, z. B. Webers Methode zur Messung der
diffusen Beleuchtung mittels eines weißen Kartons nicht möglich wären.

Man kann nun die Eigenschaften der diffus reflektierenden Körper
in ähnlicher Weise durch eine Indikatrix darstellen, wie dies im vorhergehenden bereits für die diffus durchscheinenden Körper geschehen
ist. Die Indikatrix der Diffusion sollte bei sehr matten Flächen, wie
gut mattiertem Marmor, Porzellanbiskuit, Gips und Magnesiaplatten

---

[1]) F. Thaler, Annalen der Physik **11**. S. 997. **1903**. Weitere Literatur hierüber: P. Bouguer, Essai d'Optique. Paris 1729, Traité d'Optique. Paris 1760.
A. Konnowitsch, Schriften der math. Abteilung der neurussischen naturforschenden
Gesellschaft 2. Fortschritte der Physik 35. S. 430. **1879**. Schriften der neu-
russischen (Kiewer) Universität 22. S. 107. Fortschritte der Physik 37 (2). S. 481.
1881. H. Seeliger, Sitzungsbericht der math.-phys. Klasse der Kgl. bayer. Akademie
der Wissenschaften, München. Heft 2. S. 201. **1888**. v. Lommel, Wiedemanns
Annalen **10**. S. 449 und 631. **1880**. Messerschmidt, Wiedemanns Annalen **34**.
S. 867. **1888**. Chwolson, Fortschritte der Physik **42**. S. 85. **1886**. v. Lommel,
Wiedemanns Annalen **36**. S. 473. **1889**.

[2]) Blondel a. a. O.

[3]) Monasch, E. T. Z. **27**. S. 671. **1906**.

dem Kosinusgesetz entsprechen, so daß die Indikatrix praktisch mit einem Kreise zusammenfällt.

Um das Diffusionsvermögen feststellen zu können, verwendete Blondel die in Fig. 16 dargestellte Versuchsanordnung. Das Photometer P wurde der diffus reflektierenden Platte AB schräg gegenübergestellt, so daß der Ausstrahlungswinkel β bei allen Versuchen einen unveränderten Wert besaß. Der Einfallswinkel α hingegen eines konstanten von der Lampe Z erzeugten Lichtbündels wurde zwischen je zwei Messungen geändert. Es wurde nun die Indikatrix in der Weise erhalten, daß man auf dem Schenkel eines jeden Einfallswinkels die bei diesem im Photometer gemessene Helligkeit auftrug. Bei mattiertem, emailliertem Blech ergibt sich die in Fig. 17 dargestellte Indikatrix, welche von dem theoretischen Kreise nur geringe, innerhalb der Messungsfehler liegende Abweichungen zeigt.

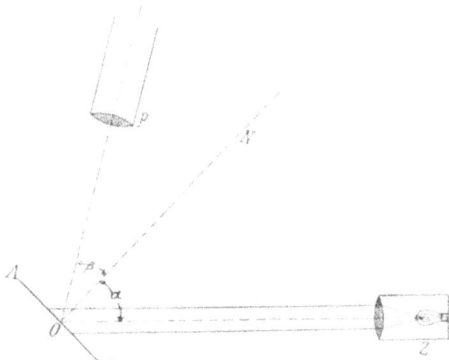

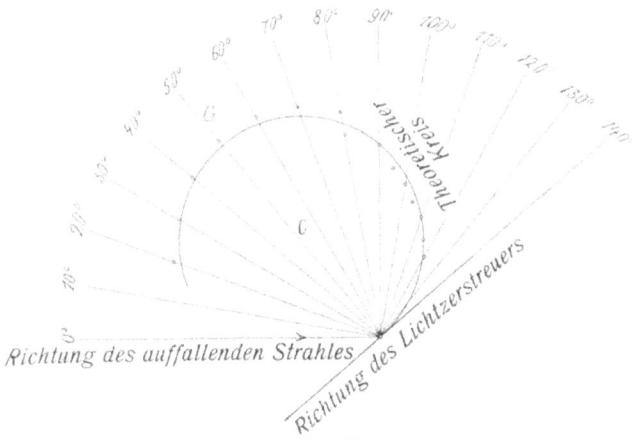

Fig. 16.

Fig. 17.

Die Indikatrix der Diffusion einer Bariumsulfatfläche für den Einfallswinkel 0 Grad, also bei normaler Bestrahlung, wurde von Monasch[1]) festgestellt.

---

[1]) Monasch a. a. O.

Es ergab sich, daß unpolierte Bariumsulfatkörner erhebliche Unregelmäßigkeiten der diffusen Reflexion verursachen können.

§ 15. Reflexionsvermögen.

Je weißer die diffus reflektierenden Flächen sind, desto mehr Licht werfen sie zurück. Wird ein diffus reflektierendes Flächenelement ds in der Entfernung r von einer Lichtquelle der Lichtstärke J normal zu den Lichtstrahlen aufgestellt, so empfängt es einen Lichtstrom

$$. \; d\Phi = \frac{J}{r^2} \cdot ds = J \cdot d\varphi \quad \ldots \ldots \quad 1)$$

Hierin ist mit $d\varphi$ der kleine Körperwinkel bezeichnet. A u s g e s t r a h l t wird aber nur der Lichtstrom

$$d\Phi' = \mu \cdot d\Phi = \mu \cdot \frac{J}{r^2} \cdot ds = \mu \cdot J \cdot d\varphi \quad \ldots \quad 2)$$

Der Koeffizient μ, welcher < 1 ist, heißt Reflexionsvermögen. Lambert nannte ihn »Albedo« (Weiße).

Die von Lambert selbst gefundenen Werte sind infolge der bei seinen Untersuchungen angewandten unzulänglichen Methode viel zu klein.

Die von Zöllner[1]) ermittelten Werte beziehen sich nur auf bestimmte Ausstrahlungswinkel, geben also nicht das in den obigen Gleichungen definierte Verhältnis wieder.

Das Reflexionsvermögen hat praktische Bedeutung bei der Betrachtung der Beleuchtung von Innenräumen. Die hierfür gültigen Werte des Reflexionsvermögens sind in § 74 angegeben.

---

[1]) Zöllner, Photometrische Untersuchungen. S. 273.

III. Kapitel.
Die photometrischen Größen.

§ 16. Übersicht.

Der Verband Deutscher Elektrotechniker[1]) und der Deutsche Verein von Gas- und Wasserfachleuten[2]) haben im Jahre 1897 folgendes festgesetzt:

1. Die Einheit der Lichtstärke ist die Hefnerkerze; sie wird durch die horizontale Lichtstärke der Hefnerlampe dargestellt.
2. Für die photometrischen Größen und Einheiten gibt die nachstehende Tabelle Namen und Zeichen.

Größe		Einheit	
Name	Zeichen	Name	Zeichen
1. Lichtstärke	J	Hefnerkerze	HK
2. Lichtstrom	$\Phi = J \cdot \omega = \dfrac{J}{r^2} \cdot S$	Lumen	Lm
3. Beleuchtung	$E = \dfrac{\Phi}{S} = \dfrac{J}{r^2}$	Lux	Lx
4. Flächenhelle	$e = \dfrac{J}{s}$	Kerze auf 1 qcm	—
5. Lichtabgabe	$Q = \Phi \cdot T$	Lumenstunde	—

Dabei bedeutet:

ω einen räumlichen Winkel,

S eine Fläche in qm; s eine Fläche in qcm; beide senkrecht zur Strahlenrichtung,

r eine Entfernung in Metern,

T eine Zeit in Stunden.

---

[1]) E. T. Z. **18.** S. 474. **1897.**

[2]) Journal für Gasbeleuchtung **40.** S. 548. **1897.** Das hier angenommene photometrische System deckt sich im wesentlichen mit den Vorschlägen Blondels. S. hierzu André Blondel, Rapport sur les unités photométriques. Congrès interantional des Electriciens. Genève 1896. Bericht von v. Hefner-Alteneck, E. T. Z. **17.** S. 754 bis 756. **1896.** Leonhard Weber, E. T. Z. **18.** S. 91 bis 94. **1897.**

§ 17. Lichtstrom.

Unter Lichtstrom versteht man die Erfüllung eines von einer Lichtquelle ausgehenden räumlichen Winkels mit Licht. L i c h t - s t r o m ist der neue Name für L i c h t m e n g e , welches Wort heute noch viel in Physikbüchern gebraucht wird. In Fig. 18 sei L eine

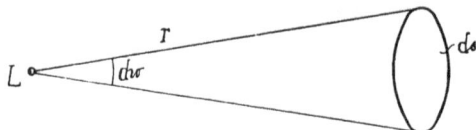

Fig. 18.

punktförmige Lichtquelle, welche Licht in den räumlichen Winkel $d\omega$ strahlt. Der Lichtstrom treffe die Fläche ds in der Entfernung r. Wird $d\omega$ unendlich klein, so geht der Lichtstrom in die Lichtstärke J über. Wird um die Lichtquelle L eine Kugelfläche gelegt, deren Oberfläche S ist, so empfängt sie den Lichtstrom $\Phi = \dfrac{J \cdot S}{r^2}$. Da $S = 4\pi r^2$ ist, so wird $\Phi = 4\pi J$.

Die Einheit des Lichtstromes Φ ist der von der Einheit der Lichtstärke J in den räumlichen Winkel $\omega = 1$ entsendete Lichtstrom.

§ 18. Lichtstärke.

Als Einheit der Lichtstärke ist in dem photometrischen System von 1897 die horizontale Lichtstärke der Hefnerlampe definiert worden. Diese Definition ist eine rein empirische. Der Lichtreiz, den das Auge durch die horizontale Lichtstrahlung einer Hefnerlampe empfindet, soll als Einheit der Lichtstärke gelten. Man mußte zu diesem Notbehelf greifen, weil es infolge des in letzter Linie physiologischen Charakters des Lichtes keine absolute Einheit der Lichtstärke gibt. Die Einheit der Lichtstärke, welche die Hefner l a m p e liefert, wird Hefner k e r z e (HK) genannt. In gastechnischen Kreisen wurde die Bezeichnung Hefnerkerze 1897 angenommen, früher hatte man Hefnerlicht (HL) gesagt. Blondel hatte auf dem internationalen Elektrikerkongreß zu Genf im Jahre 1896 vorgeschlagen, der Einheit der Lichtstärke den griechischen, international annehmbaren Namen P y r zu geben. Sein Vorschlag wurde nicht angenommen in der Erwägung, daß das breite Publikum sich unter dem Begriff Kerze (bougie, candle) eine Lichteinheit vorzustellen gewöhnt war.

Der Ausdruck Kerze allein ist zu vermeiden, da er zu Verwechslungen mit der Lichtstärke der anderen Kerzen (s. Seite 32) Anlaß geben kann; ebenso ist der vor 1897 in elektrotechnischen Kreisen übliche Ausdruck N o r m a l kerze (NK) nach Annahme des Ausdrucks Hefnerkerze (HK) zu vermeiden. Falsch ist es, Leuchtkraft[1]) anstatt Lichtstärke zu sagen.

Da die Hefnerlampe nur in einigen Ländern, besonders in Deutschland, Österreich und der Schweiz beim Photometrieren verwendet wird, während sich in England die Pentanlampe und in Frankreich die Carcellampe eingebürgert hat und der Ausdruck Hefnerkerze für die Länder des englischen und französischen Sprachgebiets unannehmbar war, benutzte England und Amerika für die praktische Einheit der Lichtstärke die Bezeichnung candle und Frankreich die Bezeichnung bougie. Hefnerkerze, bougie und candle wichen voneinander in ihrer Größe ab. Im Jahre 1909 wurde eine Vereinbarung[2]) zwischen dem Bureau of Standards in Washington, dem englischen National Physical Laboratory und dem Laboratoire Central d'Electricité in Paris getroffen, dahingehend, daß in Zukunft folgende Werte gelten sollten:

1 pentane candle = 1 bougie décimale = 1 american candle
= 1,11 Hefnerkerzen.

Die französische, englische und amerikanische Kerze waren nun einander gleich gemacht worden, und zwar dadurch, daß die Lichtstärke der früheren amerikanischen Glühlampennormale um 1,6% erniedrigt wurde und die Messungen mit der Pentanlampe im National Physical Laboratory nicht mehr bei einer Luftfeuchtigkeit von 10 l pro cbm, sondern von 8 l pro cbm ausgeführt werden. Für die nunmehr gleiche Einheit der Lichtstärke der drei genannten Staaten wurde der Ausdruck

»internationale Kerze«

vorgeschlagen. Gegen die Verwendung des Wortes i n t e r n a t i o n a l wurde von deutschen Kreisen Einspruch erhoben, mit der Begründung, daß die Kerze nicht international genannt werden könnte, da die deutsche Photometrie sie nicht angenommen hätte. Die deutsche Photometrie erkannte nur den Umrechnungswert 1 »intern.« Kerze = 1,11 HK an. Diese Auslegung des Wortes international ist un-

---

[1]) Monasch, Elektrische Beleuchtung. Vorwort S. VI. Hannover 1906.
[2]) The Illuminating Engineer (London) **2**. S. 393. 446. **1909**. S. auch Krüß, Journal für Gasbeleuchtung **52**. S. 705. **1909**. E. T. Z. **30**. S. 592. **1909**.

Übersicht von Bunte über vergleichende Messungen von Lichteinheiten.

Die fetten Zahlen sind die Ergebnisse der Messungen oder deren Reziproke.		HK	V.K.	Münchener Kerzen	Candles	Harcourts 1 candle Pentan-dochtlampe	Vernon Harcourts Pentan-luftgaslampe 1 candle	Vernon Harcourts Pentan-luftgaslampe 10 candle	Äther-Benzol-lampe	Carcels	Violles (Unités)	(Pyr) Bougies décimales
		1.	2.	3.	4.	5.	6.	7.	8.	9.	10.	11.
1. Hefnerkerze HK	DeutscheMessungen[1,2]	**1**	0,833[1]	—	0,877[2]	0,85[3]	—	—	0,60	0,092	0,044	0,89
	Niederländ. «[11]	—	—	—	0,9218[11]	—	—	—	—	0,096[11]	—	—
	Laporte[15]	—	—	—	—	—	—	—	—	**0,092**	—	—
2. Deutsche Vereinskerze VK	Deutsche Messungen[1]	1,20[1]	—	—	1,05	1,03	—	—	0,72	0,110	0,054	1,07
	Schilling[12]	—	**1**	0,887[12]	0,977[12]	—	—	—	—	0,102[12]	—	—
	Monnier[8]	—	—	—	—	—	—	—	—	**0,133[8]**	—	—
3. Münchener Kerze (Stearin)	Schilling[12]	1,35	1,128[12]	**1**	1,102[12]	—	—	—	—	0,115[12]	—	—
	Monnier[8]	—	—	—	—	—	—	—	—	**0,154[8]**	—	—
4. Standard Sperm Candle (Englische Kerze)	DeutscheMessungen[2,3]	1,14[2]	0,95	—	—	0,974[3]	—	—	—	0,105[14]	0,051	1,01
	Schilling[12]	—	1,023[12]	0,907[12]	**1**	—	—	—	—	0,104[12]	—	—
	Dibdin[4]	—	—	—		—	—	—	—	0,105[4]	—	—
	Kirkham u. Sugg[5]	—	—	—		—	—	—	—	0,105[5]	—	—
	Sugg[6]	—	—	—		—	—	—	—	0,106[6]	—	—
	Webber u. Rowden[13]	—	—	—		—	—	—	—	0,104[13]	—	—
	Le Blanc[7]	—	—	—		—	—	—	—	0,108[7]	—	—
	Monnier[8]	—	—	—		—	—	—	—	0,120[8(]	—	—
	Niederländ. Messung[11]	1,0854[11]	0,90	—		—	—	—	0,68[11]	0,104[11]	—	—
5. 1 candle-Pentan-dochtlampe (Vernon Harcourt)	Liebenthal[3]	1,17[3]	0,975	—	1,026[3]	**1**	—	—	0,70	0,108	0,052	1,04
6. 1 candle-Pentan-luftgaslampe (Vernon Harcourt)	Monnier[8,10]	—	—	—	—	—	**1**	—	—	0,125[10]	—	—
7. 10 candle-Pentan-luftgaslampe (Vernon Harcourt)		—	—	—	—	—	—	**1**	—	—	—	—

Messung	1,69	1,41	—	1,48[11]	1,44	—	1	0,155	0,075	1,5
8. Äther-Benzollampe — Niederländ. Messung[11]										
9. Carcel — Deutsche Messung								1		
Schilling[12]	—	9,826[12]	8,715[12]	9,6[12]	—	—	—			
Dibdin[4]	10,8	9,0	—	9,5[5]	9,3	—	6,5			
Kirkham u. Sugg[5]	—	—	—	9,6[5]	—	—	—			
Sugg[6]	—	—	—	9,4[6]	—	—	—			
Webber u. Rowden[13]	—	—	—	9,66[13]	—	—	—			
Le Blanc[7]	—	7,5[8]	6,5[8]	9,3[7]	—	—	—			
Monnier[8]	—	—	—	8,3[8]	—	8,0[10]	—			
Niederländ. Messung[11]	10,45	—	—	9,681[11]	—	—	—		0,481[9]	
Violle[9]	—	—	—	—	—	—	—			
Laporte[15]	10,91	—	—	—	—	—	—			9,62
10. Violle (Platineinheit) — Violle[9]	22,6	18,8	—	19,8	19,3	—	13,5	2,08[9]	1	20
11. Bougie décimale (Pyr) — 1 B. d. = 1/20 Violle	1,13	0,94	—	0,99	0,96	—	0,67	0,104	0,05	1

[1]) Deutsche Lichtmeßkommission und Physikalisch-Technische Reichsanstalt. Journal für Gasbeleuchtung. S. 342. **1893.** S. 597. **1890.** – Krüß, Bericht der Lichtmeßkommission (München 1897). S. 73 und 75.

[2]) Deutsche Lichtmeßkommission. Jour. für Gasbeleuchtg. S. 573. **1890.** S. 342. **1893.** – Physikal.-Techn. Reichsanstalt. Journ. für Gasbeleuchtg. S. 511. **1895.** – Krüß, a. a. O. S. 73.

[3]) Liebenthal (Physikalisch-Technische Reichsanstalt). Journal für Gasbeleuchtung. S. 511. **1895.**

[4]) Dibdin, Public Lighting by Gas and Electricity, London. S. 33. **1902.**

[5]) Kirkham und Sugg; vgl. Schilling, Handbuch der Gasbeleuchtung. S. 214. München 1879. W. Sugg & Co., Gas Engineers Pocket Almanach. S. 119. **1902.**

[6]) Sugg; vgl. W. Sugg & Co., Gas Engineers Pocket Almanach. S. 119. **1902.**

[7]) Nach Le Blanc, Inspektor des Beleuchtungswesens in Paris; vgl. Schillings Handbuch. S. 214. **1879.**

[8]) Monnier, Vortrag im Französischen Gasfachmänner-Verein 1883. Journal für Gasbeleuchtung. S. 758. **1883.**

[9]) Violle, Les étalons photométriques. Verhandlungen des Französischen Gasfachmänner-Vereins. S. 366. **1884.** Journal für Gasbeleuchtung. S. 764. **1884.**

[10]) Nach Monnier; vgl. Violle, a. a. O. S. 353, Fußnote.

[11]) Rapport der Niederländischen Photometrie-Kommissie. S. 62. 70 und 73. **1893.** Journal für Gasbeleuchtung. S. 617. **1894.**

[12]) Messungen von N. H. Schilling; vgl. Handbuch der Gasbeleuchtung. S. 214. **1879.**

[13]) Webber und Rowden, Journal of Gaslighting. S. 65. **1869.**

[14]) Mittelwert mit Ausschluß von 8).

[15]) Laporte, Journal des Usines à Gaz. S. 204. **1898.** Journal für Gasbeleuchtung. S. 624. **1898.**

richtig. Bekanntlich hieß die im Jahre 1883 gegründete »Übereinkunft zum Schutze des gewerblichen Eigentums« von Anfang an »Union i n t e r n a t i o n a l e pour la protection de la propriété industrielle«, obwohl ihr das Deutsche Reich erst im Jahre 1903, und zwar mit gesetzlicher Wirkung, beigetreten ist. Leider kommt den Beschlüssen der Lichtmeßkommissionen vorläufig noch keine Gesetzeskraft zu, sondern ihre Befolgung ist dem guten oder schlechten Willen der beteiligten Verkehrskreise anheimgegeben. Die Internationale Lichtmeßkommission, die bis 1911 durchweg aus Vertretern des Gasfaches bestand, hat auf ihrer 3. Tagung[1]) in Zürich im Jahre 1911 empfohlen, die Bezeichnung »international« für die gemeinsame Einheit der Lichtstärke nicht zu gebrauchen, bevor eine Einheit der Lichtstärke gefunden ist, die auch die Zustimmung der deutschen, österreichischen und schweizer photometrischen Kreise findet. Der diesbezügliche Beschluß der Internationalen Lichtmeßkommission lautet:

»Die Kommission hält es nicht für zweckmäßig, den Namen internationale Kerze einer Lichteinheit zu geben, die von einer Anzahl bedeutender Länder nicht angenommen worden ist.

Sie ist der Ansicht, daß der vereinbarten Lichteinheit ein Name gegeben werden sollte, wie etwa S t a n d a r d k e r z e[2]) (bougie normale, standardcandle) oder bougie décimale[3]).

Sie drückt den Wunsch aus, daß die Lichteinheiten nicht mehr mit dem einfachen Ausdruck Kerze, candle, bougie bezeichnet werden sollen, sondern stets mit ihrem vollen Namen, damit Irrtümer vermieden werden.«

Der Ausdruck Kerze allein ist, abgesehen von seiner Vieldeutigkeit, zur Bezeichnung der Einheit der Lichtstärke sprachlich an sich nicht richtig. Mit Recht führt Blondel[4]) in neuester Zeit wieder an, daß K e r z e der Name eines materiellen Gegenstandes ist; es wäre demnach unwissenschaftlich, die Einheit der Lichtstärke internationale K e r z e zu nennen, genau so, wie man nicht die Einheit der elektromotorischen Kraft »internationale B a t t e r i e« oder die Einheit der Wärme »internationalen Ofen« nennt. Blondel schlägt wieder P y r zur Bezeichnung der Einheit der Lichtstärke vor.

---

[1]) Internationale Lichtmeßkommission. III. Kongreß, Zürich 1911. Journal für Gasbeleuchtung **54**. S. 1001. **1911**. The Illuminating Engineer (London) **4**. S. 508. **1911**.

[2]) Vorschlag Buntes (Deutschland).

[3]) Vorschlag Vautiers (Frankreich).

[4]) André Blondel, The Illuminating Engineer (London) **3**. S. 524. **1909**.

Für die heute gebräuchlichen Einheiten der Lichtstärke gilt seit Juli 1909, bestätigt durch Beschluß der Internationalen Lichtmeßkommission vom 27. Juli 1911 die folgende Umrechnungstabelle:

Faktor zur Umrechnung in die gesuchte Einheit.

Bekannte Angabe in	1. Hefnerkerzen	2. Standardkerze (internat. Kerze), Bougie décimale (bougie normale), American candle, Pentane candle, Standard candle	3. Carcel
1. Hefnerkerze	1	0,9	0,093
2. Standardkerze (internat. Kerze), Bougie décimale (bougie normale), American candle, Pentane candle, Standard candle	1,11	1	0,1035
3. Carcel	10.75	9,65	1

Da es von Wert sein kann, das Verhältnis der Lichtstärken der verschiedenen Lichteinheiten zu verschiedenen Zeiten und von verschiedenen Beobachtern gemessen, zu kennen, hat Bunte im Jahre 1903 die Tabelle auf S. 32 u. 33 zusammengestellt, die sich auf die Lichtstärkenwerte vor dem Übereinkommen von 1909 bezieht.

§ 19. Beleuchtung.

Unter Beleuchtung versteht man das Auftreffen eines Lichtstromes auf einen nicht leuchtenden Körper. Die Größe der Beleuchtung E oder Lichtstromdichte[1]) eines Oberflächenelementes ds (Fig. 18) ist gleich dem Verhältnis des Lichtstromes $d\Phi$ zu der Größe des Flächenelementes, also

$$E = \frac{d\Phi}{ds} \qquad \ldots \ldots \ldots \quad 1)$$

Umgekehrt kann man auch wieder den Lichtstrom auf die Beleuchtung zurückführen durch die Gleichung $d\Phi = E \cdot ds$ und $\Phi = \int E \cdot ds$ Führt man die Lichtstärke J ein, so ist die Beleuchtung E eines Flächenelements

$$E = \frac{J}{r^2} \qquad \ldots \ldots \ldots \quad 2)$$

Wird von dem von einer punktförmigen Lichtquelle ausgehenden Lichtstrom durch Einschaltung eines Diaphragmas D (Fig. 19) mit kreisförmiger Öffnung ein kleiner Lichtkegel ausgesondert und fängt

---

[1]) Schon Lambert spricht von einer Dichte der Lichtstrahlen.

man den Lichtstrom einmal in der Entfernung r_1 und einmal in der Entfernung r_2 von der Lichtquelle L auf, so wird der gleiche Lichtstrom im ersten Falle von der Kreisfläche $\varrho_1{}^2\pi$, im zweiten Falle von der Kreisfläche $\varrho_2{}^2\pi$ aufgefangen. Diese Flächen verhalten sich wie die Quadrate der Abstände r_1 und r_2. Die Beleuchtung ist also umgekehrt proportional der Querschnittsfläche des Strahlenbündels. Es

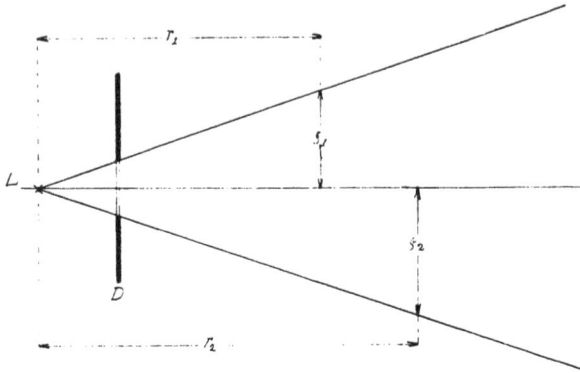

Fig. 19.

gilt also das Gesetz Gleichung (2) zunächst nur für den Fall eines divergierenden Strahlenkegels. Der Fall eines konvergierenden Strahlenbündels läßt sich auf den vorhergehenden sofort zurückführen. Wenn durch eine Linse P (Fig. 20) ein konvergierender Strahlenkegel hervorgebracht wird, so tritt in der Betrachtung an die Stelle von L der

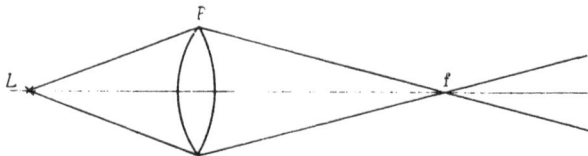

Fig. 20.

Schnittpunkt f der Lichtstrahlen. Man kann sich anderseits f ersetzt denken durch die Lichtquelle L, jedoch so, daß von L ein Doppelkegel ausgeht. Der Querschnitt des Kegels müßte im Punkte f theoretisch gleich Null sein und demgemäß die Beleuchtung $E = \infty$. Allein in der Praxis ist die Lichtquelle L niemals punktförmig, sondern sie hat eine räumliche Ausdehnung; das gleiche muß daher von ihrer Abbildung in f gelten. Auch die chromatische Dispersion der Linse bewirkt eine weitere Vergrößerung des Punktes f zu einer Fläche. Vom Punkte f angefangen nimmt nach beiden Seiten die Beleuchtung eines

in den Lichtkegel gebrachten Flächenstücks ab, und zwar auf der einen
Seite durch die Linse P begrenzt, auf der andern Seite unbegrenzt.

Außer den beiden vorher behandelten Fällen ist aber noch ein
dritter denkbar, nämlich der eines parallelen, z. B. zylindrischen Lichtbündels. Der Querschnitt eines Zylinders ist überall gleich, daher muß
die von demselben Lichtbündel hervorgebrachte Beleuchtung theoretisch in jedem Querschnitt dieselbe sein. In der Praxis ergibt sich
allerdings eine Einschränkung.

Betrachtet man, wie parallele Lichtstrahlen zustande kommen,
so ergeben sich zwei Möglichkeiten. Einmal geben sehr weit entfernte
punktförmige Lichtquellen parallele Lichtbündel, so z. B. die Sterne.
Die Sonne gibt ohne weiteres keine parallelen Strahlen, da ihre Dimensionen zu erheblich sind; sie ist nicht punktförmig. Anderseits
werden parallele Lichtstrahlen auf künstlichem Wege durch Gläser und
Spiegel erzeugt. Vollkommen parallele Strahlen vermag man aber auf
solchem Wege nicht herzustellen und zwar teils wegen der Unvoll-
kommenheit jener optischen Hilfsmittel teils weil die Lichtquellen in
ihren Abmessungen allzuweit von der Punktförmigkeit entfernt sind.

Die Definitionsgleichung für die Beleuchtung ergibt sich aus
Gleichung (1) als:

$$E = \frac{\Phi}{S} \qquad \ldots \ldots \ldots \quad 3)$$

Steht einer ebenen Fläche eine Lichtquelle von 1 HK in 1 m
Abstand gegenüber, so erhält der Teil der Fläche, auf welchen das
Licht senkrecht auftrifft, die Einheit der Beleuchtung.

Die Einheit der Beleuchtung wird in L u x gemessen. Früher
wurde statt Beleuchtung häufig »indizierte Helligkeit« gesagt und als
Einheit der Beleuchtung das Wort M e t e r k e r z e gebraucht.

Blondel empfahl in seinem System von 1896 zur Bezeichnung der
Einheit der Beleuchtung das Wort L u x , das auch international an-
genommen wurde. Es hat sich in deutschen beleuchtungstechnischen
Kreisen schnell eingebürgert. Das Wort Meterkerze kann leicht zu
Verwechslungen Anlaß geben, insbesondere, da es noch vielfach mit
Rücksicht auf die alte deutsche Vereinskerze (1 Meterkerze = 1,2 Lux
in diesem Falle) gebraucht wird.

Ursprünglich stand in der Tabelle auf Seite 29 hinter dem Worte
Lux das Wort Meterkerze als fakultativ synonyme Bezeichnung in
Klammern. Dieser Klammerzusatz wurde vom Verband Deutscher

Elektrotechniker[1]) im Jahre 1910 gestrichen und dafür der Ausdruck
H e f n e r l u x als synonym zugelassen. Die Gasleute[2]) haben die
fakultative Bezeichnung Meterkerze statt Lux im Jahre 1909 aufgegeben.
Nun wird das Lux von der Einheit der Lichtstärke und der Längeneinheit abgeleitet. Da in den verschiedenen Ländern die Einheiten
der Lichtstärke nicht gleich sind und da in den Ländern des englischen
Sprachgebietes als Längeneinheit häufig noch mit dem foot gerechnet
wird, ergab sich eine Vielfältigkeit in der Bezeichnung der Einheit der
Beleuchtung und in ihrer Auswertung, so daß Monasch[3]) folgende
Tabelle zur Umrechnung von Beleuchtungswerten aufstellte, die nach
dem auf Seite 35 angegebenen, jetzt gültigen Verhältnis der Lichtstärken wiedergegeben ist, wobei angenommen ist, daß 1 foot = 0.3048 m.

Einheiten der Beleuchtung.

Bekannte Angabe in	Faktor zur Umrechnung in die gesuchte Einheit				
	Lux (Hefner-Lux)	Hefner-foot	Intern. oder Standard candle-foot	Standard Kerzenmeter Standard candle-meter Bougie-mètre Internat. Lux (Bougie-Lux)	Carcel-mètre
	1.	2.	3.	4.	5.
1. Lux (Hefner-Lux)	1	0,0926	0,0834	0,9	0,093
2. Hefner-foot	10,79	1	0,9	9,7	1,005
3. Internat. oder Standard candle-foot	11,98	1,11	1	10.79	1,12
4. Standard Kerzenmeter Standard candle-meter Bougie-mètre Intern. Lux (Bougie-Lux)	1,11	0.103	0,0926	1	0,1035
5. Carcel-mètre	10,75	0,995	0,894	9,65	1

Findet man z. B. in einer englischen Zeitschrift die Angabe, die
Beleuchtung beträgt 1,67 foot-candles oder candle-feet und will man
diese Angabe in Lux (Hefnerlux) verwandeln, so sucht man in der
Tabelle unter dem Kopf »Bekannte Angabe« die Horizontalreihe 3
(candle-foot) auf und entnimmt ihr den Umrechnungsfaktor 11,98 der

---

[1]) E. T. Z. **31**. S. 302. **1910**.
[2]) Journal für Gasbeleuchtung **52**. S. 564. **1909**.
[3]) Monasch, Journal für Gasbeleuchtung **50**. S. 1143. **1907**. **52**. S. 1099.
1909. The Illuminating Engineer (London) **2**. S. 742. **1909**.

ersten Vertikalreihe (Lux); multipliziert man dann 1,67 foot-candles mit 11,98, so erhält man 1,67 foot-candles = 20 Lux.

Gegen diese Vielfältigkeit der Bezeichnungsweise der Einheit der Beleuchtung haben schon verschiedene Schriftsteller Stellung genommen und internationale Regelung verlangt. In der englischen Literatur findet man sowohl candle-foot als auch foot-candle und dementsprechend zwei Pluralformen candle-feet und foot-candles. Monasch[1]) sagt: »Man weiß bei diesem zusammengesetzten Worte foot-candle, wie übrigens auch beim deutschen Meterkerze, wirklich nicht recht, welcher Begriff eigentlich in den Vordergrund geschoben werden soll. Bei zusammengesetzten Worten ist sowohl im Englischen wie im Deutschen das letzte Wort begriffsbestimmend, oder mit den Ausdrücken der philosophischen Terminologie: Das letzte Wort ist das genus proximum, während das erste (oder auch die ersten) die differentia specifica darstellt. Ein Türschloß ist ein Schloß und eine Schloßtür ist eine Tür. Ein wissenschaftlicher Begriff sollte aber doch möglichst eindeutig bezeichnet werden, wie es auf anderen Gebieten längst üblich ist.« Clayton H. Sharp[2]) hat in sprachlich fein empfindender Weise auseinandergesetzt, daß Wortbildungen wie candle-foot begrifflich falsch sind; denn unter solchen Zusammensetzungen muß man sich das P r o d u k t zweier Begriffe vorstellen, wie ja auch im Deutschen z. B. beim Worte Meterkilogramm, während candle-foot nicht etwa bedeutet eine candle mal ein foot, auch nicht etwa eine candle dividiert durch ein foot, sondern eine candle dividiert durch das Quadrat eines foots. Diese Ausführungen zeigen auch, wie falsch begrifflich das deutsche Wort Meterkerze und das französische carcel-mètre gebildet sind.

Trotter[3]) gibt nähere Aufschlüsse über die Geschichte dieser Bezeichnungen. Der Ausdruck candle-foot wurde von Sugg vor ungefähr 45 Jahren vorgeschlagen und ist der gebräuchlichere. Erst in den letzten Jahren sei der Name foot-candle in Amerika aufgekommen. Der Name candle-power-foot sei ganz überflüssig, und der von einigen benutzte Ausdruck »candle-per-square-foot« sei eine Verstümmelung des von Hering vorgeschlagenen Ausdrucks »candle-per-foot-squared«. Auch dieser Ausdruck sei mißverständlich gebildet. Schließlich habe vor einigen Jahren jemand wieder den candle-foot bekämpft und nach Art des Kelvinschen »m h o« für die Einheit der Beleuchtung den im

---

[1]) Monasch, Journal für Gasbeleuchtung **50**. S. 1143. **1907**.

[2]) Clayton H. Sharp, The Illuminating Engineer (New York) **2**. S. 470. **1907**.

[3]) Alex. Pelham Trotter, Illumination. S. 16. Macmillan & Co. London 1911.

Zeitalter des Automobilismus vielleicht noch für bessere Zwecke brauchbaren Ausdruck »candle-toof-toof« vorgeschlagen. Besser sei schon candle-at-a-foot, jedoch sei von allen diesen Ausdrücken foot-candle immerhin noch der brauchbarste.

Als internationale Einheit der Beleuchtung war auf dem internationalen Elektrikerkongreß in Genf im Jahre 1896 das Lux vorgeschlagen worden. Der Name Lux war schon früher von Sir William Preece auf dem Pariser Elektrikerkongreß im Jahre 1889 als Bezeichnung der Beleuchtung vorgeschlagen worden, welche 1 englische Kerze in der Entfernung von 1,058 foot hervorbringt. Das Genfer Lux war definiert worden als die Beleuchtung, die von 1 bougie décimale bei der Entfernung von 1 m hervorgebracht wird.

Da die bougie décimale keine reelle Lichtquelle ist, hatte man in Genf beschlossen, die bougie décimale vorläufig praktisch durch die Hefnerlampe zu ersetzen. Man war nach dem Stande der Messungen von 1896 von der Beziehung ausgegangen, daß die Lichtstärke der bougie décimale und der Hefnerlampe auf 2% übereinstimme (1 HK = 1,02 bougies décimales). Im Laufe der Jahre[1]) ergab sich dann, daß zwischen der Hefnerlampe und der bougie décimale ein Unterschied von 11% besteht. Es gibt demnach heute ein Lux, das von der Hefnerlampe abgeleitet ist und in deutschen beleuchtungstechnischen Kreisen viel gebraucht wird (Hefnerlux) und ein Lux, das in Ausführung der internationalen Genfer Beschlüsse von 1896 von der bougie décimale abgeleitet ist, das bougie-mètre Lux oder, da die bougie décimale auch bisweilen »internationale« Kerze genannt wird, das »Internationale« Lux. Die beiden Lux differieren um 11%. Wenn in diesem Buche das Wort Lux ohne nähere Bezeichnung gebraucht wird, so bedeutet es stets Hefnerlux.

§ 20. Flächenhelle.

Unter Flächenhelle versteht man die von einer Fläche pro Flächeneinheit ausgesendete Lichtstärke. Während bei der Beleuchtung unter der Einheit der Beleuchtung eine solche Beleuchtung verstanden wird, wie sie eine Fläche durch eine in der Entfernung von 1 Meter von ihr aufgestellte Kerze empfängt, bildet bei der Flächenhelle diejenige Helligkeit einer Fläche die Einheit, die so beschaffen ist, daß

---

[1]) F. Laporte, The Illuminating Engineer (London) **1**. S. 253. **1908**. B. Monasch, The Illuminating Engineer (London) **1**. S. 342. **1908**. B. Monasch, Electrical World **54**. S. 1053. **1909**. F. Laporte, Electrical World **54**. S. 1474. **1909**.

1 qcm der Fläche die Lichtstärke von 1 HK aussendet. Die Flächenhelle ist, falls die Fläche ihre Helligkeit von außen empfängt, nicht nur
abhängig von der Helligkeit der beleuchtenden Lichtquelle und ihrer
Entfernung von der Fläche, sondern auch von der Oberflächenbeschaffenheit der letzteren; die Flächenhelle kommt vor allem in
Betracht bei selbstleuchtenden Körpern, wie z. B. bei den Fäden
der elektrischen Glühlampen oder der leuchtenden Oberfläche der
Glühstrümpfe der Gasglühlichtbrenner. Wegen der Kleinheit der in
Betracht kommenden leuchtenden Flächen hat man bei der Definition
der Flächenhelle als Einheit der Länge 1 cm und nicht wie bei der
Einheit der Beleuchtung 1 m verwendet. Dadurch stellt sich das jetzt
in Deutschland geltende photometrische System als ein gemischtes
System dar.

Anstatt Flächenhelle waren noch verschiedene Ausdrücke vorgeschlagen, wie z. B. Erhellung und Glanz. Der Ausdruck Erhellung
paßt nicht für selbstleuchtende Körper. Die Lichtmeßkommission des
Verbandes Deutscher Elektrotechniker vom Jahre 1897 lehnte auch
das Wort Glanz[1]) ab. Glanz wird heute noch viel als synonym mit
Flächenhelle für selbstleuchtende Körper von sehr großer Flächenhelle
verwendet. Die Kommission stellte sich auf den Standpunkt, daß
man mit dem Begriffe Glanz stets die Vorstellung einer besonderen
Reflexionsfähigkeit einer Fläche verbinde; Glanz sei eine Flächeneigenschaft, keine photometrische Größe. Bei einem hochpolierten
Metallstück spreche man von Glanz.

Wenn man vor einem leuchtenden Körper einen Schirm mit einer
kleinen Öffnung aufstellt, so ist die durch die Öffnung sichtbare Flächenhelle unabhängig von der Stellung der Öffnung gegen den Leuchtkörper, falls der Körper das Lambertsche Strahlungsgesetz befolgt.
Im umgekehrten Falle kann immer nur von einer Flächenhelle unter
einem bestimmten Winkel gesprochen werden.

---

[1]) Uppenborn hielt G l a n z für die richtigere Bezeichnung. Er sagte: Der
Verband gebraucht statt Glanz das der deutschen Prosa fremde Wort H e l l e ,
welches sich sonst nur in poetischen Erzeugnissen vorfindet (vgl. Faust, Teil I.
Vers 253). Die von Lambert herrührende Bezeichnung Glanz hat der Verband verschmäht, weil es angeblich auf poliertes Metall hinweise, aber wohl mit Unrecht,
denn hochpolierte Metalle sind an und für sich unsichtbar und was man bei ihrer
Betrachtung sieht, sind lediglich Spiegelbilder der umgebenden leuchtenden oder
beleuchteten Gegenstände, sogenannte »G l a n z l i c h t e r«. Man ist deshalb sehr
wohl berechtigt, von dem Glanze einer Lichtquelle zu reden. Das einfache Wort
»Glanz« drückt also dasselbe aus wie das zusammengesetzte »Flächenhelle«, nämlich das Verhältnis der Lichtstärke zur leuchtenden Oberfläche.

Aus der Definitionsgleichung für die Flächenhelle e

$$e = \frac{J}{s} \qquad \qquad \qquad 1)$$

läßt sich folgende Schlußfolgerung ziehen. Wenn ein leuchtender Körper an jedem Punkte der Oberfläche gleiche Flächenhelle besitzt, was z. B. bei Glühlampen, Nernstlampen u. dgl. bis auf einen kleinen Bezirk an den Befestigungsstellen zutrifft, so ist die Lichtstärke J in einer beliebigen Richtung proportional der Projektion s' der leuchtenden Fläche s auf eine Ebene, welche rechtwinkelig auf jener Richtung steht (Fig. 21):

$$J = c \cdot s' = c \cdot s \cdot \cos \alpha \qquad \ldots \ldots \quad 2)$$

Von dieser Gleichung wird mannigfacher Gebrauch gemacht.

Im folgenden wird die Flächenhelle einiger selbstleuchtender Körper mitgeteilt:

Lichtquelle	Flächenhelle HK pro qcm
Stearinkerze	0,663
Talgkerze	0,735
Petroleumlampe	0,62—1,5
Spiritusglühlicht	2,47
Gasschnittbrenner	0,53 - 1,25
Gasglühlicht aufwärts stehend	3,2—5,7
» abwärts hängend	6,4
Preßgas	5,0—8,5
Azetylen	6,2—8,0
Kohlenfadenglühlampe 4 Watt/HK	45—50
» 3,5 »	55—60
» 3,1 »	70—80
» 3,1 » mattiert . . .	0,5—1,0
Metallisierte Kohlenfadenglühlampe 2,2 Watt/HK	90—100
Tantallampe	110—130
Nernstbrenner (nackt)	160—450
Wolframglühlampe	160—220
Quecksilberlichtbogen in Glasröhre	2,5—3,0
Moores Vakuum-Röhrenlicht	0,04—0,26
Dauerbrandbogenlampe je nach Glocken . . .	10—70
Flammenbogen (nackt)	600—1000
Reinkohlenlichtbogen (nackt)	1800—8000
+ Krater des Reinkohlenlichtbogens	32 000—35 000
Sonne am Horizont	400
« « Zenit	100 000—150 000

In neuerer Zeit haben Ives und Luckiesh[1]) die Flächenhelle einiger Lichtquellen bestimmt, indem sie ein Holborn-Kurlbaumsches optisches Pyrometer in geeigneter Weise für die Messungen abänderten. Auch Dow und Mackinney[2]) gaben ein neues Instrument zur Messung der Flächenhelle an.

Die Physiologen empfehlen, bei künstlichen Lichtquellen eine Flächenhelle von 0,25 bis 0,75 HK pro qcm nicht zu überschreiten. In der Beleuchtungstechnik hat man in der Umhüllung der Lichtquelle von starker Flächenhelle durch lichtstreuende Gläser, Glocken, Schalen oder Reflektoren ein einfaches Mittel, die starke Flächenhelle für das Auge zu mildern. Diese Umhüllungen vergrößern die Fläche der primären Lichtquelle, so daß sie als sekundäre Lichtquelle von geringerer Flächenhelle erscheint.

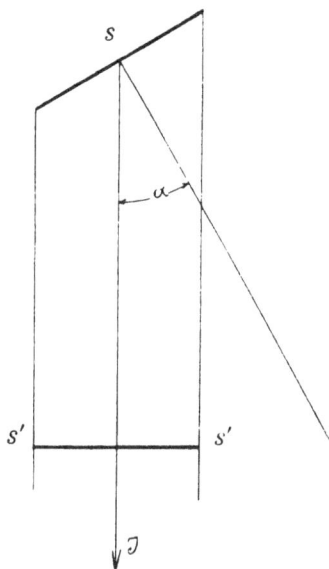

Fig. 21.

§ 21. Lichtabgabe.

Unter L i c h t a b g a b e versteht man das Produkt eines Lichtstroms mit der Zeit seines Bestehens. Die Einheit der Lichtabgabe Q ist das Produkt aus der Einheit des Lichtstroms und der Einheit der Zeit. Als Einheit der Zeit ist die S t u n d e gewählt worden. Q wird demgemäß in Lumenstunden gemessen.

Statt L i c h t a b g a b e waren noch die Ausdrücke: Lichtlieferung, Lichtleistung, Lichtmenge vorgeschlagen worden. Die Verbände entschieden sich aber im Jahre 1897 für den Ausdruck Lichtabgabe.

§ 22. Belichtung.

Die Belichtung ist zu definieren als das Produkt der Beleuchtung E, welcher ein Gegenstand ausgesetzt wird und der Zeitdauer der Be-

---

[1]) H. E. Ives und M. Luckiesh, The Electrician (London) **67.** S. 53. **1911.** Ältere Angaben von Angus, Zeitschrift für Beleuchtungswesen **12.** S. 347. **1907.** Stockhausen, Journal für Gasbeleuchtung **50.** S. 1071. **1907.**

[2]) J. S. Dow und V. H. Mackinney, The Electrician (London) **66.** S. 86. **1910.**

leuchtung t in Sekunden. Die Einheit der Belichtung ist demnach
die Luxsekunde; die Definitionsgleichung für die Belichtung j ist:

$$j = E \cdot t.$$

Für diese Einheit der Belichtung hat der photographische Kongreß
in Brüssel den Namen »Phot« vorgeschlagen. Die Größe der Belichtung
spielt nicht nur in der Photographie eine große Rolle, welche die Aufstellung eines besonderen Namens rechtfertigt, sondern auch in der
Physiologie. Beispielsweise hat man gefunden, daß zur Sichtbarkeit
einer punktförmigen Lichtquelle eine Belichtung der Pupille von
10^{-8} Phot erforderlich ist.

IV. Kapitel.
Lichteinheiten und Zwischenlichtquellen.

A. Lichteinheiten.

§ 23. Allgemeines.

Für das Licht läßt sich nicht, wie für andere Formen der Energie,
eine absolute Einheit, welche sich auf die Fundamentaleinheiten Zentimeter, Gramm, Sekunde gründet, ableiten. Licht wird nur empfunden,
insofern ein menschliches Auge es wahrnimmt. In definiendis luminis
gradibus solus oculus est judex sagt schon Lambert[1]). Es ist deshalb
ein müßiges Beginnen, das menschliche Auge durch Radiometer-
flügel u. dgl. ersetzen zu wollen. Dieselben mögen auf die sichtbare
Strahlung vielleicht ähnlich reagieren wie das Auge, aber niemals
gleichartig. Mit so einfachen Mitteln kann man den Wunderbau des
Auges nicht ersetzen. Eine Lichteinheit kann also nicht aus anderen
physikalischen Größen heraus konstruiert werden, sondern sie muß aus
der Zahl der künstlichen Lichtquellen ausgewählt und so konstruiert
werden, daß sie bei jeder neuen Herstellung denselben Wert gibt.

Man muß nun unterscheiden zwischen a b s o l u t e n N o r m a l -
l i c h t e r n oder »primären Einheiten« und geeichten oder »sekundären
Einheiten«. Unter den absoluten Normallichtern versteht man solche,
bei denen die Vorschriften über Herstellung und Verwendung der

---

[1]) Lambert, De Photometria sive de mensura etc. S. 6.

Lichtquellen eine ganz bestimmte Lichtstärke gewährleisten. Die sekundären Einheiten sind dagegen solche, deren Lichtstärke in der einer primären Einheit ausgedrückt wird, d. h. Lichtquellen, die g e e i c h t sind.

Es sollen zunächst die absoluten Normallichter betrachtet werden. Um absolute Normallichter zu gewinnen, griff man in Deutschland und England zu einem sehr einfachen Beleuchtungsmittel, nämlich der »Kerze«. Die deutsche Paraffinnormalkerze[1]) und die englische »spermaceti standard candle« wurden so gleichmäßig fabriziert, daß man allerdings zufrieden sein durfte, so lange man nichts Besseres hatte. In Frankreich wählte man eine Öllampe, die Carcellampe (bec Carcel), und hat an ihr bis heute festgehalten, obgleich man jetzt wohl bessere Normale besitzt.

Im allgemeinen läßt sich wohl sagen, daß ein Normallicht um so besser sein wird, je genauer es folgende Bedingungen erfüllt:

1. Die einzelnen nach der Vorschrift hergestellten und behandelten Exemplare sollen untereinander eine möglichst geringe Abweichung der Lichtstärke aufweisen.

2. Die Schwankungen der Lichtstärke der Normale sollen möglichst gering sein.

3. Die Farbe des Lichtes soll möglichst weiß sein.

4. Der Brennstoff soll nicht allzu teuer sein.

Die jetzt gebräuchlichsten Lichteinheiten sind lediglich Flammeneinheiten.

Unter den Flammeneinheiten haben früher, wie schon erwähnt, die Normalkerzen eine große Rolle gespielt, allein jetzt sind sie durch die Lichteinheiten mit flüssigem Brennstoff vollständig verdrängt worden, wenn auch in England die Spermacetikerze noch immer die gesetzliche Lichteinheit bildet. Die Kerzen entsprachen der vierten Bedingung nur sehr wenig und wurden deshalb verworfen. Auch in England wurden sie in der Praxis durch die Pentanlampe ersetzt.

Nicht bewährt als Normale haben sich zwei Gasbrenner von G i r o u d , welche eine Zeitlang in der Photometrie des Gases eine

---

[1]) Über die verschiedenen Normalkerzen siehe: Journal für Gasbeleuchtung **22**. S. 205. **1879**. **26**. S. 717. **1883**. **28**. S. 345. **1885**. — H. Krüß, Optisches Flammenmaß. Zentralblatt für Elektrotechnik **6**. S. 57. **1884**. — Die Maßeinheiten des Lichtes. Zeitschrift für Elektrotechnik **3**. S. 33. **1885**. — Bericht der Kerzenkommission. Journal für Gasbeleuchtung **31**. S. 756. **1888**. — Über die Benutzung der Normalkerzen in der Photometrie. Journ. für Gasbeleuchtung **39**. S. 550. **1896**.

große Rolle spielten, bis von Uppenborn ihre Unzuverlässigkeit nachgewiesen wurde[1]). Auch der von Methven angegebene Argandbrenner mit einem Schlitz, welcher nur Licht von einer bestimmten
Stelle der Flamme durchließ, bewährte sich nicht.

Die am vollständigsten untersuchten und am meisten verbreiteten
Normallampen sind die Carcellampe, die Hefnerlampe und die Pentanlampe.

Außer den Flammen sind als Normallichter noch w e i ß g l ü h e n d e
O b e r f l ä c h e n und l u f t v e r d ü n n t e G l ü h r ö h r e n vorgeschlagen worden.

§ 24. Weißglühende Oberflächen.

Auf dem internationalen Elektrikerkongreß in Paris im Jahre 1881
und auf der internationalen Konferenz zu Paris im Jahre 1884 war
beschlossen worden, die Viollesche[2]) Platineinheit als Einheit der
Lichtstärke zu betrachten. Demgemäß sei die Einheit der Lichtstärke
des weißen Lichtes diejenige Lichtstärke, welche von 1 qcm der Oberfläche von geschmolzenem Platin bei der Erstarrungstemperatur ausgestrahlt wird. Nach den Untersuchungen von Petavel[3]) dauert die
Periode der Erstarrung des Platins, während welcher die Lichtstärke
nahezu konstant bleibt, 30 Sekunden. Es ist sehr schwer, diese Viollesche
Platineinheit herzustellen und unbequem mit ihr zu experimentieren.

Die Erfordernisse der weißglühenden Oberflächen als Norma-
lichteinheit sind: Genügend hohe Temperatur zur Erzielung einer
spektralen Zusammensetzung, die für photometrische Vergleiche geeignet ist, genügende Konstanz des Lichtes, Reproduzierbarkeit der
Temperatur und konstante Emissionsfähigkeit der Oberfläche. Die
großen Schwierigkeiten liegen in der Erzielung einer Oberfläche von
konstanter Emissionsfähigkeit, in der Konstanthaltung der Temperatur

---

[1]) Uppenborn, »Über konstante Vergleichslichtquellen für photometrische
Zwecke«, Zentralblatt für Elektrotechnik 10. S. 186. 1888.

[2]) J. Violle, Sur la radiation du platine incandescent. Comptes Rendus 88.
S. 171. 1879. — E. L. Nichols, Über das von glühendem Platin ausgestrahlte Licht.
Inaugural-Dissertation. Göttingen 1879. — J. Violle, Intensités lumineuses des
radiations émises par le platine incandescent. Comptes Rendus 92. S. 866. 1883. —
J. Violle, Sur l'étalon absolu de la lumière. Annales de Chimie et de Physique (5) 1.
S. 373. 1884. — W. Siemens, Über die von der Pariser internationalen Konferenz
angenommene Lichteinheit. Wiedemanns Annalen 22. S. 304. 1884. — E. Liebei-
thal, Erfahrungen mit der Siemensschen Platinnormallampe, E. T. Z. 9. S. 445. 1888.

[3]) J. E. Petavel, The Electrician (London) 44. S. 710. 749. 827. 863. 1900.

in genügend engen Grenzen, da einer Änderung der Temperatur um
1% eine Änderung der Lichtstärke von 12 bis 18% entspricht.

Die bisher bekannt gewordenen Lichteinheiten dieser Gattung
sind die Viollesche Platineinheit, ihre Modifikation durch Lummer,
durch Siemens, Croß, Lummer und Kurlbaum und durch Petavel.
Der Nachteil aller dieser Lichtquellen liegt in dem Umstande, daß
die strahlende Oberfläche des Platins sich verändert und bei einigen,
daß die photometrischen Ablesungen in einem kurzen, bestimmten
Zeitpunkte gemacht werden müssen.

Diese Lichteinheiten mit weißglühender Oberfläche konnten bisher
keine praktische Bedeutung erlangen. Waidner und Burgeß[1]) haben
in neuerer Zeit einen beachtenswerten Vorschlag zur Änderung der
Violleschen Platineinheit gemacht.

Sie gehen bei ihrem Vorschlage von folgender Überlegung aus:
Das von einem weißglühenden Körper ausgestrahlte Licht hängt von
seiner Temperatur und von seiner Oberflächenbeschaffenheit ab. Eine
ideale Lichtquelle ist eine solche, bei welcher die Temperatur des weißglühenden Körpers von selbst konstant gehalten wird durch irgend-
einen natürlichen Vorgang und bei welcher die Emissionsfähigkeit der
Oberfläche unabhängig von den physikalischen und chemischen Eigenschaften des Körpers ist. Von diesen Bedingungen erfüllt die Viollesche
Platineinheit nur die eine, die Konstanthaltung der Temperatur,
während sich die Ausstrahlungsfähigkeit der Platinoberfläche verändert.

Der »schwarze Körper« ist bekanntlich ein solcher, welcher die
gesamte auf ihn fallende Strahlung absorbiert und Strahlung weder
hindurchläßt noch reflektiert. Kirchhoff zeigte, daß die Strahlung
eines »schwarzen Körpers« lediglich von seiner Temperatur und nicht
von den physikalischen oder chemischen Eigenschaften seines Materials
abhängt und daß die Strahlung im Innern eines Hohlkörpers, dessen
Wandungen auf konstanter Temperatur gehalten werden, die Strahlung
des »schwarzen Körpers« ist. Die experimentelle Verwirklichung des
schwarzen Körpers wurde von Lummer und Wien erreicht, welche die
Strahlung benutzten, die aus einer kleinen Öffnung der Oberfläche
eines gleichmäßig erwärmten Hohlkörpers trat.

Die Benutzung der Strahlung des schwarzen Körpers als Lichteinheit ist schon von Lummer und Pringsheim sowie von Nernst vorgeschlagen worden. Waidner und Burgeß schlagen nun vor, die Viollesche Methode zur Konstanthaltung der Temperatur durch den Er-

---

[1]) Waidner und Burgeß, Electrical World **52**. S. 625. **1908**.

starrungspunkt des Platins mit dem schwarzen Körper zu vereinigen.
Zu diesem Zweck wird ein schwarzer Körper in ein Bad von geschmolzenem Metall, z. B. Eisen oder Nickel gesenkt und in den
schwarzen Körper eine kleine Menge Platin gebracht. In diesem Falle
kommt ein Teil der Strahlung von der Platinoberfläche, aber da sich
das Platin im Innern des schwarzen Körpers befindet, ist die Strahlung
fast unabhängig von der Oberflächenbeschaffenheit des Platins. Waidner
und Burgeß haben bis jetzt einige Vorversuche über die Konstanz der
Erstarrungspunkte geschmolzener Metalle gemacht, indem sie als
schwarzen Körper Magnesia, die in reines Kobalt getaucht war, verwendeten. Die näheren Bedingungen, unter welchen sich eine derartige Einheit des Lichtes herstellen ließe, müssen noch durchforscht
werden. Aus Messungen, die Nernst über die Strahlung schwarzer
Körper gemacht hat, läßt sich schließen, daß die Lichtstärke dieser
Einheit ungefähr 88 HK betragen würde.

§ 25. Bougie décimale.

Da die Viollesche Platineinheit, abgesehen von ihrer Unbequemlichkeit, mit Rücksicht auf den eingebürgerten Begriff der Kerze zu groß
ist (1 Violle = 22,6 HK), wurde auf dem internationalen Elektrikerkongreß in Paris im Jahre 1889 der Begriff der b o u g i e d é c i m a l e
unter folgender Definition geschaffen:

»Um die Lichtstärke einer Lampe in Kerzen zu bestimmen,
nimmt man als praktische Einheit unter dem Namen bougie décimale
den 20. Teil der absoluten Lichtnormale, wie letztere von der internationalen Konferenz vom Jahre 1884 definiert worden ist.« (Viollesche Einheit.)

Violle hatte die Lichtstärke seiner Platineinheit mit Hilfe der
Lichtstärke der Carcellampe bestimmt und im Jahre 1884 folgendes
Verhältnis angegeben:

$$1 \text{ Carcel} = \frac{1 \text{ Violle}}{2,08}.$$

1 bougie décimale wäre demnach gleich 0,104 Carcel.

Die bougie décimale ist also keine körperliche Lichtquelle, sondern
ein bloßer Begriff. Früher rechnete man 1 bougie décimale = 1,13 HK
nach der auf Seite 31 angegebenen Verständigung gilt jetzt ab 1. Juli
1909 1 bougie décimale = 1,11 HK.

Mit der bougie décimale wird nur in Frankreich gerechnet.

Auf dem internationalen Elektrikerkongreß in Genf im Jahre 1896 wurde die bougie décimale wieder als theoretische Einheit der Lichtstärke bestätigt. Da jedoch die praktische Darstellung dieser Einheit schwierig war, wurde beschlossen, daß die bougie décimale praktisch durch die Lichtstärke der Hefnerlampe dargestellt werden könnte. Man war hierbei von der Annahme ausgegangen, daß die bougie décimale und die Hefnerkerze auf 2% übereinstimmen, was, wie Laporte später nachgewiesen hat, unzutreffend ist.

§ 26. Luftverdünnte Glühröhren.

Die Vorschläge luftverdünnte Glühröhren, in denen elektrische Entladungen vor sich gehen, als primäre Lichteinheit zu verwenden, sind verhältnismäßig neu. Nutting[1]) untersuchte das Licht, das durch eine elektrische Entladung in einer mit Helium angefüllten Kapillarröhre erzeugt wird. Seine Versuche ergaben eine bessere Reproduzierbarkeit dieser Lichtquelle als bei anderen Einheiten, der allgemeinen Einführung steht jedoch die rötliche Lichtfarbe und die geringe Lichtstärke dieser Lichtquelle im Wege.

Steinmetz[2]) schlug als Lichteinheit das Licht vor, welches von einem Watt bei drei auserwählten Wellenlängen ausgestrahlt wird. Die Lichtstärken bei diesen Wellenlängen sind derart abgestimmt, daß weißes oder gelblich-weißes Licht resultiert. Steinmetz wählt eine blaue, eine grüne und eine rote Linie aus dem Spektrum des Quecksilberlichtbogens; für jede Spektrallinie wird eine besondere Quecksilberbogenlampe benötigt. Hieraus läßt sich erkennen, daß die Herstellung einer solchen Primärlichteinheit erheblichen experimentellen Schwierigkeiten unterworfen ist.

Bedeutung für die praktische Photometrie haben die Lichteinheiten der luftverdünnten Glühröhren noch nicht gewinnen können.

§ 27. Kerzen.

Die englische Normalkerze (London spermaceti candle, candle, normal candle, english candle, british parliamentary candle) ist eine Wallrathkerze von 44,5 mm Flammenhöhe und einem Verbrauch von 7,77 g in der Stunde. Das Gewicht der englischen Kerze beträgt $\frac{1}{6}$ engl. Pfund = 75,6 g. Der Durchmesser der Kerze soll

---

[1]) Nutting, Electrical World **54**. S. 715. **1909**.
[2]) C. P. Steinmetz, Trans. Americ. Institute of Electrical Engineers **27**. S. 1319. **1908**.

unten 22,5 und oben 20 mm betragen. Der Kerzendocht besteht aus
3 Strängen, von denen jeder aus 18 Baumwollfäden geflochten ist. Die
Flammenhöhe der englischen Kerze wird verschieden angegeben, daher
findet man auch häufig verschiedene Angaben für die Lichtstärke der
englischen Normalkerze bei Vergleichen mit anderen Lichteinheiten.
Die d e u t s c h e V e r e i n s k e r z e (VK) ist eine Paraffinkerze
von 50 mm Flammenhöhe und 20 mm Durchmesser. Das Paraffin
soll bei 55⁰ schmelzen. Der Docht besteht aus 24 Baumwollfäden
(e i n Faden ist rot gefärbt als Kennzeichen). Das Gewicht einer Kerze
beträgt 83,3 g. Die deutsche Vereinskerze wird unter der Aufsicht der
Lichtmeßkommission des Deutschen Vereins von Gas- und Wasserfachmännern hergestellt
    Eine deutsche Vereinskerze[1]) = 1,2 HK.
    Eine Hefnerkerze = 0,84 VK.

Die Münchner Kerze.

Die Münchner Kerze ist eine S t e a r i n k e r z e von leicht kegel-
förmiger Gestalt. Der untere Durchmesser beträgt 23 mm, der obere
20,5 mm, die Höhe 310 mm. Ihr Gewicht beträgt 108,9 g im Mittel.
Der Docht ist aus 50 Fäden zusammengesetzt. Die Flammenhöhe soll
52 mm betragen, der Stearinverbrauch soll zwischen 10,2 bis 10,6 g
in der Stunde liegen, ohne daß die Kerze raucht. Der Name dieser
Kerze erklärt sich dadurch, daß sie als Lichteinheit in dem Vertrag
zwischen der Stadt München und den Münchner Gaswerken verein-
bart wurde.

§ 28. Die Carcellampe.

Die Carcellampe[2]) (bec Carcel) wurde von Dumas und Regnault
im Jahre 1842 für Gasprüfungen eingeführt und gilt heute noch in
Frankreich als offizielle Lichteinheit bei Gasmessungen. Die Carcellampe (Fig. 22) ist ein modifizierter Argandbrenner. Bekanntlich hat
Aimé Argand im Jahre 1787 den bis dahin ausschließlich verwendeten
frei brennenden Flachbrenner durch einen Brenner mit rundem hohlen

---

[1]) Lummer und Brodhun, Vergleichung der deutschen Vereinskerze und der
Hefnerlampe mittels elektrischer Glühlichter. Zeitschrift für Instrumentenkunde
10. S. 119 bis 133. **1890.**
   [2]) Die Carcellampe. Journal für Gasbeleuchtung **5.** S. 28. **1862.** — E. Liebenthal, Photometrische Versuche der Physikalisch-Technischen Reichsanstalt über
das Lichtstärkenverhältnis der Hefnerlampe zu der 10 Kerzen-Pentanlampe und
der Carcellampe. Journal für Gasbeleuchtung **49.** S. 559. **1906.**

Docht ersetzt, dem durch seine Mitte frische Luft zugeführt wurde
und über dessen Flamme ein Metallschornstein in gewisser Höhe an-
gebracht wurde. Der Metallschornstein wurde bald durch ein zylin-
drisches Glas ersetzt, bei welchem durch Müller die heute allbekannte
Einschnürung in der Höhe der Flamme angebracht wurde, damit die
Luft in nächste Berührung mit der Flamme zwecks vollständigerer
Verbrennung gebracht werden könne. Carcel hat im Jahre 1800 die
Speisung des Dochtes mit Öl regelmäßig gestaltet, indem er das Öl-
bassin in den Fuß der Lampe verlegte und das Öl mittels eines
Uhrwerkes zum Dochte pumpte. Der zur Carcellampe verwendete
Docht wird in Frankreich als Leuchtturmdocht
bezeichnet. Das Gespinst besteht aus 75 Fäden
und wiegt 3,6 g für 1 cm. Die Dochte müssen in
trockener Luft aufbewahrt werden. Dumas und Regnault gaben folgende Vorschriften für die Abmessungen der Carcellampe:

Innerer Durchmesser des Brenners . . . 23,5 mm
» » des inneren Luftzuges 17 »
» » » äußeren » 45,5 »
Höhe des Glaszylinders . . . . 290 »
» der Einschnürung des Zylinders über
dem unteren Rande des Glases . . 61 »
Innerer Durchmesser des Glases oben . 34 »
Äußerer » » » unten . 47 »
Mittlere Dicke des Glases . . . . 2 »

Der Verlauf der Luftströmungen in der Lampe
ist in Fig. 22 durch die Pfeile angedeutet. Der Docht
soll 10 mm aus dem Dochtrohre hervorragen. Zu
jeder Messung ist ein neuer Docht zu verwenden.

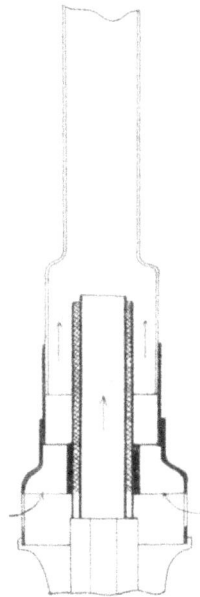

Fig. 22.

In der Lampe wird gereinigtes Colzaöl (Sommerrapsöl) verbrannt,
und zwar sollen 42 g in der Stunde verbrennen. Beträgt der Verbrauch
weniger als 38 g oder mehr als 45 g, so muß der Versuch verworfen
werden. Innerhalb dieser Grenzen wird es als zulässig betrachtet, die
Lichtstärke dem Verbrauch proportional zu setzen. Sowohl Laporte
als auch Liebenthal haben gefunden, daß bei Einhaltung der vorgeschriebenen Dimensionen der stündliche Verbrauch mehr als 45 g
beträgt. Er liegt erst dann zwischen 41 und 43 g, wenn die Länge
des aus dem Brennerrohr herausragenden Dochtes 7 bis 8 mm und nicht
10 mm, und wenn die Zylindereinschnürung 14 bis 15 mm anstatt

17 mm oberhalb der Oberkante des Brenners liegt. Indessen hängt die Lichtstärke auch von mancherlei Nebenumständen ab. So hat die Temperatur und Zusammensetzung der Verbrennungsluft, die Temperatur der Flamme, die seit dem Anzünden der Lampe verflossene Zeit, welche besonders auf die Temperatur der Flamme einwirkt, ferner der Lichtverlust durch den Lampenzylinder einen Einfluß auf die erzielte Lichtstärke. Bei der Benutzung muß die Carcellampe auf einer Wage austariert werden. Man stellt dann den Ölverbrauch fest, indem man ein 10 g-Stück auf die Gewichtsschale legt und die Zeit beobachtet, bis die Zunge der Wage wieder auf 0 einspielt. Wenn der Ölverbrauch der Carcellampe 42 g pro Stunde beträgt, dauert die Verbrennung der 10 g Öl 14 Min. und 17 Sekunden.

Nach sehr eingehenden Untersuchungen von Crova beträgt die Abweichung der Lichtstärke verschiedener Exemplare der Carcellampe höchstens 2 bis 3%. Indessen erfordert die Beobachtung der von Dumas und Regnault aufgestellten Anweisung für die Benutzung der Carcellampe sehr viel Mühe und Zeit. Es ist daher begreiflich, daß auch in Frankreich die Anwendung neuerer und bequemerer Normallampen zunimmt.

Im Jahre 1907 setzte die Internationale Lichtmeßkommission fest:

$$1 \text{ Carcel} = 10{,}75 \text{ HK.}$$

ein Wert, der auch heute noch gültig ist.

§ 29. Die Hefnerlampe.

Im Jahre 1884 machte v. Hefner-Alteneck den Vorschlag zur Einführung einer technischen Lichteinheit, die folgendermaßen definiert ist[1]:

»Als Lichteinheit dient die Lichtstärke einer in ruhig stehender, reiner atmosphärischer Luft frei brennenden Flamme, welche aus dem Querschnitt eines massiven, mit Amylazetat gesättigten Dochtes aufsteigt, der ein kreisrundes Dochtröhrchen aus Neusilber von 8 mm innerem und 8,3 mm äußerem Durchmesser und 25 mm freistehender Länge vollkommen ausfüllt, bei einer Flammenhöhe von 40 mm vom Rande des Dochtröhrchens aus und wenigstens 10 Minuten nach dem Anzünden gemessen.«

Die Hefnerlampe (Fig. 23) besteht aus dem Gefäß A, dem die Dochtführung enthaltenden Kopf B und dem Dochtrohre C.

---

[1] v. Hefner-Alteneck, E. T. Z. **5.** S. 21. **1884.** Journal für Gasbeleuchtung **27.** S. 766. **1884.**

Das Gefäß *A* dient zur Aufnahme des Amylazetats; es ist aus Messing oder Rotguß hergestellt und im Innern verzinnt.

Der Kopf *B* trägt in seinem Innern das dochtführende Rohrstück *a* und das Triebwerk. Das Triebwerk besteht aus zwei Achsen, über

Fig. 23.

die zwei gezahnte, in die Ausschnitte des Rohrstückes *a* eingreifende Walzen *w* und *w₁* geschoben sind. Seitlich von den Walzen und mit diesen fest verbunden sitzen die Zahnräder *e* und *e₁*; diese können durch die beiden in sie eingreifenden, auf ein und derselben Achse *b* sitzenden Schrauben ohne Ende *f* und *f₁* in einander entgegengesetzter Richtung gedreht werden. Die Achse *b* endet in dem Knopf *g*, mit dessen Hilfe

das Triebwerk in Bewegung gesetzt wird. Das dochtführende Rohrstück a ragt über die obere Platte des Kopfes B um etwa 4 mm heraus
und trägt an diesem herausragenden Ende außen ein Gewinde, auf
das die Hülse D aufgeschraubt werden kann. Dicht neben dem Rohrstück a befinden sich in der oberen Platte des Kopfes B zwei einander
gegenüberliegende vertikale Öffnungen von etwa 1 mm Durchmesser,
die zur Zuführung der Luft an Stelle des verbrauchten Brennstoffes
dienen. Die Öffnungen liegen so, daß sie von der aufgeschraubten
Hülse D verdeckt werden.

Das Dochtrohr ist aus Neusilber ohne Lötnaht hergestellt, seine
Länge beträgt 35 mm, sein innerer Durchmesser 8 mm, seine Wandstärke 0,15 mm. Es wird von oben in das Rohrstück a bis an einen
in ihm befindlichen Ansatz eingeschoben. Das herausragende Docht-
rohrende soll dann 25 mm lang sein. Das Dochtrohr muß sich in
seiner Hülse mit leichter Reibung bewegen lassen, so daß es leicht
entfernt werden kann, ohne sich jedoch bei der Bewegung des Dochtes
mit diesem hochzuschieben.

Das Flammenmaß, das zur Feststellung der richtigen Flammenhöhe (40 mm) dient, ist auf einem abnehmbaren, drehbaren und an
jeder Stelle festklemmbaren Ring h (Fig. 23) befestigt, der auf die
obere Platte des Kopfes B aufgesetzt wird.

Als Meßvorrichtung dient entweder ein Flammenmaß nach von
Hefner-Alteneck (vgl. Fig. 23) oder nach Krüß (Fig. 24). Es können
einer Lampe beide Flammenmesser beigegeben werden, jedoch dürfen
dann nicht beide auf demselben Ring h befestigt sein.

Das Hefnersche Flammenmaß (Fig. 23) besteht aus zwei ineinander-
geschobenen Rohrstücken mit wagerechter, durch die Achse des Dochtrohres hindurchgehender Achse. Das innere Rohrstück ist der Länge
nach durchschnitten und trägt ein wagerecht liegendes, blankes Stahlplättchen q von 0,2 mm Dicke mit einem rechtwinkeligen Ausschnitt.
Die untere Ebene des Stahlplättchens soll 40 mm über dem oberen
Rande des Dochtrohres liegen.

Das Krüßsche Flammenmaß (Fig. 24) besteht aus einem etwa
30 mm langen Rohrstück, dessen Achse ebenfalls wagerecht liegt und
durch die Achse des Dochtrohres hindurchgeht. Das Rohrstück ist
auf der dem Dochtrohr zugewandten Seite durch ein kleines Objektiv
von etwa 15 mm Brennweite geschlossen, auf der entgegengesetzten
Seite durch eine matte Scheibe, die von feinem Korn ist und dem
Objektiv ihre matte Seite zuwendet. Die Scheibe trägt in ihrer Mitte
eine wagerechte schwarze Marke von nicht mehr als 0,2 mm Dicke.

Das durch das Objektiv entworfene Bild der oberen Kante dieser Marke soll genau 40 mm über der Mitte des oberen Dochtrohrrandes liegen.[1]

Kein Teil des Flammenmaßes kann abgeschraubt oder gedreht werden. Soweit dabei Befestigungsschrauben zur Verwendung kommen, sind ihre Köpfe um die Schnittiefe abgefeilt.

Der Flammenmesser von Martens[2] besteht aus einem rechtwinkeligen Prisma P (Fig. 25 u. 26), welches fest mit der Lampe verbunden ist. Die Hypotenusenfläche ist sphärisch geschliffen, so daß

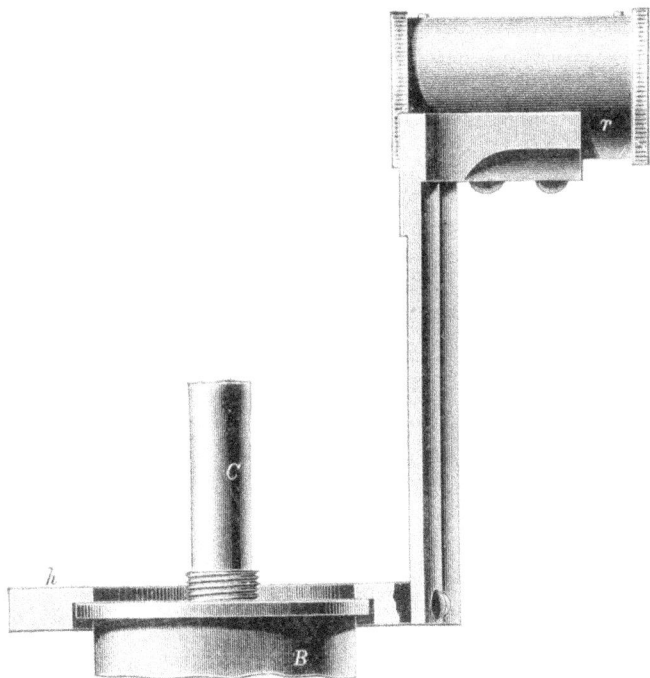

Fig. 24.

ein reelles umgekehrtes Bild der Flamme über der wirklichen Flamme entsteht. Die Flammenhöhe wird so reguliert, daß die wirkliche und die gespiegelte Flammenspitze sich gerade berühren (Fig. 26). Steigt nun z. B. die Flammenhöhe 1 mm, so senkt sich das Flammenbild 1 mm; die Verschiebung der beiden Spitzen beträgt demnach 2 mm.

---

[1] H. Krüß, Zentralblatt für Elektrotechnik **9.** S. 617. **1887.** Journal für Gasbeleuchtung **30.** S. 974. **1887. 43.** S. 705. **1900.**

[2] F. F. Martens, Neuer Flammenmesser für Hefnerlampen, Journal für Gasbeleuchtung **43.** S. 582. **1900.** Verh. der Deutsch. Phys. Ges. **2.** S. 108. **1900.**

Die Einstellung ist also sehr präzis. Um das Prisma zu justieren, wird eine Lehre, deren obere Schneide gerade 40 mm über dem Rande des Dochtrohres liegt, auf die Lampe gesetzt. Das Prisma wird dann so befestigt, daß die wirkliche und die gespiegelte Lehre sich gerade berühren. Dieser Flammenmesser wird von Franz Schmidt & Haensch in Berlin hergestellt.

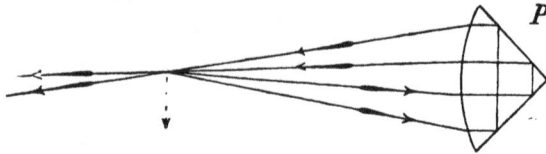

Fig. 25.

Die Lehre (Fig. 27) dient zur Kontrolle der richtigen Stellung des oberen Randes des Dochtrohres sowie derjenigen des Flammenmaßes. Wenn die Lehre über das Dochtrohr geschoben ist, so daß sie auf der Decke des Kopfes B fest aufsteht, soll beim Hindurchblicken durch

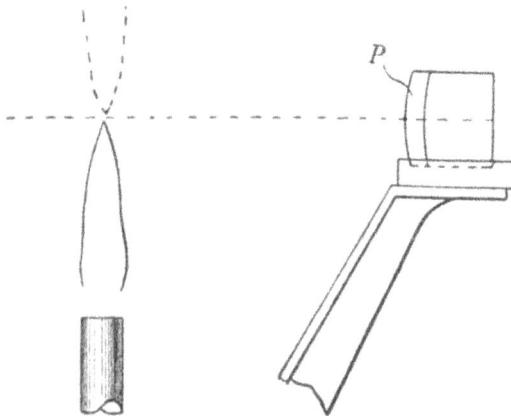

Fig. 26.

den in etwa halber Höhe der Lehre befindlichen Schlitz s zwischen dem oberen Rande des Dochtrohres und der wagerechten Decke des inneren Hohlraumes der Lehre eine feine, weniger als 0,1 mm breite Lichtlinie sichtbar sein; außerdem muß die Schneide oben an der Lehre bei Benutzung des Hefnerschen Flammenmaßes in der Ebene der unteren Fläche des Stahlplättchens liegen. Bei Benutzung des Krüßschen Flammenmaßes muß die Schneide der Lehre in der oberen Kante der Marke des Flammenmaßes scharf abgebildet werden. Der Abstand zwischen dem oberen Dochtrohrrande und der Schneide der Lehre muß somit genau 40 mm betragen.

Der obere Teil der Lehre hat einen Durchmesser von etwas weniger als 8 mm. Er läßt sich leicht in das Dochtrohr hineinschieben und ermöglicht es so, das Rohr ohne Verbiegung zum Reinigen herauszuziehen.

Sämtliche Metallteile der Lampe außer dem Dochtrohr und den Stahlplättchen des Hefnerschen Flammenmaßes werden mattschwarz gebeizt.

Die Hefnerlampen werden von Siemens & Halske hergestellt.

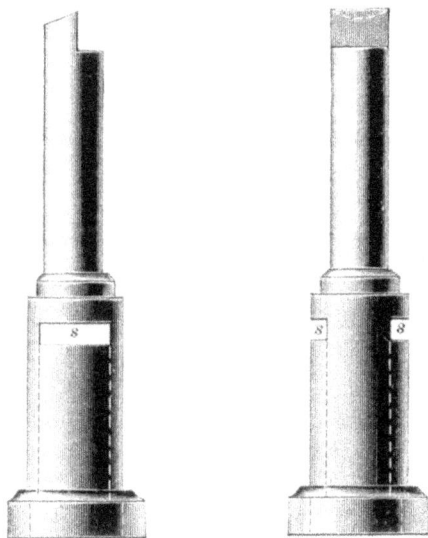

Fig. 27.

D e r D o c h t. Die Beschaffenheit des Dochtes ist im allgemeinen ohne Einfluß auf die Lichtstärke. Es ist nur darauf zu achten, daß er das Dochtrohr einerseits völlig ausfüllt, anderseits nicht zu fest eingepreßt ist. Man benutzt daher am einfachsten eine genügende Anzahl zusammengelegter dicker Baumwollfäden.

Der Docht wird wagerecht und eben abgeschnitten. Es geht dies am besten bei feuchtem Zustande des Dochtes mittels einer scharfen, gebogenen Schere, indem man den Docht etwas in die Höhe schraubt, die einzelnen Fäden ein wenig ausbreitet und sie dann einzeln so lange zuschneidet, bis nach wiederholtem Zurückziehen in die Rohrmündung die Enden sämtlicher Fäden eine mit der Rohrmündung zusammenfallende Ebene bilden. Gegen die Benutzung eines umsponnenen Dochtes ist nichts einzuwenden, so lange er die Bedingung einhält, das Dochtrohr voll auszufüllen, ohne in ihm allzusehr eingepreßt zu sein.

Das Amylazetat. Die Beschaffung des Amylazetats ($C_7H_{14}O_2$) für die Hefnerlampe muß mit Vorsicht erfolgen, da das im Handel vorkommende Material häufig Beimischungen enthält, die es für photometrische Zwecke unbrauchbar machen. Es ist daher notwendig, das Amylazetat[1]) aus einer zuverlässigen Handlung zu beziehen und anzugeben, daß es für photometrische Zwecke benutzt werden soll.

Um den Bezug brauchbaren Amylazetats zu erleichtern, hat es der Deutsche Verein von Gas- und Wasserfachmännern übernommen, geeignetes Amylazetat in genügender Menge zu beschaffen, es auf seine Brauchbarkeit zu untersuchen und durch seine Geschäftsstelle (Geh. Hofrat Dr. Bunte in Karlsruhe) in plombierten Flaschen (von 1 l Inhalt an) abzugeben.

Will man von dieser Gelegenheit, geprüftes Amylazetat zu beziehen, keinen Gebrauch machen, so ist anzuraten, den anderweitig bezogenen Brennstoff zunächst auf seine Brauchbarkeit zu untersuchen. Am besten bedient man sich dazu der folgenden, größtenteils von Bannow angegebenen Proben. Amylazetat ist danach für Lichtmessungen verwendbar, wenn folgende Bedingungen erfüllt sind:

1. Das spezifische Gewicht muß 0,872 bis 0,876 bei 15° betragen.
2. Bei der Destillation (im Glaskolben) müssen zwischen 137° und 143° wenigstens $^9/_{10}$ der Menge des Amylazetats übergehen.
3. Das Amylazetat darf blaues Lackmuspapier nicht stark rot färben.
4. Wird zu dem Amylazetat ein gleiches Volumen Benzin oder Schwefelkohlenstoff gegeben, so sollen sich beide Stoffe ohne Trübung mischen.
5. Schüttelt man in einem graduierten Zylinder 1 ccm Amylazetat mit 10 ccm Alkohol von 90° Tralles (= 0,834 spez. Gew. bei 15° C) und 10 ccm Wasser, so soll eine klare Lösung erfolgen.
6. Ein Tropfen Amylazetat soll auf weißem Filtrierpapier verdunsten, ohne einen bleibenden Fettfleck zu hinterlassen.

Das Amylazetat ist gut verkorkt am besten in einer dunklen Flasche aufzubewahren, damit es vor Zersetzung geschützt ist.

Behandlung der Lampe. Nachdem die Lampe mit Amylazetat gefüllt und der Docht eingezogen ist, wartet man, bis er

---

[1]) Über die chemische Prüfung des Amylazetats. Journal für Gasbeleuchtung **34**. S. 510. 513. **1891**. — Liebenthal, Einfluß des Leuchtmaterials auf die Hefnerlampe. E. T. Z. **9**. S. 478. **1888**. — v. Hefner-Alteneck, Über das Verhalten von verunreinigtem Brennstoff in der Amylazetatlampe. E. T. Z. **12**. S. 323. **1891**.

vollständig durchfeuchtet ist. Man überzeuge sich, daß das Triebwerk den Docht gut auf- und niederbewegt, ohne das Dochtrohr zu verschieben. Sodann wird der Docht ein wenig aus dem Rohre herausgeschraubt und das den Rand des Dochtrohres überragende Stück wird mit einer scharfen Schere möglichst glatt abgeschnitten. Hierauf untersucht man mit Hilfe der beigegebenen Lehre die richtige Stellung des oberen Dochtrohrrandes sowie des Flammenmaßes, wobei die folgenden Bedingungen erfüllt sein müssen:

Wenn man die Lehre über das Dochtrohr geschoben hat, so daß sie auf dem das Triebwerk tragenden Kopf fest aufsteht und wenn man dann durch den in ungefähr halber Höhe befindlichen Schlitz gegen einen gleichmäßig hellen Hintergrund (Himmel, beleuchtetes weißes Papier) hindurchsieht, so soll zwischen dem oberen Rande des Dochtrohres und der Decke des inneren Hohlraumes der Lehre eine feine, weniger als 0,1 mm breite Lichtlinie sichtbar sein. Die Schneide der Lehre muß bei Benutzung des Visiers in der Ebene der unteren Fläche des Stahlplättchens liegen; bei Benutzung des Krüßschen Flammenmaßes muß die Schneide der Lehre in der oberen Kante der Marke des Flammenmaßes scharf abgebildet werden.

Die neben dem Dochtrohr befindlichen Löcher dürfen nicht verstopft sein.

Mit der Messung soll frühestens 10 Minuten nach dem Anzünden begonnen werden. Die Temperatur des Beobachtungsraumes soll zwischen 15° und 20° C liegen.

Die Lampe soll sich während der Messung auf einem horizontalen Tischchen an einem erschütterungsfreien Platze und in reiner, zugfreier Luft befinden. Verunreinigung der Luft, namentlich durch Kohlensäure (durch Brennen von offenen Flammen, Atmen mehrerer Personen) verringert die Lichtstärke der Hefnerlampe erheblich. Der Photometerraum muß daher vor jeder Messung sorgfältig gelüftet werden. In sehr kleinen Räumen z. B. ringsum geschlossenen photometrischen Apparaten darf die Hefnerlampe nicht benutzt werden. Zugluft beeinträchtigt in hohem Grade das ruhige Brennen der Flamme und macht ein hinreichend genaues Einstellen der richtigen Flammenhöhe unmöglich.

Als Lichtmaß dient die Lichtstärke der Hefnerlampe in horizontaler Richtung bei einer Flammenhöhe von 40 mm vom oberen Rande des Dochtrohres aus gemessen. Die Flammenhöhe wird mit Hilfe des beigegebenen Flammenmaßes eingestellt, und zwar gilt bei Benutzung des Hefnerschen Flammenmaßes folgende von v. Hefner-Alteneck gegebene Vorschrift:

Der helle Kern der Flamme soll, wenn man durch die Flamme hindurch nach dem Flammenmaße blickt, von unten scheinbar an die Platte q (Fig. 23) anspielen. Das schwach leuchtende Ende der Flammenspitze fällt dann nahezu mit der Dicke der Platte zusammen; erst bei scharfem Zusehen erscheint noch ein Schimmer von Licht bis ungefähr 0,5 mm darüber. Die von der Flamme beschienenen Kanten der Platte sind stets blank zu halten.

Bei dem Krüßschen Flammenmaße wird der äußere Saum der Flamme durch die matte Scheibe verschluckt; demgemäß hat man die Flammenhöhe so zu regeln, daß die äußerste sichtbare Spitze des Flammenbildes die Marke auf der matten Scheibe berührt. Dabei hat der Beobachter auf die matte Scheibe in möglichst senkrechter Richtung zu blicken.

Die Einstellung der richtigen Flammenhöhe muß mit großer Sorgfalt ausgeführt werden. Man beachte, daß hier ein Fehler von 1 mm eine Abweichung von etwa 3% in der Lichtstärke hervorbringt.

Man arbeitet deshalb gewöhnlich so, daß ein Beobachter die Einstellung des Photometers besorgt, während ein anderer das Einspielen der Flamme am Flammenmaße beobachtet und dem ersten stets ein Zeichen gibt, sobald die Flamme richtig steht.

Es ist darauf zu achten, daß die von der Flamme beschienenen Teile der Lampe (außer dem Dochtrohr), insbesondere die Flammenmesser, gut matt geschwärzt sind. Scheint dies nicht in genügendem Maße der Fall zu sein, so tut man gut, zwischen der Flamme und dem Photometerschirm nahe der Lampe einen mit Ausschnitt versehenen schwarzen Schirm (z. B. mit Sammet bezogene Pappe) anzubringen, der die Reflexe abblendet. Man hat indessen dafür zu sorgen, daß nicht gleichzeitig Teile der Flamme abgeblendet werden.

Während des Brennens bildet sich am Rande des Dochtrohres ein brauner, dickflüssiger Rückstand. Dieser Rückstand ist möglichst oft, jedenfalls stets nach Benutzung der Lampe, so lange sie noch heiß ist, durch Abwischen zu entfernen. Soll die Lampe für längere Zeit nicht wieder benutzt werden, so ist das Amylazetat sowie der Docht daraus zu entfernen und die Lampe gründlich zu säubern. Ist es dabei nötig, das Dochtrohr herauszunehmen, so soll dies unter Zuhilfenahme des oberen Teiles der Lehre geschehen.

Einfluß des Barometerstandes und der Luftfeuchtigkeit. Die Lichtstärke der Hefnerlampe zeigt sich in gewisser Weise abhängig von der Beschaffenheit der umgebenden Luft. Die

Einwirkung des Barometerstandes ist nach Liebenthal[1]) aus Fig. 28 zu ersehen.

In der Nähe des normalen Barometerstandes, also etwa von 740 bis 780 mm, ist die Änderung der Lichtstärke ohne jede praktische Bedeutung (0,4%). Über diesen Bereich hinaus ist die in Fig. 28 mitgeteilte Kurve nur als angenähert richtig anzusehen.

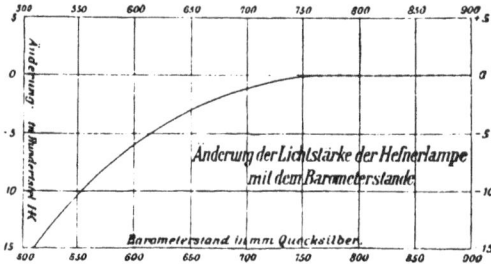

Fig. 28.

Die Änderung der Lichtstärke mit der Feuchtigkeit kann meist unbeachtet gelassen werden. Für genauere Messungen gibt die folgende Tabelle die Abweichungen, bezogen auf die »relative Feuchtigkeit«, wie sie z. B. mit einem Haarhygrometer bestimmt wird.

Relative Feuchtig- keit in %	Temperatur des Beobachtungsraumes										
	16°	17°	18°	19°	20°	21°	22°	23°	24°	25°	26°
10	1,040	1,039	1,038	1,038	1,037	1,036	1,035	1,034	1,033	1,032	1,031
20	1,030	1,028	1,027	1,025	1,024	1,022	1,020	1,019	1,017	1,014	1,012
30	1,019	1,018	1,015	1,013	1,011	1,008	1,006	1,003	1,000	0,997	0,994
40	1,009	1,007	1,004	1.001	0.998	0.994	0,991	0,987	0,983	0,979	0,975
50	0,999	0,996	0,992	0,988	0,984	0,980	0,976	0,972	0.966	0,961	0,956
60	0,989	0,985	0,980	0.976	0,971	0,967	0,961	0,956	0,950	0,943	0,937
70	0,979	0,974	0,969	0,964	0,958	0,953	0,946	0,940	0,933	0,925	0,918
80	0,968	0,964	0,957	0,952	0,945	0,939	0,932	0,924	0,916	0,908	0,900
90	0,958	0,953	0,946	0,939	0,932	0,925	0,917	0,909	0,900	0,890	0,881

Daß schon eine geringe Verminderung des Sauerstoffgehaltes der Verbrennungsluft die Lichtstärke verhältnismäßig stark beeinträchtigen muß, ist klar. Ein Mindergehalt an Sauerstoff von 1 l in 1 cbm Luft würde die Lichtstärke schon um 2% verringern. Als erste Grundbedingung für das Photometrieren mit der Hefnerlampe ist deshalb

---

[1]) Liebenthal, E. T. Z. **16.** S. 655. **1895.**

die Forderung hinreichend großer, gut gelüfteter Räume aufzustellen.
Sehr kleine Räume, insbesondere alle ringsum geschlossenen photometrischen Apparate geben zu erheblichen Fehlern Anlaß. Durch
gute Lüftung des benutzten Zimmers wird dann auch der Einfluß des
Kohlensäuregehaltes der Luft beseitigt, da in gut gelüfteten Räumen
der Gehalt an Kohlensäure Änderungen der Lichtstärke bis höchstens
0,2% bewirken kann.

Im übrigen haben die Versuche der Reichsanstalt ergeben, daß
zwei in den richtigen Abmessungen ausgeführte Lampen, die in derselben Luft brennen, abgesehen von Beobachtungsfehlern, keine Abweichungen in der Lichtstärke zeigen. Danach brauchte sich eine
Prüfung der Hefnerlampe nur auf eine genaue Kontrolle der einzelnen
Abmessungen zu erstrecken. Nichtsdestoweniger hält man es für
nötig, sich bei jeder Lampe vor der Beglaubigung von der vorgeschriebenen Lichtwirkung, da diese ja den eigentlichen Zweck der Lampe
bildet, zu überzeugen und auch das Ergebnis der photometrischen
Prüfung in dem Beglaubigungsschein zu vermerken.

Krüß[1]) bestimmte die räumliche Lichtausstrahlung der Hefnerlampe und fand für die Lampe mit optischem Flammenmesser

$$J_0 = 0{,}83 \text{ HK}$$

für die Lampe mit Visier

$$J_0 = 0{,}81 \text{ HK}.$$

Die Hefnerlampen sind bei der Physikalisch-Technischen Reichsanstalt zur Beglaubigung[2]) zugelassen. Die Prüfungsbestimmungen
haben folgenden Wortlaut:

Prüfungsbestimmungen:

Die zweite (technische) Abteilung der Physikalisch-Technischen
Reichsanstalt übernimmt die Prüfung und Beglaubigung von Hefnerlampen nach Maßgabe der folgenden Bestimmungen, welche auf Grund
von Vereinbarungen mit dem Deutschen Verein von Gas- und Wasserfachmännern aufgestellt sind.

§ 1.

Die Prüfung hat den Zweck zu ermitteln, ob die Lichtstärke der
Lampe, wenn dieselbe mit reinem Amylazetat gebrannt wird, bei der

---

[1]) H. Krüß, Journal für Gasbeleuchtung **50**. S. 1157. **1907**.

[2]) Die Beglaubigung der Hefnerlampe. Journal für Gasbeleuchtung **36**.
S. 346. **1893**.

durch die Marke des zugehörigen Flammenmessers angezeigten Flammenhöhe und wenigstens 10 Minuten nach dem Anzünden dem durch die Normale der Reichsanstalt festgestellten Werte eines »Hefnerlichts« gleichkommt[1]).

§ 2.

Zur Prüfung zugelassen werden nur Hefnerlampen von der in der Anlage angegebenen Einrichtung[2]), sofern ihnen einer der ebenda beschriebenen Flammenmesser und eine Kontrollehre beigegeben und der Name des Verfertigers sowie eine Geschäftsnummer auf der Lampe verzeichnet ist.

§ 3.

Die Prüfung besteht:

1. in der Kontrolle der wichtigsten Abmessungen,
2. in der photometrischen Vergleichung mit den Normalen der Reichsanstalt unter Benutzung der der Lampe beigegebenen Flammenmesser.

§ 4.

Ergibt die Prüfung, daß

1. die Wandstärke des Dochtrohres um nicht mehr als 0,02 mm im Mehr oder 0,01 mm im Minder, seine Länge um nicht mehr als 0,5 mm im Mehr oder Minder, sein innerer Durchmesser um nicht mehr als 0,1 mm im Mehr oder Minder von dem Sollwert abweicht, ferner bei aufgesetzter Lehre der Abstand von dem oberen Dochtrohrrande bis zur Schneide der Lehre um nicht mehr als 0,1 mm von seinem Sollwert abweicht,

2. die Lichtstärke von ihrem Sollwert um nicht mehr als 0,02 desselben abweichend gefunden ist, so findet die Beglaubigung statt.

§ 5.

Die Beglaubigung geschieht, indem auf den folgenden Teilen der Lampe:

1. dem Gefäß,
2. dem die Dochtführung enthaltenden Kopf,
3. dem Dochtrohr,
4. dem Flammenmesser,
5. der Lehre

---

[1]) Man bedenke, daß diese Bestimmungen im Jahre 1893 aufgestellt worden sind; daher »Hefnerlicht«. Heute würde man sagen »Hefnerkerze«.

[2]) Entsprechend Fig. 23 u. 24.

die gleiche laufende Nummer nebst einem Kennzeichen der Prüfung angebracht wird. Als letzteres dient der Reichsadler. Außerdem wird über den Befund der Prüfung eine Bescheinigung ausgestellt, welche die Fehler in der Angabe der Lichtstärke abgerundet auf 0,01 ihres Sollwertes angibt.

§ 6.

An Gebühren werden erhoben:

1. Für die Prüfung und Beglaubigung einer Hefnerlampe mit einem Flammenmesser 3 M.

2. Für die Prüfung und Beglaubigung einer Hefnerlampe mit Visier und optischem Flammenmesser 4,50 M.

3. Für die Prüfung und Beglaubigung einer Hefnerlampe mit einem Ersatzdochtrohre und einem Flammenmesser 4,50 M.

4. Für die Prüfung und Beglaubigung einer Hefnerlampe mit einem Ersatzdochtrohre und beiden Flammenmessern 5,50 M.

C h a r l o t t e n b u r g , den 30. März 1893.

Physikalisch-Technische Reichsanstalt.

gez. v. Helmholtz.

§ 30. Die Pentanlampe.

Die Pentanlampen[1]) von A. G. Vernon Harcourt sind in zwei Modellen, dem einkerzigen von 1877 und dem zehnkerzigen von 1898 in England sehr verbreitet. Das Brennmaterial ist Pentan $C_5 H_{12}$.

Pentan ist, wie Brodhun bemerkt, kein einheitlicher Körper, sondern ein Gemisch von verschiedenen Isomeren, die verschiedene Siedepunkte haben. Welchen Einfluß eine Verschiedenheit der Zusammensetzung auf die Lichtstärke ausübt, ist bisher nicht zuverlässig untersucht worden, läßt sich auch wohl schwer mit Sicherheit feststellen.

Die Londoner Gas-Referees gaben Vorschriften, nach denen der Brennstoff hergestellt werden soll. Danach soll Pentan aus ameri-

---

[1]) A. G. Vernon Harcourt, A new Unit of Light for Photometry. Chemical News **36**. S. 103. **44**. S. 243. **1877**. — Fleming, The Photometry of electric lamps. Journal of Proc. of Institution of Electrical Engineers **32**. part. 159. **1903**. — Liebenthal, Über die Abhängigkeit der Hefnerlampe und der Pentanlampe von der Beschaffenheit der umgebenden Luft. Journal für Gasbeleuchtung **38**. S. 505. **1895**. — Die 10 Kerzen-Pentanlampe. Journal für Gasbeleuchtung **41**. S. 654. **1898**. — J. S. Dow, The Sources of Error on the Harcourt 10 C. P. Pentane Standard. The Electrical Review (London) **59**. S. 491. **1906**. — Brodhun, Hefnerlampe und 10 Kerzen-Pentanlampe. Journal für Gasbeleuchtung **52**. S. 671. **1909**.

kanischem Petroleum durch fraktionierte Destillation gewonnen werden. Die vorschriftsmäßige Flüssigkeit, die zwischen 25⁰ und 40⁰ über-destilliert sein muß, besteht, wie angegeben wird, »hauptsächlich aus Pentan mit geringen Beimengungen von niedrigeren oder höheren Homologen«.

Das spezifische Gewicht der Flüssigkeit soll zwischen 0,6235 und 0,626 liegen. Ist nun das Gefäß mit dem sehr flüchtigen Pentan nicht sehr gut verkorkt, oder mußte man häufiger hin und her gießen, so destillieren die am leichtesten flüchtigen Bestandteile ab, das spezifische Gewicht erhöht sich, und der Brennstoff ist nicht mehr vorschriftsmäßig.

Die dochtlose 1-Kerzenlampe[1]) wurde der British Association im Jahre 1877 in Plymouth vorgeführt. Der Brenner dieser Lampe (Fig. 29) besteht aus einer Messingröhre M, 4'' (102 mm) lang und 1'' (25,4 mm) im Durchmesser, welche am Kopf einen Messingzapfen Z trägt von 0,5'' (12,7 mm) Dicke mit einer Bohrung von 0,25'' (6,3 mm). Um den Brenner ist ein Glaszylinder G von 6'' (152 mm) Höhe und 2'' (50,8 mm) Durchmesser angeordnet, dessen oberer Rand mit dem des Brenners in gleicher Höhe liegt. Die Luft tritt durch Öffnungen in die Galerie ein, auf welcher der Glaszylinder steht und strömt um die Flamme

Fig. 29.

in die Höhe. Ein Stück Platindraht P von 0,6 mm Dicke wird durch einen Träger 63,5 mm über dem obersten Rand des Brenners gehalten. Der für den Brenner verwendete Brennstoff ist ein Gemisch aus Pentandampf und Luft in dem Verhältnis von 7 Volumteilen Pentan zu 20 Volumteilen Luft. Dieses Gemisch wird in einem Gasbehälter in dem Verhältnis von 9 Kubikzoll (0,15 l) Pentan und 3 Kubikfuß (85 l) Luft hergestellt und soll bei einem Barometerdruck von 30'' (761,9 mm) und bei einer Temperatur von 62⁰ F (16,7⁰ C) ein Volumen von 4 Kubikfuß haben (genauer zwischen 4,02 und 4,1 Kubikfuß). Von diesem Gemisch wird in dem beschriebenen Brenner 0,5 Kubikfuß (14,2 l) verbrannt (oder mindestens 0,48 und höchstens 0,52 Kubikfuß). Das Luftgas geht auf dem Wege zum Brenner durch einen kleinen Gasmesser und Regulator. Die Flammenhöhe wird durch einen empfindlichen Hahn auf 63,5 mm reguliert, so daß die Flamme gerade den Platindraht berührt. Diese Regulierung erfordert Sorgfalt; bei der

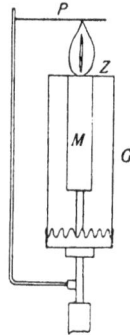

---

[1]) Proc. Brit. Assoc. Plymouth S. 51. **1877**. — Proc. B. A. Southport S. 426. **1883**. — Proc. B. A. Bristol S. 845. **1898**.

Beobachtung sollte für das Auge des Beobachters der größte Teil der Flamme abgeblendet werden, so daß nur die Flammenspitze sichtbar bleibt. Nach Vollendung dieser Vorbereitungen erhält man eine gelbweiße Flamme, deren Lichtstärke derjenigen der englischen Kerze gleichkommt, aber viel konstanter als die der letzteren ist. Der Einfluß der Veränderungen von Luftfeuchtigkeit und Luftdruck wurde von Liebenthal[1]) und Harcourt[2]) untersucht. Nach Harcourt ist bei der 1-Kerzenlampe die Flammenhöhe umgekehrt proportional dem Barometerstand; Harcourt gibt folgende Regel, um die beobachtete Flammenhöhe auf eine Normalhöhe zu reduzieren: Die Normalhöhe der Flamme, für welche die Lichtstärke 1 Kerze beträgt, ist 63,5 mm bei einem Barometerstand von 761,9 mm Hg, und für jeden Zehntelzoll (2,5 mm) über oder unter 761,9 mm muß die Flammenhöhe eine gleiche Zahl von $1/_5$ Millimeter unter oder über 63,5 mm sein. Wenn daher das Barometer 30,5'' (786,9 mm) zeigt, so muß die Flammenhöhe 62,5 mm betragen.

In neuerer Zeit wird das 1-Kerzenmodell der Pentanlampe auch mit Docht ausgerüstet. Hierdurch wird die Flamme steifer.

Liebenthal[3]) untersuchte den Einfluß der Luftfeuchtigkeit auf die Harcourtsche 1-Kerzenlampe mit Docht und fand, daß ihre Lichtstärke J in HK sich durch die Formel

$$J = 1{,}232 \ (1 - 0{,}0055 \ w)$$

ausdrücken läßt, wobei w den Wassergehalt eines cbm Luft in l darstellt. Die Formel genügt für einen Wassergehalt von 4 bis 18 l.

Der Einfluß des Luftdruckes auf die Lichtstärke wird durch folgende Formel dargestellt:

$$\Delta J = 0{,}00049 \ (H - 760),$$

worin ΔJ die Veränderung der Lichtstärke bedeutet, welche einem Luftdruck von H mm Hg entspricht. Eine Erhöhung des Luftdruckes um 40 mm verursacht also eine Erhöhung der Lichtstärke um 2%.

Außer der 1-Kerzen-Pentanlampe ist auch noch die 10-Kerzen-Pentanlampe in England in Gebrauch. Sie wurde insbesondere von den Gasgesellschaften zur Messung der Lichtstärke des Gases angenommen.

Als Brennstoff für Harcourts 10-Kerzen-Pentanlampe dient ein Gas, welches durch Sättigung atmosphärischer Luft mit Pentan-

---

[1]) E. Liebenthal, E. T. Z. **9**. S. 96. **1888**.
[2]) Proc. Brit. Assoc. Aberdeen **1885**.
[3]) E. Liebenthal, Journal für Gasbeleuchtung **38**. S. 505. **1895**.

dämpfen entsteht und infolge seiner Schwere zu einem Rundbrenner hinabsinkt. Die Flamme besitzt eine ganz bestimmte Form; ihre Spitze ist dem Auge durch einen langen, über dem Brenner angebrachten Metallschornstein entzogen. Der Schornstein ist von einem weiteren Metallrohre umgeben, in welchem infolge der Heizwirkung des Schornsteins ein Luftzug nach oben entsteht; dieser Luftzug setzt sich durch ein drittes Rohr nach unten hin fort und führt der Brennermitte Sauerstoff zu. Auf diese Weise ist nicht nur ein Glaszylinder unnötig gemacht, sondern es fallen auch alle Behelfe, den Pentandampf dem Brenner unter Druck zuzuführen, weg. Fig. 30 zeigt die Gesamtansicht der 10-Kerzenlampe.

Ihr wesentlichster Teil ist ein Argandbrenner A, dessen ringförmiger Specksteinkopf einen äußeren Durchmesser von 24, einen inneren von 14 mm besitzt und 30 Löcher von 1,25 bis 1,5 mm Durchmesser enthält. Oberhalb des Brenners, und zwar genau 47 mm über ihm, sitzt ein zylindrischer Metallschornstein B, der von einem unten offenen gleichfalls zylindrischen Metallmantel C umgeben ist. Die Flamme ragt zum Teil in den Schornstein hinein; ihre Höhe kann an einem in dem Schornstein angebrachten Glimmerfenster beobachtet werden. Um störenden Luftzug abzuhalten, ist die Flamme von einem weiten konischen Metallschirm D umgeben, der auf der dem Photometerschirm zugewandten

Fig. 30.

Seite einen Ausschnitt besitzt. Der Luftraum zwischen dem Schornstein und dem erwähnten Metallmantel steht durch eine Rohrleitung mit dem Innenraum des Brenners in Verbindung. Die innere Verbrennungsluft muß also an dem von der Flamme erhitzten Schornstein vorbeistreichen und wird so vorgewärmt.

Etwa 40 cm über dem Brenner ist ein Metallgefäß E angebracht, das zum Teil mit Pentan gefüllt ist. Die Decke dieses Gefäßes hat zwei durch Hähne verschließbare Öffnungen, von denen die eine die Außenluft eintreten läßt, während an der anderen ein zum Brenner führender Gummischlauch F befestigt ist. Die über dem Pentan befindliche Luft mischt sich mit dem Pentandampf; das Gemisch

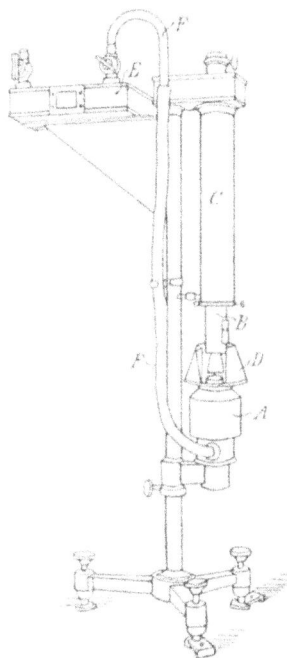

fällt durch den Gummischlauch zum Brenner hinab und kann hier entzündet werden. Die vorgeschriebene Flammenhöhe wird mit Hilfe der erwähnten Hähne einreguliert.

Der Sättigungsraum E ist zu Beginn einer Beobachtungsreihe bis zu $^2/_3$ seiner Höhe mit Pentan gefüllt; durch zeitweises Nachgießen hat man dafür zu sorgen, daß der Flüssigkeitsspiegel, den man durch Fenster beobachten kann, nicht unter $^1/_8''$ fällt. Die Gaszuströmung kann durch einen Hahn oder durch Veränderung der in den Sättigungsraum E eintretenden Luftmenge mittels des in Fig. 30 links sichtbaren Hahnes geregelt werden.

Zu diesem letzteren Zwecke ist als Drosselvorrichtung ein Metallkegel mit seiner Spitze an dem einen Ende eines Hebels aufgehängt; die Auf- und Abwärtsbewegung des Hebels erfolgt durch einen an seinem anderen Ende befestigten Schnurlauf. Der Hebel ist in nächster Nähe des Aufhängepunktes des Kegels auf einem vertikalen, am oberen Ende des Hahnes befestigten Arme gelagert. Der Schnurlauf ist von oben zu einer kleinen, auf dem Beobachtungstische befindlichen Rolle hinabgeführt und gelangt von dieser in horizontaler Richtung zu einer in einer Mutter sich bewegenden Schraube. Durch Drehen dieser Schraube kann der Beobachter die Flammenhöhe regulieren, ohne seinen Platz verlassen zu müssen. Am besten bringt man den Hahn in eine Stellung, bei der die Flamme ihre vorgeschriebene Höhe überschreiten kann; es empfiehlt sich jedoch, ihn erst dann ganz zu öffnen, wenn man den Regulierkegel in eine wirksame Lage gebracht hat. Beide Hähne sollen, wenn die Lampe nicht mehr benutzt wird, geschlossen werden. Der Schornstein C muß so gedreht werden, daß kein Licht durch das an seiner Unterseite angebrachte Glimmerfenster auf das Photometer fallen kann. Das untere Schornsteinende muß sich in kaltem Zustande der Lampe 47 mm über dem Rundbrenner befinden. Zur Erleichterung dieser Einstellung ist eine zylindrische Buchsbaumlehre von 47 mm Höhe und 32 mm Durchmesser vorgesehen. Der kegelförmige Schirm D ist so einzustellen, daß durch die in ihm angebrachte Öffnung die ganze Oberfläche der Flamme, soweit sie nicht durch das Rohr C verdeckt ist, vom Photometer aus gesehen werden kann. Die Lampe muß mit ihren Fußschrauben so eingestellt werden, daß das Rohr C vertikal steht, wovon man sich mittels eines Senkels zu überzeugen hat und daß der obere Rand des Brenners 353 mm über dem Tische liegt. Die letztere Einstellung wird mittels einer der Lampe beigegebenen Lehre vorgenommen. Der Schornstein C ist über dem Brenner mit Hilfe dreier Stellschrauben

am unteren Rande des Rohres D und der oben erwähnten Buchsbaumlehre zu zentrieren. Wenn die Lampe in Gebrauch ist, sind die
Hähne so einzustellen, daß die Flammenspitze etwa in halber Höhe
zwischen der Unterseite des Glimmerfensters und dem Quersteg sich
befindet; ein Einstellungsunterschied von $+ \frac{1}{4}''$ übt keinen wesentlichen Einfluß auf die Lichtstärke der Lampe aus. Der Sättigungsraum E sollte auf seinem Traggestell so weit von der Mittelsäule entfernt angebracht werden, als es der Anschlag am Rande des Gestells
erlaubt. Sollte die Flamme, nachdem die Lampe $\frac{1}{4}$ Stunde gebrannt
hat, eine Neigung zeigen niedriger zu werden, so kann man den Sättigungsraum etwas näher an die Säule heranrücken. Um einer all-
mählichen Staubansammlung im Brenner oder in den Luftkanälen
vorzubeugen, soll man die Lampe, wenn sie außer Gebrauch ist, mit
einem kleinen, auf die Öffnung von B passenden Deckel, ähnlich dem
einer Pillenschachtel, verschließen.

Nach den Messungen von Paterson[1]) nimmt die Lichtstärke der
10-Kerzen-Pentanlampe durchschnittlich um 0,66% ab, wenn die
Feuchtigkeit um 1 l zunimmt.

Wenn der Barometerstand um 10 mm ansteigt, nimmt die Lichtstärke der 10-Kerzen-Pentanlampe nach Paterson um 0,8% zu.

Die Lichtstärke der 10-Kerzen-Pentanlampe beträgt bei 8,8 l
und 760 mm 11,0 HK, bei 10 l und 760 mm 10,9 HK. Die Lichtstärke
der 10-Kerzen-Pentanlampe ist daher um ca. 4% kleiner als die zehnfache der 1-Kerzen-Pentanlampe.

Im Jahre 1909 hat das National Physical Laboratory in London
angezeigt, daß künftig als Normalumstände, unter denen die Vernon-
Harcourt-Pentanlampe die englische Lichteinheit gibt, ein Barometerstand von 760 mm Quecksilbersäule und ein Wasserdampfgehalt der
Luft von 8 l Wasserdampf pro 1 cbm trockener Luft betrachtet werden
soll, während früher 10 l Wasserdampf als normal angenommen waren.

Über die Vorteile und Nachteile der Hefnerlampe und der 10-
Kerzen-Pentanlampe im praktischen Betriebe äußert sich Brodhun
folgendermaßen:

»Wenn man mit beiden Lampen arbeitet, so springen zunächst
eine Reihe von Vorzügen der Pentanlampe vor der Hefnerlampe ins
Auge. Die Flamme der Hefnerlampe hat eine etwas rötliche Färbung;
ihre Lichtstärke ist gering, man muß deshalb verhältnismäßig nahe
an den Photometerschirm herangehen, also die Entfernung zwischen

---

[1]) Paterson, The Electrician **53**. S. 751. **1904**.

ihm und der Flamme sehr genau messen. Die Flamme ist empfindlich gegen Luftzug, und ihre Höhe muß sehr genau eingestellt werden, da eine Änderung von 1 mm in der Flammenhöhe eine solche von nahezu 3% in der Lichtstärke mit sich bringt.

Demgegenüber ist die Farbe der Pentanflamme viel weißer, etwa gleich der der Kohlenfadenlampe. Die Lichtstärke ist etwa elfmal so groß wie die der Hefnerlampe; man kann also bei gleicher Helligkeit auf dem Photometerschirm von diesem über dreimal so weit entfernt bleiben wie bei der Hefnerlampe. Gegen Luftzug ist die Pentanflamme nicht sehr empfindlich, und ihre Höhe braucht nicht mit großer Genauigkeit eingestellt zu werden.

Jenen leicht erkennbaren Mängeln der Hefnerlampe stehen aber auch auf der Hand liegende Vorteile im Gebrauch gegenüber. So ist die Hefnerlampe viel handlicher, viel leichter aufgestellt und in Betrieb gesetzt als die über sechsmal so hohe Pentanlampe, die sorgfältig horizontiert und wegen der abblendenden Wirkung des Schornsteins genau so gestellt werden muß, daß der untere Rand des Schornsteins mit der Mitte des Photometerschirmes in gleicher Höhe liegt. Dazu ist die Hefnerlampe in bezug auf die Lichtstärke nach den Erfahrungen der Reichsanstalt viel weniger empfindlich gegen Luftverschlechterung als die Pentanlampe, was bei den häufig nicht großen Photometerräumen von Bedeutung ist.

Ferner zeigte die Lichtstärke der Pentanlampe häufig unter den gleichen meteorologischen Verhältnissen im Laufe einiger Stunden deutliche Änderungen (bis zu 1%), für die eine Erklärung nicht gegeben werden konnte, während sich bei der Hefnerlampe solche Abweichungen nicht feststellen ließen. Auch der billigere Preis der Hefnerlampe muß als ein naheliegender Vorzug erwähnt werden.«

§ 31. Andere Lichteinheiten.

Es ist noch eine Reihe von Einheitslichtquellen vorgeschlagen worden, die jedoch meistens nicht den an Einheitslichtquellen zu stellenden Anforderungen genügen und daher des historischen Interesses wegen nur kurz erwähnt werden sollen, zumal sie eine meist nur lokal begrenzte geringe Anwendung gefunden haben.

Die K e a t e s l a m p e ist eine mit Paraffinöl gespeiste Carcellampe; sie wird gelegentlich in England benutzt.

Die P i g e o n l a m p e ist eine mit Gasolin gespeiste Dochtlampe, die früher viel in Frankreich benutzt wurde.

Die M e t h v e n l a m p e ist eine Leuchtgaslampe mit Argandbrenner, deren Flamme in ihrem hellsten Teile gleichmäßig leuchten
soll, was nicht zutrifft. Vor diesem hellsten Teil der Flamme wird
eine rechteckige Blende, der Methvenschlitz angebracht. Die Methvenlampe wurde viel in englischen Gaswerken benutzt.

Die E d g e r t o n l a m p e ist eine Methvenlampe, bei welcher
der Glaszylinder durch einen Metallzylinder ersetzt ist, in dem direkt
der Licht durchlassende Schlitz angebracht ist; sie wird in amerikanischen Gaswerken benutzt.

Die G i r o u d l a m p e ist eine Gaslampe mit automatisch ge-
regelter Gaszufuhr. Uppenborn fand, daß die Lichtstärke der Giroudlampe in hohem Maße von der Zusammensetzung des Leuchtgases
abhängig ist. Die Methvenlampe, Edgertonlampe und Giroudlampe
sind als Einheitslichtquellen nicht zu gebrauchen, können aber als
Zwischenlichtquellen verwendet werden. (S. auch S. 45.)

Die Ä t h e r - B e n z o l l a m p e ist ein Abkömmling der Pentanlampe, nur daß als Brennstoff eine Mischung von 9 Teilen Benzol in
100 Teilen Äthyläther verwendet wird. Diese Lampe wird von der
holländischen Lichtmeßkommission vorgeschlagen.

Die A z e t y l e n l a m p e. Die Genauigkeit der chemischen Zusammensetzung des Azetylens, seine leichte Herstellungsart und das
intensive Weiß der Azetylenflamme ließen die Azetylenlampe als
Einheitslichtquelle geeignet erscheinen. Indessen besteht heute noch
keine befriedigende Azetylennormallampe. Die Brenneröffnungen ver-
stopfen sich zu leicht, die Flamme ist zu empfindlich gegen Druck-
änderungen.

B. Zwischenlichtquellen.

§ 32. Zweck der Zwischenlichtquellen.

Die sekundären Normallichter dienen zunächst als Ersatz für die
primären Lichteinheiten, deren ständige Benutzung umständlich und
kostspielig ist. Die Regulierung der Carcellampe z. B. ist, weil bei
ihr der Verbrauch von 42 g Colzaöl herbeigeführt werden muß,
sehr schwierig und mühsam. Außerdem ist es schwierig, ihre Lichtstärke längere Zeit konstant zu halten, weil der Docht verkohlt. Der
Betrieb der Pentanlampe und der Hefnerlampe ist kostspielig und
besonders bei der letzteren sehr schwierig, weil die Flamme wenig
steif ist und auf die kleinste Luftbewegung anspricht, so daß bei der
Hefnerlampe ein eigener Beobachter erforderlich ist, welcher die Augen-

blicke, an denen gerade die vorgeschriebene Flammenlänge erreicht ist, angibt. Die Hefnerlampe hat ferner ein sehr rotes Licht, welches sich zum direkten Vergleiche mit manchen anderen Lichtquellen schlecht eignet. Aus diesem Grunde ist man bestrebt, die Hefnerlampe nur zur Eichung einer anderen Lichtquelle (Zwischenlichtquelle) zu verwenden, welche sich zu ausgedehnten photometrischen Arbeiten besser eignet.

Solche Zwischenlichtquellen oder sekundäre Lichteinheiten brauchen nur während bestimmter Zeit von einigen Stunden etwa konstant zu sein. Bei wirklich guten Zwischenlichtquellen ist allerdings schon manchmal eine Konstanz auf viel längere Zeit erreicht worden. Vielfach hat man, wenn es sich um Lampen von ungefähr 1 HK handelt, gewöhnliche im Handel erhältliche Benzinlampen mit Glaszylinder benutzt[1]). Weil hierbei Brennstoff und Glaszylinder wechseln, müssen derartige Lampen für jeden neuen Fall der Benutzung frisch geeicht werden.

Zwischenlichtquellen haben in vielen Fällen auch noch die Bedeutung, daß sie die Messung sehr großer Lichtstärken bei Bogenlampen ermöglichen sollen. Bei den photometrischen Einrichtungen der ersten elektrischen Ausstellung in Paris 1881 benutzte man keine Zwischenlichtquelle, sondern die Carcellampe. In München wurde gelegentlich der elektrischen Ausstellung im Jahre 1882 als Normaleinheit eine Paraffinnormalkerze benutzt. Mit dieser wurde ein Einlochbrenner (Giroud) verglichen, mit dem Einlochbrenner ein Argandbrenner, mit dem Argandbrenner ein Siemensbrenner und mit diesem endlich die zu messende Bogenlampe. Im Gebäude der elektrischen Ausstellung in Wien war keine Gasleitung vorhanden. Es wurde daher mit der Normalkerze eine kleine Petroleumlampe verglichen, mit dieser eine große Petroleumlampe und mit letzterer die zu messende Bogenlampe. Nach Krüß[2]) beträgt die mittlere Schwankung einer guten Petroleumlampe $\pm$ 0,4%.

Seit dem Jahre 1888 wurden von Uppenborn und vielen anderen als Vergleichslichtquellen elektrische Glühlampen verwendet. Glühlampen eignen sich ganz hervorragend zu photometrischen Messungen, weil ihre Lichtstärke nicht wie die der Flammen von der Zimmerluft

---

[1]) Uppenborn, Über konstante Vergleichslichtquellen für photometrische Zwecke. Zentralblatt für Elektrotechnik 10. S. 186. 1888.

[2]) H. Krüß, Petroleumlampen als Zwischenlichtquellen in der elektrotechnischen Photometrie. Zentralblatt für Elektrotechnik 7. S. 287. 1885. — B. Nebel, Über den Einfluß des Zylinders auf die Lichtstärke und den Ölverbrauch bei Petroleumlampen. Zentralblatt für Elektrotechnik 11. S. 20. 1889.

abhängig ist und bei Anwendung von Akkumulatorenbatterien längere
Zeit hindurch völlig konstant gehalten werden kann, wenn man mit
Hilfe eines empfindlichen Spannungsmessers z. B. eines großen Normal-
voltmeters von Weston oder eines Kompensators die Spannung genau
kontrolliert und konstant hält. Je weniger die Glühlampe angestrengt
ist, desto länger bleibt sie konstant. Die Lichtstärke der Glühlampe
muß aber im allgemeinen vor und nach einer längeren Messungsreihe
geprüft werden. Bei der Benutzung von Glühlampen ist es notwendig,
Stellen der Glashülle in die Photometerachse zu bringen, welche
einigermaßen parallele Ober-
flächen aufweisen, damit nicht
durch Unregelmäßigkeiten der
Glashülle das Polardiagramm
der horizontalen Lichtstärke
ungleichförmig wird.

§ 33. Einfadenlampe.

Auf Veranlassung der Phy-
sikalisch-Technischen Reichsanstalt hat die Firma Siemens
& Halske die in der Fig. 31
dargestellte Speziallampe für
photometrische Zwecke hergestellt. Die geradegestreckte
Form des Kohlenfadens, der
durch eine am oberen Kontakte
befestigte zylindrische Spiral-
feder stets in gespanntem Zustande gehalten wird, ist für
photometrische Zwecke sehr
vorteilhaft, weil sie sich rech-

Fig. 31.

nerisch behandeln läßt. Man kann nämlich, wie auf S. 88 gezeigt
wird, aus einer einzigen Messung die mittlere sphärische Lichtstärke
mit genügender Genauigkeit berechnen, wenn man an Stelle des theoretischen Koeffizienten 0,785 den durch Beobachtung gefundenen 0,76
benutzt. Auf diese Weise läßt sich die Lampe auch zur Eichung der
Ulbrichtschen Kugel benutzen.

Auch die Einstellung der Normalglühlampe auf der Skala der
Photometerbank ist sehr leicht genau auszuführen.

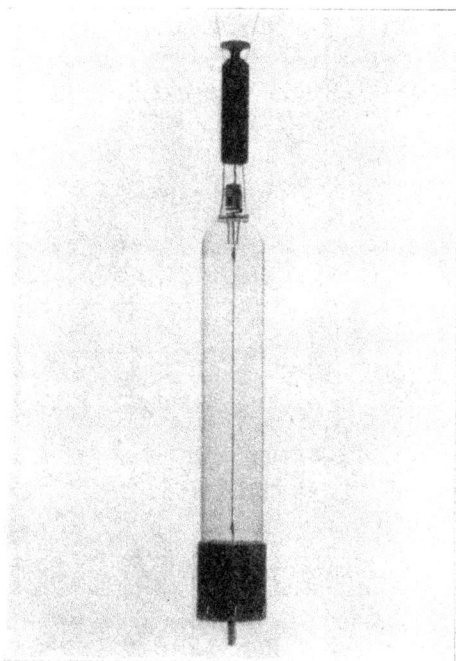

Die Lampen werden in der Fabrik einer Art Alterungsprozeß unterworfen, d. h. eine Zeit lang gebrannt und dann photometriert; dieses Verfahren wird solange fortgesetzt, bis zwei aufeinanderfolgende Messungen dieselbe Lichtstärke ergeben. Die Kohlenfäden sind ziemlich dick und verändern sich deshalb anfangs ziemlich stark. Ist aber der Alterungsprozeß vollendet, so bleiben sie lange Zeit konstant.

Die im folgenden mitgeteilten Prüfungsergebnisse wurden mit zwei derartigen Lampen für 28 Volt und mit einem Stromverbrauch von etwa 3,7 Amp. von Uppenborn erhalten. Beide Lampen hatten vor Beginn der Prüfung bereits 18 Stunden bei normaler Spannung gebrannt und wurden hierauf nach den in der folgenden Tabelle angegebenen Brennzeiten bei einer Spannung von 28 Volt photometriert. Hierbei wurden die Lampen vertikal in die Photometerbank eingesetzt und stets so eingestellt, daß immer eine und dieselbe auf dem Lampensockel durch einen Strich bezeichnete Richtung dem Photometerkopf zugewendet lag.

Brenndauer in Stunden		18	20	22	25	30	35	40	60	80	95
Lichtstärke senkrecht zur Glühfadenachse HK:	Lampe I	17,4	18,1	18,1	—	18.2	18,0	18,1	18,1	18,6	18,4
	Lampe II	13,0	13,2	13,1	13,0	13,1	13,2	12,8	12,9	12,3	11,9

Lampe I hat sich also zu Beginn der Prüfung noch erheblich geändert, während Lampe II bereits von Anfang an ziemlich konstante Lichtstärke aufwies. Für die Zeit zwischen 20 und 60 Brennstunden bei Lampe I und zwischen 18 und 35 Brennstunden bei Lampe II, während welcher die Lichtstärke beider Lampen annähernd konstant ist, ergibt sich eine mittlere Abweichung vom Mittelwerte der Lichtstärke von 0,18% für Lampe I und von 0,51% für Lampe II. Die Fig. 32 und 33 zeigen die Polardiagramme der Lichtstärken beider Lampen in der durch die Fadenmitte gelegten, auf der Fadenachse senkrechten Ebene, wie sie nach 95 Brennstunden erhalten wurden. Die Abweichungen von der mittleren Horizontallichtstärke, welch letztere in den Figuren durch ausgezogene Kreise angedeutet ist und bei Lampe I 18,7, bei Lampe II 12,3 HK beträgt, sind in beiden Fällen erheblicher, als man nach der günstigen Fadenform hätte erwarten können, und zwar beträgt die größte Abweichung bei Lampe I 4,3%, bei Lampe II 4,9%. Die Abweichungen in der für die Dauerprüfung angenommenen Meßrichtung betragen 1,6 und 3,3%. Diese Unter-

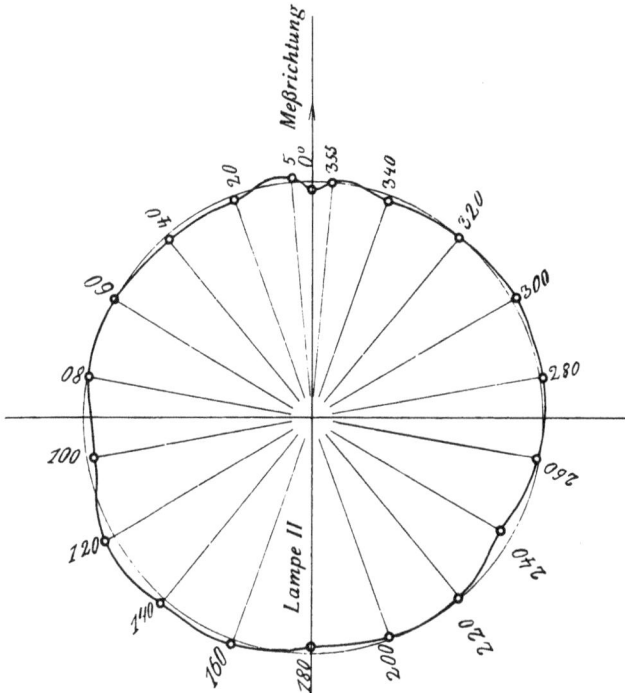

Fig. 33.

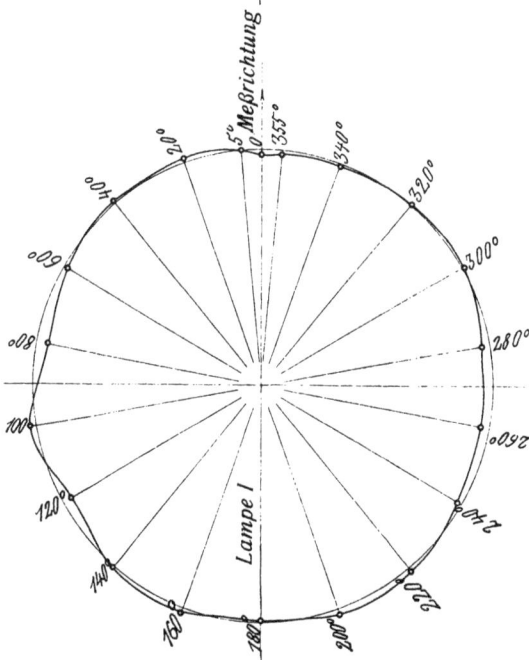

Fig. 32.

schiede in der Lichtstärke rühren naturgemäß in erster Linie von einer mangelhaften Beschaffenheit der Glashülle her, die wie der Augenschein zeigte, zahlreiche Schlieren und Risse enthielt. Beide Fälle sind daher geeignet zu zeigen, welch großes Gewicht bei der Herstellung von Normallampen auf eine sorgfältige Auswahl der Glashülle zu legen ist und daß man bei der Einstellung der Lampen in die Photometerbank vorsichtig verfahren muß.

§ 34. Flemings Normalglühlampe.

Auf Grund langjähriger Versuche ist Fleming in London zu einem Verfahren gelangt, Glühlampen für photometrische Zwecke herzustellen, deren Lichtstärke sich nur äußerst langsam ändert und die daher als Zwischenlichtquellen dienen können, wenn man ihre Lichtstärke mit der einer der primären Normallampen verglichen hat. U-förmige Kohlenfäden werden sorgfältig ausgewählt und behandelt. Man setzt sie in gewöhnliche Glasglocken und brennt sie mit etwa 5% Überspannung ungefähr 50 Stunden. Nach diesem Alterungsprozeß werden die Kohlenbügel, welche keinen Defekt aufweisen dürfen, in große Glasglocken von zylindrischer Gestalt eingesetzt und diese werden dann sorgfältig evakuiert. In Fig. 34 ist eine solche Lampe dargestellt.

Fig. 34.

Große Glaszylinder haben gegenüber den engen Röhren, wie sie beispielsweise bei der Einfadenlampe von Siemens & Halske verwendet werden, verschiedene Vorteile. In ihnen wird die Güte des Vakuums durch die im Kohlenfaden okkludierten Gase, die mit der Zeit frei werden, verhältnismäßig weit weniger beeinträchtigt als in engen Glashüllen, sie schwärzen sich weniger leicht, und endlich rufen sie keine so erheblichen Verzerrungen im Polardiagramme der Lichtstärken hervor wie die engen Röhren.

Wenn derart behandelte Lampen mit einer Spannung von etwa 5% unter der normalen betrieben werden, so bleiben sie in ihren Lichtverhältnissen auf lange Zeit hinaus konstant. Die Richtung, in welcher die horizontale Lichtstärke der Lampe bestimmt ist, wird durch einen Pfeil auf der Glashülle bezeichnet. Die Lampen werden von der Edison & Swan-United-Electr. Light Company, Limited, 36 & 37 Queenstreet, London E. C., geliefert mit einer genauen Gebrauchsanweisung und auf Wunsch mit einem Prüfungszeugnis von Prof. Fleming versehen.

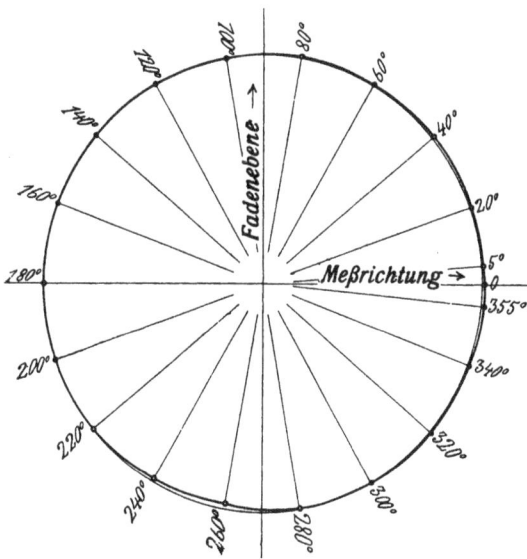

Fig. 35.

In Fig. 35 ist das P o l a r d i a g r a m m der Lichtstärken einer solchen Flemingschen »Ediswanlampe« dargestellt. Es wurde in der durch die Lampenmitte gehenden, auf der Bügelebene senkrechten Horizontalebene aufgenommen und weist nicht nur in der Nähe der Meßrichtung, sondern auch in den meisten anderen Richtungen nahezu konstante Lichtstärken auf.

§ 35. Doppelbügel-Normalglühlampe von Uppenborn.

Auf Anregung von Uppenborn stellt Siemens und Halske die in Fig. 36 dargestellte Doppelbügellampe als photometrische Normallampe her. Die Lampe hat ungefähr die Form und Größe einer ge-

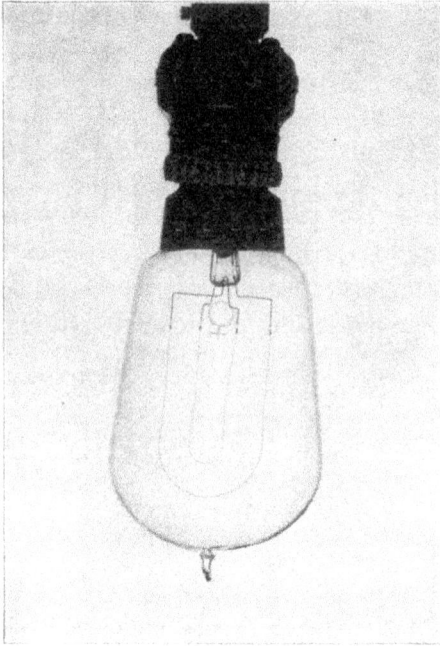

Fig. 36.

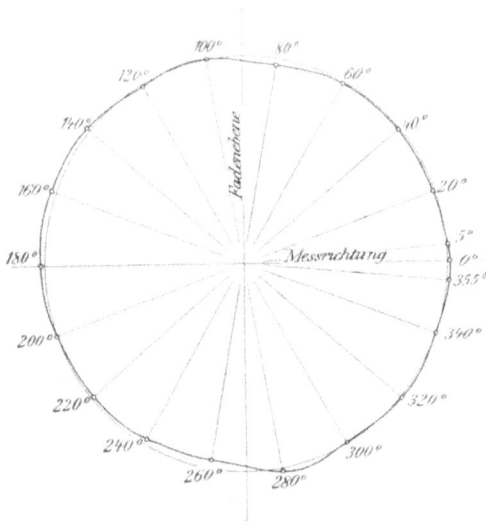

Fig. 37.

wöhnlichen Kohlenfadenglühlampe und besitzt zwei elek-
trisch hintereinander geschal-
tete U-förmige Bügel, die in
einer Ebene angeordnet
sind. Die Herstellung erfolgt
nach einem aus Amerika stam-
menden Verfahren, ähnlich wie
bei der Flemingschen Normallampe: die Fäden machen zuerst in einer gewöhnlichen Birne
einen Alterungsprozeß durch
und werden dann erst in die
eigentliche Birne eingesetzt.
Die Hintereinanderschaltung
zweier Bügel hat den Vorteil,
daß die Lampe trotz einfachster Fadenform für die übliche
Gebrauchsspannung von etwa
110 Volt geliefert werden kann;
die Anordnung der Fäden in
einer Ebene hat den Vorteil,
daß der »optische Schwerpunkt«
genau auf der Lampenachse
liegt, was bei der sonst bei
Kohlenfadenlampen üblichen
Schleifenform meist nur angenähert zutrifft. Damit die
Fadenebene genau senkrecht
zur photometrischen Achse eingestellt werden kann, sind in
der Richtung senkrecht zur
Fadenebene in die Glasglocke
nahe am Sockel zwei Figuren
eingeätzt, und zwar auf der
einen Seite ein Kreis, auf der
anderen Seite ein rechtwinkeliges Kreuz, dessen beide Achsen
gleich dem Kreisdurchmesser sind. Die Einstellung der Lampe ist
dann richtig, wenn vom Photometer aus gesehen, das Kreuz genau im

Kreise zu liegen scheint. Das gleiche Figurenpaar ist außerdem auch
in der Fadenebene selbst auf der Glashülle angebracht; dieses zweite
Figurenpaar kommt dann in Betracht, wenn, wie bei geschlossenen
Photometerbänken, die Einstellung in die Achse nicht vom Photometer aus erfolgen kann, sondern durch Anvisieren längs einer durch
die Lampenachse gehenden, auf der photometrischen Achse senkrechten Geraden vorgenommen werden muß. In Fig. 37 ist das Polardiagramm einer Doppelbügellampe für eine zur Bügelebene senkrechte
Horizontalebene dargestellt. Wie aus dem Diagramm zu ersehen ist,
hat man bei geringen Einstellungsfehlern keine merklichen Unterschiede der Lichtstärke gegen die in der Meßrichtung vorhandene zu
befürchten. Die mittlere horizontale Lichtstärke betrug in dem in
Fig. 37 dargestellten Falle 16,74 HK.

§ 36. Metallfadenlampen.

Es lag nahe, daß nach dem Siegeszug der Metallfadenlampen,
insbesondere derjenigen mit Fäden aus Wolfram die Wolframlampen
als Zwischenlichtquellen verwendet wurden. Sie sind zu diesem Zwecke
auch wenn der Faden genügend gesintert ist, hervorragend geeignet,
da sie eine viel längere Brenndauer als die Kohlenfadenlampen ergeben.
Die Deutsche Gasglühlicht A.-G. (Auergesellschaft) in Berlin baut
eine Normalglühlampe (Fig. 38) mit Fäden aus Wolfram (Osramlampe).
Drei Fadenbügel sind hintereinandergeschaltet; sie liegen alle in einer
Ebene. Das Polardiagramm (Fig. 39) ist in der Nähe der Senkrechten
auf die Bügelebene kreisförmig. Die Lampe soll als Vergleichslichtquelle
nur in der Stellung verwendet werden, in welcher die Ebene sämtlicher Fäden senkrecht zur Photometerachse liegt, also in der Richtung
0^0-180^0 in Fig. 39. In der Richtung der Fadenebene (90^0-270^0) selbst
zeigt die Lichtausstrahlungskurve Fig. 39 ein ausgeprägtes Minimum
der Lichtstärke. Die Lichtstärke ist in der Ebene 90^0-270^0 in Fig. 39
nicht mit eingezeichnet, weil der sich in dieser Meßebene ergebende
Lichtstärkenwert von Zufälligkeiten abhängt, nämlich davon, ob die
Überdeckung der drei Fadenschleifen mehr oder weniger vollkommen
erfolgt. Theoretisch sollte sich eine Lichtstärke von $1/_6$ des Wertes
in der Richtung 0^0-180^0 ergeben, während die praktischen Meßergebnisse schwankende, höhere Werte als $1/_6$ aufweisen.

Diese Normal-Osramlampen sind für 50 HK bei 25 Volt bestimmt.
Die Fadenlänge der in Fig. 38 dargestellten Lampe ist derart bemessen,
daß selbst bei Photometerbanklängen bis zu 2 m das Entfernungs-

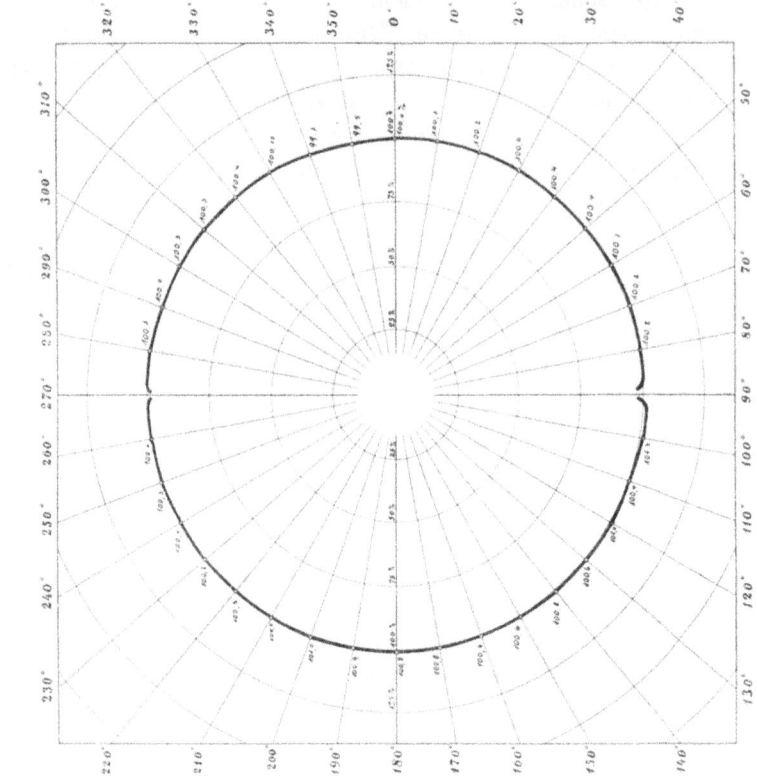

Fig. 39.

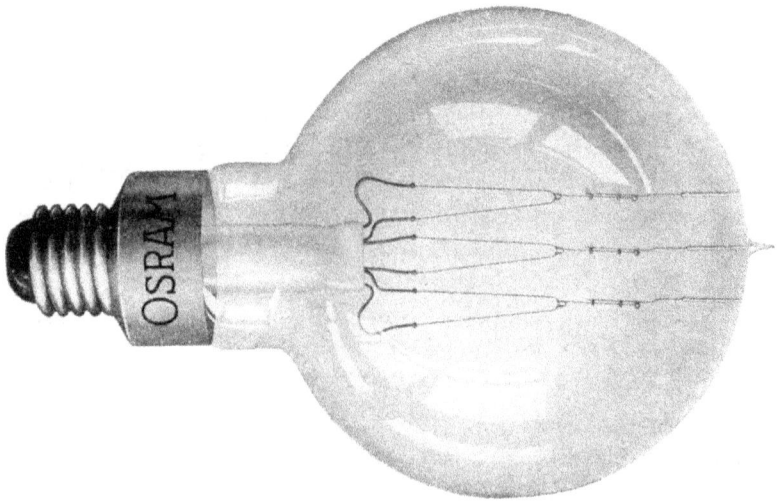

Fig. 38.

gesetz noch immer erfüllt wird. Beachtenswert ist auch die Glühfaden-
halterung, die in einer Gewichtsbelastung der Glühfäden durch entsprechend bemessene Gewichte besteht, die für jeden einzelnen Fadenbügel an dem Glühfadenscheitel angreifen. Auch bei diesen Lampen
ist die Glocke größer als bei den gewöhnlichen Glühlampen.

V. Kapitel.

Lichtstärke, Lichtstrom und mittlere Lichtstärke der Lichtquellen.

§ 37. Allgemeines.

Für viele photometrische Aufgaben ist es notwendig, eine graphische Darstellung des Verlaufs der Lichtstärken zu besitzen. Besitzt
eine Lichtquelle in jedem Meridian und in jedem Azimut dieselbe
Lichtstärke, so ist die Lichtstrahlung durch eine Kugel darstellbar,
deren Radius der Lichtstärke entspricht. Der die Lichtstärke in den
verschiedenen Richtungen des Raumes darstellende Körper heißt
»photometrischer Körper«. Eine Schnittebene des photometrischen Körpers, die durch den Lichtpunkt geht, heißt Lichtausstrahlungskurve oder Polardiagramm. Ist der photometrische Körper
ein Rotationskörper und wird das Polardiagramm durch ein einfaches mathematisches Gesetz bestimmt, so genügt eine einzige Messung der Lichtstärke zur Konstruktion des Polardiagramms und zur
Berechnung des Lichtstroms.

Im Jahre 1879 hat A l l a r d den Begriff der s p h ä r i s c h e n
(räumlichen) Lichtstärke eingeführt. U n t e r m i t t l e r e r s p h ä -
r i s c h e r L i c h t s t ä r k e J_0 v e r s t e h t m a n d i e j e n i g e
L i c h t s t ä r k e, w e l c h e v o r h a n d e n w ä r e, w e n n d e r
g e s a m t e v o n d e r L i c h t q u e l l e a u s g e h e n d e L i c h t -
s t r o m g l e i c h m ä ß i g ü b e r e i n e u m d i e L i c h t q u e l l e
a l s M i t t e l p u n k t g e l e g t e K u g e l f l ä c h e v e r t e i l t w ä r e.

U n t e r m i t t l e r e r h e m i s p h ä r i s c h e r L i c h t s t ä r k e
v e r s t e h t m a n d i e j e n i g e L i c h t s t ä r k e, w e l c h e v o r -
h a n d e n w ä r e, w e n n d e r v o n e i n e r i m M i t t e l p u n k t
e i n e r K u g e l b e f i n d l i c h e n L i c h t q u e l l e i n d i e e i n e
H a l b k u g e l a u s g e h e n d e L i c h t s t r o m g l e i c h m ä ß i g

über die Oberfläche dieser Halbkugel verteilt
wäre. Man unterscheidet zwischen unterer hemisphärischer
Lichtstärke J_u und oberer hemisphärischer Lichtstärke J_o.

§ 38. Lichtausstrahlung einer punktförmigen Lichtquelle.

Der gesamte von einer punktförmigen Lichtquelle ausgehende
Lichtstrom läßt sich leicht berechnen.

Nach Gleichung (2) S. 29 § 16 ist:

$$ds = r^2 \cdot d\omega \text{ oder } \omega = \frac{s}{r^2}.$$

Für die ganze Kugel ist die Oberfläche $s = 4\pi r^2$.

Ferner ist nach Gleichung (2) S. 29: $J = \frac{d\Phi}{d\omega}$ oder, wenn J überall
denselben Wert hat: $J = \frac{\Phi}{\omega}$, oder der Lichtstrom $\Phi = J \cdot \omega$. Setzt
man hierin den Wert für ω ein, so ergibt sich für den Lichtstrom Φ

$$\Phi = \omega \cdot J = \frac{s}{r^2} J = \frac{4\pi r^2}{r^2} \cdot J = 4\pi J \quad . \quad . \quad . \quad 1)$$

Der gesamte Lichtstrom einer Lichtquelle, deren Lichtstärke
in allen Richtungen des Raumes gleich ist, ist gleich dem 4π-fachen
dieser Lichtstärke.

§ 39. Allgemeine Formel für den Lichtstrom.

Ist die Lichtstärke J nicht konstant, sondern in verschiedenen
Richtungen einer Meridianebene verschieden, jedoch so, daß der
photometrische Körper ein Rotationskörper ist, so kann für den
Lichtstrom eine allgemeine Formel aufgestellt werden. Man beschreibt
um den die Lichtquelle darstellenden Punkt A in Fig. 40 mit dem
Radius r eine Kugelfläche; dann wird alles von der Lichtquelle A
ausgestrahlte Licht von der Kugelfläche aufgefangen.

Man nehme nun aus der Kugelfäche eine Zone mit dem Radius e
heraus. Ist diese Zone gleichmäßig beleuchtet, und gilt das gleiche
von allen übrigen Zonen, so ist $J = f(\alpha)$. In diesem Falle läßt sich
der Lichtstrom Φ auf dem Wege der Integration finden.

Es ist nämlich nach Gleichung (2) S. 29 der Lichtstrom gleich
dem Produkt aus Körperwinkel mal der Lichtstärke: $\Phi = J \cdot \omega$.

Man bildet zunächst das Differential des Lichtstromes für die
Zone von der Breite ds und dem Radius e. Die Oberfläche der Zone

ist $2\pi e\,ds$, mithin ist der entsprechende Körperwinkel $\dfrac{2\pi e\,ds}{r^2}$, somit

$$d\,\Phi = \frac{2\pi e\,ds}{r^2}\cdot J. \quad\ldots\ldots\ldots \quad 1)$$

Nun ist aber wie ersichtlich: $e = r\cdot\sin\alpha$ und $ds = r\cdot d\alpha$.
Daher ist:

$$d\,\Phi = \frac{2\pi\cdot r\sin\alpha\cdot r\,d\alpha}{r^2}\,J = 2\pi J\sin\alpha\cdot d\alpha. \quad\ldots \quad 2)$$

Integriert man, so wird

$$\Phi = 2\pi\int_0^{\pi} J\sin\alpha\,d\alpha \quad\ldots \quad 3)$$

Dieses Integral läßt sich aber nur dann
lösen, wenn J eine bekannteFunktion von α ist.

In dem schon oben betrachteten Falle
einer Lichtquelle, deren Lichtstärke in allen
Richtungen den nämlichen Wert aufweist, ist
$J = \text{const.}$ Alsdann ist

$$\Phi = 2\pi J\int_0^{\pi}\sin\alpha\,d\alpha = 4\pi J\int_0^{\pi/2}\sin\alpha\cdot d\alpha \quad . \quad 4)$$

Löst man das Integral auf, so ergibt sich:

$$\Phi = 4\pi J\left[-\cos\alpha\right]_0^{\pi/2} = 4\pi J, \quad\ldots \quad 5)$$

wie sich schon oben auf S. 30 ergeben hatte.

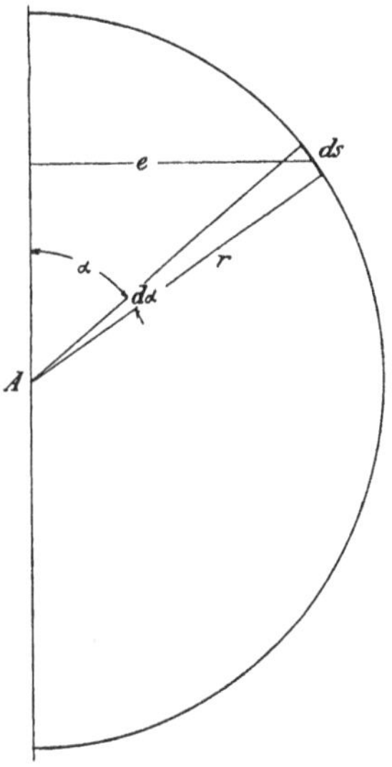

Fig. 40.

Der vorhin behandelte Fall des leuchtenden Punktes hat eine
mehr theoretische Bedeutung, da es leuchtende Punkte nicht gibt;
in Wirklichkeit wird man sich den Punkt immer als eine kleine leuchtende Kugel vorstellen müssen. Um im folgenden der Wirklichkeit
näher zu kommen, sollen zunächst leuchtende Flächen betrachtet
werden.

§ 40. Ebenes Flächenelement.

a) **L i c h t s t ä r k e.** Errichtet man auf dem leuchtenden ebenen
Flächenelement ds in Fig. 41 eine Normale ON, dann besitzt dieses
Element in der Richtung ON eine Lichtstärke J, welche gleich ist
dem Produkt aus der Flächenhelle e und Oberfläche ds. Es ist also
$J = eds$. Die Lichtstärke $J\alpha$ in einer beliebigen Richtung α ist
$eds\cdot\cos\alpha$. Trägt man nun die Lichtstärke J auf der Normalen auf,
so liegen die Endpunkte aller übrigen Strahlen der Lichtstärke auf

einer Kugeloberfläche, d. h. der photometrische Körper eines leuchtenden ebenen Flächenelements ist eine Kugel, welche das Flächenelement ds in seinem Mittelpunkt O berührt. Der Anfangspunkt der
Lichtstärken liegt aber hier nicht wie bei dem vorher betrachteten
Fall eines leuchtenden Punktes im Mittelpunkte der Kugel, sondern
in der Kugeloberfläche selbst.

b) L i c h t s t r o m. Man benutzt die Gleichung des Lichtstromes
(3) S. 83:

$$\Phi = 2\pi \int_0^\pi J \cdot \sin a \cdot d a.$$

Im vorliegenden Falle des leuchtenden Flächenelements ist die
Integration nur auf die untere Halbkugel, also auf $\frac{\pi}{2}$ auszudehnen.

Ferner setzt man für J den Wert $Ja = J \cdot \cos a$ ein, worin
$J = e \cdot ds$, also konstant ist. Es ist demnach zu schreiben:

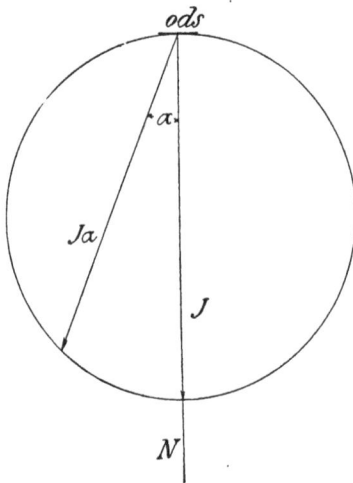

Fig. 41.

$$\Phi = 2\pi J \int_0^{\pi/2} \cos a \cdot \sin a \cdot d a.$$

Da nun $2 \cos a \cdot \sin a = \sin 2 a$, so ist:

$$\Phi = \pi J \int_0^{\pi/2} \sin 2 a \cdot d a.$$

Da ferner:

$$\int_0^{\pi/2} \sin 2 a \cdot d a = 1,$$

so ist:

$$\Phi = \pi J = \pi \cdot e \cdot ds. \quad . \quad . \quad 1)$$

c) D i e   m i t t l e r e   s p h ä r i s c h e
L i c h t s t ä r k e ist

$$J_0 = \frac{\Phi}{4\pi} \quad . \quad . \quad . \quad . \quad 2)$$

Da im vorliegenden Falle die gesamte Strahlung in die untere Hemisphäre gelangt, so hat es größeren praktischen Wert, die mittlere
hemisphärische Lichtstärke J_σ zu berechnen:

$$J_\sigma = \frac{\Phi}{2\pi}. \quad . \quad . \quad . \quad . \quad . \quad . \quad 3)$$

Setzt man nun den oben gefundenen Wert ein, so ist

$$J_\sigma = \frac{\pi J}{2\pi} = \frac{J}{2} = \frac{e \cdot d s}{2}, \quad . \quad . \quad . \quad . \quad 4)$$

oder in Worten: Die mittlere hemisphärische Lichtstärke eines ebenen leuchtenden Flächenelementes ist gleich der Hälfte seiner maximalen Lichtstärke.

§ 41. Gebrochene und gekrümmte Flächen.

In Fig. 42 ist die Lichtstärke in der Normalen mit J, diejenige unter dem Winkel α mit $J\alpha$ bezeichnet.

Nach Gleichung (4) S. 22 ist $J\alpha = e \cdot ds \cdot \cos \alpha$. Faßt man $ds \cdot \cos \alpha$ zusammen, so ist dies offenbar die Projektion ds' von ds auf eine Ebene, welche normal auf $J\alpha$ steht.

Was nun von einem Flächenelement gilt, gilt auch für eine ganze Fläche. Es ergibt sich daher aus dem Lambertschen Gesetz der Satz:

»Die Lichtstärke einer gleichmäßig leuchtenden Fläche in einer bestimmten Richtung ist gleich der Flächenhelle multipliziert mit der Größe der Projektion dieser Fläche auf eine Ebene, welche normal auf der betreffenden Richtung steht.«

Ist also die Flächenhelle einer gleichmäßig leuchtenden Fläche, z. B.

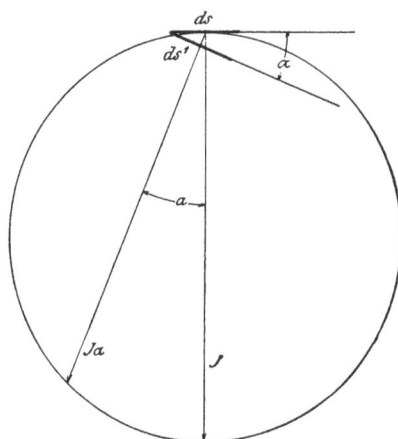

Fig. 42.

der Oberfläche des Fadens einer Glühlampe durch Messung der Lichtstärke in einer bestimmten Richtung und Ausmessung eines in dieser Richtung aufgenommenen photographischen Bildes ermittelt, so genügt es für jede andere Richtung, eine Projektion des Glühfadens photographisch aufzunehmen und auszumessen, um die Lichtstärken in jenen anderen Richtungen berechnen zu können. So wurde von der Prüfungskommission der Wiener Elektrotechnischen Ausstellung 1883 verfahren.

Aus dem abgeleiteten Satze folgt also, daß die Lichtstärke einer glühenden Kugel, z. B. der Sonne, gleich ist derjenigen einer Scheibe von gleichem Durchmesser.

§ 42. Körper mit gleichmäßig leuchtender Oberfläche.

Die vorhergehende Betrachtung läßt sich auf Körper anwenden. Hier ist indessen zu unterscheiden zwischen Körpern, welche durchweg konvexe Oberflächen haben und solchen, welche auch teilweise konkave Oberflächen besitzen.

A. Körper mit durchweg konvexer Oberfläche.

a) Lichtstärke. Körper mit durchweg konvexer Oberfläche besitzen nur solche Oberflächenelemente, welche das Licht frei in den Raum ausstrahlen können.

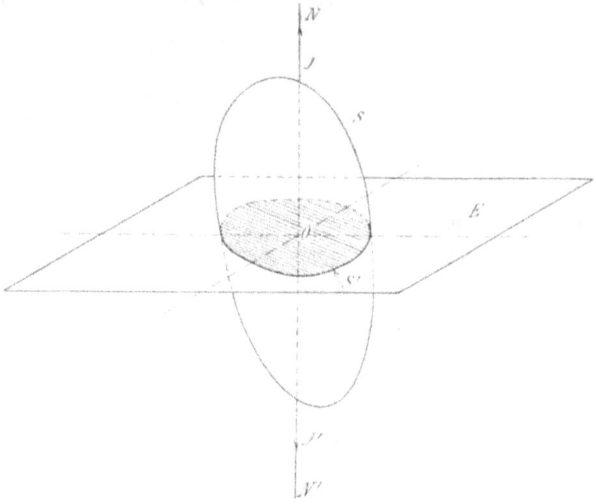

Fig. 43.

In Fig. 43 ist ein unregelmäßiger Körper von der Oberfläche S dargestellt, welcher durch eine zur Richtung NN' senkrechte Ebene E in zwei ungleiche Teile geteilt wird. Die beiderseitige Projektion des Körpers auf die Ebene E sei die schraffiert dargestellte Fläche S', die Flächenhelle sei e, dann ist die Lichtstärke J in der Richtung ON:

$$J = e \cdot S'$$

und in der Richtung ON':

$$J' = e S', \text{ also } J = J'.$$

Es ergibt sich also der Satz:

»Bei einem Körper mit gleichmäßig leuchtender Oberfläche ist die Lichtstärke in einer Achse gleich der Lichtstärke in der umgekehrten Richtung.«

b) Lichtstrom. Der Lichtstrom eines Flächenelementes ist

$$d\Phi = \pi \cdot e \cdot ds.$$

Daraus folgt der Lichtstrom für die ganze Oberfläche S:

$$\Phi = \pi \cdot e \cdot S. \qquad\qquad\qquad 1)$$

c) Mittlere Lichtstärke. Die mittlere sphärische Lichtstärke ist nach Gleichung (2) S. 84:

$$J_0 = \frac{\Phi}{4\pi} = \frac{\pi \cdot e \cdot S}{4\pi} = \frac{e \cdot S}{4} \quad \ldots \ldots \quad 2)$$

Die letzten beiden Gleichungen gelten auch für nicht geschlossene
Oberflächen oder Körper, deren Oberfläche nur teilweise leuchtet.

B. Körper mit konkaven Oberflächenteilen.

Wenn Körper konkave Oberflächenteile aufweisen, wird das
Licht von einigen Oberflächenteilen auf andere gestrahlt. Die rechnerische Verfolgung derartiger Probleme ist äußerst kompliziert.

§ 43. Zylinder.

a) Lichtstärke. Der Lichtstrom eines Zylinders, z. B. des
Glühstäbchens einer Nernstlampe, läßt sich leicht berechnen[1]). Die
maximale Lichtstärke J ist rund um das
Stäbchen herum in der Äquatorialebene
vorhanden und die Lichtstärke J_α ist der
Projektion der Oberfläche des Stäbchens
auf eine Ebene proportional, welche rechtwinkelig auf dem Strahl J_α steht. Es ist
also $J\alpha = J \sin \alpha$, oder, wenn l die Länge,
d den Durchmesser und e die Flächenhelle
des Zylinders bedeutet,

$$J\alpha = e \cdot l \cdot d \cdot \sin \alpha. \quad \ldots \quad 1)$$

Da die graphische Darstellung der Sinus-
funktion im Polarkoordinatensystem der
Kreis ist, so ist der photometrische Körper
des zylindrischen Glühstäbchens ein Ring,
welcher durch die Rotation eines Kreises
um die Zylinderachse NN' entsteht.

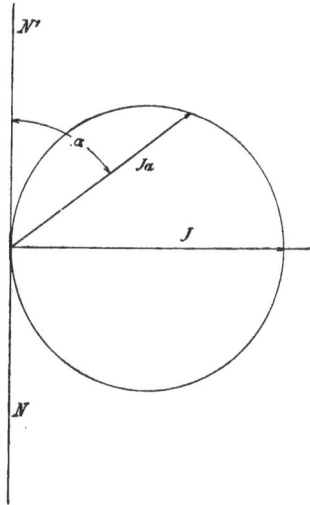

Fig. 44.

b) Lichtstrom. Setzt man die oben abgeleitete Funktion
für J_α in Gleichung (3) S. 83 ein, so ergibt sich der Lichtstrom:

$$\Phi = 2\pi \int_0^\pi J \cdot \sin\alpha \cdot \sin\alpha \, d\alpha = 4\pi J \int_0^{\pi/2} \sin^2\alpha \cdot d\alpha \quad \ldots \quad 2)$$

---

[1]) Uppenborn, Zeitschrift für Beleuchtungswesen **11**. S. 35. **1905.**

hieraus folgt:

$$\varPhi = 4\pi J \left[\frac{1}{2}\alpha - \frac{1}{4}\sin 2\alpha \right]_0^{\pi/2} = 4\pi J \frac{\pi}{4} = \pi^2 J = \pi^2 d l e \qquad 3)$$

c) Sphärische Lichtstärke. Um die mittlere räumliche Lichtstärke J_0 zu finden, muß man den Lichtstrom nach Gleichung (3) dem Lichtstrom einer punktförmigen Lichtquelle, deren Lichtstärke nach allen Richtungen gleich ist (siehe Gl. 1 S. 82), gleichsetzen. Also:

$$4\pi J_0 = \pi^2 \cdot J \ldots \ldots \ldots \ldots 4)$$

oder:

$$J_0 = \frac{\pi^2 J}{4\pi} = \frac{\pi}{4} J = 0{,}785 J \ldots \ldots 5)$$

Die sphärische Lichtstärke einer solchen Nernstlampe mit zylindrischem Glühkörper kann also durch eine einzige Messung, z. B. durch die Messung der maximalen Lichtstärke J bestimmt werden. Allerdings gilt dies nur mit einer gewissen Annäherung. Denn in der ausgeführten Lampe wird durch Schattenbildung etwas Licht absorbiert.

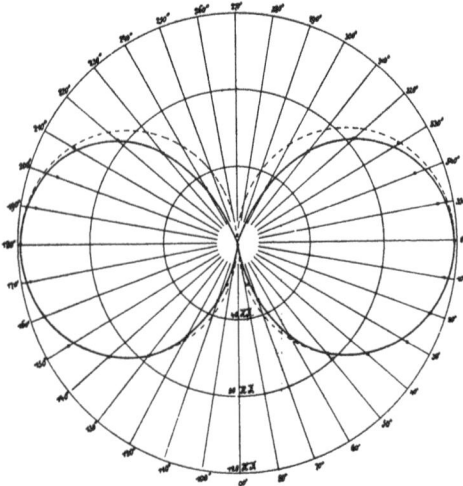

Fig. 45.

Es ist daher für jede Lampenart zu prüfen, inwieweit die oben abgeleitete Formel mit den Ergebnissen der Wirklichkeit übereinstimmt.

In der nachfolgenden Tabelle (S. 89) sind die Ergebnisse einer Beobachtungsreihe dargestellt. In Fig. 45 sind die Ergebnisse graphisch dargestellt (ausgezogener Kreis). Der gestrichelte Kreis entspricht der berechneten Lichtstärke. Wie man erkennen kann, bleibt die beobachtete Lichtstärke in den der Vertikalen sich nähernden Lagen hinter der berechneten infolge der Schattenbildung etwas zurück.

Die beobachtete maximale Lichtstärke beträgt 118,5 HK.

Die auf Grund der Beobachtungen berechnete wirkliche sphärische Lichtstärke J_0 beträgt 88,5 HK.

Der sphärische Reduktionsfaktor c ist geringer als der theoretische in Gleichung (5) gefundene Wert 0,785.

$$c = \frac{J_0}{J_{max}} = \frac{88,5}{118,5} = 0,75.$$

Winkel	Lichtstärke	Winkel	Lichtstärke
300⁰ bzw. 240⁰	33,0 HK	20⁰ bzw. 160⁰	111,7 HK
310⁰ « 230⁰	61,5 »	30⁰ « 150⁰	106,1 «
320⁰ « 220⁰	83,6 «	40⁰ « 140⁰	91,3 «
330⁰ « 210⁰	101.7 «	50⁰ « 130⁰	75,9 «
340⁰ « 200⁰	103,7 «	60⁰ « 120⁰	55,8 «
350⁰ « 190⁰	111,2 «	70⁰ « 110⁰	31,9 «
0⁰ « 180⁰	118,5 «	85⁰ « 105⁰	22,3 «
10⁰ « 170⁰	114,2 «	90⁰ « 90⁰	1,2 «

§ 44. Kugel.

a) L i c h t s t ä r k e. Die Lichtstärke einer Kugel, deren Oberflächenelemente gleiche Flächenhelle e besitzen, ist gleich der Projektion ihrer Oberfläche, multipliziert mit der Flächenhelle, also:

$$J = \frac{d^2 \pi}{4} \cdot e = r^2 \pi e \quad . \quad . \quad . \quad . \quad . \quad . \quad 1)$$

b) L i c h t s t r o m. Der Lichtstrom ist

$$\Phi = \pi \cdot e \cdot s \quad . \quad . \quad . \quad . \quad . \quad . \quad . \quad . \quad 2)$$

Da nun $s = d^2\pi$, so ist

$$\Phi = \pi^2 \cdot e \cdot d^2 \quad . \quad . \quad . \quad . \quad . \quad . \quad . \quad 3)$$

oder, wenn man Gleichung (1) einsetzt:

$$\Phi = 4 \pi J \quad . \quad . \quad . \quad . \quad . \quad . \quad . \quad 4)$$

Da die Kugel den räumlichen Winkel 4π ausfüllt, fließt durch jede Winkeleinheit J Lumen. Ist also $J = 1$ HK, so ist $\Phi = 12,56$ Lumen.

Der photometrische Körper einer Kugel, deren Lichtstärke 1 HK ist, ist eine Kugel von 1 cm Radius.

Der hier behandelte Fall einer leuchtenden Kugel ist identisch mit dem auf S. 82 behandelten Fall eines leuchtenden Punktes.

c) M i t t l e r e s p h ä r i s c h e L i c h t s t ä r k e. Es ist

$$J_0 = \frac{\Phi}{4\pi} = \frac{4 \pi J}{4 \pi} = J, \quad . \quad . \quad . \quad . \quad 5)$$

§ 45. Halbkugel.[1])

a) L i c h t s t ä r k e. Die Lichtstärke einer Halbkugel in einer Richtung, welche um den Winkel α von der vertikalen Symmetrieachse abweicht, ist:

$$J_\alpha = \frac{d^2 \pi \cdot e}{8}\,(1 + \cos\alpha) \quad \ldots \ldots \quad 1)$$

Für $\alpha = 0$ ist $J_0 = \dfrac{d^2 \pi \cdot e}{4}$, wie bei der Vollkugel.

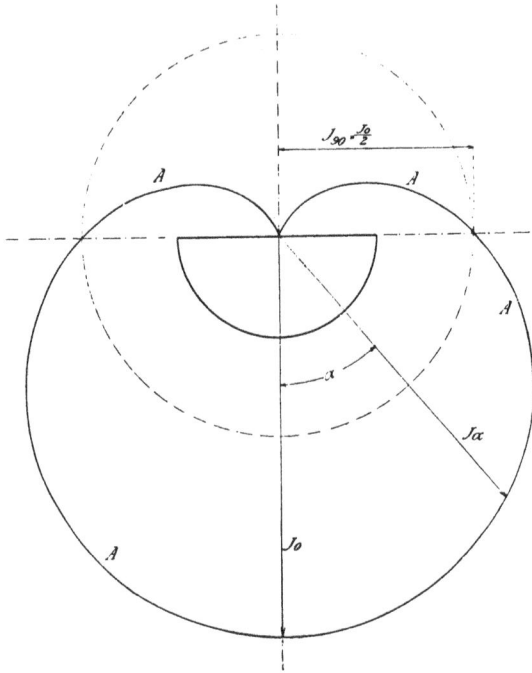

Fig. 46.

Für den Winkel $\alpha = 90^0$ ist $\cos\alpha = 0$, daher

$$J_{90} = \frac{d^2 \pi\, e}{8} = \frac{J_0}{2}.$$

Für den Winkel $\alpha = 180^0$ ist $\cos\alpha = -1$, daher $J_{100} = 0$.

In Fig. 46 ist die sich aus Gleichung (1) ergebende Kurve der Lichtausstrahlung graphisch dargestellt (Kurve A—A).

---

[1]) Paul Högner, Lichtstrahlung und Beleuchtung. Braunschweig **1906**, Vieweg & Sohn.

b) **L i c h t s t r o m**. Setzt man in die allgemeine Formel für den Lichtstrom

$$\Phi = 2\pi \cdot \int_0^{'} J \cdot \sin a \cdot d a.$$

für J den Wert $\dfrac{d^2 \pi \cdot e}{8} (1 + \cos a)$, so ergibt sich

$$\Phi = \frac{d^2 \pi^2 e}{4} \int_0^{'} \sin a \cdot (1 + \cos a) \cdot d a$$

$$= \frac{d^2 \pi^2 e}{4} \int_0^{'} \sin a \cdot d a + \frac{d^2 \pi^2 \cdot e}{4} \int_0^{'} \sin a \cdot \cos a \cdot d a$$

$$= \frac{d^2 \pi^2 e}{4} \left| - \cos a \right]_0^{'} + \frac{d^2 \pi^2 e}{4} \left[- \frac{1}{2} \cos^2 a \right]_0^{'}$$

$$= \frac{\pi^2 \cdot e \cdot d^2}{2}$$

$$= 2\pi \cdot J_0. \quad\ldots\ldots\ldots\ldots \text{2)}$$

Für die untere Hemisphäre ergibt sich durch Integration in den Grenzen 0 bis $\pi/2$

$$\Phi_\circ = \frac{3\pi^2 d^2 e}{8} = \frac{3}{2}\pi \cdot J_0 \quad\ldots\ldots \text{3)}$$

und für die obere Hemisphäre, wobei zwischen $\pi/2$ und π zu integrieren ist:

$$\Phi_\circ = \frac{\pi^2 d^2 e}{8} = \frac{1}{2}\pi \cdot J_0. \quad\ldots\ldots \text{4)}$$

c) **S p h ä r i s c h e   L i c h t s t ä r k e**. Die mittlere sphärische Lichtstärke ist:

$$J_\circ = \frac{\Phi}{4\pi} = \frac{\pi d^2 e}{8} = \frac{J_0}{2}. \quad\ldots\ldots \text{5)}$$

Die mittlere untere hemisphärische Lichtstärke ist:

$$J_\circ = \frac{3 \cdot \pi d^2 e}{16} = \frac{3 \cdot J_0}{4}. \quad\ldots\ldots \text{6)}$$

Die mittlere obere hemisphärische Lichtstärke ist:

$$J_\circ = \frac{\pi d^2 e}{16} = \frac{1}{4} J_0. \quad\ldots\ldots \text{7)}$$

Tabelle der Verhältnisse einfacher leuchtender Flächen. (Die Flächenhelle ist konstant $= e$ angenommen.)

Gestalt der leuchtenden Fläche	Lichtstärke als Funktion des Strahlungswinkels α	Polardiagramm der Lichtstärke	Lichtstrom	mittlere Lichtstärke		
				sphärisch O	hemisphärisch o	hemisphärisch o
 Fig. 17 a. **1. Punkt.**	$J_\alpha = \text{const.} = J_0$	 Fig. 47 b.	$4\pi J_0$	J_0	J_0	J_0
 Fig. 47 c. **2. Kreisscheibe.** (Die Oberseite ist nichtleuchtend.)	$J_\alpha = \dfrac{d^2 \pi}{4} \cdot e \cdot \cos\alpha$ $= J_0 \cdot \cos\alpha$	 Fig. 47 d.	$\dfrac{\pi^2 d^2}{4} \cdot e = J_0 \pi$	$\dfrac{J_0}{4}$	$\dfrac{J_0}{2}$	0
 Fig. 47 e. **3. Kugel.**	$J_\alpha = \dfrac{d^2 \pi}{4} \cdot e = \text{const.}$ $= J_0$	 Fig. 47 f.	$\pi^2 \cdot d^2 \cdot e = 4\pi J_0$	J_0	J_0	J_0

	J_α					
 Fig. 47g. **4. Halbkugel.** (Die Deckfläche ist nichtleuchtend.)	$J_\alpha = \dfrac{d^2\pi \cdot e}{8}(1+\cos\alpha)$ $= \dfrac{J_0}{2}(1+\cos\alpha)$	 Fig. 47 h.	$\dfrac{\pi^2 d^2}{2}\, e = 2\pi J_0$	$\dfrac{\pi \cdot d^2 \cdot e}{8} = \dfrac{J_0}{2}$	$\dfrac{3 \cdot \pi \cdot d^2 \cdot e}{16} = \dfrac{3 J_0}{4}$	$\dfrac{\pi d^2 \cdot e}{16} = \dfrac{J_0}{4}$
 Fig. 47 i. **5. Zylinder.** (Grund- u. Deckfläche sind nichtleuchtend.)	$J_\alpha = l \cdot d \cdot e \cdot \sin\alpha$ $= J_{90} \cdot \sin\alpha$	 Fig. 47 k.	$\pi^2 \cdot l \cdot d \cdot e = \pi^2 J_{90}$	$\dfrac{\pi}{4} \cdot l \cdot d \cdot e = \dfrac{\pi}{4} \cdot J_{90}$	$\dfrac{\pi}{4} \cdot l \cdot d \cdot e = \dfrac{\pi}{4} \cdot J_{90}$	$\dfrac{\pi}{4} \cdot l \cdot d \cdot e = \dfrac{\pi}{4} \cdot J_{90}$
 Fig. 47 l. **6. Zylinder mit einem halbkugelförm. Abschluß.** (Die ebene Deckfläche ist nichtleuchtend.)	$J_\alpha = e \cdot d \cdot$ $\left[l \cdot \sin\alpha + \dfrac{d\pi}{8}(1+\cos\alpha)\right]$ $= \dfrac{J_0}{2}(1+\cos\alpha)$ $+ J_{90}\cdot\sin\alpha$	 Fig. 47 m.	$\dfrac{\pi^2 d^2 \cdot e}{2}\left(1+\dfrac{2l}{d}\right)$ $= 2\pi \cdot J_0 + \pi^2 \cdot J_{90}$	$\dfrac{\pi \cdot d^2 \cdot e}{8}\left(1+\dfrac{2l}{d}\right)$ $= \dfrac{J_0}{2} + \dfrac{\pi}{4} \cdot J_{90}$	$\dfrac{\pi d^2 e}{16}\left(3+\dfrac{4l}{d}\right)$ $= \dfrac{J_0}{4} + \dfrac{\pi}{4} J_{90}$	$\dfrac{\pi d^2 e}{16}\left(1+\dfrac{4l}{d}\right)$ $= \dfrac{3 J_0}{4} + \dfrac{\pi}{4} J_{90}$

§ 46. Zylinder mit einseitigem halbkugelförmigen Abschluß.[1)]

a) L i c h t s t ä r k e. Die Lichtstärke dieses Körpers (Fig. 47) ergibt sich durch Addition derjenigen des Zylinders Gleichung (1) S. 87 und derjenigen der Halbkugel Gleichung (1) S. 90:

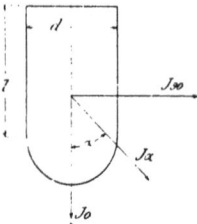

$$J_a = e \cdot d \left[l \cdot \sin a + \frac{d\,\pi}{8}\,(1 + \cos a) \right].$$

Für $a = 0$ wird $J_0 = \dfrac{e \cdot d^2\,\pi}{4}$;

für $a = 90^0$ wird $J_{90} = e \cdot d \left[l + \dfrac{d\,\pi}{8} \right]$;

für $a = 180^0$ wird $J_{180} = 0$.

Fig. 47.

b) L i c h t s t r o m. Der Lichtstrom ergibt sich, da es sich um vollständig konvexe Oberflächen handelt, welche ihr Licht allseitig frei in den Raum ausstrahlen können, ebenfalls durch Addition der Lichtströme des Zylinders und der Halbkugel:

$$\Phi = \pi^2 \cdot d \cdot l \cdot e + \frac{\pi^2 d^2 e}{2} = \frac{\pi^2 \cdot d^2 \cdot e}{2} \left(1 + \frac{2\,l}{d} \right).$$

Hiervon geht in die obere Hemisphäre:

$$\Phi_o = \frac{\pi^2 \cdot d \cdot l \cdot e}{2} + \frac{\pi^2 d^2 e}{8} = \frac{\pi^2 \cdot d^2 \cdot e}{8} \cdot \left(1 + \frac{4\,l}{d} \right)$$

und in die untere Hemisphäre:

$$\Phi_u = \frac{\pi^2 \cdot d \cdot l \cdot e}{2} + \frac{3\,\pi^2 d^2 e}{8} = \frac{\pi^2 \cdot d^2 \cdot e}{8} \left(3 + \frac{4\,l}{d} \right).$$

c) M i t t l e r e L i c h t s t ä r k e. Es ist:

$$J_0 = \frac{\pi \cdot d^2 \cdot e}{8} \left(1 + \frac{2\,l}{d} \right);$$

$$J_o = \frac{\pi \cdot d^2 \cdot e}{16} \left(1 + \frac{4\,l}{d} \right);$$

$$J_u = \frac{\pi \cdot d^2 \cdot e}{16} \left(3 + \frac{4\,l}{d} \right).$$

§ 47. Tabelle.

In der Tabelle S. 92 und 93 sind die in Betracht kommenden Größen der behandelten leuchtenden Flächen zusammengestellt.

[1)] Högner a. a. O. S. 12.

§ 48. Der photometrische Körper des Lichtbogens.

Das bisher beschriebene rechnerische Verfahren zur Ermittelung der Lichtstärken unter verschiedenen Winkeln, zur Ermittelung des Lichtstromes und der mittleren räumlichen Lichtstärke ist in der Praxis auf diejenigen Fälle beschränkt, in welchen die Abhängigkeit der Lichtstärke vom Strahlungswinkel durch eine bestimmte mathematische Beziehung gegeben ist. In der Praxis trifft dies mit genügender Annäherung nur in wenigen Fällen zu. Meist sind die Strahlungsverhältnisse der Lichtquellen kompliziert und lassen sich nicht durch eine einfache Formel ausdrücken.

Immerhin werden die vorhin abgeleiteten Formeln in manchen Fällen zur Erklärung der Gestalt der photometrischen Körper mancher Lichtquellen herangezogen werden können. So hat Uppenborn[1] u. a. diese Formeln zum Verständnis des photometrischen Körpers des Lichtbogens verwendet.

Sowohl bei Wechselstromreinkohlenbogenlampen als auch bei Gleichstromreinkohlenbogenlampen wird der größte Teil des Lichtstromes von den glühenden Endflächen (Kraterflächen) der Kohlenstäbe ausgestrahlt. Die glühenden Endflächen können mit einer für praktische Bedürfnisse genügenden Genauigkeit als kleine ebene, glühende Kreisflächen betrachtet werden. Die von der Kraterfläche in irgendeiner Richtung ausgestrahlte Lichtstärke ist der in dieser Richtung sichtbaren Kraterfläche, also dem Kosinus desjenigen Winkels proportional, welchen die Sehrichtung mit der Kraterscheibe einschließt. Der Unterschied zwischen den Kratern bei Gleichstrom und Wechselstrom besteht darin, daß beim Wechselstromlichtbogen die Kreisflächen annähernd gleich groß sind, während beim Gleichstromlichtbogen die glühende Endfläche der negativen Kohle viel kleiner ist als die des positiven Kraters und nur wenig Licht aussendet. In erster Annäherung kann man daher den photometrischen Körper eines Lichtbogens durch zwei übereinander befindliche, sich nahezu berührende Kugeln darstellen[2], welche in dem Diagramm der Fig. 48 die ausgezogenen Kreise ergeben. In Fig. 48 stellt ferner die gestrichelte Kurve die angenäherte wirkliche Lichtausstrahlungskurve für einen Wechselstromreinkohlenlichtbogen in der unteren Hemisphäre dar.

---

[1] Uppenborn, Zentralblatt für Elektrotechnik **12.** S. 129. **1889.**

[2] Diese Tatsachen sind zuerst von Uppenborn im Jahre 1889 veröffentlicht worden. Man nennt sie daher das Uppenbornsche Gesetz. Besonders in der englischen Literatur wird dieses Gesetz oft das Trottersche Gesetz genannt, trotzdem Trotters Veröffentlichungen erst 1892 erfolgt sind.

Wie man aus Fig. 48 erkennen kann, kann das vom oberen Krater ausgestrahlte Licht ungehindert nur in dem Winkel *a o b* zur Wirkung gelangen. Unterhalb von *b* wird durch die untere Kohle immer mehr von dem Krater der oberen Kohle abgeblendet, und es kann unterhalb von *c* nur noch der erheblich schwächer glühende Rand des oberen Kohlenstabes wirken. Die Einwirkung der Schattenbildung sieht man in der gestrichelten Kurve. Anderseits wird die Horizontale *a* nicht ganz ohne jede Lichtstrahlung sein. In dieser strahlt der glühende Rand der Krater und der Lichtbogen selbst; daher weist die gestrichelte Kurve höhere Lichtstärkenwerte in der Nähe der Horizontalen auf als die ausgezogenen Kreise, die idealen Lichtausstrahlungskurven der freistrahlend gedachten Kraterflächen.

Man kann sich mit Hilfe des photometrischen Körpers der leuchtenden Kreisflächen wohl ein angenähertes Bild vom photometrischen Körper eines Lichtbogens machen. Zur Ermittelung des Lichtstromes oder der mittleren räumlichen Lichtstärke reicht dieses Bild aber nicht aus. Will man diese Größen genau ermitteln, so bleibt nichts übrig, als die Lichtstärken der Bogenlampe in vielen Richtungen oberhalb und unterhalb der Horizontalen, etwa um Winkel von 10° zu 10° fortschreitend tatsächlich zu messen. Man erhält dann Kurven nach Art der gestrichelten in Fig. 48.

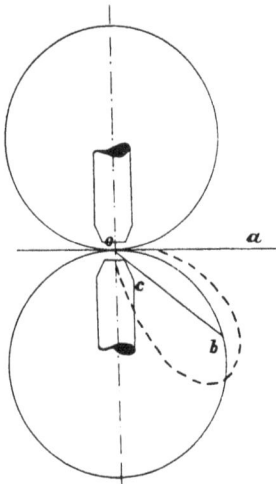

Fig. 48.

Der photometrische Körper ist ganz allgemein nichts anderes als ein räumliches Polardiagramm der Lichtstärke. Weder sein Inhalt noch seine Oberfläche stehen in einem konstanten Verhältnis zum Lichtstrom oder zur mittleren sphärischen Lichtstärke einer Lichtquelle. Es sei eine gleichmäßig leuchtende Kugel gegeben. Der photometrische Körper ist dann ebenfalls eine Kugel, deren Radius gleich der Lichtstärke ist. Stellt man die Gleichungen für Lichtstrom Φ, Oberfläche O und Inhalt V nebeneinander, so ergibt sich folgendes:

$$\Phi = 4\pi \cdot r \; ; \quad O = 4\pi \cdot r^2; \quad V = \frac{4}{3}\pi \cdot r^3.$$

Dividiert man alle diese Gleichungen durch 4π, so ergibt sich:

$$\frac{\Phi}{4\pi} = r; \quad \frac{O}{4\pi} = r^2; \quad \frac{V}{4\pi} = \frac{r^3}{3}.$$

Der Lichtstrom und die mittlere sphärische Lichtstärke haben durchaus den Charakter einer Linie, nicht etwa den einer Fläche oder eines Körperinhalts.

§ 49. Die verschiedenen Arten der Lichtstärke.

Zur Lösung bestimmter beleuchtungstechnischer Aufgaben, z. B. zur Berechnung der durch eine gegebene Anordnung von Gas- oder Bogenlampen erzielten Bodenbeleuchtung ist eine Kenntnis des photometrischen Körpers oder falls dieser ein Rotationskörper ist, eines Polardiagrammes der Lichtstärke erforderlich. Dieses Diagramm kann nicht etwa durch die Angabe der mittleren sphärischen oder hemisphärischen Lichtstärke ersetzt werden. Derartige Beleuchtungsberechnungen werden indessen nur bei besonders wichtigen praktischen Fällen durchgeführt, da sie einen erheblichen Zeitaufwand erfordern. Für viele andere praktische Zwecke, bei denen es auf genau bestimmte Beleuchtungen nicht ankommt, wird man sich einfacherer Hilfsmittel, wie bestimmter Tabellen, bedienen. In diesem Falle hat für die Betrachtung der Bodenbeleuchtung die Kenntnis der mittleren unteren hemisphärischen Lichtstärke J_u eine große praktische Bedeutung. Die Kenntnis der mittleren oberen hemisphärischen Lichtstärke ist dagegen außer für indirekte Beleuchtungen fast bedeutungslos, weil von dem oberhalb der Horizontalen ausgestrahlten Licht nur ein sehr geringer Teil in die untere Hemisphäre gestrahlt wird. Aus dem gleichen Grunde ist die Kenntnis der mittleren sphärischen Lichtstärke für solche Zwecke ohne wesentliche Bedeutung.

Eine Gleichstrombogenlampe und eine Gasglühlampe mit abwärts hängendem Glühkörper entsenden den weitaus größten Teil ihres Lichtstromes in die untere Hemisphäre und bei manchen anderen Lichtquellen wird eine ähnliche Lichtverteilung durch Reflektoren, Schirme u. dgl. künstlich herbeigeführt. Für solche Lichtquellen ist lediglich die Angabe der unteren hemisphärischen Lichtstärke von Bedeutung.

Aus der Kenntnis der mittleren sphärischen Lichtstärke kann man dagegen für Beleuchtungen kaum praktische Schlüsse ziehen. Die Richtigkeit dieses Satzes ergibt sich ganz überzeugend, wenn man die beiden extremsten Fälle betrachtet. Es seien zwei horizontale leuchtende Kreisscheiben gegeben, von denen bei der einen die untere, bei der anderen die obere Fläche vollkommen diffus leuchtet. In guter Annäherung läßt sich eine solche leuchtende Scheibe aus Opalglas herstellen, welches von der einen Seite her duch einen Reflektor kräftig beleuchtet wird. Der Durchmesser der Scheiben betrage 35,7 cm, dann beträgt ihre Oberfläche rund 1000 qcm. Die Flächenhelle betrage 1 HK pro qcm. Dann ist ihre Lichtstärke in normaler Richtung $J = 1000$ HK, ihr Lichtstrom $\Phi = \pi \cdot e \cdot ds = 3140$ Lumen, die mittlere untere hemisphärische Lichtstärke $J_\circ = \dfrac{J}{2} = 500$ HK und die sphärische Lichtstärke $J_0 = 250$ HK.

Beide Scheiben haben dieselbe sphärische Lichtstärke, nämlich 250 HK, jedoch ist bei der Scheibe, deren untere Fläche leuchtet, $J_\circ = 500$ HK, bei der anderen Scheibe, die nur nach oben leuchtet, ist $J_\circ = 0$.

Dieses Beispiel weist überzeugend nach, daß die mittlere sphärische Lichtstärke für Bodenbeleuchtungen, die in der überwiegenden Anzahl aller praktischen Fälle in Betracht kommt, ohne jede praktische Bedeutung ist.

Die mittlere sphärische Lichtstärke hat dagegen für physikalische Aufgaben sehr erheblichen Wert, z. B. für die Bestimmung des Strahlungswirkungsgrades einer Lichtquelle.

Bei manchen anderen Lichtquellen, insbesondere den kleineren, wie z. B. Glühlampen, Petroleumlampen, Gasglühlampen, gibt man im Handel die mittlere horizontale Lichtstärke an. Geradezu irreführend ist es bei Lichtquellen, deren Lichtstärke mit dem Winkel gegen die Horizontale sich so stark ändert wie bei Gleichstrombogenlampen etwa ohne weitere Bezeichnung die maximale Lichtstärke anzugeben.

Um eine Eindeutigkeit in den Angaben der Lichtstärke zu erzielen, schlug die Internationale Lichtmeßkommission auf ihrer Sitzung in Zürich[1]) im Jahre 1907 vor, dem Zeichen J für die Lichtstärke einen Index anzufügen, aus welchem man ersehen kann, welche Lichtstärke gemeint ist. Man einigte sich auf folgende Bezeichnungen:

J_h = horizontale Lichtstärke.

$J_{\alpha s}$ = Lichtstärke unter dem Winkel α gegen die Horizontale in der oberen Hemisphäre (s = supérieur).

$J_{\alpha i}$ = Lichtstärke unter dem Winkel α gegen die Horizontale in der unteren Hemisphäre (i = inférieur).

J_0 = mittlere sphärische Lichtstärke.

$J_\circ$ = mittlere obere hemisphärische Lichtstärke.

[1]) Journal für Gasbeleuchtung **50**. S. 754. **1907**.

$J_\circ$ = mittlere untere hemisphärische Lichtstärke.

$J_{m\,a\,s}$ = $\Big|$ maximale Lichtstärke unter einem Winkel a in der oberen (s) Hemisphäre.

$J_{m\,a\,i}$ = $\Big|$ maximale Lichtstärke unter einem Winkel a in der unteren (i) Hemisphäre.

§ 50. Ermittelung der mittleren Lichtstärken. Analytisches Verfahren.

Zur Auswertung der Integrale

$$J_\bigcirc = \tfrac{1}{2} \int_0^{\prime} J\,a \cdot \sin a \cdot \delta a$$

$$J_\circ = \int_0^{\prime/2} J\,a \cdot \sin a\, \delta a$$

kann man Annäherungsformeln verwenden. Es seien die Lichtstärken J_1, $J_2 \ldots J_n$ unter den Ausstrahlungswinkeln a_1, $a_2 \ldots a_n$ (von der Horizontalen aus gerechnet) ermittelt. Dann ist:

$$J_\bigcirc = \frac{1}{4} \sum_0^n (\cos a_2 - \cos a_1)(J_2 + J_1) + \ldots\ldots$$

$$J_\circ = \frac{1}{2} \sum_0^n \ldots\ldots$$

Tabelle der Kosinusdifferenzen.

$$\cos 0^0 - \cos 5^0 = 0{,}0038 = \cos 180^0 - \cos 175^0$$
$$\cos 5^0 - \cos 10^0 = 0{,}0114 = \cos 175^0 - \cos 170^0$$
$$\cos 10^0 - \cos 15^0 = 0{,}0189 = \cos 170^0 - \cos 165^0$$
$$\cos 15^0 - \cos 20^0 = 0{,}0262 = \cos 165^0 - \cos 160^0$$
$$\cos 20^0 - \cos 25^0 = 0{,}0334 = \cos 160^0 - \cos 155^0$$
$$\cos 25^0 - \cos 30^0 = 0{,}0403 = \cos 155^0 - \cos 150^0$$
$$\cos 30^0 - \cos 35^0 = 0{,}0468 = \cos 150^0 - \cos 145^0$$
$$\cos 35^0 - \cos 40^0 = 0{,}0532 = \cos 145^0 - \cos 140^0$$
$$\cos 40^0 - \cos 45^0 = 0{,}0589 = \cos 140^0 - \cos 135^0$$
$$\cos 45^0 - \cos 50^0 = 0{,}0643 = \cos 135^0 - \cos 130^0$$
$$\cos 50^0 - \cos 55^0 = 0{,}0692 = \cos 130^0 - \cos 125^0$$
$$\cos 55^0 - \cos 60^0 = 0{,}0736 = \cos 125^0 - \cos 120^0$$
$$\cos 60^0 - \cos 65^0 = 0{,}0774 = \cos 120^0 - \cos 115^0$$
$$\cos 65^0 - \cos 70^0 = 0{,}0806 = \cos 115^0 - \cos 110^0$$
$$\cos 70^0 - \cos 75^0 = 0{,}0832 = \cos 110^0 - \cos 105^0$$
$$\cos 75^0 - \cos 80^0 = 0{,}0852 = \cos 105^0 - \cos 100^0$$
$$\cos 80^0 - \cos 85^0 = 0{,}0864 = \cos 100^0 - \cos 95^0$$
$$\cos 85^0 - \cos 90^0 = 0{,}0872 = \cos 95^0 - \cos 90^0$$

Sind die Lichtstärken von 5^0 zu 5^0 gemessen worden, so ist

$$J_0 = \frac{1}{4}\left[(J_0 + J_5)(\cos 0^0 - \cos 5^0) + (J_5 + J_{10})(\cos 5^0 - \cos 10^0) + \dots\right.$$
$$\left. + (J_{170} + J_{175})(\cos 170^0 - \cos 175^0) + (J_{175} + J_{180})(\cos 175^0 - \cos 180^0)\right).$$

Zur Ermittelung von J_σ ist die Summation nur in der unteren Hemisphäre vorzunehmen und vor der Klammer der Faktor $1/4$ durch $1/2$ zu ersetzen.

Zur bequemeren Auswertung des Klammerausdruckes dient cie Tabelle der Kosinusdifferenzen auf S. 99.

§ 51. Ermittelung der mittleren Lichtstärken. Graphische Verfahren.

1. Verfahren von Rousseau[1]). In Fig. 49 ist in dem linken Teile ein Polardiagramm der Lichtstärke einer Gleichstromreinkohlenbogenlampe $ABCDEF$ dargestellt. Eine derartige Lichtquelle ist eine axial symmetrische Lichtquelle. Um Punkt A ist ein Halbkreis geschlagen, dessen Radius der maximalen Lichtstärke AE entspricht (aber auch beliebig gewählt werden kann). Von den Schnittpunkten der Lichtstrahlen mit diesem Halbkreis sind Lote gefällt auf die Gerade $P'Q'$. Die Gerade $P'Q'$ wird als Abzisse eines rechtwinkligen Koordinatensystems gewählt. AE wird als Ordinate von e aus als eE' aufgetragen.

In gleicher Weise sind die übrigen Lichstärken in den entsprechenden Punkten, z. B. AD als dD' aufgetragen. Auf diese Weise entsteht dann das Rousseausche Diagramm mit rechtwinkeligen Koordinaten. Die von dem Linienzug $Q'P'B'c'D'M'E'F'Q'$ umschlossene Fläche gibt den Lichtstrom und dividiert durch die Länge der Geraden $P'Q'$ die mittlere sphärische Lichtstärke. Der Beweis hierfür ergibt sich wie folgt. Es ist:

$$J_0 = \frac{\Phi}{4\pi} = \frac{2\pi \int_0^r J \sin\alpha \, d\alpha}{4\pi}.$$

Setzt man $\cos\alpha \cdot d\alpha = \frac{1}{r} d(r\sin\alpha)$, so ergibt sich:

$$J_0 = \frac{1}{2r}\int_0^r J \cdot d(r\sin\alpha).$$

---

[1]) Rousseau, Les essais photométriques de l'exposition d'Anvers. La Lumière Electrique **26**. S. 60. **1885.**

In der Fig. 49 ist nun $2\,r = P'Q'$. Ferner ist J überall als Ordinate aufgetragen und $r \sin a_1$ ist gleich der Abszisse $c\,d$.

Was nun für den einen Winkel a_1 zutrifft, trifft auch für die übrigen zu. Die dargestellte Fläche $P'\,B'\,c'\,D'\,M'\,E'\,F'\,Q'\,P'$ stellt den Lichtstrom dar. Durch Division mit $Q'\,P'$ ergibt sich die mittlere sphärische Lichtstärke J_0.

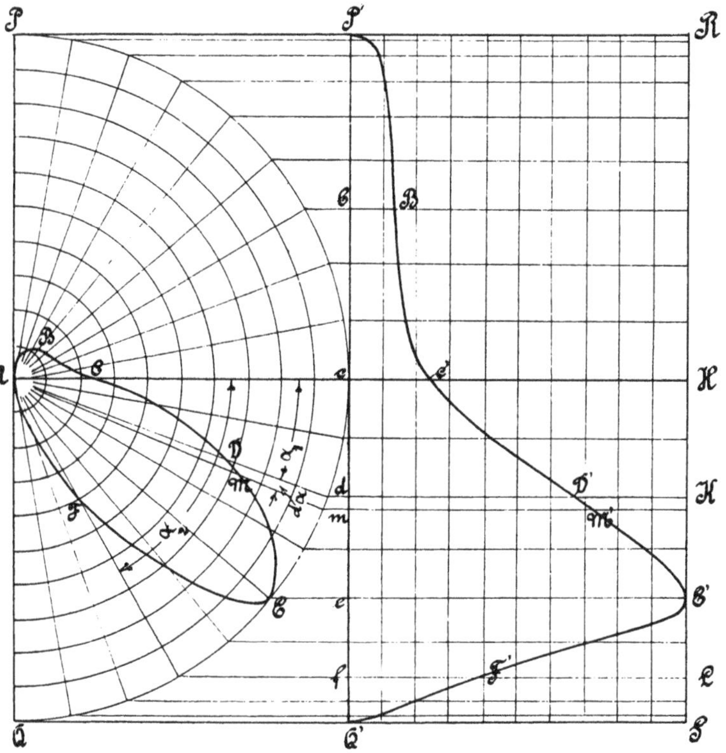

Fig. 49.

Bei den bisherigen Betrachtungen über die Berechnung des Lichtstromes und der mittleren sphärischen Lichtstärke war eine solche Lichtverteilung vorausgesetzt worden, daß der photometrische Körper ein Rotationskörper ist. Es kommen aber auch Fälle vor (axial asymmetrische Lichtquellen)[1], in denen dies nicht zutrifft. In solchen Fällen ist es dann nötig, das Polardiagramm für verschiedene Mittelschnitte des photometrischen Körpers zu ermitteln, welche um ein gleiches Azimut fortschreiten. Aus diesen Polardiagrammen muß dann ein

---

[1] Monasch, E. T. Z. **26.** S. 67. **1905.** — Bloch, E. T. Z. **26.** S. 646. **1905.**

mittleres Diagramm konstruiert werden. Oder es wird für jedes Polardiagramm ein Rousseausches Diagramm konstruiert, und für jedes derselben die mittlere Lichtstärke ermittelt; aus den so erhaltenen Werten der mittleren Lichtstärken wird dann das arithmetische Mittel genommen. Beide Verfahren sind gleichwertig, gewöhnlich wird aber das zuerst genannte benutzt, d. h. es wird aus einer bestimmten Anzahl von Lichtstärken, die um den gleichen Winkel gegen die Vertikalachse geneigt sind, also auf der Mantelfläche eines geraden Kreiskegels liegen, der Mittelwert gebildet; die so erhaltenen Mittelwerte für die verschiedenen Winkel gegen die Vertikale werden dann wie oben angedeutet, für die weitere Konstruktion verwendet.

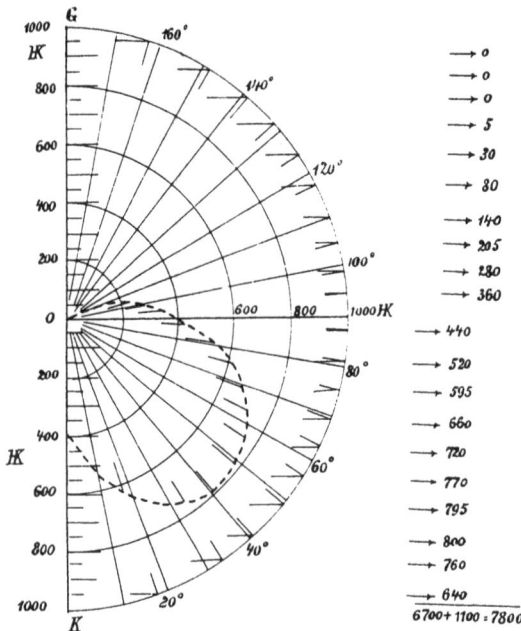

Fig. 50.

2. Annäherungsverfahren von Bloch. Um das Aufzeichnen und Planimetrieren der Rousseauschen Kurve entbehrlich zu machen, gab Bloch[1] folgende Methode zur Ermittelung von J_0 oder $J_{\odot}$ an. Man teilt den Durchmesser KG in Fig. 50 in 20 gleiche Teile ein, jeden praktischerweise zu 1 cm. Für den Mittelpunkt eines jeden dieser Teile wird die zugehörige Lichtstärke aus der Lichtausstrahlungskurve entnommen, indem man, wie es in Fig. 50 angedeutet ist, in den Mittelpunkten der Teile auf KG Lote errichtet, welche den Einheitskreis schneiden; dann verbindet man den so gewonnenen Schnittpunkt mit dem Pol O der Lichtausstrahlungskurve, wobei der hierbei aus der Lichtausstrahlungskurve ausgeschnittene Strahl die Lichtstärke angibt. Die so erhaltenen, in Fig. 50 rechts angeschriebenen 20 Werte der Lichtstärke werden addiert und ihre Summe wird durch 20 dividiert. Der hierbei erhaltene Wert gibt die mittlere Ordinate der Rousseauschen Kurve und damit auch J_0.

---

[1] L. Bloch, Grundzüge der Beleuchtungstechnik S. 17. Berlin 1907, J. Springer.

Nimmt man nur die Summe der in der unteren Hemisphäre erhaltenen 10 Werte der Lichtstärke und dividiert sie durch 10, so erhält man J_u. In ähnlicher Weise wird J_o erhalten. Die auf diesem Wege erhaltenen Werte der räumlichen Lichtstärke entsprechen in ihrer Genauigkeit noch durchaus der bei photometrischen Messungen überhaupt möglichen Meßgenauigkeit.

3. Methode von Kennelly. Das Kennellysche Verfahren[1]) unterscheidet sich von dem Rousseauschen Verfahren dadurch, daß J_o, J_u und J_o lediglich mit Hilfe eines Winkelmessers und eines Zirkels bestimmt werden können. Ein Planimeter ist also entbehrlich. Das Kennellysche Verfahren wird in folgender Weise ausgeführt: In Fig. 51 sei die Lichtausstrahlungskurve in einer Meridianebene mit dem Lichtpunkt O durch den Kreis OAH dargestellt. Die horizontale Lichtstärke sei $OH = a$ Hefnerkerzen. Zur Ermittelung der räumlichen Lichtstärken werde die Lichtausstrahlungskurve in Zonen von 30^0 eingeteilt. Man bestimme dann die Radien der mittleren Zonen, also die Radien bei 75^0, 45^0, 15^0; diese Radien seien die gestrichelten Linien Ot, Os, Or, Or', Os', Ot'. Dann beschreibe man in der oberen Hemisphäre mit dem Radius Or um O als Mittelpunkt einen Kreisbogen rha durch die 30^0 Zone, ziehe den Radius

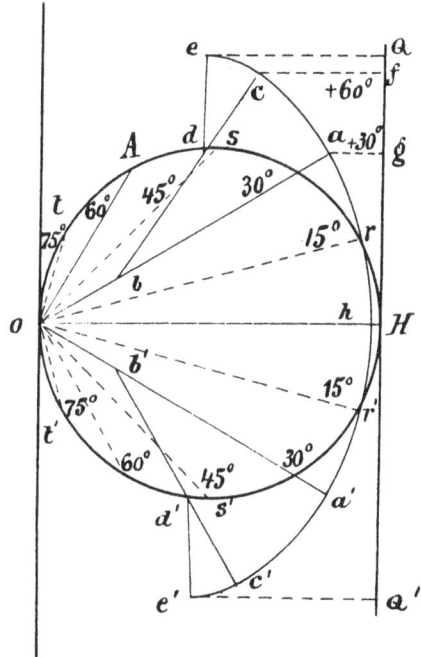

Fig. 51.

$O_{30}a$, trage von a aus auf aO den mittleren Radius der zweiten 30^0 Zone $Os = ab$ ab und beschreibe um b als Mittelpunkt mit diesem Radius Os einen Kreisbogen durch die zweite 30^0 Zone, derart, daß bc mit der Horizontalen einen Winkel von 60^0 einschließt. Auf der Strecke bc wird dann wieder von c aus der mittlere Radius Ot der dritten Zone $= cd$ eingetragen und um d als Mittelpunkt mit dem Radius Ot ein Kreisbogen geschlagen, der die mit der Horizontalen OH einen Winkel von 90^0 einschließende Gerade de in e trifft. In derselben Weise wird

---

[1]) Kennelly, Electrical World 51. S. 645. 1908.

die Konstruktion in der unteren Hemisphäre durchgeführt. Die Kurve
e c a r r'a'c'e' ist dann vollständig. Man ziehe eine auf OH Senkrechte
durch den Punkt H und projiziere die Punkte e und e' auf diese Senkrechte. Die so erhaltenen Punkte seien Q und Q'. Dann ist die halbe
Länge von QQ' die mittlere sphärische Lichtstärke. HQ ist J_o, HQ' ist J_u.

Die Methode gestattet auch den Lichtstrom für eine Zone zu bestimmen. Will man wissen, wie groß der Lichtstrom für die Zone AOa
(von 30° bis 60° über der Horizontalen) ist, so hat man die Linie fg als
Projektion der Punkte c und a auf die Linie QQ' in Kerzen zu messen
und mit 2π zu multiplizieren, um den Lichtstrom in Lumen zu erhalten.

Die Genauigkeit des Verfahrens wird erhöht, wenn man an Stelle
der 30°-Zonen solche von kleinerem Winkel der Konstruktion zugrunde legt. Für die meisten prakti-
schen Fälle genügt die Wahl von
20°-Zonen.

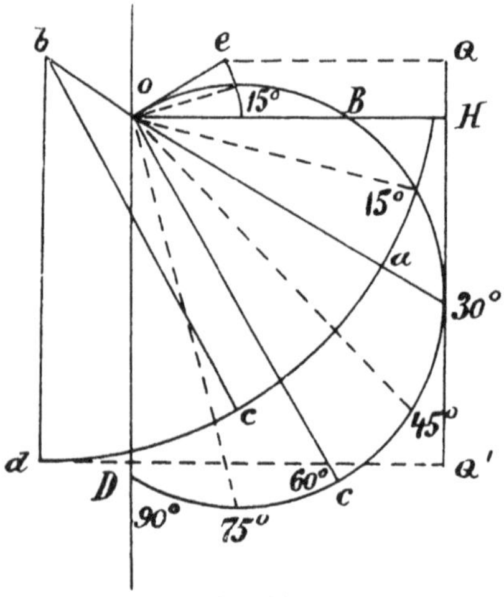

Fig. 52.

In Fig. 51 war die Ermittelung
der sphärischen Lichtstärke für den
einfachen Fall erläutert worden, daß
die Lichtausstrahlungskurve symmetrisch ist. In Fig. 52 soll die räumliche Lichtstärke für eine Lichtausstrahlungskurve ermittelt werden,
welche die Hauptstrahlung in der
unteren Hemisphäre besitzt, wie dies
bei Bogenlampen meistens der Fall
ist. Die Kurve OBCD stelle die Lichtausstrahlungskurve dar. Die horizontale Lichtstärke sei OB, die maxi-
male OC unter 60°. Die Ermittelung der räumlichen Lichtstärken
geschehe wieder nach 30°-Zonen.

In der unteren Hemisphäre schlage man mit O 15 einen Kreis
um O, der den Radius O 30 im Punkte a trifft. Dann trägt man auf
aO von a aus den Radius O 45 ab und erhält Punkt b, trägt an ab
in b einen Winkel von 30° an, schlägt um b mit O 45 einen Kreis, der
den freien Schenkel des Winkels in c schneidet. Auf cb trägt man
wieder den Radius O 75 ab, erhält wieder b als Mittelpunkt, trägt
an cb in b einen Winkel von 30° an und schlägt um b mit O 75 als Radius
einen Kreis, der den freien Schenkel des Winkels in d trifft. Dann
projiziert man d auf eine auf der Horizontalen senkrechte Gerade und
erhält HQ' als mittlere untere hemisphärische Lichtstärke.

In der oberen Hemisphäre erhält man in derselben Weise den Punkt e und als seine Projektion Q. HQ ist die obere hemisphärische Lichtstärke, $\dfrac{QQ'}{2}$ die mittlere sphärische Lichtstärke.

Für andere Gestaltungen der Lichtausstrahlungskurve oder für die Wahl einer größeren Anzahl von Zonen ist das Verfahren sinngemäß anzuwenden.

§ 52. Rechenschieber von Weinbeer.

Weinbeer[1]) hat zur schnellen Ermittelung der räumlichen Lichtstärke einen Rechenschieber konstruiert, der in Fig. 53 dargestellt ist. Der Rechenschieber besitzt, wie jeder gewöhnliche Schieber, eine bewegliche Zunge und einen Läufer und ist mit neun Skalen versehen. Diese Einteilung gestattet aus den von der Lichtquelle unter Winkeln von 5, 15, 25 ... 85° gegen die Vertikale gemessenen Lichtstärken $J_\circ$, $J_\circ$ oder $J_\circ$ zu berechnen. Von der Anzahl der Skalen hängt die Genauigkeit der Berechnung ab. Begnügt man sich mit der Bestimmung der Lichtstärke von 15° zu 15°, so kommt man mit einem Schieber mit sechs Skalen aus. Wie Fig. 53 zeigt, sind die

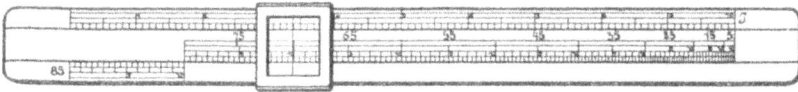

Fig. 53.

Skalen mit 5, 15, 25, 35 .... 85 bezeichnet, entsprechend den Meßwinkeln gegen die Vertikale. Jede der Skalen ist in 100 Teile eingeteilt. Die Berechnung dieser Skalen beruht auf derselben theoretischen Grundlage wie das Kennellysche Diagramm. Die Anwendung des Weinbeerschen Rechenschiebers werde an einem Beispiel erläutert.

Die photometrische Messung habe folgende Werte ergeben:

Winkel gegen die Vertikale	Lichtstärke	Winkel gegen die Vertikale	Lichtstärke
85°	87 HK	35°	44 HK
75°	83 «	25°	35 «
65°	76 «	15°	25 «
55°	67 «	5°	0 «
45°	56 «		

[1]) Ernst W. Weinbeer, Elektrotechnischer Anzeiger. **26**. S. 135. 215. **1909**.

Man stellt mit der Stirnkante (Anfangsteilstrich links) der beweglichen Zunge an der unteren mit »85« bezeichneten Teilung die Lichtstärke 87 ein, sodann mit dem Läufer an der Teilung »75« den Wert 83; auf die so erhaltene Läuferstellung wird die Stirnkante der Teilung »65« eingestellt und auf dieser Teilung wird wieder mit dem Läufer der Wert 76 eingestellt und so fort, bis man sämtliche Lichtstärken »addiert« hat; hierauf kann man mittels des Läufers an der obersten Teilung den Wert von $J_\circ$, im vorliegenden Falle etwa 66 HK ablesen. Das Verfahren ist äußerst einfach und nimmt für die angegebenen Werte bis zum Ablesen des Endergebnisses etwa 30 bis 40 Sekunden in Anspruch. Analog kann man $J_\circ$ bestimmen. Dann ist $J_0 = \dfrac{J_\circ + J_\circ}{2}$.

§ 53. Lichtstrompapier von Wohlauer.

Wohlauer[1]) entwarf ein Koordinatenblatt zur bequemen Ermittelung der räumlichen Lichtstärken, des Lichtstroms und zur Bestimmung der Beleuchtung auf Horizontalflächen, das sog. L i c h t s t r o m -

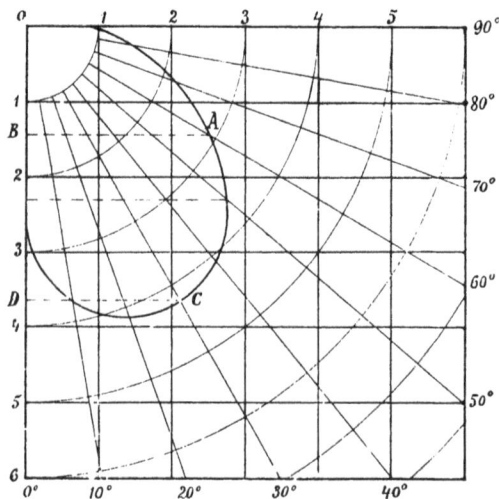

Fig. 54.

p a p i e r. (Fluxolite paper.) Auf dem Lichtstrompapier Fig. 54 sind zwei Koordinatennetze übereinander gedruckt, einmal das übliche Polarkoordinatennetz mit Kerzenteilung und dann ein rechtwinkeliges Koordinatennetz, das Lichtstromnetz in demselben Maßstab wie das Polarkoordinatennetz. Die durch Messung gewonnene Lichtausstrahlungskurve wird in der üblichen Weise in das Polarkoordinatennetz eingetragen und ist in Fig. 54 durch die eiförmige Kurve dargestellt. An den Endpunkten der Lichtstrahlen der Polarkurve liest man eine dem Lichtstrom proportionale Strecke als Abszisse des rechtwinkeligen Koordinatensystems ab. So ergibt sich z. B. für die Lichtstärke OA (60° von der Vertikalen) als Proportionalteil des Licht-

[1]) Alfred A. Wohlauer, The Illuminating Engineer (New York) 3. S. 655. 1909. 4. S. 491. 1909. The Illuminating Engineer (London) 2. S. 673. 1909.

stroms die Strecke AB, für den Lichtstrahl OC (30°) die Lichtstrom-
strecke CD. Zur Bestimmung von J_ω hat man die ermittelten Hori-
zontalstrecken AB, CD usw. im Kerzenmaßstabe zu addieren (wobei
auch der Wert in der Horizontalen mit zu berücksichtigen ist) und
multipliziert sie, um zunächst Lichtströme in Lumen zu erhalten,
mit einem Faktor, der von der Winkeleinteilung des Polardiagramms
abhängt. Dieser Faktor k beträgt:

Für eine Winkelteilung von 5° zu 5° $k = 0{,}548$

» » » » 10° zu 10° $k = 1{,}098$

» » » » 15° zu 15° $k = 1{,}64$

» » » » 20° zu 20° $k = 2{,}18$

» » » » 25° zu 25° $k = 2{,}72$

» » » » 30° zu 30° $k = 3{,}25$

» » » » 35° zu 35° $k = 3{,}77$

» » » » 40° zu 40° $k = 4{,}3$

» » » » 45° zu 45° $k = 4{,}8$

Der auf diese Weise bestimmte Lichtstrom ergibt durch 2π dividiert die gesuchte J_ω. Will man J_0 bestimmen, so liest man auch
die Werte für den oberen Quadranten ab und dividiert den Lichtstrom durch 4π.

VI. Kapitel.
Wirkung der Reflektoren und Lampen-glocken.

§ 54. Vorbemerkungen.

Durch die Reflektoren und Lampenglocken wird im wesentlichen
folgendes bezweckt:

1. Die Erzeugung einer angenehmen, d. h. das Auge nicht be-
lästigenden und schädigenden Lichtwirkung.

2. Die vorteilhaftere Umgestaltung der Lichtverteilung für den
besonderen Beleuchtungsfall.

Daß außerdem Lampenglocken zum Luftabschluß (Dauerbrandlampen) und zum Schutz gegen Witterungseinflüsse benötigt werden,
mag hier außer Betracht bleiben.

Mit der Anwendung eines Reflektors ist stets, mit der Anwendung einer Lampenglocke meistens eine merkliche Veränderung der Lichtverteilung verbunden.

Hinsichtlich der Annehmlichkeit der Beleuchtung ist in erster Linie die Flächenhelle (Glanz) der Lichtquellen (S. 42) zu beachten. Je größer der Glanz einer Lichtquelle ist, desto schädlicher ist es, sie direkt zu betrachten. Es muß daher bei Lichtquellen von großem Glanz (Azetylen, Glühlicht, Bogenlicht) die Möglichkeit direkt in die Lichtquelle hineinzusehen, durch Anwendung von Schirmen verhindert werden oder es muß der Glanz durch zerstreuende Lampenglocken vermindert werden.

Würde man beispielsweise zur Beleuchtung eines Schreibtisches eine Glühlampe in Klarglasglocke verwenden, so würde das aus der Lampe in die Augen fallende Licht die Augen schädigen und die Blendwirkung würde das Papier beim Schreiben schlecht beleuchtet erscheinen lassen. Ferner verkleinert sich infolge des heftigen Lichtreizes die Pupille und verringert so den von der beleuchteten Papierfläche in das Auge gelangenden Lichtstrom, wodurch die Beleuchtung noch weiter verschlechtert erscheint.

Würde man die Glühlampe in Klarglasbirne durch eine solche mit mattierter Glasglocke ersetzen, so würde man infolge der Verminderung des Glanzes die Blendwirkung verkleinern und eine für das Auge viel angenehmere Beleuchtung erzielen. Ein unvergleichlich günstigeres Ergebnis läßt sich aber durch Anwendung eines Milchglasschirmes oder eines Blechschirmes erzielen, welcher das Auge vor der direkten Strahlung der Glühlampe schützt. Denn bei derartigen Schirmen wird die direkte Einwirkung der Lichtquelle auf das Auge sehr stark herabgemindert bzw. ganz aufgehoben und gleichzeitig wird die Beleuchtung der Schreibfläche erheblich vergrößert.

§ 55. Reflektoren und Glashüllen bei elektrischen Glühlampen.

In Fig. 55 ist die Lichtverteilung einer Kohlenfadenglühlampe von 16 HK (horiz.) dargestellt. Die Lichtverteilungskurve A gilt für die Lampe in Klarglasglocke. Nach Aufnahme der Kurve A wurde dieselbe Lampe durch Flußsäuredämpfe mattiert und ergab dann die in Kurve B dargestellte Lichtverteilung. Die Kurve A ergibt eine mittlere sphärische Lichtstärke von 13,24 HK, die Kurve B eine solche von 11,71 HK. Der Absorptionsverlust durch die Mattierung beträgt mithin 11,5% sphärisch. Aus Fig. 55 ist zu ersehen, daß durch die Mattierung die Lichtausstrahlung etwas gleichmäßiger gemacht und an einigen Stellen sogar erhöht wird.

Zur Beleuchtung von Schreibtischen verwendet man sehr häufig kegelförmige Reflektoren, und zwar solche aus Opalglas mit oder ohne grüne Glasur auf der Außenfläche oder Reflektoren aus mattiertem, emailliertem Blech.

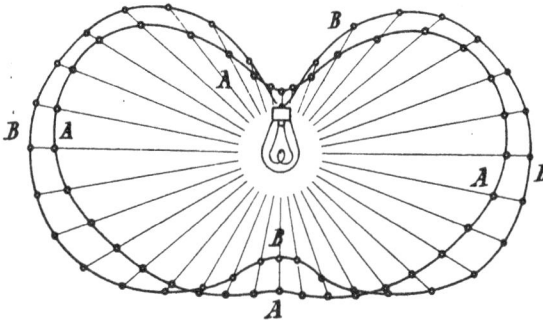

Fig. 55.

In Fig. 56 ist die Lichtverteilung bei einer 16 HK Kohlenfaden-lampe bei Anwendung eines weiß emaillierten Metallschirmes von 203 mm Durchmesser dargestellt. In der Vertikalen wurde hierbei eine Lichtstärke von 36,6 HK erhalten. Emaillierte Schirme geben bei Glühlampen mit Klarglasglocke eine etwas unruhige Beleuchtung. Wesentlich angenehmer wirkt ein Anstrich mit matter, silberweißer Aluminiumfarbe.

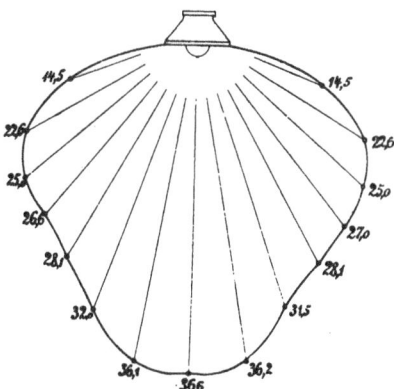

Fig. 56.

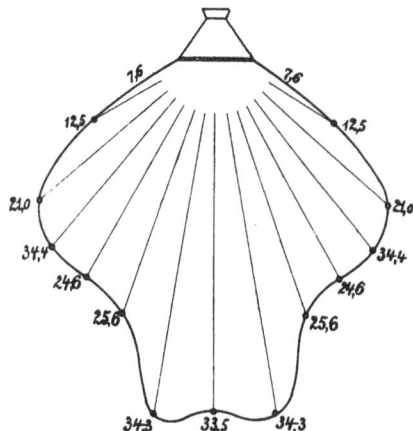

Fig. 57.

Fig. 57 zeigt die Lichtverteilung derselben Kohlenfaden-Glüh-lampe mit Opalglasschirm mit grünem Überfang. Die Lichtstärke in vertikaler Richtung ist bei Anwendung dieses Schirmes nur wenig

geringer als bei dem Blechschirm der Fig. 56. Beiden Schirmen ist
der Aluminiumreflektor Fig. 58, was günstige Wirkung und Gleich-
mäßigkeit der Beleuchtung anbetrifft, überlegen.

Will man eine größere Tischfläche beleuchten, so wählt man
flache Reflektoren. In Fig. 59 ist die Lichtverteilung einer 16 HK
Kohlenfadenglühlampe mit einem flachen Opalschirm, in Fig. 60
mit einem flachen Emailleschirm dargestellt. Da bei diesen flachen
Schirmen die Glühlampe sichtbar ist, ist sie mattiert zu verwenden.

Eine ganz besondere
Stellung in optischer Be-
ziehung nehmen die Holo-
phangläser ein. Sie
haben den Zweck, ein mög-
lichst zerstreutes Licht zu
erzeugen, derart, daß sie die

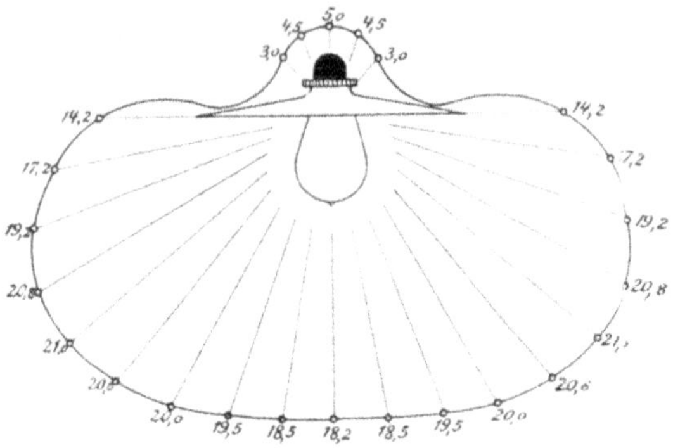

Fig. 59.

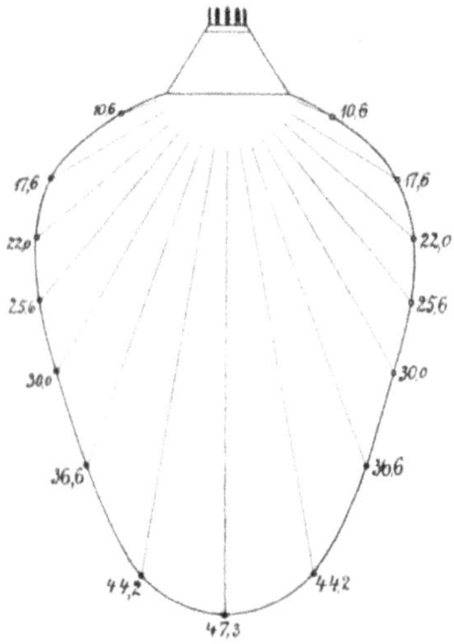

Fig. 58.

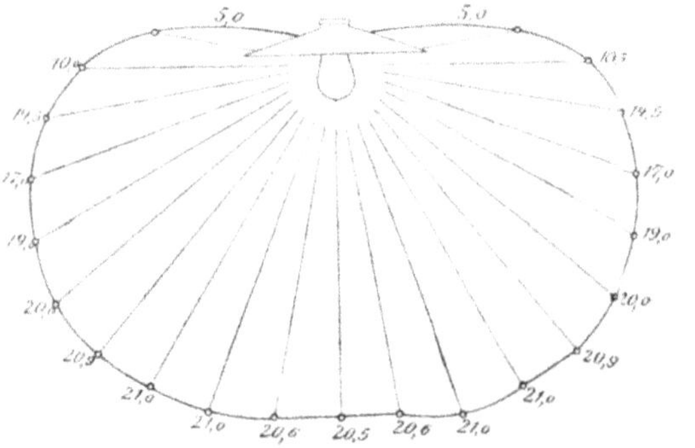

Fig. 60.

eigentliche Lichtquelle den Augen entziehen, dafür aber selbst in
voller Ausdehnung leuchtend erscheinen. Will man diesen Zweck durch
diffuse Transmission erreichen, so muß man Alabaster oder Milchglas-
glocken anwenden. Je besser diese den Zweck erfüllen, um so größer
ist der durch sie bedingte Lichtverlust. Blondel[1] hat denselben Zweck
durch lichtbrechende und reflektierende prismatisch gerippte Klarglas-

---

[1] Blondel, The Electrician (London) **39**. S. 615. **1897**.

glocken erreicht (Holophangläser). Die Rippen stehen auf der Innenseite der Glasglocke senkrecht, auf der Außenseite wagerecht. Die
Rippen im Innern haben lediglich den Zweck,
das Licht zu zerstreuen, während die äußeren
Rippen die Lichtverteilung günstig beeinflussen sollen.

Die in den Fig. 61 und 62 dargestellten
Formen von Holophanreflektoren werden am

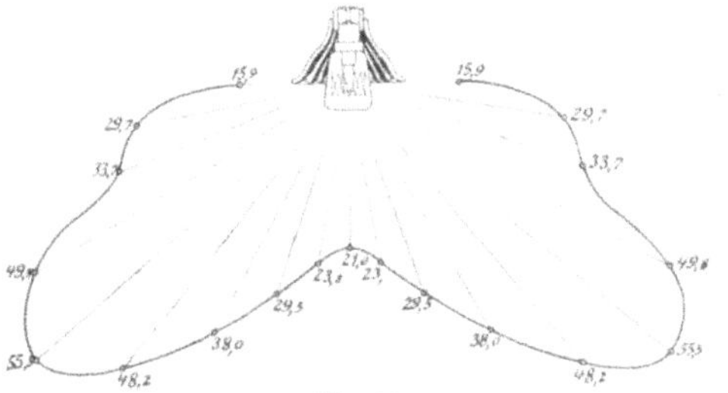

Fig. 61.

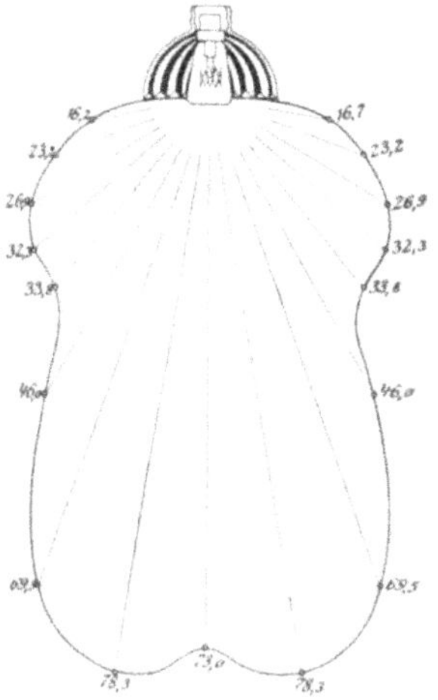

Fig. 62.

häufigsten für elektrische Glühlampen gewählt. Für Bogenlampen
haben sich Holophanglocken nicht bewährt, einerseits weil sie bei der
für Bogenlampen notwendigen Größe zu teuer werden, anderseits
weil sich der Brennstaub der Bogenlampen in die inneren Riffeln
setzt und äußerst schwierig zu entfernen ist.

Sehr umfangreiche Untersuchungen über die Veränderung der
Lichtausstrahlung durch verschiedenartig gestaltete Glasumhüllungen
haben Cravath und Lansingh[1] angestellt.

§ 56. Petroleum- und Spiritusglühlichtlampen.

Bei Petroleumlampen und Spiritusglühlampen wird im Handel
gewöhnlich die horizontale Lichtstärke angegeben. Da die horizontale
Lichtstärke aber keinen Aufschluß darüber gibt, wie die Lichtstrahlung
der Lampen, insbesondere mit den gewöhnlich verwendeten Lampenglocken erfolgt, hat Monasch[2] die Lichtstrahlungsverhältnisse dieser
Lichtquellen genauer untersucht. Fig. 63 zeigt eine 14''' Petroleumtischlampe. Der Petroleumverbrauch betrug pro Stunde 34,92 g
= 0,043 l. Fig. 64 zeigt die Milchglasglocke, ohne welche derartige
Petroleumtischlampen in der Praxis kaum verwendet werden. Die

---

[1] Cravath u. Lansingh, Electr. World **46**. S. 907. 947. 991. 1033. 1074. **1905**.
[2] B. Monasch, Journal für Gasbeleuchtung **51**. S. 61. **1908**.

Petroleumflamme besaß eine Höhe von 58 mm. Die Lichtausstrahlungskurve für die nackte Lampe mit Klarglaszylinder ist in Fig. 65 dargestellt. Es ergeben sich folgende Lichtstärken:

$J_{hor} = 8$ HK.

$J_{max} = 9{,}7$ HK in der o b e r e n Hemisphäre, welche sich über einen ziemlich beträchtlichen Winkelbereich erstreckt. Bei 80° (10° unter der Horizontalen) befindet sich ein Minimum der Lichtausstrahlung von 5,8 HK. Dieses Minimum ist durch den an der Lampe befindlichen Glockenhalterring hervorgerufen, der ein metallisches Hindernis von 10 mm

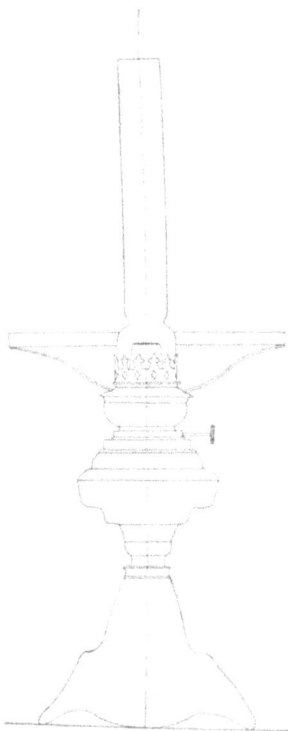

Fig. 64.

Höhe bei einem Durchmesser von 240 mm im Lichtstrahlengang in der betreffenden Meßrichtung bildet. Von 70° unter der Horizontalen an konnten wegen der Schattenwirkung des Lampenfußes keine Lichtmessungen mehr vorgenommen werden.

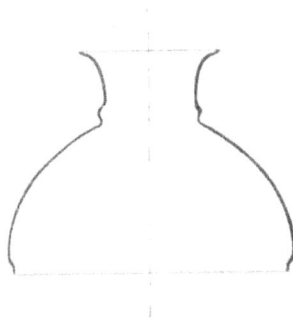

Fig. 63.

Die mittlere sphärische	Lichtstärke J_0 beträgt	7,58 HK,
» » obere hemisphärische	» $J_{\circ}$ »	9,25 »
» » untere	» $J_{\circ}$ »	5,90 »

Man erkennt aus diesen Zahlen, daß die Petroleumlampe ohne Glocke den Hauptteil des erzeugten Lichtstroms infolge der Eigenart der Petroleumflamme nach oben wirft.

Da die Hauptaufgabe einer Lampe darin besteht, den Raum unterhalb derselben zu beleuchten und nur unwesentlich den Raum oberhalb derselben, so ist es in Anbetracht des bedeutenden Übergewichtes des nach oben geworfenen Lichtstroms häufig vorgekommen, daß die Petroleumlampe als gänzlich unzweckmäßige Lichtquelle beurteilt worden ist. Indessen ist dieses Urteil unsachgemäß, da die zur Tischbeleuchtung und Flächenbeleuchtung verwendeten Petroleumlampen nie nackt, sondern stets mit Glocke verwendet werden. Die Glocke verändert aber die Lichtausstrahlung vollständig.

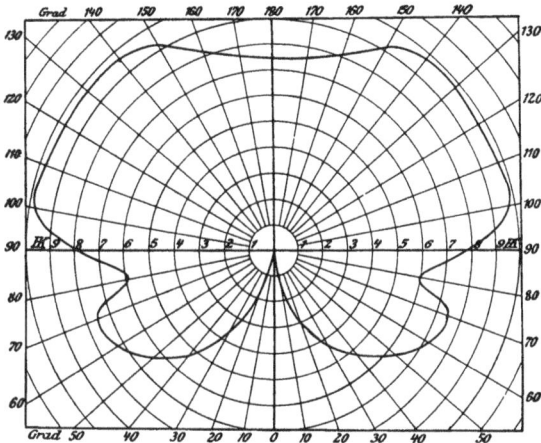

Fig. 65.

Fig. 66 zeigt die Lichtausstrahlungskurve der 14''' Petroleumtischlampe bei derselben Flammenhöhe und demselben Brennstoffverbrauch wie in Fig. 65 mit der üblichen Milchglasglocke von der in Fig. 64 dargestellten Form. Die Milchglasglocke hatte einen unteren äußeren Durchmesser von 240 mm und war unten offen. Diese Glockenart dürfte wohl die bei weitem verbreitetste sein, daher kann die Lichtausstrahlungskurve in Fig. 66 als typisch für Petroleumlampen mit Glocken angesehen werden. Die Lichtausstrahlungsverhältnisse der Lampe mit Glocke, wie die Lampe praktisch benutzt wird, haben sich gegenüber der Lampe ohne Glocke vollständig verschoben. Milchglas ist ein Material, das einerseits Licht unter starker Schwächung der Lichtstrahlen hindurchläßt, anderseits infolge seiner milchigen Zusammensetzung Licht diffus reflektiert. Die horizontale Lichtstärke ist infolge der Absorption der Lichtstrahlen durch die Glocke auf 2,8 HK gesunken. Das Maximum in der oberen Hemisphäre ist nach 80° über der Horizontalen heraufgerückt; in der unteren Hemisphäre zeigt sich ein Maximum von 13,5 HK bei 20° unterhalb der Horizontalen, das 39% größer ist als das Maximum von 9,7 HK der Lampe ohne Glocke. Die räumlichen Lichtstärken sind jetzt mit Glocke folgende:

Die mittlere sphärische Lichtstärke J_0 beträgt 6,48 HK
»   »   obere hemisphärische   » J_o »   3,92 »
»   »   untere   »   » J_u »   9,02 »

Man erkennt, daß bei der Lampe mit Glocke die untere hemisphärische Lichtstärke die stärkste ist, während bei der Lampe ohne Glocke die obere hemisphärische Lichtstärke den größten Wert besaß. Die obere hemisphärische Lichtstärke ist bei der Lampe mit Glocke auf einen angemessenen Betrag geschwächt worden. Man verlangt von Tischlampen, daß sie nicht alles Licht nach unten werfen, damit

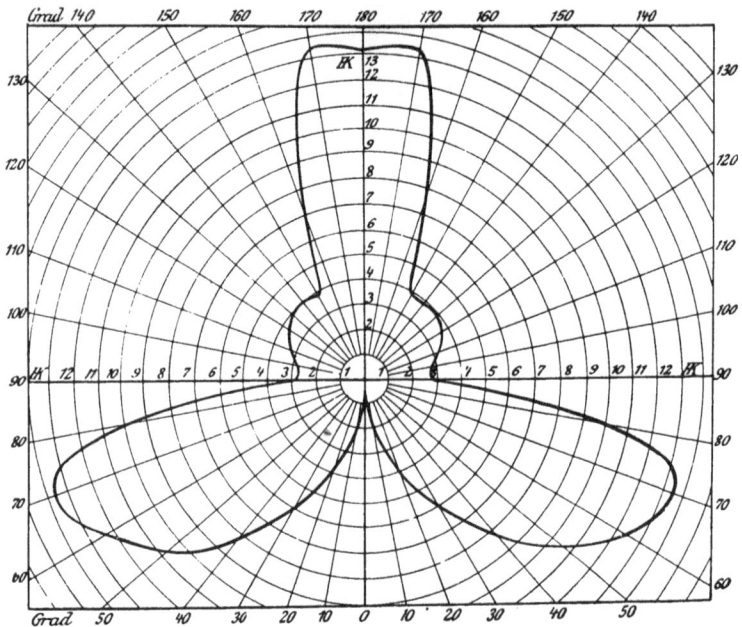

Fig. 66.

der zu beleuchtende Arbeitsplatz nicht nur einen hellen Lichtfleck erhält, während der übrige Raum verdunkelt bleibt, denn in diesem Fall wird der plötzliche Übergang von Dunkelheit zu Licht vom menschlichen Auge unangenehm empfunden; deshalb sollen Tischlampen einen sanften Lichtstrom auch in die obere Hemisphäre werfen, der die Wohnräume noch derart erhellt, daß man zum mindesten noch die Umrisse von Gegenständen, Möbeln, Bildern erkennen kann.

Der Grund der vollständigen Veränderung der Lichtausstrahlungskurve der Lampe mit Glocke ist in der Eigenart der Glocke, in ihrem Material und ihrer Form zu suchen. In der oberen Hemisphäre wirkt die Glocke in dem Winkelbereich von 0⁰ bis 65⁰ über der Horizontalen lediglich als Lichtschwächer; in diesem Winkelbereich tritt nur diffuses Licht ins Freie, das beim Durchgang durch die Glocke geschwächt worden ist. Die Glocke erscheint für diesen Winkelbereich als eine Lichtquelle von annähernd gleicher Flächenhelle. Von dem ursprünglich bei der Lampe ohne Glocke in die untere Hemisphäre gesandten Licht wird nur ein kleiner Lichtstrom bis etwa 10⁰ unter der Horizontalen durch die Glocke geschwächt, für die stärker von der Horizontalen abgeneigten Richtungen der unteren Hemisphäre jedoch tritt zu dem von der Petroleumflamme ausgehenden direkten Licht

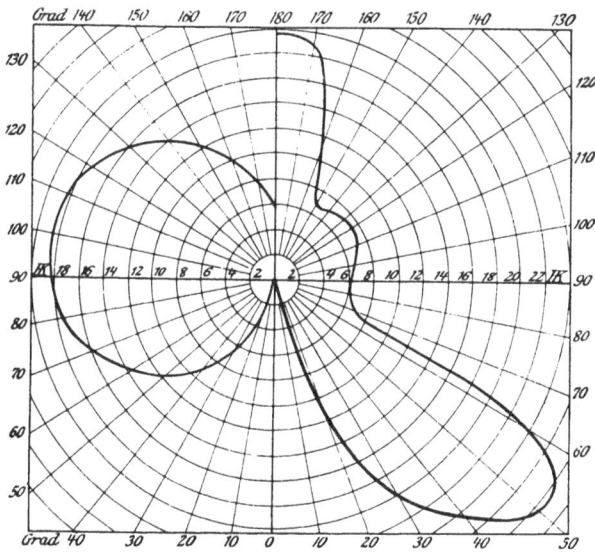

Fig. 67.

noch das von der Innenwand der Milchglasglocke diffus reflektierte Licht hinzu, das die Innenwand als oberer hemisphärischer Lichtstrom getroffen hatte. Daher ist durch die Anwendung der Glocke die untere hemisphärische Lichtstärke nicht nur erheblich größer geworden als die obere hemisphärische Lichtstärke, sondern auch größer als die untere hemisphärische Lichtstärke der Lampe ohne Glocke. Für die Beleuchtung der unterhalb der Lampe gelegenen Tischfläche bedeutet dieses Anwachsen der unteren hemisphärischen Lichtstärke einen Gewinn.

Das erhöhte Maximum in der oberen Hemisphäre bei 75⁰ bis 90⁰ oberhalb der Horizontalen der Lampe mit Glocke setzt sich aus drei Komponenten zusammen: aus dem direkten ursprünglichen Licht der Petroleumflamme, aus dem von den Innenwandungen und aus

8*

dem von den Außenwandungen der Milchglasglocke diffus reflektierten
Licht. Dieses Maximum in der oberen Hemisphäre bedeutet indessen
keinen Gewinn in beleuchtungstechnischer Hinsicht, da seine Wirkung lediglich darin besteht, an der Decke des beleuchteten Zimmers
einen hellen Lichtfleck zu erzeugen.

Die Untersuchungen Monaschs wurden ferner an einer Spiritusglühlichtlampe vorgenommen, welche nach dem Prinzip der Wärme-
rückleitung konstruiert war. Der Spiritusverbrauch bei Verwendung
von 95 proz. Brennspiritus betrug $^1/_{27}$ l pro Stunde. Die Lichtausstrahlungskurve der nackten Lampe mit Klarglaszylinder ist in Fig. 67
links dargestellt. Die Glühlänge des Glühkörpers betrug 50 mm. Der
Glühkörper glühte angenähert gleichmäßig auf seiner ganzen Oberfläche.
Daher zeigt auch die Lichtausstrahlungskurve der nackten Lampe annähernd die ideale Lichtausstrahlungskurve eines im Raume vertikal
stehenden glühenden Zylinders von gleichmäßiger Flächenhelle, s. S. 87.
In die obere Hemisphäre wird mehr Licht als in die untere Hemisphäre
gestrahlt. Die horizontale Lichtstärke beträgt 18,5 HK. Das Maximum der Lichtausstrahlung liegt mit 18,7 HK 10° über der Horizontalen, ist also nur 0,2 HK größer als die horizontale Lichtstärke.

Die mittlere sphärische Lichtstärke . . . . . J_0 beträgt 14,27 HK
Die mittlere obere hemisphärische Lichtstärke J_o »   15,84 »
Die mittlere untere hemisphärische Lichtstärke J_u »   12,70 »

Wurde die Lampe mit d e r s e l b e n G l o c k e photometriert,
die in Fig. 64 dargestellt ist, so ergab sich die in Fig. 67 rechts dargestellte Lichtausstrahlungskurve. Man erkennt sofort an dem Gang
der Kurve, wie charakteristisch die Glockenform und ihr Material die
Lichtausstrahlung beeinflußt. Obwohl die 14''' Petroleumlampe und die
Spiritusglühlampe ohne Glocke vollkommen verschiedenartige Lichtausstrahlungskurven (Fig. 65 und linker Teil der Fig. 67) zeigen, ergeben die Lichtausstrahlungskurven der Lampen mit Glocke (Fig. 66 und
rechter Teil der Fig. 67) angenähert denselben Verlauf. Die horizontale
Lichtstärke ist bei der Spirituslampe mit Glocke auf 6,0 HK gesunken.

Die mittlere sphärische Lichtstärke . . . . . J_0 beträgt 11,06 HK
Die mittlere obere hemisphärische Lichtstärke J_o »   7,50 »
Die mittlere untere hemisphärische Lichtstärke J_u »   14,62 »

Durch die Anwendung der Glocke ist die untere h e m i s p h ä -
r i s c h e Lichtstärke g r ö ß e r geworden als die obere hemisphärische,
und g r ö ß e r a l s d i e h e m i s p h ä r i s c h e L i c h t s t ä r k e
d e r L a m p e o h n e G l o c k e.

§ 57. Gasglühlicht.

Lichtausstrahlungskurven des Gasglühlichts mit aufrechtstehendem Glühkörper wurden von Drehschmidt[1]) und von Schott und Herschkowitsch[2]) bestimmt. Letztere zeigten insbesondere, daß bei Anwendung gewisser zweckmäßiger Glocken der untere hemisphärische Lichtstrom der bedeckten Lichtquelle erheblich größer wird als der des nackten, nur mit Klarglaszylinder ausgerüsteten Glühkörpers.

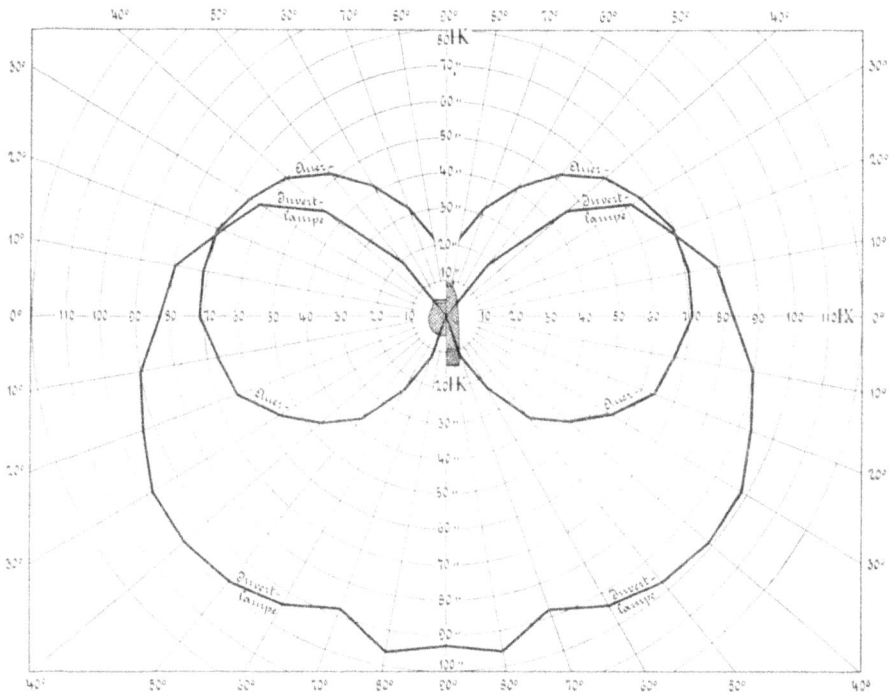

Fig. 68.

Die Lichtausstrahlungsverhältnisse des hängenden Gasglühlichts wurden von Krüß untersucht[3]). Krüß zeigte, daß bei dem abwärts gerichteten Glühkörper auch ohne besondere lichtstreuende Hilfsmittel die untere hemisphärische Lichtstärke erheblich größer als die anderen Lichtstärken ist. Die Fig. 68 zeigt nach Bunte[4]) die Lichtausstrahlung eines stehenden Auerbrenners ohne Reflektor und eines hängenden Gasglühlichts (Invertlampe).

. [1]) Drehschmidt, Journal für Gasbeleuchtung **39**. S. 765. 1896.
[2]) Schott und Herschkowitsch, Journal für Gasbeleuchtung **44**. S. 661. 1901.
[3]) Krüß, Journal für Gasbeleuchtung **50**. S. 845. 1907.
[4]) Bunte, Journal für Gasbeleuchtung **54**. S. 474. 1911.

§ 58. Reflektoren für Bogenlampen.

Bei Bogenlampen werden Reflektoren benutzt, um die natürliche Strahlung in gewissen Richtungen zu verstärken oder um ihr überhaupt eine andere Richtung zu geben. Vielfach werden auch durchlässige Reflektoren verwendet, welche gleichzeitig als Diffusoren wirken.

Zur Verstärkung der natürlichen Strahlung in gewissen Richtungen dienen vor allem die Lichtpunktreflektoren der Wechselstromreinkohlenbogenlampen und der Flammenbogenlampe. Das Streben bei der Konstruktion der Bogenlampen richtet sich naturgemäß darauf möglichst viel Licht in die untere Hemisphäre gelangen zu lassen, da das in die obere Hemisphäre entsendete Licht in der Mehrzahl der praktischen Anwendungsfälle zum größten Teil verloren ist. Nun besitzt der Gleichstromreinkohlenlichtbogen[1]) von vornherein eine Strahlungskurve, welche den größten Teil des erzeugten Lichtes in die untere Hemisphäre entsendet. Beim Wechselstromreinkohlenlichtbogen entfällt beinahe die Hälfte der Lichtstrahlung auf die obere Hemisphäre. Aus diesem Grunde hat man bei Wechselstromreinkohlenbogenlampen sehr nahe über dem Lichtbogen kleine ebene Reflektoren angeordnet, welche einen möglichst großen Teil der Lichtstrahlung der oberen Hemisphäre nach unten zurückwerfen.

Wie günstig durch einen Lichtpunktreflektor die Polarkurve einer Wechselstromreinkohlenbogenlampe beeinflußt werden kann, zeigt die folgende Tabelle, in welcher die Lichtstärken einer Wechselstromreinkohlenbogenlampe einmal ohne Lichtpunktreflektor und einmal mit flachem Lichtpunktreflektor dargestellt sind.

	Lampe ohne Reflektor	Lampe mit flachem Lichtpunktreflektor
J_O in HK	186	127
Verlust in HK	—	59
» » $^0/_0$	—	31
$J_\triangle$ in HK	180	4,5
Verlust in HK	—	175,5
» » $^0/_0$	—	97,5
$J_\triangledown$ in HK	191	249
Gewinn in HK	—	58
» » $^0/_0$	—	29,4

---

[1]) Monasch, Der elektrische Lichtbogen. Berlin bei J. Springer. 1904.

§ 59. Glasglocken für Bogenlampen.

Die Glasglocken haben für Bogenlampen eine große Bedeutung. Bogenlampen erfordern zum Schutze gegen die Einflüsse der Witterung Glasglocken, welche, wenn man gleichzeitig durch Herabsetzung des Glanzes die Blendwirkung vermindern will, lichtzerstreuend sein müssen. Eine vollkommene Lichtzerstreuung findet statt, wenn jedes Flächenelement der Glocke dem Lambertschen Gesetz entspricht. Je mehr dies zutrifft, um so größer wird aber auch die Lichtabsorption. Aus diesem Grunde wählt man in der Praxis für Bogenlampenglocken meist Glassorten, deren Abweichung vom Lambertschen Gesetz schon ziemlich erheblich ist.

Die Bestimmung des Glockenverlustes muß, wenn es sich rein um diesen handelt, in der Weise geschehen, daß zunächst der Lichtstrom des nackten Lichtbogens und hierauf der Lichtstrom der mit der Glocke versehenen Lampe bestimmt wird. Hieraus werden gewöhnlich die mittleren sphärischen Lichtstärken berechnet.

In nachstehender Tabelle sind Ergebnisse derartiger Beobachtungen[1]) mit kugelförmiger Glocke zusammengestellt.

Gleichstrom-Reinkohlenbogenlampe für 10 Amp.

	J_0	Sphär. Absorptionsverlust
Ohne Glocke	362	0%
Klarglasglocke	336,1	6%
Opalüberfangglocke . .	320	11%

Nun ist aber in der Praxis mit derartigen Angaben über den sphärischen Absorptionsverlust nichts anzufangen, einerseits, weil nur die mittlere untere hemisphärische Lichtstärke für die meisten praktischen Beleuchtungsaufgaben in Betracht kommt und anderseits, weil die Glocken neben der absorbierenden Wirkung auch noch eine diffundierende haben und somit die ursprüngliche Polarkurve sehr stark verändern. Die ursprünglich sehr günstige Gestalt der Polarkurve der Gleichstromreinkohlenbogenlampe kann durch stark lichtstreuende Glocken insofern sehr ungünstig beeinflußt werden, als J_u vergrößert, J_o verkleinert wird.

Die Veränderung der Lichtausstrahlung einer Gleichstromreinkohlenbogenlampe für 8 Amp. mit verschiedenen kugelförmigen Glocken zeigt Fig. 69. Kurve I stellt die Lichtstärke des nackten Lichtbogens dar, Kurve II die Lichtstärke bei Anwendung einer

---

[1]) Uppenborn, Kalender für Elektrotechniker I. S. 266. 1906.

dünn überfangenen Glocke, Kurve III die Lichtstärke bei Anwendung der normal überfangenen Opalglocke und Kurve IV die Lichtstärke bei Anwendung einer dicht überfangenen Opalglaskugel.

Der h e m i s p h ä r i s c he Verlust bei Kurve II beträgt 22%, bei Kurve III 31%, bei Kurve IV 43%. Hierbei zeigt sich das Maximum der Lichtstärke bei Kurve I bei 40°, bei Kurve IV nach 30° unter der Horizontalen verschoben.

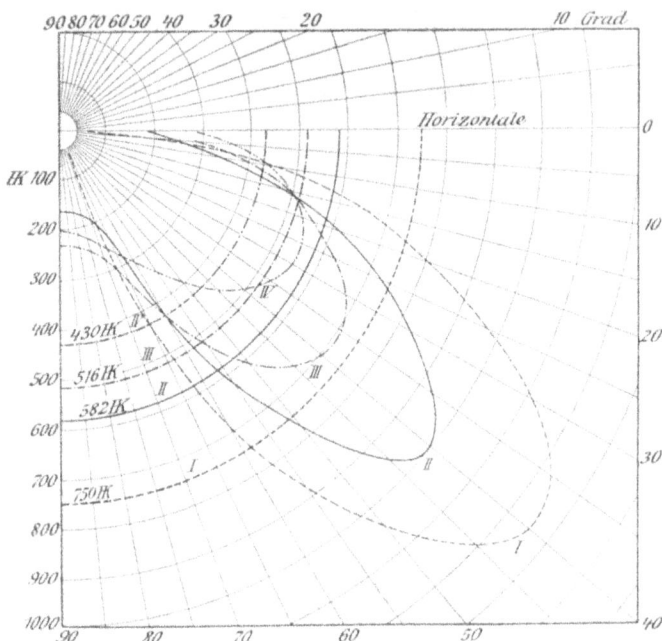

Fig. 69.

Der Einfluß der Gestalt der Glasglocken auf die Veränderung der Lichtausstrahlungskurve ist um so größer, je größer die diffundierende Wirkung des Glases ist. In der Praxis werden jedoch stark diffundierende Glasglocken wegen ihres großen Absorptionsverlustes nicht verwendet. Immerhin kann aber auch die den praktischen Verhältnissen entsprechende Glasglocke einen bemerkenswerten Einfluß auf die Gestaltung der Polarkurve haben.

In den Fig. 70 und 71 sind Untersuchungen über Glockenabsorptionsverluste der Firma Körting & Mathiesen in Leipzig dargestellt. Die Formen der Glasglocken sind aus den Figuren zu entnehmen. Die Lichtausstrahlungskurven ohne Glocken sind ausgezogen, die mit Glocken gestrichelt. Die Glocken sind Innenglocken (Opalinglas)

für Lampen mit eingeschlossenem Lichtbogen (Dauerbrandlampen).
Da der Lichtbogen bei diesen Lampen wegen der flachen Ausbildung

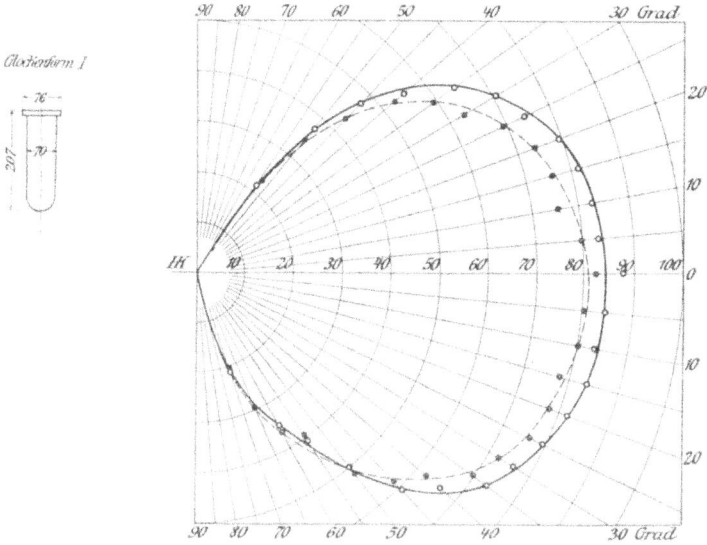

Fig. 70.

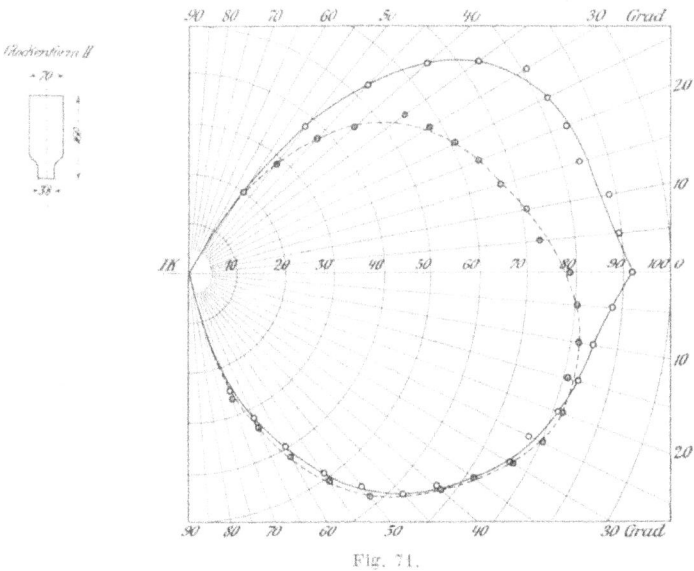

Fig. 71.

der Kraterflächen nur geringen Halt hat und sehr unruhig ist, wurde,
um bei den Absorptionsversuchen eine ruhige Lichtquelle zu besitzen,
ein Nernststäbchen für 2 Amp. und 110 Volt als Lichtquelle gewählt.

Die Resultate sind aus nachstehender Tabelle zu entnehmen.

	J_σ	$J_\triangle$	$J_\circ$
Glockenform I			
Ohne Glocke H K	65,4	57,6	61,5
Mit Glocke »	64,1	53,4	58,8
Lichtverlust in %	2	7,3	4,4
Glockenform II			
Ohne Glocke H K	68,5	62,5	65,5
Mit Glocke »	67,7	48,1	57,9
Lichtverlust in %	1,2	23	11,6

Die Glocke der Fig. 71 (Glockenform II) war optisch dichter als die Glocke der Fig. 70 (Glockenform I).

VII. Kapitel.

Die Beleuchtung.

A. Punktmethoden.

§ 60. Beleuchtung der drei Hauptebenen.

Die Kenntnis der L i c h t s t ä r k e einer Lampe genügt im allgemeinen nicht, um Vergleichsfragen über die Wirtschaftlichkeit von Lichtquellen und andere beleuchtungstechnische Fragen zu lösen; hierzu ist die Kenntnis der wirklich erzielten B e l e u c h t u n g notwendig.

In der Höhe $h = OL$ in Fig. 72 über einer horizontalen Ebene, z. B. dem Erdboden, sei eine Lichtquelle L angebracht, deren Lichtstärke in allen Richtungen J sei.

Wenn man die Beleuchtung im Punkte P berechnen will, so muß zunächst eine Festsetzung der Lage der Ebene getroffen werden, deren Beleuchtung bestimmt werden soll. In dieser Beziehung gibt es drei Hauptebenen von Bedeutung, nämlich eine im Punkte P senkrecht auf der Richtung des Lichtstrahles LP stehende Ebene AB, ferner eine horizontale Ebene CD und eine vertikale Ebene EF.

Die Beleuchtung E_{AB}, die das Flächenelement AB im Punkte P empfängt, ist

$$E_{AB} = \frac{J}{r_2} \quad \cdot \quad \cdot \quad \cdot \quad \cdot \quad \cdot \quad \cdot \quad \cdot \quad 1)$$

E_{AB} heißt die **Maximalbeleuchtung** oder **Normalbeleuchtung** des Punktes P.

In den beiden anderen Fällen wird das Flächenelement unter einem Einfallswinkel vom Lichtstrahl r getroffen, der von O abweicht.

Die Beleuchtungskomponente E_H, welche vom Lichtstrahl r auf die Ebene CD, die Horizontalebene, im Punkte P entfällt, nennt man die vertikale Komponente der **Horizontalbeleuchtung**, **Bodenbeleuchtung** oder kurz **Horizontalbeleuchtung**.

Analog nennt man die Beleuchtungskomponente E_v, welche vom Lichtstrahl r auf die Ebene EF, die Vertikalebene im Punkte P entfällt, die horizontale Komponente der **Vertikalbeleuchtung**, **Wandbeleuchtung** oder kurz **Vertikalbeleuchtung**.

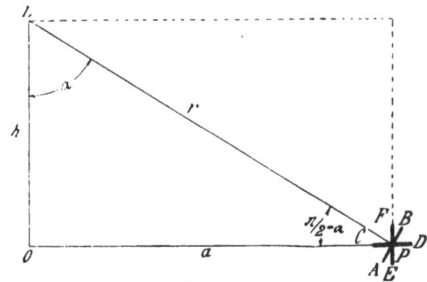

Fig. 72.

Die weitaus größte praktische Bedeutung besitzt die Horizontalbeleuchtung E_H. Sie ist daher auch vom Verband Deutscher Elektrotechniker als Norm für die Beurteilung von Beleuchtungsanlagen empfohlen worden (§ 67), sofern nicht ein einzelner Spezialfall die Betrachtung der Beleuchtung in einer anderen Ebene erfordert, wie z. B. bei Scheinwerfern, Häuserfassaden, Gemäldegalerien usw.

Für die Horizontalbeleuchtung E_H des Punktes P ergeben sich aus Fig. 72 folgende Gleichungen:

$$E_H = \frac{J \cdot \cos \alpha}{r^2} \quad \ldots \ldots \ldots \quad 2)$$

$$E_H = \frac{J \cdot \cos \alpha}{h^2 + a^2} \quad \ldots \ldots \ldots \quad 3)$$

$$E_H = \frac{J \cdot h}{(h^2 + a^2)^{3/2}} \,^{1)} \quad \ldots \ldots \quad 4)$$

$$E_H = \frac{J \cdot \cos^3 \alpha}{h^2} \,^{2)} \quad \ldots \ldots \quad 5)$$

$$E_H = \frac{J \cdot \sin^2 \alpha \cdot \cos \alpha}{a^2} \quad \ldots \ldots \quad 6)$$

---

[1]) Hoffmann, E. T. Z. **2**. S. 104. **1881**.

[2]) Uppenborn, Zeitschrift für angew. Elektrizitätslehre **2**. S. 384. **1880**.

Für die Vertikalbeleuchtung Ev ergibt sich analog:

$$Ev = \frac{J \cdot \sin a}{r^2} \quad \ldots \ldots \ldots \quad 7)$$

$$Ev = \frac{J \cdot a}{r^3} \quad \ldots \ldots \ldots \quad 8)$$

$$Ev = \frac{J \cdot a}{(h^2 + a^2)^{3/2}} \quad \ldots \ldots \quad 9)$$

$$Ev = \frac{J \cdot \sin a \cdot \cos^2 a}{h^2} \quad \ldots \ldots \quad 10)$$

§ 61. Rechnerische Ermittelung der Horizontalbeleuchtung von Punkten.

Wenn das Strahlungsgesetz einer Lichtquelle, d. h. die Beziehung zwischen der Lichtstärke und dem Strahlungswinkel (der von der Vertikalen LO in Fig. 72 aus gemessen wird) gegeben ist, läßt sich die Horizontalbeleuchtung für jeden Punkt der von der Lichtquelle beleuchteten Ebene berechnen. Die meisten praktisch verwendbaren Lichtquellen jedoch befolgen keine einfachen Lichtausstrahlungsgesetze oder ihre Lichtausstrahlung ist überhaupt einer gesetzmäßigen Fassung unzugänglich. Man ist deshalb gezwungen, auf photometrischem Wege die Abhängigkeit der Lichtstärke vom Ausstrahlungswinkel experimentell zu ermitteln und in Form einer Tabelle oder Lichtausstrahlungskurve festzulegen. Zur Berechnung der Horizontalbeleuchtung kann man dann am bequemsten die Formel 5) benutzen

$$E_H = \frac{J_a \cos^3 a}{h^2} \; .$$

Hierin ist h die bekannte Aufhängehöhe der Lampe, J_a ist die aus der Lichtausstrahlungskurve oder aus einer Tabelle zu entnehmende Lichtstärke unter dem Winkel a.

Für $\cos^3 a$ kann man folgende Tabelle benutzen:

Winkel a	$\cos^3 a$	Winkel a	$\cos^3 a$
0^0	1,0	50^0	0,2656
5^0	0,9883	55^0	0,1887
10^0	0,9555	60^0	0,1250
15^0	0,9011	65^0	0,0755
20^0	0,8300	70^0	0,0400
25^0	0,7445	75^0	0,0173
30^0	0,6494	80^0	0,00524
35^0	0,5500	85^0	0,00066
40^0	0,4497	90^0	0,0
45^0	0,3536		

Winkel α	Für h = 1 m ist a	C	Für h = 2 m ist a	C	Für h = 3 m ist a	C	Für h = 4 m ist a	C	Für h = 5 m ist a	C	Für h = 6 m ist a	C
85°	11,8	0,000662	23	0,000165	34,4	0,0000735	45,5	0,000042	57	0 000026	68,5	0,0000184
80°	5,68	0,0052	11,4	0,0013	17	0,000578	22,6	0,00032	28,4	0,000204	34,0	0,000145
75°	3,75	0,0173	7,5	0,00433	11,2	0,00192	14,9	0,001	18,6	0,00068	22,4	0,000483
70°	2 75	0,04	5,5	0,01	8,25	0,0044	11,0	0,00248	13,7	0,00160	16,4	0,00112
60°	1,73	0,125	3,48	0,0313	5,2	0,0139	6,9	0,0079	8,65	0,0050	10,4	0,00347
50°	1,19	0,267	2,4	0,0668	3,57	0,0297	4,65	0,017	5,8	0,0109	7,15	0,00735
40°	0,84	0,45	1,68	0,1125	2,51	0,05	3,31	0,0284	4 15	0,018	5,0	0,0124
30°	0,578	0,649	1,16	0,164	1 73	0,072	2,27	0,0407	2,85	0,026	3,42	0,0181
25°	0,466	0,748	0,935	0,187	1,4	0,083	1,84	0,0469	2,3	0,0298	2,76	0,0206
20°	0,365	0,83	0,73	0,207	1,1	0,0923	1,44	0,0515	1,8	0,033	2,16	0,0229
15°	0,268	0,902	0,54	0,226	0,805	0,10	1,04	0,056	1,3	0,036	1 56	0,0252
10°	0,176	0,95	0,355	0,238	0,53	0,1055	0,67	0,0596	0,85	0,0382	1,04	0,026
5°	0,0875	0,996	0,174	0,249	0,26	0,1108	0,32	0,0615	0,40	0,0394	0,48	0,0275
0°	6,0	1,00	0,0	0,25	0,0	0,111	0,0	0,0625	0,0	0,04	0,0	0,0278

Winkel α	Für h = 7 m ist a	C	Für h = 8 m ist a	C	Für h = 9 m ist a	C	Für h = 10 m ist a	C	Für h = 12 m ist a	C	Für h = 15 m ist a	C
85°	80	0,0000134	91	0,0000104	103	0,0000082	114	0,0000066	137	0,0000046	171	0,0000029
80°	39,7	0,000106	45,4	0,000082	51	0,000065	56,7	0,000052	68	0,000036	85	0,000023
75°	26	0,000356	29,8	0,00027	33,5	0,000214	37,2	0,000174	44,6	0,000121	56	0,000076
70°	19,2	0,00082	21,9	0,00063	24,6	0,00050	27,4	0,00040	32,9	0,00028	41	0,00018
60°	12,2	0,00254	13,8	0,00197	15,6	0,00154	17,3	0,00125	20 8	0,00086	26	0,00055
50°	8,35	0,0054	9,5	0,00415	10,7	0,0033	11,9	0,00265	14,3	0,00184	17,8	0,00118
40°	5,8	0,0093	6,6	0,0072	7,5	0,0056	8,3	0,00455	10,0	0,00314	12,5	0,0020
30°	4,0	0,0133	4,55	0,0103	5,12	0,0081	5,7	0,0066	6,8	0,0048	8,5	0,0029
25°	3,22	0,0154	3 68	0,0117	4,14	0,00907	4,6	0,0075	5,5	0,0052	6,9	0,0033
20°	2,52	0,017	2,88	0,013	3,25	0,0102	3,6	0,0084	4,32	0,0058	5,4	0,0037
15°	1,82	0,0185	2,08	0,0141	2,34	0,0112	2,6	0,0091	3,12	0,0063	3,9	0,0063
10°	1,19	0,0195	1,36	0,015	1,53	0,0118	1,7	0,0096	2,04	0,00665	2,55	0,00435
5°	0,56	0,0202	0,64	0,0154	0,72	0,0122	0,8	0,0099	0,96	0,0069	1,2	0,0044
0°	0,0	0,0204	0,0	0,0156	0,0	0,0123	0,0	0,0100	0,0	0,00696	0,0	0,00445

Diese Rechnung erfordert immerhin noch, wenn die Lichtpunkt-höhe h und der Winkel α gegeben sind, die Bestimmung der dem Winkel α entsprechenden Entfernung a des Punktes P vom Lampenfußpunkt O, wobei

$$a = h \cdot \operatorname{tg} \alpha.$$

Um auch diese Rechnung zu vereinfachen, hat Monasch[1]) Tabellen berechnet, bei welchen man die Horizontalbeleuchtung für einen Winkel α durch einfache Multiplikation der Lichtstärke unter dem Winkel α mit einem aus der Tabelle zu entnehmenden Faktor C erhält; gleichzeitig liest man aus der Tabelle das zugehörende a ab.

Die Formel $E_H = \dfrac{J_\alpha \cos^3\alpha}{h^2}$ ist dadurch, daß $\dfrac{\cos^3\alpha}{h^2}$ für verschiedene Aufhängehöhen berechnet wurde, in die einfachere Formel $E_H = J_\alpha C$ übergegangen.

Ein Beispiel soll die Anwendung dieser Tabellen S. 125 erläutern.

Eine Bogenlampe strahle bei einer Lichtpunkthöhe von $h = 8$ m in einem Winkel α von 50^0 von der Vertikalen die Lichtstärke 1750 HK aus.

Wie groß ist die Horizontalbeleuchtung E_H, mit welcher der diesem Ausstrahlungswinkel entsprechende Punkt der Horizontalebene beleuchtet wird und wie groß ist die Entfernung a dieses Punktes vom Lampenfußpunkt?

Man entnimmt der Vertikalreihe: Für $h = 8$ m in der Horizontalreihe für $\alpha = 50^0$ den Wert für C und a.

$$C = 0{,}00415 \qquad a = 9{,}5 \text{ m}.$$

Dann ist $E_H = 1750 \cdot 0{,}00415 = 7{,}26$ Lux bei einer Entfernung von 9,5 m vom Lampenfußpunkt.

§ 62. Graphische Ermittelung der Horizontalbeleuchtung.

Die graphische Ermittelung der Horizontalbeleuchtung ist bereits von Maréchal[2]) und Blondel gelehrt worden.

In Fig. 73 ist die Lichtausstrahlungskurve einer Gleichstrombogenlampe L durch die eiförmige Kurve dargestellt. Die Lichtpunkthöhe $h = LA$ über dem Erdboden betrage 10 m. Es soll nun die Horizontalbeleuchtung im Punkte P im Abstande AP m vom Fußpunkte der Lampe ermittelt werden. Zu diesem Zwecke zieht man den Strahl LP, welcher die Lichtausstrahlungskurve in B schneidet.

---

[1]) Monasch, Elektrische Beleuchtung. Hannover 1910 bei Dr. Max Jaenecke.
[2]) L'Eclairage à Paris 1894. Verlag Baudry & Cie.

In B errichtet man einerseits ein Lot BD auf LP und anderseits zieht man durch B eine Parallele zu LA. Man erhält dann auf der durch L gelegten Horizontalen den Punkt C. Dann zieht man durch C eine Parallele zu LB, welche auf dem Lot BD den Punkt D ausschneidet.

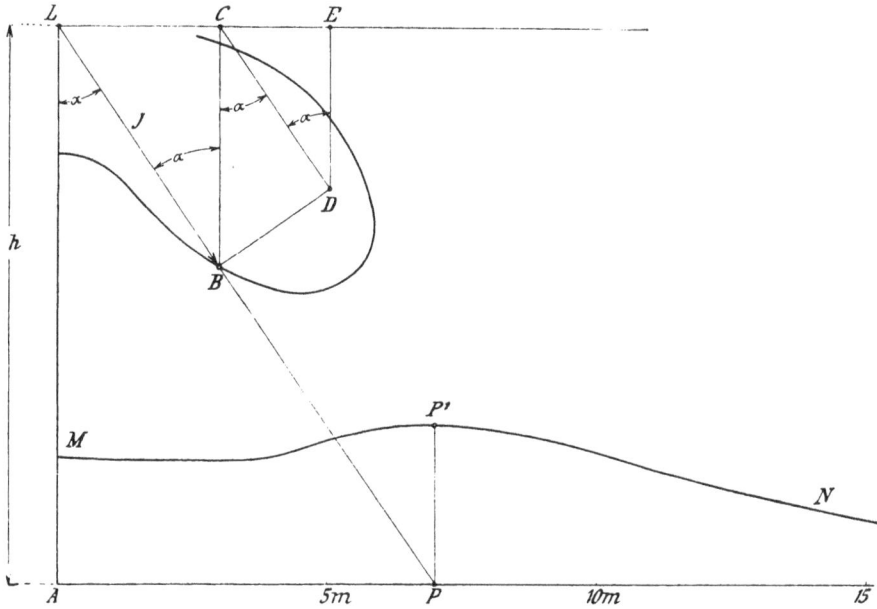

Fig. 73.

Durch D wird eine Parallele zu BC gezogen, welche die Horizontale in E schneidet. Alsdann ist $DE = J \cdot \cos^3 \alpha$ maßstäblich die im Punkte P erzielte Beleuchtung. DE wird nunmehr im Punkte P als Ordinate PP' aufgetragen. In gleicher Weise verfährt man mit den übrigen Punkten, für welche die Beleuchtung bestimmt werden soll und erhält dann schließlich die durch $MP'N$ dargestellte Kurve der Horizontalbeleuchtung.

$$\text{Es ist } DE = CD \cdot \cos \alpha$$
$$CD = CB \cdot \cos \alpha$$
$$CB = LB \cdot \cos \alpha$$
$$\text{also ist } DE = LB \cdot \cos^3 \alpha = J \cdot \cos^3 \alpha.$$

Um nun die Beleuchtungskurve im Luxmaßstab zu erhalten, hat man zu bedenken, daß $E_H = \dfrac{J \cdot \cos^3 \alpha}{h^2}$ ist. Der Luxmaßstab ist also $\dfrac{1}{h^2}$, im vorliegenden Fall $\dfrac{1}{100}$ des Längenmaßstabes.

§ 63. Beleuchtungskurven.

Man erhält eine Beleuchtungskurve, wenn man längs einer beleuchteten Geraden als Abszisse die Werte der Beleuchtung als Ordinaten aufträgt. Die Werte der Beleuchtung werden entweder gemessen
oder aus der Lichtausstrahlungskurve nach den in § 60 bis 62 be-
sprochenen Verfahren gewonnen. Eine solche Beleuchtungskurve zeigt
z. B. die Kurve $MP'N$ in Fig. 73; sie gilt für die Lichtpunkthöhe h.
Beträgt die Lichtpunkthöhe nicht mehr h m, sondern h' m, so kann
man aus der Beleuchtungskurve für h m leicht die Punkte der Beleuchtungskurve E_1 für h_1 m berechnen. Es gilt für denselben Lichtausstrahlungswinkel a:

$$E_1 = E \cdot \frac{h^2}{h_1{}^2}.$$

Während hierbei E für die Abszisse a gilt, wird die Abszisse a_1
für E_1 bei h_1 gewonnen durch die Beziehung:

$$a_1 = a \cdot \frac{h^1}{h}.$$

Jede Beleuchtungskurve zeigt einen Maximalwert und einen
Minimalwert der Beleuchtung.

Im allgemeinen findet man, daß bei größerer Aufhängehöhe
die durch ein und dieselbe Lampe erzielte Horizontalbeleuchtung
gleichmäßiger wird; außerdem wird die Beleuchtung bei größerer
Aufhängehöhe schwächer.

Man erkennt aus Fig. 73, daß Lichtstrahlen, welche in die Horizontale und in die obere Hemisphäre gestrahlt werden, für die Horizontalbeleuchtung freier Flächen verloren sind; für Straßen- und
Platzbeleuchtung kommt daher nur die untere hemisphärische Lichtstärke der betriebsmäßig ausgerüsteten Lampe als wirksam in Betracht.

Ist die Lichtstärke der Lichtquelle in allen Richtungen gleich,
so wird, wie Uppenborn[1]) gezeigt hat, ein Maximum der Horizontalbeleuchtung für eine gegebene Entfernung a vom Lampenfußpunkt
erzielt, wenn

$$h = 0{,}707\,a$$

wird. Künstliche Lichtquellen zeigen indessen in den seltensten
Fällen eine in allen Richtungen gleiche Lichtstärke.

Wenn die Fläche durch zwei Lichtquellen beleuchtet wird, so erhält jeder Punkt der Fläche von jeder Lichtquelle her eine Horizontal-
beleuchtungskomponente.

---

[1]) Uppenborn a. a. O.

Von der Lichtquelle L_1 erhält der Punkt P in Fig. 74 die Horizontalbeleuchtung E_1

$$E_1 = \frac{J_{\alpha 1} \cdot \cos^3 \alpha_1}{h_1^2}$$

und von der Lichtquelle L_2 her erhält P die Horizontalbeleuchtung E_2

$$E_2 = \frac{J_{\alpha 2} \cdot \cos^3 \alpha_2}{h_2^2}.$$

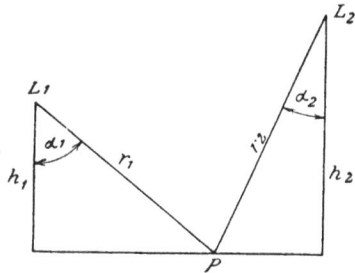

Die resultierende Horizontalbeleuchtung E_H des Punktes P wird, wie Liebenthal[1]) gezeigt hat, durch Addition der Komponenten erhalten. Es ist also

$$E_H = E_1 + E_2.$$

Man kann die Komponenten der Horizontalbeleuchtung auch nach Art der gra-

Fig. 74.

phischen Zusammensetzung der Kräfte zu einer Resultierenden vereinigen. Sind mehr als zwei Lichtquellen vorhanden, welche den Punkt P beleuchten, so wird die resultierende Horizontalbeleuchtung analog ermittelt. Es ist unrichtig, als resultierende Beleuchtung des Punktes P etwa die Summe der Normalbeleuchtungen $\left(\dfrac{J_{\alpha 1}}{r_1^2} + \dfrac{J_{\alpha 2}}{r_2^2} \right)$ anzugeben; hier liegen die beiden Beleuchtungskomponenten in verschiedenen Flächen.

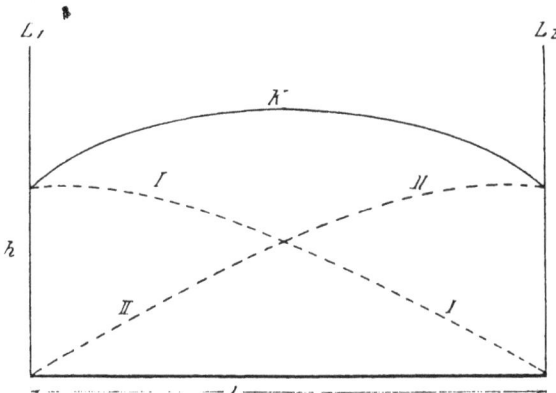

Fig. 75.

Eine resultierende Horizontalbeleuchtungskurve zeigt die ausgezogene Kurve K der Fig. 75, in welcher zwei gleichstarke Licht-

---

[1]) E. Liebenthal, E. T. Z. **10**. S. 337. **1889**.

quellen L_1 und L_2 von gleicher Lichtausstrahlungskurve und gleicher Aufhängehöhe eine Horizontalfläche beleuchten. Die gestrichelten Kurven I und II stellen die Beleuchtung durch je eine einzige Lampe dar. Man erkennt, daß durch die zweite Lichtquelle die Beleuchtung zwischen den beiden Lampen gleichmäßiger geworden ist. Unter Ungleichmäßigkeit der Beleuchtung wird das Verhältnis von Maximalwert der Beleuchtung E_{max} zum Minimalwert der Beleuchtung E_{min} verstanden.

Högner zeigte, daß die Ungleichmäßigkeit der Horizontalbeleuchtung bei gleichartigen Lampen dieselbe ist, wenn das Verhältnis von Lampenabstand und Lichtpunkthöhe dasselbe ist.

Ist die Entfernung l der Lampenfußpunkte voneinander größer als die Lichtpunkthöhe h, so liegt in der Mitte zwischen den beiden gleichstarken und gleichartigen Lichtquellen ein Minimum der Horizontalbeleuchtung, ein Fall, der bei Straßenbeleuchtung üblich ist. Ist hingegen l kleiner als h, so liegt in der Mitte zwischen den Lampen, wie Meisel[1]) gezeigt hat, ein Maximum der Beleuchtung, ein Fall, der bei Innenbeleuchtung und Fassadenbeleuchtung häufig vorkommt.

§ 64. Mittlere Streckenbeleuchtung.

Es wurde bisher die Beleuchtung betrachtet, welche auf einer durch den Fußpunkt der Lampe gelegten Geraden herrscht. Hierbei war vorausgesetzt, daß der Strahlungskörper der. Lichtquelle ein Rotationskörper sei, von welchem nur ein Meridianschnitt betrachtet wurde. Aus dem Strahlungskörper läßt sich ein Bodenbeleuchtungskörper ableiten, der ebenfalls ein Rotationskörper ist. Von diesem wurde nun ebenfalls der gleiche in der Papierebene liegende Meridianschnitt betrachtet. In Fig. 76 ist wiederum die Lichtausstrahlungskurve der Lichtquelle L und die zugehörige Bodenbeleuchtungskurve MN dargestellt.

Betrachtet man einen Winkel α und läßt ihn um $d\alpha$ zunehmen, so wird auf der Abszissenachse die Länge x um dx zunehmen. Auf dem Längenelement dx herrscht dann die Beleuchtung e. Die gesamte Beleuchtung E, welche die Lichtquelle auf der geraden Strecke von $x = 0$ bis $x = \infty$ hervorbringt, ist

$$E = \int_{x=0}^{x=\infty} e \cdot dx.$$

---

[1]) Meisel, E. T. Z. **26.** S. 861. **1911.**

Nun ist aber $e = \dfrac{J}{h^2} \cdot \cos^3 \alpha$; ferner ist $d\,x = \dfrac{h}{\cos^2 \alpha} \cdot d\,\alpha$, daher ist:

$$E = \frac{1}{h} \int_0^{\pi/2} J \cdot \cos \alpha \cdot d\,\alpha. \quad \ldots \ldots \quad 1)$$

Den Wert $\int_0^{\pi/2} J \cdot \cos \alpha \cdot d\,\alpha$ nennt Högner hemizyklische Lichtstärke Jc.

Es sei demnach $\qquad E = \dfrac{1}{h} \cdot Jc. \quad \ldots \ldots \ldots \quad 2)$

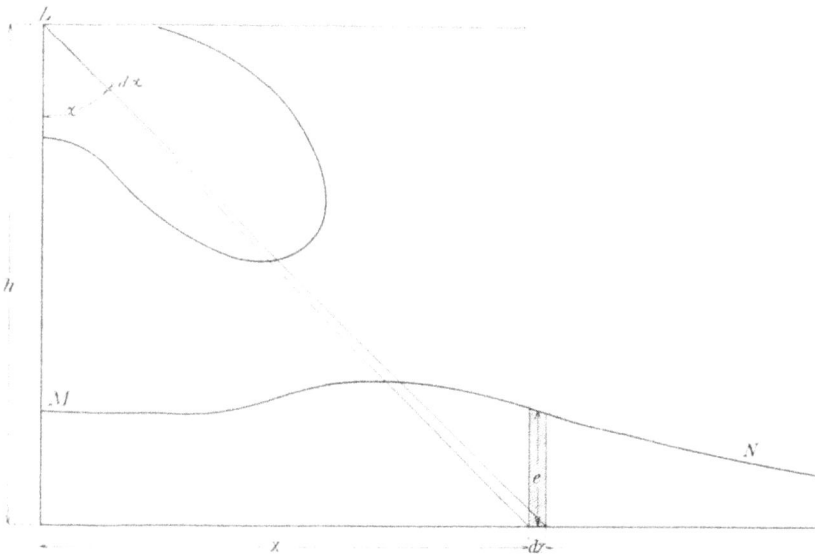

Fig. 76.

Der Ausdruck $Jc = \int_0^{\pi/2} J \cdot \cos \alpha \cdot d\,\alpha$ besitzt eine gewisse Ähnlichkeit mit dem Werte für $J_\circ = \int_0^{\pi/2} J \cdot \sin \alpha \cdot d\,\alpha$. Man kann daher Jc leicht rechnerisch oder graphisch ermitteln, indem man in sinngemäßer Abänderung die zur Ermittelung von $J_\circ$ angegebenen Verfahren (S. 99 bis 107) anwendet.

Wird die gerade Linie von einer zweiten gleichartigen im Abstande l in derselben Aufhängehöhe h befindlichen Lampe beleuchtet, so wird die Beleuchtung E_1 auf der Strecke zwischen den beiden Lichtquellen

$$E_1 = \frac{2}{h} \cdot Jc. \quad \ldots \ldots \ldots \quad 3)$$

9*

Die mittlere Streckenbeleuchtung E_{St} ist dann $\dfrac{E_1}{l}$ oder

$$E_{St} = \frac{2 \cdot Jc}{h \cdot l} . \quad \ldots \ldots \quad 4)$$

Anstatt E_{St} rechnerisch zu bestimmen, kann man auch planimetrisch den Flächeninhalt der Beleuchtungskurve ermitteln und
diesen Inhalt durch den Lampenabstand l dividieren. Man erhält
dann die mittlere Streckenbeleuchtung E_{St} als mittlere Ordinate der Beleuchtungskurve.

Aus der Gleichung 4) für E_{St} kann man erkennen, daß sich die
mittlere Streckenbeleuchtung bei gleichbleibendem Lampenabstand l
und gleichem Jc im linearen aber umgekehrten Verhältnis zur Lichtpunkthöhe h ändert; anderseits ändert sich die mittlere Streckenbeleuchtung bei gleichbleibender Lichtpunkthöhe h und gleichem Jc
im linearen aber umgekehrten Verhältnis mit dem Lampenabstand l.

Die mittlere Streckenbeleuchtung E_{St} kann praktische Bedeutung
bei der Betrachtung der Beleuchtung schmaler Straßen oder schmaler
Bahnlinien besitzen. Die mittlere Streckenbeleuchtung darf jedoch,
wenn die Breite der zu beleuchtenden Fläche im Verhältnis zu ihrer
Länge nicht mehr vernachlässigt werden darf, nicht als m i t t l e r e
B e l e u c h t u n g d e r F l ä c h e ausgegeben werden; über diesen
Begriff s. S. 134.

§ 65. Gleichmäßige Streckenbeleuchtung.

Es liege die Aufgabe vor, eine Streckenbeleuchtung zu erzielen,
die vollständig gleichmäßig ist. Welche Gestaltung muß zu diesem
Zweck die Lichtausstrahlungskurve der Lichtquelle besitzen? Diese
Aufgabe läßt sich mit einer einzigen Lichtquelle nicht lösen, denn
diese Lichtquelle müßte sonst horizontal eine unendlich große Lichtstärke besitzen. Damit eine gute Horizontalbeleuchtung erzielt wird,
müssen die Abstände der Lichtquellen zu ihren Lichtpunkthöhen
in einem angemessenen Verhältnis stehen. In der Praxis wird man
z. B. für Bogenlampen vielfach eine Lichtpunkthöhe h von 10 m und
einen Abstand l von 50 m wählen.

Zur Lösung der Aufgabe ist die graphische Konstruktion der
Fig. 73 S. 127 in umgekehrter Reihenfolge zu wiederholen. Zunächst
trägt man die Höhe der Bogenlampen h und ihren Abstand l in gleichem
Maßstabe[1]) auf, ferner auch die verlangte konstante mittlere Strecken-

---

[1]) In der Fig. 77 wurden der Raumersparnis halber zwei verschiedene Maß-
stäbe für die Höhe und den Lampenabstand gewählt.

beleuchtung E_{St} in Lux (Fig. 77). Als ausreichende mittlere Streckenbeleuchtung E_{St} soll z. B. der Wert 2 Lux betrachtet werden. Dann
muß die durch jede der beiden Lichtquellen L und L_1 gelieferte Bodenbeleuchtung von 2 Lux vom Fußpunkte der einen Lampe an bis 0 Lux
beim Fußpunkt der anderen Lampe nach einer Geraden abnehmen.
Darüber hinaus darf die Lampe kein Licht werfen. Man wählt zunächst
den Punkt P in 10 m Abstand von Lampe I und errichtet in P ein
Lot, dann ist Pb die Bodenbeleuchtung, welche Lampe I in P erzeugen
muß. Man zieht nun den Strahl LP und trägt die Strecke Pb von

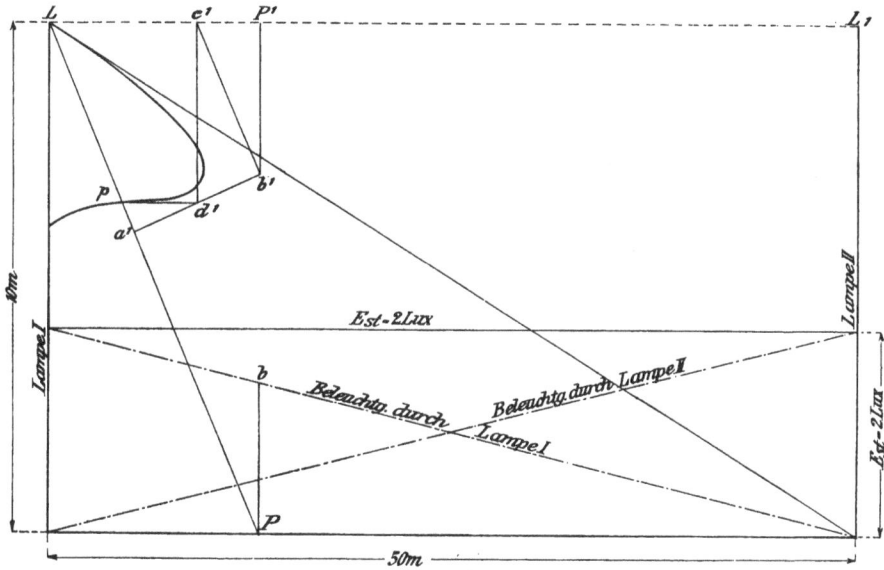

Fig. 77.

einem beliebigen Punkte P' auf der Horizontalen LL^1 parallel zur
Vertikalachse nach unten ab. Man erhält so den Punkt b^1. Von
diesem fällt man ein Lot b^1a^1 auf den Strahl LP. Nun zieht man
durch b^1 eine Parallele zu LP und findet den Punkt c^1. Durch diesen
zieht man eine Parallele zur Ordinatenachse und findet auf a^1b^1 den
Punkt d^1. Durch d^1 zieht man eine Parallele zur Abszissenachse und
findet nun auf LP den gesuchten Punkt p der Lichtausstrahlungskurve. In dieser Weise wird für die übrigen Punkte der auf eine Lampe
entfallenden Beleuchtungskurve die Konstruktion wiederholt, bis
eine genügende Anzahl von Punkten zwischen 0 und 50 m bestimmt
ist. Man wird die Punkte am besten so wählen, daß man den größten
Strahlungswinkel in eine Anzahl gleich großer Teile zerlegt. Auf
diese Weise wurde die Kurve in Fig. 77 gefunden. Diese ist jedoch

verzerrt, da, wie erwähnt, die Längenmaßstäbe verschieden sind. In
Fig. 78 ist die Kurve für 10 m Lampenhöhe und 50 m Lampen-
entfernung in den richtigen Verhältnissen dargestellt. Es ist ohne
weiteres klar, daß es nicht gelingen wird, eine Lichtquelle herzustellen, welche dieser Polarkurve genau entspricht. Indessen kann
sie einen Anhaltspunkt bieten für Verbesserungen, die an den gegebenen Lichtquellen durch Anwendung geeigneter Reflektoren, Holophangläser u. dgl. erzielt werden können.

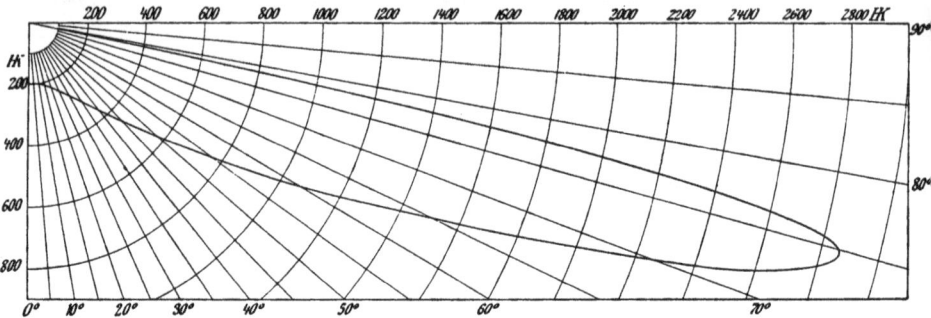

Fig. 78.

Man erkennt auch aus der Gestalt der Polarkurve Fig. 78, daß
sie weit davon entfernt ist, etwa in allen Richtungen eine gleiche
Lichtstärke zu zeigen. Das Maximum der Lichtstärke liegt bei einem
Lichtausstrahlungswinkel von 74⁰. Man sieht hieraus, wie laienhaft
die gelegentlich immer wiederkehrenden und als Ideal hingestellten
Versuche sind, eine Lichtquelle zu schaffen, bei welcher die Lichtausstrahlung allseitig gleich groß ist; eine solche Lichtquelle kann
nie eine gleichmäßige Flächenbeleuchtung geben, und diese ist das
Ziel der Beleuchtungstechnik.

§ 66. Mittlere Flächenbeleuchtung.

Unter m i t t l e r e r F l ä c h e n b e l e u c h t u n g E_m versteht
man den Mittelwert der Beleuchtungswerte, welche an den verschiedenen Punkten einer Fläche herrschen. Es ist also

$$E_m = \frac{1}{S} \int E\, dS = \frac{\Phi}{S}, \quad \ldots \ldots \quad 1)$$

wenn unter E die Horizontalbeleuchtung an den einzelnen Punkten
der beleuchteten Fläche S verstanden wird.

　　Wird eine kreisförmige Fläche durch eine in ihrem Mittelpunkte
aufgehängte Lichtquelle beleuchtet, so erhält man die mittlere Be-

leuchtung der Fläche als die Höhe eines
Zylinders, welcher mit dem durch Rotation der Beleuchtungskurve um die
vertikale Achse entstandenen Körper
gleichen Rauminhalt und gleiche Grundfläche besitzt.

Man hat in der Beleuchtungstechnik nur selten den Fall, daß eine einzige Lichtquelle eine kreisförmige Fläche
beleuchtet. Meistens beleuchten mehrere
Lichtquellen rechteckige Flächen. Die
Beleuchtungskurven, welche ein an-
schauliches Bild der Streckenbeleuchtung ergaben, stellen nicht mehr dar,
wie die Beleuchtung auf der Fläche
außerhalb der Strecke verläuft. Man
verbindet, um ein Bild über den Verlauf
der Flächenbeleuchtung zu erhalten, die
auf der Fläche gelegenen Punkte gleicher
Beleuchtung durch Kurven, die man
Isoluxkurven nennt. Für den Fall
der einzelnen Lampe sind die Isoluxkurven konzentrische Kreise, die um
den Lampenfußpunkt als Mittelpunkt
beschrieben sind. Bei mehreren Lampen
nehmen die Isoluxkurven unregelmäßige
Formen an. Die einzelnen Punkte der
Isoluxkurven werden entweder durch
eine Beleuchtungsmessung gewonnen
oder berechnet, indem man die dem
beleuchteten Punkte der Horizontalfläche
von jeder Lichtquelle gelieferte Beleuchtungskomponente einer Beleuchtungskurve entnimmt. In Fig. 79 sind die
Isoluxkurven dargestellt, welche Uppenborn für die neue Maximiliansbrücke in
München gemessen hat.

Die Berechnung von E_m aus den
Isoluxkurven ist umständlich. Man hat
den Flächeninhalt der jeweils zwischen

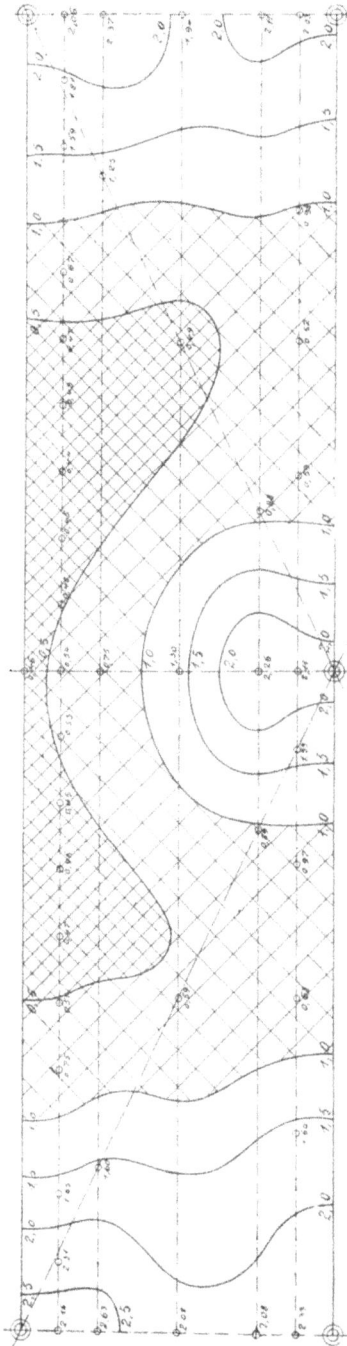

Fig. 79.

zwei Isoluxkurven gelegenen Flächen planimetrisch zu bestimmen und multipliziert ihn mit dem Mittelwert der Beleuchtungen der beiden Grenzisoluxkurven; die Summe aller dieser für die ganze beleuchtete Fläche erhaltenen Produkte ergibt durch die gesamte Fläche dividiert, die mittlere Horizontalbeleuchtung E_m.

Ein vereinfachtes Verfahren, das eine für die Praxis genügende Genauigkeit ergibt, wendete Bloch zuerst an. Man teilt die zu beleuchtende Fläche in eine Anzahl flächengleicher Quadrate oder Rechtecke (Fig. 80) und bestimmt für den Mittelpunkt eines jeden die Horizontalbeleuchtung. Dann addiert man die einzelnen Beleuchtungswerte der Mittelpunkte und dividiert ihre Summe, um E_m zu erhalten, durch die Gesamtzahl der vorhandenen Rechtecke.

Fig. 80.

Dieses Verfahren wird besonders dadurch vereinfacht, daß man in den meisten Fällen nur auf einem kleinen Teil der beleuchteten Fläche die Rechnung vornehmen muß; denn bei den meisten Lampen-

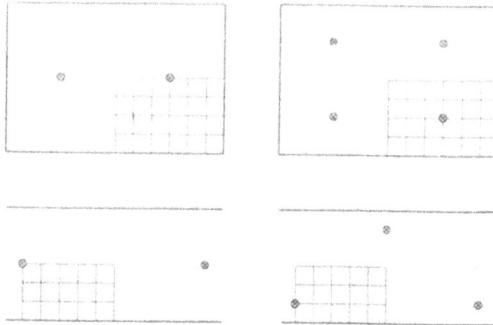

Fig. 81.

anordnungen wiederholt sich der Verlauf der Beleuchtung in symmetrischer und periodischer Weise. In Fig. 81 sind nach Bloch für einige gebräuchliche Lampenanordnungen die kleinsten Bereiche dargestellt, für welche es genügt, die Beleuchtung zu bestimmen, da sie sich wiederholen.

B. Beurteilung von Beleuchtungen.

§ 67. Normalien des Verbandes Deutscher Elektrotechniker für die Beurteilung der Beleuchtung.

Der V. D. E. hat folgende Grundsätze[1]) für die Beurteilung der Beleuchtung angenommen:

»Als praktisches Maß für die Beleuchtung im Freien (von Straßen, Plätzen usw.) oder in Innenräumen gilt die mittlere Horizontalbeleuchtung in 1 m Höhe über der Bodenfläche. Außerdem ist jeweils die maximale und die minimale Horizontalbeleuchtung der ganzen zu beleuchtenden Fläche anzugeben.

Die Ungleichmäßigkeit der Beleuchtung wird durch das Verhältnis der maximalen zur minimalen Horizontalbeleuchtung gekennzeichnet.

Als spezifischer Verbrauch einer Beleuchtung gilt der Verbrauch (bei elektrischer Beleuchtung in Watt) für 1 Lux mittlere Horizontalbeleuchtung und 1 qm Bodenfläche.«

Die Frage, ob die Horizontalbeleuchtung oder die Vertikalbeleuchtung zur Beurteilung einer Beleuchtungsanlage maßgebend sein soll, ist eine der heftigsten Streitfragen der praktischen Photometrie. Die Anhänger der Horizontalbeleuchtung (Uppenborn, Maréchal, Bloch) führen aus, daß die größten Anforderungen an eine Beleuchtung in dem Falle gestellt werden, wenn man etwa auf den Boden gefallene Geldmünzen aufsuchen will. Die Anhänger der Vertikalbeleuchtung (Drehschmidt, Krüß) führen aus, daß man auf der Straße die dem Beschauer zugewendete Seite der entgegenkommenden Fuhrwerke und Personen erkennen können müsse; sie befürworten demnach die Beleuchtung, welche in Augenhöhe senkrecht zum Verlaufe der Straße aufgestellte vertikale Flächen erhalten. Uppenborn[2]) führte gegen diese

---

[1]) E. T. Z. 31. S. 303. 1910. Erläuterungen hierzu von L. Bloch, E. T. Z. 31. S. 382. 1910. Vorläufig angenommen E. T. Z. 31. S. 714. 1910. E. T. Z. 32. S. 402. 1911. Endgültig angenommen E. T. Z. 32. S. 576. 1911.

[2]) Uppenborn (Mitteilungen der Vereinigung der Elektrizitätswerke Heft 11. 1906) suchte auch dadurch die Annahme der Vertikalbeleuchtung als Maßstab für die Güte einer Straßenbeleuchtung ad absurdum zu führen, daß er darauf hinwies, daß man mit einem S c h e i n w e r f e r , der horizontale Strahlen ergibt, eine Straße ausgezeichnet beleuchten können müßte, wenn eine starke Vertikalbeleuchtung erzielt werden sollte. Tatsächlich ist aber ein Scheinwerfer zur normalen Straßenbeleuchtung gänzlich ungeeignet.

Gründe an, daß Fuhrwerke nach polizeilicher Vorschrift nachts beleuchtet sein müssen und daß Personen auch bei sehr mangelhafter
Beleuchtung noch immer leicht wahrzunehmen seien.

Der Grund dieser Verschiedenheiten liegt tiefer und ist in den
durch die Lichtausstrahlungsverhältnisse der verschiedenen Beleuchtungsarten bedingten Verschiedenheiten zu suchen. Die Gasglühlichtlampen mit aufrecht stehendem Brenner ergeben eine Lichtausstrahlungskurve, deren Maximum in der Nähe der Horizontalen liegt.
Die elektrischen Lichtquellen zeigen durchweg eine stärkere
Lichtausstrahlung in der unteren Hemisphäre. Daher ergeben Gaslampen der genannten Art gewöhnlich eine starke Vertikalbeleuchtung
und eine schwache Horizontalbeleuchtung, namentlich wenn sie
niedrig aufgehängt sind. Die Anhänger der Vertikalbeleuchtung sind
deshalb ausschließlich in den Reihen derjenigen zu suchen gewesen,
deren Interessen bei der Gasbeleuchtung liegen. Nachdem es aber
in den letzten Jahren der Gastechnik gelungen ist, Gasglühlichtbrenner
mit a b w ä r t s hängenden Glühkörpern in Lichtstärken von 30 HK
bis zu einigen Tausenden von Hefnerkerzen mit Erfolg in die Praxis
einzuführen, liegt kein wesentliches Interesse mehr für die veraltete
und gänzlich unpraktische Berücksichtigung der Vertikalbeleuchtung
vor, denn die Gasinvertbrenner senden eine ausgesprochen starke
Lichtstrahlung in die untere Hemisphäre und ähneln in dieser Beziehung vollkommen den elektrischen Bogenlampen und elektrischen
Glühlampen. Nachdem nunmehr die Lichtquellen beider Beleuchtungsarten unter gleichen Verhältnissen Licht ausstrahlen, dürfte
sich auch die Betrachtung der erzielten Beleuchtung bei beiden Beleuchtungsarten einheitlich durchführen lassen.

Bei den Kommissionsberatungen der Lichtkommission des V. D. E.
in den Jahren 1909 und 1910 wurde die Frage, ob die Horizontalbeleuchtung oder Vertikalbeleuchtung für die Beurteilung von Straßen-
beleuchtungen maßgebend sein soll, zum Gegenstand eingehendster
Beratungen und Berechnungen gemacht. Es wurde für eine größere
Anzahl praktischer Fälle aus dem Gebiete der Straßenbeleuchtung
die Verteilung der Horizontalbeleuchtung und der Vertikalbeleuchtung
über die ganze Straßenfläche berechnet. Aus diesen Berechnungen
ging deutlich hervor, daß in den praktisch überhaupt in Frage kommenden Fällen an denjenigen Stellen, a n d e n e n d i e H o r i -
z o n t a l b e l e u c h t u n g s c h w a c h w a r , d i e V e r t i k a l -
b e l e u c h t u n g m i n d e s t e n s e b e n s o g r o ß o d e r n o c h
g r ö ß e r w a r , soweit die vertikalen Flächen überhaupt von direkten

Lichtstrahlen getroffen werden. Die kleinsten Werte der Vertikalbeleuchtung treten da auf, wo sie am wenigsten erwartet werden,
nämlich unmittelbar unter den Lampen, wo die Horizontalbeleuchtung
gerade ihre Maxima zeigt. Die Messung dieser Minima der Vertikalbeleuchtung ist dadurch sehr erschwert, daß bei nur geringen Abweichungen der Meßebene von der richtigen Stellung sehr große Änderungen in den Messungsergebnissen erhalten werden. Außerdem
müßte zur Kennzeichnung der Vertikalbeleuchtung an jedem Punkt
der Straße die Messung korrekterweise in mindestens vier verschiedenen Richtungen erfolgen, während die Horizontalbeleuchtung an
jedem Punkt der Straße nur e i n e n Wert hat.

Ebenso wie die Messung ist auch die Berechnung der Vertikalbeleuchtung schwieriger und umständlicher als diejenige der Horizontalbeleuchtung, sobald die Berechnung sich nicht ausschließlich
auf die direkte Verbindungslinie zwischen zwei Lampen beschränkt.
Auch die Berechnung und Messung des für die Beurteilung hauptsächlich maßgebenden Wertes der mittleren Beleuchtung vollzieht
sich für die Horizontalbeleuchtung verhältnismäßig einfach, während
sie für die Vertikalbeleuchtung so umständlich und zeitraubend ist,
daß sie im praktischen Gebrauch von vornherein ausgeschlossen
erscheinen muß.

Er erscheint daher für die meisten Bedürfnisse ausreichend,
wenn die H o r i z o n t a l b e l e u c h t u n g betrachtet wird, ohne
daß es der Heranziehung der Vertikalbeleuchtung bedarf. Dies gilt
auch für Innenräume, bei denen es doch in den meisten Fällen auf die
Beleuchtung der horizontalen Fläche der Tische usw. ankommt,
während an die Beleuchtung der vertikalen Flächen, der Wände im
allgemeinen keine besonderen Anforderungen gestellt werden. Aus-
nahmefälle, wie Gemäldegalerien und Bibliotheken erfordern natürlich eine ihrer Eigenart entsprechende besondere Behandlung.

Für die Wahl der Höhe der Meßebene 1 m über der Bodenfläche,
war die Erwägung maßgebend, daß es mit den heute für die Beleuchtungsmessungen am besten geeigneten Photometern, dem Brodhunschen und dem Martensschen nur schwer, meistens aber überhaupt
nicht möglich ist, direkt auf der Straßenfläche die Messung auszuführen. In Innenräumen weicht aber die Meßhöhe von 1 m über der
Bodenfläche nur unwesentlich von der normalen Tischhöhe ab.

Die m i t t l e r e Horizontalbeleuchtung, die nach den Normalien
angegeben werden soll, muß natürlich den Mittelwert für die ganze
beleuchtete Fläche darstellen (nicht etwa das arithmetische Mittel

aus maximaler und minimaler Beleuchtung). Über die Berechnung der mittleren Horizontalbeleuchtung s. § 66.

Außer der mittleren Horizontalbeleuchtung soll noch die m a x i -m a l e und die m i n i m a l e Horizontalbeleuchtung der ganzen Fläche angegeben werden, damit man die Grenzen, innerhalb deren sich eine Beleuchtung bewegt, richtig erkennen kann.

Ob eine Beleuchtung mehr oder weniger gleichmäßig ist, läßt sich am besten aus dem Verhältnis der maximalen zur minimalen Horizontalbeleuchtung erkennen. Dieses Verhältnis wird »U n g l e i c h-m ä ß i g k e i t« genannt, weil es bei großer Ungleichmäßigkeit groß und bei kleiner Ungleichmäßigkeit klein ist.

Die Angabe des spezifischen Verbrauchs der Beleuchtung als Verbrauch (in Watt oder Kubikmeter Gas) für 1 Lux erzeugte mittlere Horizontalbeleuchtung auf 1 qm Bodenfläche bietet ein einfaches Mittel zur schnellen angenäherten Vorausberechnung der mittleren Horizontalbeleuchtung oder des erforderlichen Gesamtverbrauches, falls eine bestimmte mittlere Beleuchtung vorgeschrieben ist. Über den spezifischen Verbrauch verschiedener Beleuchtungsarten s. § 78.

C. Lichtstrommethoden.

§ 68. Das Verfahren von Zeidler.

Zur Berechnung der Lichtstärke von Lichtquellen, welche eine bestimmte mittlere Horizontalbeleuchtung auf einer gegebenen Fläche erzeugen sollen, konstruiert Zeidler[1]) aus der für die betreffende Lichtquelle charakteristischen Lichtausstrahlungskurve zunächst die Kurve der Horizontalbeleuchtung für die hemisphärische Lichtstärke von 1 HK$_u$ bei einer Lichtpunkthöhe von 1 m; für die verschiedenen Lichtausstrahlungswinkel werden dann von 10° zu 10° die innerhalb der einzelnen Winkel vorhandenen Werte der mittleren Beleuchtung E_m sowie die Produkte dieser mittleren Beleuchtung und der innerhalb der zugehörenden Winkel beleuchteten Flächen S (in qm) berechnet. Jedes dieser Produkte ergibt den innerhalb des betreffenden Lichtausstrahlungswinkels für die Horizontalbeleuchtung wirksamen Teil des Lichtstroms in Lumen.

Die für eine bestimmte Fläche zur Erzielung einer bestimmten mittleren Horizontalbeleuchtung erforderliche Lichtstärke ergibt sich

---

[1]) J. Zeidler, Die elektrischen Bogenlampen. Braunschweig 1905 bei Fr. Vieweg & Sohn. 143 S. 8°.

dann als Quotient, wenn man das Produkt: zu beleuchtende Fläche (in qm) mal geforderte mittlere Beleuchtung in Lux durch den wirksamen Teil des Lichtstromes einer mittleren hemisphärischen Hefnerkerze für die betreffende Lichtquelle dividiert.

Sind mehrere räumlich verteilte Lichtquellen vorhanden, so wird E_m für jede Lichtquelle einzeln berechnet, und die resultierende mittlere Horizontalbeleuchtung wird dann als Summe dieser Einzelwerte erhalten.

§ 69. Das Verfahren von Bloch. Bestimmung der Horizontalbeleuchtung einer Fläche.

Zur Berechnung der mittleren Horizontalbeleuchtung gab Bloch[1]) ein Verfahren an, das von dem gesamten auf die zu beleuchtende Fläche auftreffenden Lichtstrom ausgeht.

Eine kreisrunde Fläche S vom Radius $HP = a$ in Fig. 82 werde durch eine Lichtquelle beleuchtet, die sich in der Höhe $HO = h$ über dem Mittelpunkt H der Fläche befindet, so daß von der Lichtquelle aus die Fläche S unter dem Winkel a gesehen wird. Es sei die mittlere horizontale Beleuchtung E_m der Fläche S zu berechnen.

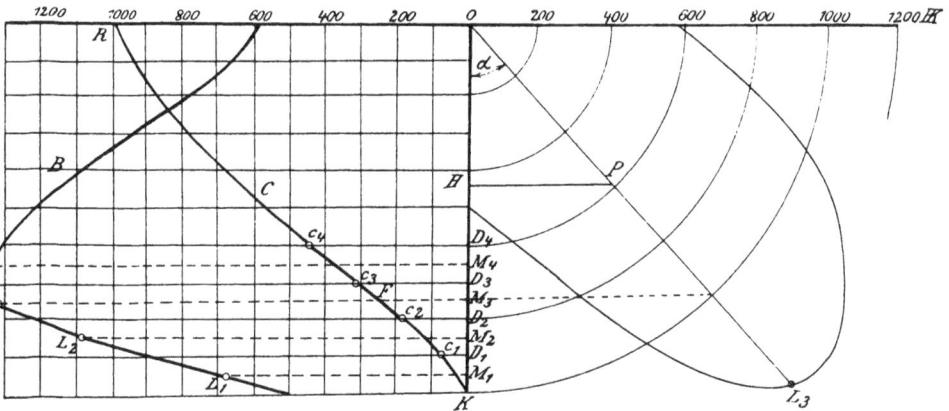

Fig. 82.

Zur Lösung dieser Aufgabe ist es zunächst notwendig, die Lichtausstrahlungsverhältnisse der Lichtquelle in O zu kennen. Die Lichtausstrahlungskurve der Lichtquelle O sei durch die eiförmige Kurve in Fig. 82 rechts dargestellt. Das Rousseausche Diagramm, welches

---

[1]) L. Bloch, E. T. Z. **27**. S. 493. **1906**. — L. Bloch, Grundzüge der Beleuchtungstechnik. Berlin 1907 bei J. Springer. 157 S. 8°.

zur Ermittelung von $J_\circ$ dient, ist in Fig. 82 links durch die Kurve B dargestellt. Aus der Lichtausstrahlungskurve muß nun zunächst die L i c h t s t r o m k u r v e konstruiert werden, eine Kurve, in welcher jeder Ordinatenwert dem Lichtstrom des dem Ordinatenwerte entsprechenden Winkelbereiches von a proportional ist. Die Lichtstromkurve wird in folgender Weise gewonnen. Man setzt $OK = 1$ und teilt OK in 10 gleiche Teile, so daß jeder Teil z. B. KD_1, D_1D_2, D_2D_3 gleich

$$\triangle (\cos a) = 0{,}1 \ . \quad \quad \quad \quad \quad \quad 1)$$

ist. Diese Teile bilden die Grundlinien von 10 Rechtecken, deren Höhen die aus der Lichtausstrahlungskurve entnommenen Ordinaten J der Rousseauschen Kurve B für die Mittelpunkte $M_1 M_2 M_3$ usw. der 10 Abszissenabschnitte KD_1 usw. sind. Multipliziert man diese Ordinatenwerte, z. B. $L_1 M_1$, $L_2 M_2$, jeweils mit 0,1, so erhält man den Flächeninhalt jedes einzelnen der 10 Flächenteile als

$$J\triangle (\cos a). \quad \quad \quad \quad \quad \quad 2)$$

Addiert man diese Flächeninhalte der Reihe nach von unten (von K aus) nach oben gehend, so ergeben die Summenwerte die Ordinaten der Integralkurve zur Rousseauschen Kurve, also die Ordinaten der L i c h t s t r o m k u r v e als

$$\Sigma \, J\triangle - (\cos a). \quad \quad \quad \quad \quad \quad 3)$$

Es ergibt sich z. B. aus Fig. 82:

Ordinaten J der Rousseauschen Kurve	$J \cdot \triangle (\cos a)$	Koordinaten der Lichtstromkurve	
		Ordinate $\Sigma J \varDelta (\cos a)$	Abszisse
$L_1 M_1 = \ 680 \text{ HK}$	68	$68 = D_1 C_1$	$K D_1$
$L_2 M_2 = 1090 \text{ HK}$	109	$68 + 109 + 177 = D_2 C_2$	$D_1 D_2$
$L_3 M_3 = 1320 \text{ HK}$	132	$68 + 109 + 132 = 309$ $= D_3 C_3$	$D_2 D_3$
$L_4 M_4 = 1330 \text{ HK}$	133	$68 + 109 + 132 + 133$ $= 442 = D_4 C_4$	$D_3 D_4$

usw.

Die auf diese Weise gewonnene Lichtstromkurve ist in Fig. 82 durch die Kurve C dargestellt. Die Ordinate dieser Lichtstromkurve für $a = 90^0$, also für $\cos a = 0$ ergibt die mittlere hemisphärische Lichtstärke $J_\circ$, in dem in Fig. 82 dargestellten Beispiel ist also die Ordinate $OR = J_\circ$. Multipliziert man $J_\circ$ mit $2\,\pi$, so erhält man den unteren hemisphärischen Lichtstrom $\Phi_\circ$.

Auf dieselbe Weise erhält man aus der Lichtstromkurve C den Lichtstrom für jeden anderen Winkelbereich von a, wenn man den zugehörenden Ordinatenwert Ψ der Lichtstromkurve mit 2π multipliziert. In dem in Fig. 82 dargestellten Falle ist der betreffende Ordinatenwert Ψ, der zu dem Winkel $HOP = a$ gehört, durch die Strecke $M_3F = \Psi$ gegeben.

Es gilt

$$\Psi = \int_0^{a_1} J \, d\cos a. \qquad \qquad 4)$$

Die Abszissen der Lichtstromkurve haben die Werte $\cos a$ bzw. $1 - \cos a$, wenn man $OK = 1$ gemacht hat und von O oder K als Nullpunkt ausgeht.

Nun pflegt im allgemeinen bei Beleuchtungsaufgaben nicht der Winkelbereich a, sondern die zu beleuchtende Fläche S und die Lichtpunkthöhe $h = HO$ gegeben zu sein.

$$S = \pi \cdot HP^2 = \pi a^2. \qquad \qquad 5)$$

Man drückt daher zweckmäßig $\cos a$ durch die gegebenen Größen S und h aus. Aus Fig. 82 ergibt sich in dem rechtwinkligen Dreieck HOP

$$\cos a = \frac{h}{\sqrt{h^2 + a^2}} = \frac{1}{\sqrt{1 + \dfrac{a^2}{h^2}}} = \frac{1}{\sqrt{1 + \dfrac{S}{\pi h^2}}}. \qquad \quad 6)$$

Tabelle für

$$1 - \cos a = 1 - \frac{1}{\sqrt{1 + \dfrac{S}{\pi h^2}}}.$$

$\dfrac{S}{h^2}$	0	1	2	3	4	5	6	7	8	9	10	$\dfrac{S}{h^2}$
0	0	,130	,220	,284	,336	,379	,414	,444	,470	,492	,512	0
10	,512	,530	,545	,559	,572	,583	,594	,605	,615	,624	,632	10
20	,632	,640	,647	,654	,660	,666	,672	,677	,682	,687	,692	20
30	,692	,697	,701	,705	,709	,713	,717	,721	,724	,727	,730	30
40	,730	,733	,736	,739	,742	,744	,747	,750	,753	,755	,757	40
50	,757	,760	,762	,764	,766	,768	,770	,772	,774	,776	,777	50
60	,777	,779	,780	,782	,784	,785	,787	,789	,790	,792	,793	60
70	,793	,795	,796	,798	,799	,800	,802	,803	,804	,805	,806	70
80	,806	,807	,808	,809	,810	,811	,812	,813	,814	,815	,816	80
90	,816	,817	,818	,819	,820	,821	,822	,823	,824	,825	,825	90
	0	1	2	3	4	5	6	7	8	9	10	

Die Größe cos a oder $1 - \cos a$, die zur Berechnung der mittleren Horizontalbeleuchtung unbedingt erforderlich ist, ließe sich zwar nach einer der angegebenen Formeln berechnen. Um diese Arbeit aber zu vereinfachen, hat Bloch die Tabelle S. 143 angegeben, aus welcher für alle Werte für S von 0 bis 100 die Werte $1 - \cos a$ leicht zu entnehmen sind. Der Wert $\frac{S}{h^2}$ läßt sich aus den gegebenen Größen S und h durch eine Einstellung des Rechenschiebers leicht feststellen. Für die zwischenliegenden Werte von $\frac{S}{h^2}$ werden die zugehörigen $1 - \cos a$ in bekannter Weise durch Interpolation erhalten.

Man kennt jetzt den auf die Fläche S auftreffenden Lichtstrom Φ

$$\Phi = 2 \pi \Psi. \qquad \ldots \ldots \ldots \quad 7)$$

Da die Lichtstromkurve in Fig. 82 für eine mittlere hemisphärische Lichtstärke J_o von 1000 HK konstruiert war, so ist, wenn J_o der Lichtquelle von 1000 verschieden ist, der Lichtstrom direkt proportional der hemisphärischen Lichtstärke; es wird

$$\Phi = \frac{2 \pi \Psi \cdot J_o}{1000}. \qquad \ldots \ldots \ldots \quad 8)$$

Da nun die mittlere Horizontalbeleuchtung E_m gleich dem auf die Fläche auftreffenden Lichtstrom Φ dividiert durch die Größe der Fläche S ist, so ergibt sich

$$E_m = \frac{\Phi}{S}, \qquad \ldots \ldots \ldots \quad 9)$$

$$E_m = \frac{2 \pi \Psi \cdot J_o}{1000 \cdot S}. \qquad \ldots \ldots \ldots \quad 10)$$

Bloch hat nun, um für den praktischen Gebrauch die immerhin zeitraubende Konstruktion der Lichtstromkurve für jede Lichtausstrahlungskurve einer einzelnen Lichtquelle entbehrlich zu machen, Normallichtstromkurven und Lichtstromtafeln entworfen, welche für die typischen Fälle der Lichtausstrahlungskurve verschiedener Lichtquellen zu benutzen sind. Die Tafeln sind nach Art der trigonometrischen Zahlentafeln zu benutzen, wobei für zwischenliegende Werte zu interpolieren ist. Es sollen im folgenden einige der Blochschen Lichtstromtafeln für einige besonders wichtige Fälle[1] mitgeteilt

---

[1] Bezüglich der Lichtstromtafeln für die übrigen Fälle sei auf die Originalabhandlungen L. Blochs verwiesen.

werden. Die Tabellen werden im allgemeinen bequemer zu benutzen sein, da die Lichtstromkurven einen etwas kleinen Maßstab besitzen.

Die Lichtausstrahlungskurve und Lichtstromkurve der Fig. 82 gilt für Bogenlampen mit ü b e r e i n a n d e r s t e h e n d e n Kohlen, sowohl Reinkohlen als auch Effektkohlen mit Opal- und Alabasterglocken für Gleichstrom und für Wechselstromlampen derselben Art mit Lichtpunktreflektor. Die zugehörende Lichtstromtafel lautet:

Lichtstromtafel für Bogenlampen mit übereinanderstehenden Kohlen mit Opal- und Alabasterglocken.

$1-\cos\alpha$	0	1	2	3	4	5	6	7	8	9	10	
0	0	5	10	15	21	28	35	43	51	59	68	0,9
0,1	68	77	87	97	107	118	129	140	152	164	177	0,8
0,2	177	190	203	216	229	242	255	268	281	295	309	0,7
0 3	309	323	337	350	363	376	390	403	416	429	442	0,6
0,4	442	455	468	481	494	506	519	532	544	556	568	0,5
0,5	568	580	592	604	616	627	639	650	661	672	683	0,4
0,6	683	694	705	716	726	736	746	756	766	776	785	0,3
0,7	785	795	804	813	822	830	838	846	854	862	870	0,2
0,8	870	878	885	892	899	906	913	920	926	933	939	0,1
0,9	939	946	952	958	964	970	976	982	988	994	1000	0
	10	9	8	7	6	5	4	3	2	1	0	$\cos\alpha$

In Fig. 83 ist rechts die Lichtausstrahlungskurve von Kohlenfaden- und Metallfadenglühlampen mit Reflektoren und Holophan-

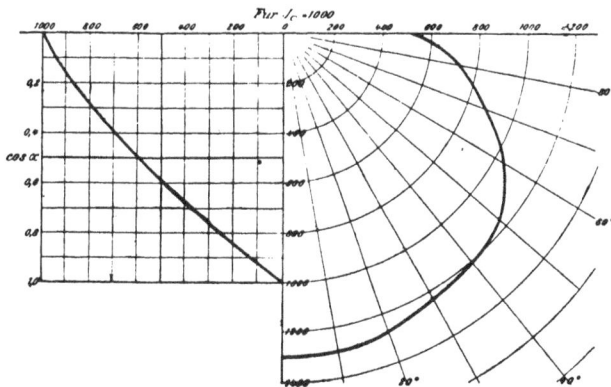

Fig. 83.

glocken dargestellt; die Lichtstromkurve ist im linken Teile der Fig. 83 enthalten. Die zugehörige Lichtstromtafel ist folgende:

Lichtstromtafel für Kohlenfaden- und Metallfaden-Glühlampen mit Reflektoren und Holophan-Glocken.

$1-\cos\alpha$	0	1	2	3	4	5	6	7	8	9	10	
0	0	13	26	39	52	65	78	91	104	116	128	0,9
0,1	128	141	154	166	178	190	203	215	227	239	251	0,8
0,2	251	264	276	288	300	312	324	336	348	360	372	0,7
0,3	372	384	396	408	420	431	443	455	466	477	488	0,6
0 4	488	500	511	522	533	544	555	566	577	588	598	0,5
0,5	598	609	619	629	639	649	659	669	679	689	698	0,4
0,6	698	708	718	727	736	745	754	763	772	781	789	0,3
0,7	789	798	806	814	822	830	838	846	854	862	869	0,2
0,8	869	877	885	892	899	906	913	920	927	934	940	0,1
0,9	940	947	954	960	966	972	978	984	990	995	1000	0
	10	9	8	7	6	5	4	3	2	1	0	$\cos\alpha$

Schließlich sei noch eine Lichtstromtafel für eine G a s l a m p e gegeben. Die Fig. 84 stellt im rechten Teile die Lichtausstrahlungskurve für aufrecht stehendes Gasglühlicht mit Straßenreflektor dar.

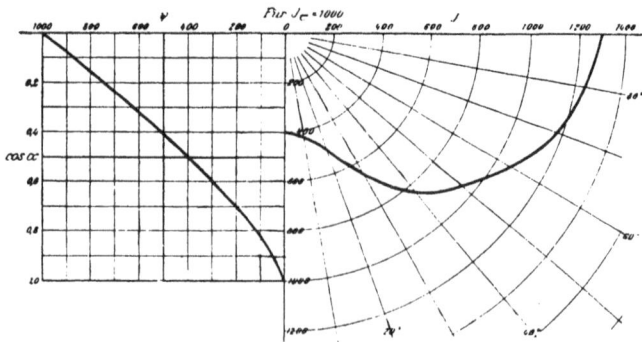

Fig. 84.

Links in Fig. 84 ist die Lichtstromkurve eingezeichnet. Die zugehörende Lichtstromtafel ist folgende (siehe Tabelle S. 147).

Strahlt die Lichtquelle nach allen Richtungen die gleiche Lichtstärke aus, so wird die Lichtausstrahlungskurve ein Kreis mit der Lichtquelle als Mittelpunkt und die Lichtstromkurve wird eine gerade Linie. Die oben mitgeteilten Lichtstromtafeln sind sämtlich für $J_o = 1000$ berechnet.

Für die Anwendung der Blochschen Lichtstrommethode auf praktische Fälle muß man beachten, daß man bei Straßen- und Platzbeleuchtung fast stets mit einer größeren Anzahl von Lampen zu rechnen

Lichtstromtafel für stehendes Gasglühlicht mit Straßenreflektor.

1-cos α	0	1	2	3	4	5	6	7	8	9	10	
0	0	4	8	12	16	21	26	31	36	42	48	0.9
0,1	48	54	60	66	73	80	87	94	101	108	116	0,8
0,2	116	124	132	140	148	156	165	174	183	192	201	0,7
0,3	201	210	220	229	239	249	258	268	278	288	298	0,6
0,4	298	308	318	328	338	348	358	368	378	389	400	0,5
0,5	400	410	421	432	443	454	465	476	487	498	510	0,4
0,6	510	521	533	544	556	568	579	591	603	615	627	0,3
0,7	627	639	651	663	675	637	699	711	723	735	748	0,2
0,8	748	760	773	785	797	810	822	835	847	860	873	0,1
0,9	873	885	898	910	923	936	948	961	974	987	1000	0
	10	9	8	7	6	5	4	3	2	1	0	cos α

hat und daß die beleuchteten Flächen keine Kreise, sondern gewöhnlich Rechtecke sind. Man führt nun trotzdem die auf einen Lampenmast entfallende Straßenfläche als Fläche S in die Rechnung ein, indem man das Rechteck durch einen flächengleichen Kreis ersetzt denkt. Bei Umwandlung eines solchen Rechtecks in einen flächengleichen Kreis werden die außerhalb des Kreises liegenden Teile des Rechtecks durch innerhalb des Kreises liegende Flächenteile ersetzt, also schwächer beleuchtete Stellen durch stärker beleuchtete Stellen; infolgedessen würde man aus dem Blochschen Verfahren einen zu großen Wert für die mittlere Horizontalbeleuchtung finden. Anderseits ist zu bedenken, daß die von den benachbarten Lampen gelieferte Beleuchtung unberücksichtigt bleibt, wodurch ein Fehler begangen wird, der einen zu kleinen Wert für die mittlere Horizontalbeleuchtung ergeben würde. Diese beiden Fehler gleichen sich im allgemeinen nun gegenseitig wieder aus und es bleibt meist nur ein geringer Fehler übrig.

Bei Straßenbeleuchtung ist dieser übrigbleibende Fehler von dem Verhältnis des Lampenabstandes zur Straßenbreite abhängig und läßt sich für alle gebräuchlichen Fälle bis auf die Größe von höchstens 5% beschränken, wenn man in die Berechnung von E_m einen Korrektionsfaktor k einführt. Bloch hat für diesen Korrektionsfaktor k folgende Beziehung ermittelt. Ist λ das Verhältnis von Lampenabstand zu Straßenbreite, so wird

$$k = 1,2 - 0,1\,\lambda. \qquad \ldots \ldots \ldots \text{11)}$$

Hierbei ist der Lampenabstand immer in der Straßenrichtung zu messen, auch bei versetzter Anordnung der Lampen auf beiden Seiten der Straße.

Bei der Berechnung von E_m für Plätze ist ebenfalls der Korrektionsfaktor k einzuführen. Für λ ist in diesem Falle das Verhältnis aus dem mittleren Abstand der benachbarten Lampen zur größten Längenausdehnung des Platzes einzusetzen.

Befinden sich schließlich an einem Maste z Lampen aufgehängt, von denen jede eine mittlere hemisphärische Lichtstärke von $J_\circ$ ergibt, so wird die Formel 10) für E_m von Seite 144 nunmehr folgende endgültige Fassung erhalten:

$$E_m = \frac{2\,\pi\,\Psi \cdot J_\circ \cdot z}{S \cdot 1000}\,k. \quad\ldots\ldots \quad 12)$$

Sind z Lampen an einem Maste derart aufgehängt, daß sie sich gegenseitig beschatten, so ist diese Beeinträchtigung dadurch zu berücksichtigen, daß nicht die volle Lichtstärke $J_\circ \cdot z$ eingesetzt wird, sondern der Lage des Falles entsprechend ist die Gesamtlichtstärke dann mit einem Reduktionsfaktor von etwa 0,9 bis 0,8 zu multiplizieren.

Die Blochsche Methode soll jetzt durch ein Beispiel erläutert werden.

Eine Straße von 16 m Breite soll durch Beleuchtungskörper mit je zwei nominell 100 kerzigen Metallfadenglühlampen beleuchtet werden. Die Lampenmaste sind am Rande des Bürgersteiges zu beiden Seiten der Straße versetzt in einem Abstand von 30 m angeordnet. Der Bürgersteig ist 3 m breit, die Lichtpunkthöhe beträgt 4 m über dem Erdboden. Nach Abwägung der Lichtausstrahlungsverhältnisse der Glühlampen und der Lichtverluste ergebe sich für jeden Beleuchtungskörper

$$J_\circ = 172 \text{ HK}.$$

Die auf einen Beleuchtungskörper entfallende Straßenfläche S ist

$$S = \frac{30 \cdot 16}{2} = 240 \text{ qm}.$$

Die Horizontalbeleuchtung E_m soll in einer Ebene 1 m über dem Erdboden bestimmt werden. Es ist also $h = 4 - 1 = 3$ m. Demgemäß ergibt sich

$$\frac{S}{h^2} = \frac{240}{9} = 26,7.$$

Für diesen Wert $\frac{S}{h^2}$ ist der zugehörige Ausdruck $1 - \cos a$ aus der Tabelle S. 143 zu entnehmen. Es ergibt sich:

$$\text{Für } \frac{S}{h^2} = 26,7 \text{ ist } 1 - \cos a = 0,676.$$

Diesem Werte für $1 - \cos \alpha$ entspricht in der Lichtstromtafel für die betreffende Glühlampenart auf S. 146 der Wert

$$\Psi = 769.$$

Das Verhältnis von Lampenabstand zu Straßenbreite ist

$$\lambda = \frac{30}{16} = 1,87.$$

Demnach wird der Korrektionsfaktor k

$$k = 1,2 - 0,1 \cdot 1,87 = 1,01.$$

Somit ergibt sich $E_m = \dfrac{2\,\pi\,\Psi \cdot J_\circ}{S \cdot 1000}\,k.$

$$E_m = \frac{2\,\pi \cdot 769 \cdot 172}{240 \cdot 1000} \cdot 1,01.$$

$$E_m = 3,5 \text{ Lux}.$$

§ 70. Berechnung der Lichtstärke und der Beleuchtung einzelner Punkte.

Die Formel 10) auf S. 144 war unter der Annahme abgeleitet worden, daß die mittlere hemisphärische Lichtstärke $J_\circ$ bekannt ist. Es kommt jedoch auch häufig die Aufgabe vor, eine bestimmte mittlere Horizontalbeleuchtung bei schon festgelegter Lampenanordnung zu erreichen und die hierfür erforderliche Lichtstärke der Lampen für jeden Mast zu ermitteln. Es ergibt sich

$$J_\circ = \frac{E_m \cdot S}{2\,\pi \cdot \dfrac{\Psi}{1000} \cdot k} \quad \ldots \ldots \ldots \text{ 1)}$$

Man wird, wenn man zur Erzielung einer vorgeschriebenen mittleren horizontalen Beleuchtung E_m die von jedem Lampenmast zu liefernde mittlere hemisphärische Lichtstärke $J_\circ$ ermittelt hat, je nach der Lage des Falles zu entscheiden haben, ob man $J_\circ$ durch eine einzige Lichtquelle oder durch z Lichtquellen erzeugen läßt.

Der Gebrauch der Blochschen Lichtstromtafeln beschränkt sich nicht nur auf die Bestimmung von E_m und $J_\circ$; die Tafeln lassen sich auch zur Berechnung der Lichtstärke für einen bestimmten Lichtausstrahlungswinkel benutzen, wenn dieser Wert einer Lichtausstrahlungskurve nicht entnommen werden kann.

Für die Lichtstromkurve ist nämlich auf Grund ihrer Herleitung als Integralkurve der Rousseauschen Kurve $\dfrac{d\Psi}{d\cos\alpha}$ gleich der Ordinate der Rousseauschen Kurve, also auch gleich der Lichtstärke J für den $\cos \alpha$ entsprechenden Winkel. Da nun die Lichtstromtafeln für

$$d \cos \alpha = 0{,}01 \quad \ldots \ldots \ldots \quad 2)$$

aufgestellt sind, so ist die $d\Psi$ entsprechende Differenz $\varDelta$ zwischen zwei benachbarten Werten Ψ der Lichtstromtafeln:

$$\varDelta = J \cdot d \cos \alpha = 0{,}01 \cdot J \quad \ldots \ldots \quad 3)$$

oder

$$J = 100 \, \varDelta. \quad \ldots \ldots \ldots \quad 4)$$

Da ferner die Lichtstromtafeln für

$$J_\circ = 1000 \text{ Kerzen}$$

gelten, so wird für eine beliebige Lampe von der mittleren hemisphärischen Lichtstärke $J_\circ$ die Lichtstärke J unter dem Winkel α erhalten, wenn man aus der entsprechenden Lichtstromtafel den zu $\cos \alpha$ gehörigen Wert $\varDelta$ entnimmt. Es ist dann:

$$\frac{J}{J_\circ} = \frac{100 \, \varDelta}{1000}, \quad \ldots \ldots \ldots \quad 5)$$

also

$$J = J_\circ \cdot \frac{\varDelta}{10}. \quad \ldots \ldots \ldots \quad 6)$$

Wenn dabei die beiden für den Wert $\cos \alpha$ einander benachbarten Werte von $\varDelta$ nicht übereinstimmen, nimmt man das Mittel aus beiden.

Es sei z. B. für eine Gasglühlichtlampe mit aufrecht stehendem Brenner in Straßenlaterne $J_\circ = 70$ HK. Es ist die Lichtstärke J unter einem Winkel α von 45^0 zu ermitteln.

Man berechnet $\cos 45^0 = 0{,}707$ und entnimmt aus der Lichtstromtafel für stehendes Gasglühlicht auf S. 147:

$$\varDelta = 201 - 192 = 9.$$

Dann ist J für $45^0 = \dfrac{70 \cdot 9}{10} = 63$ HK.

Kennt man die Lichtstärke eines Punktes und seine Lage, so läßt sich die Beleuchtung nach einer der auf S. 123 angegebenen Formeln berechnen.

§ 71. Das Verfahren von Högner. Bestimmung der mittleren Horizontalbeleuchtung einer Fläche.

Högner[1] geht von der Betrachtung aus, daß in den Fällen der Praxis die beleuchteten Flächen fast durchweg rechteckige Gestalt

---

[1] Paul Högner, E. T. Z. **31** S. 234. 1910.

besitzen. Für jede Lampenart mit typischer Lichtausstrahlungskurve
werden Lichtstromtafeln berechnet. Aus der Lichtstromtafel wird
der auf die Fläche S auftreffende Lichtstrom Φ entnommen, dann
ist die mittlere Horizontalbeleuchtung E_m

$$E_m = \frac{\Phi}{S}. \qquad \dots \dots \dots \quad 1)$$

Högner gewinnt nun die Lichtstromtafeln in folgender Weise:

Es werden Teillichtströme berechnet, indem ein Quadrant in eine
größere Anzahl von kleinen räumlichen Winkeln ω zerlegt wird.
Die Zerlegung des Quadranten geschieht am einfachsten durch zwei
Scharen von Ebenen (Fig. 85), die alle durch den Lichtpunkt L der
Lampe gehen und deren
Spuren auf der Horizontalebene parallel zur Achse xx
bzw. yy verlaufen, und die
immer um 10^0 zueinander
geneigt liegen. Hat nun
die erste Ebene in der Richtung xx vertikale Lage, so
ist die Achse xx auf der
Ebene die Spur derselben
und in der Projektion
nach xx wird der Qua-
drant durch die Ebenen
demnach in 9 Keile zer-

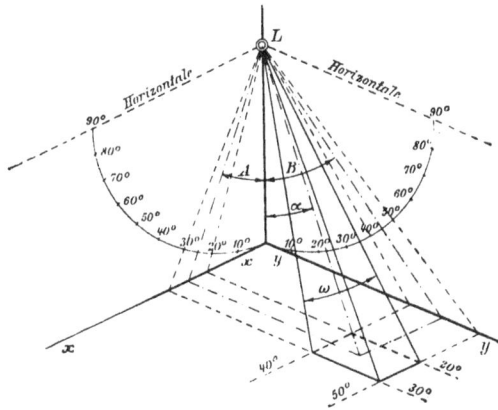

Fig. 85.

legt. Das gleiche geschieht durch die zweite Schar von Ebenen, deren
Spuren parallel zu yy liegen. Der Quadrant wird demnach durch
die beiden Scharen von Ebenen in $9 \cdot 9 = 81$ Pyramiden zerlegt,
deren räumliche Winkelsumme gleich $\pi/2$, also gleich dem räumlichen
Winkel des Quadranten der unteren Hemisphäre ist. Die räumlichen
Teilwinkel ω kann man sich als Pyramiden vorstellen, die ihre Basis
auf der Horizontalebene und ihre Spitze im Lichtpunkt L haben.

Wenn man nun die einzelnen Größen der 81 räumlichen Teil-
winkel ω und ihre Neigung α gegen die Vertikale kennt, so kann man
aus einer Lichtausstrahlungskurve die den Winkeln α entsprechenden
Lichtstärken entnehmen und die Teillichtströme Φ_ω berechnen, die
in den räumlichen Teilwinkel ω fließen.

Die Berechnung der räumlichen Winkel ω ist sehr umständlich
und zeitraubend. Högner hat sich dieser Mühe unterzogen und unter

Berücksichtigung der typischen Lichtausstrahlungskurven für verschiedene Bogenlampenarten die Lichtstromtafeln für $J_o = 1000$ berechnet. Die Tabellenwerte sind zudem noch in ein Lichtstromdiagramm eingetragen, das beim Interpolieren gute Dienste leisten dürfte. Im folgenden sollen einige der Högnerschen Lichtstromtafeln und Lichtstromdiagramme mitgeteilt werden. Die Figuren 86a, 87a und 88a stellen jeweils die Lichtausstrahlungskurve dar, während in den Figuren 86b, 87b und 88b die Lichtstromdiagramme angegeben sind.

Lichtstromtafel Nr. 1 für geschlossene Bogenlampen mit übereinanderstehenden Reinkohlen für Gleichstrom mit opalüberfangener Glocke und mit Reflektor. (Fig. 86a und 86b.)

L	10^0	20^0	30^0	40^0	50^0	60^0	70^0	80^0	90^0
10^0	27,5	55,7	85,7	116	143	164	176	184	187
20^0	55,7	113	174	236	288	330	356	372	378
30^0	85,7	174	267	358	440	503	546	569	579
40^0	116	236	358	480	588	674	735	767	782
50^0	143	288	440	588	722	835	915	960	980
60^0	164	330	503	674	835	971	1080	1140	1165
70^0	176	356	546	735	915	1080	1205	1290	1325
80^0	184	372	569	767	960	1140	1295	1420	1460
90^0	187	378	579	782	980	1165	1325	1460	1570

Lichtstromtafel Nr. 2 für offene Bogenlampen mit nebeneinanderstehenden Effektkohlen für Gleichstrom oder Wechselstrom mit opalüberfangener Glocke. (Fig. 87a und 87b.)

L	10^0	20^0	30^0	40^0	50^0	60^0	70^0	80^0	90^0
10^0	24	56	90	120	146	165	177	185	188
20^0	56	122	189	250	302	340	365	380	387
30^0	90	189	289	380	458	515	558	578	590
40^0	120	250	380	500	603	685	740	770	788
50^0	146	302	458	603	732	840	910	955	975
60^0	165	340	515	685	840	970	1060	1120	1140
70^0	177	365	558	740	910	1060	1190	1265	1300
80^0	185	380	578	770	955	1120	1265	1390	1425
90^0	188	387	590	788	975	1140	1300	1425	1570

Lichtstromtafel Nr. 3 für offene Bogenlampen mit nebeneinanderstehenden Effektkohlen für Gleichstrom und Wechselstrom

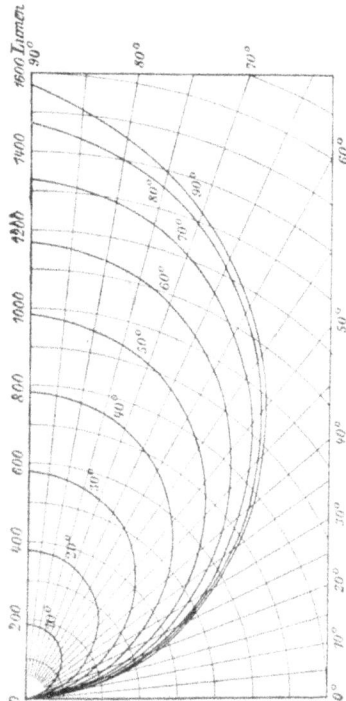

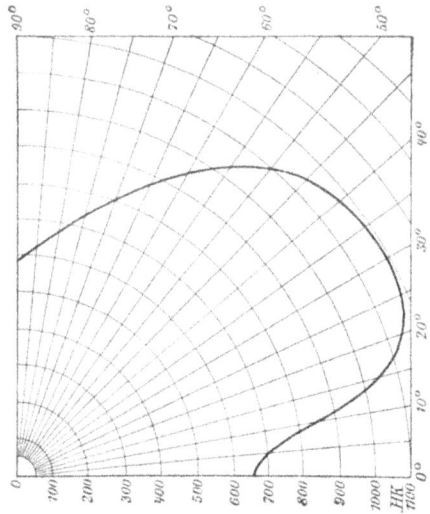

Fig. 86 b.

Fig. 87 b.

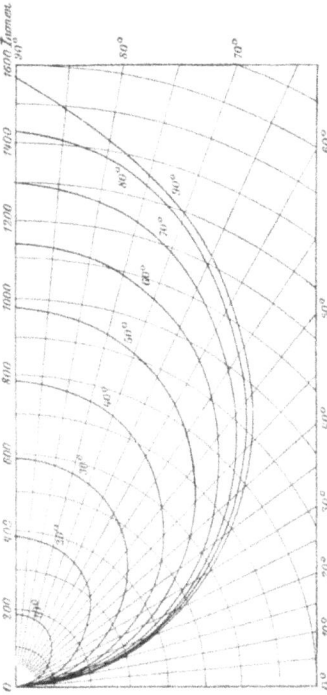

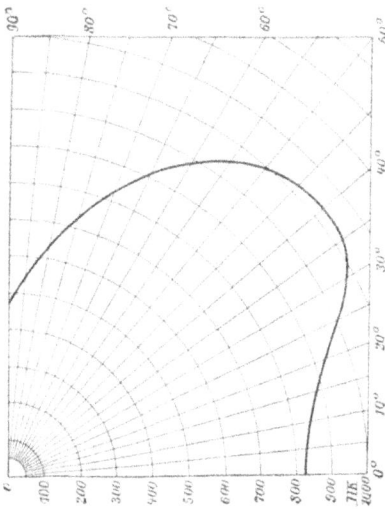

Fig. 86 a.

Fig. 87 a.

mit Diopterglocke und dünnüberfangener Außenglocke. (Fig. 88a und 88b.)

L	10°	20°	30°	40°	50°	60°	70°	80°	90°
10°	19	38	57	75	94	112	130	141	144
20°	38	76	114	143	190	226	263	285	295
30°	57	114	172	229	286	345	400	436	455
40°	75	143	229	307	387	467	548	600	620
50°	94	190	286	387	490	598	705	778	810
60°	112	226	345	467	598	735	880	975	1000
70°	130	263	400	548	705	880	1075	1210	1240
80°	141	285	436	600	778	975	1210	1390	1440
90°	144	295	455	620	810	1000	1240	1440	1570

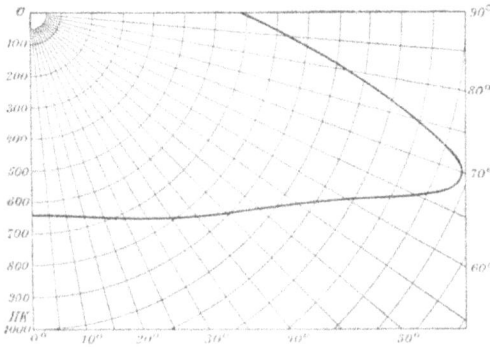

Fig. 88a.

Ein Beispiel soll die Anwendung der Högnerschen Methode erläutern. Es soll ein Platz von 15,56 m Länge und 14,16 m Breite durch die auf dem Platzgrundriß in Fig. 89 mit L bezeichnete Lichtquelle beleuchtet werden. Diese Lichtquelle sei in 10 m Höhe über dem Platz aufgehängt und sei eine offene Bogenlampe mit neben einanderstehenden Effektkohlen mit opalüberfangener Glocke, für welche die Lichtstromtafel Nr. 2 gilt. J_o der Bogenlampe mit Glocke sei 1000 HK.

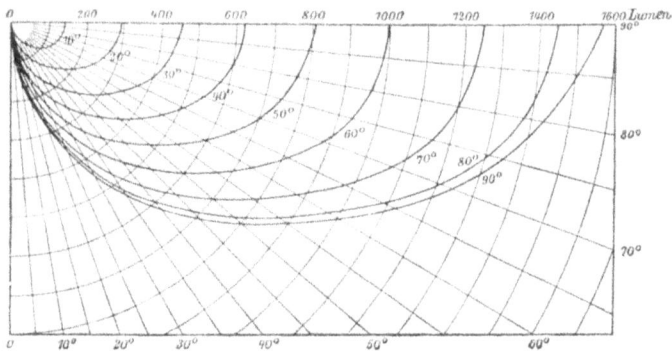

Fig. 88b.

Der Platz wird nun zunächst in die vier Rechtecke *I*, *II*, *III*
und *IV* zerlegt, und es sind die Teillichtströme zu finden, die von der
Lichtquelle *L* in jedes Rechteck gestrahlt werden und dann zu addieren.

Man hat zuerst die
Winkel a zu bestimmen,
welche die die entfern-
testen Punkte der Recht-
ecke treffenden, von der
Lichtquelle *L* ausgehenden
Lichtstrahlen mit der Vertikalen bilden. Man kennt
die Aufhängehöhe h und
kann aus dem Grundriß des
Platzes die Entfernungen
x und y abmessen. Dann
ist $\operatorname{tg} a = \dfrac{x}{h}$ bzw. $\dfrac{y}{h}$ und
a ist somit auch bekannt.

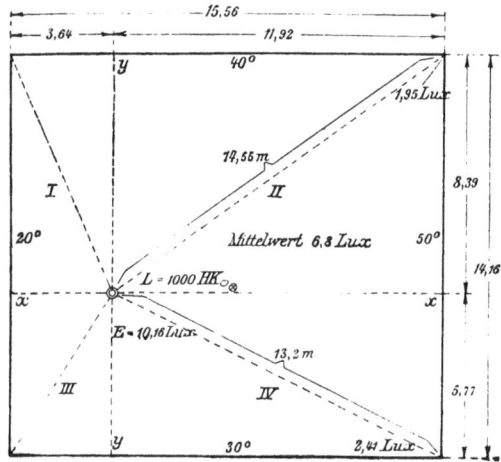

Fig. 89.

So ist z. B. für

Rechteck I: $\operatorname{tg} \alpha_x = \dfrac{3,64}{10} = 0,364$, also $\alpha_x = 20^0$	$\operatorname{tg} \alpha_y = \dfrac{8,39}{10} = 0,839$, also $\alpha_y = 40^0$
» II: $\operatorname{tg} \alpha_x = \dfrac{11,92}{10} = 1,192$, » $\alpha_x = 50^0$	$\operatorname{tg} \alpha_y = \dfrac{8,39}{10} = 0,839$, » $\alpha_y = 40^0$
» III: $\operatorname{tg} \alpha_x = \dfrac{3,64}{10} = 0,364$, » $\alpha_x = 20^0$	$\operatorname{tg} \alpha_y = \dfrac{5,77}{10} = 0,577$, » $\alpha_y = 30^0$
» IV: $\operatorname{tg} \alpha_x = \dfrac{11,92}{10} = 1,192$, » $\alpha_x = 50^0$	$\operatorname{tg} \alpha_y = \dfrac{5,77}{10} = 0,577$, » $\alpha_y = 30^0$

Das Rechteck *I* reicht also in der *x*-Achse bis 20⁰, in der *y*-Achse
bis 40⁰ gegen die Vertikale. Man findet in der Lichtstromtafel Nr. 2
in der Horizontalreihe für 20⁰ bei der Vertikalreihe 40⁰ den Wert 250
angegeben.

Φ_I ist also gleich 250 Lumen.

Φ_II für $x = 40^0$ und $y = 50^0$ ist 603 Lumen.

Φ_III für $x = 20^0$ und $y = 30^0$ ist 189 Lumen.

Φ_IV für $x = 30^0$ und $y = 50^0$ ist 458 Lumen.

Der Lichtstrom, der auf die Fläche $S = I + II + III + IV$
fällt, ist Φ.

$$\Phi = \Phi_\mathrm{I} + \Phi_\mathrm{II} + \Phi_\mathrm{III} + \Phi_\mathrm{IV} = 250 + 603 + 189 + 458 = 1500 \text{ Lumen.}$$

Da die gesamte Fläche S eine Grundfläche von $15{,}56 \cdot 14{,}16 =$ 220,3 qm besitzt, so ist die mittlere Horizontalbeleuchtung

$$E_m = \frac{\Phi}{S} = \frac{1500}{220{,}3} = 6{,}8 \text{ Lux.}$$

Wäre J_ω der Bogenlampe nicht 1000 HK gewesen, sondern 1850 HK, so wäre $\Phi = \dfrac{1500 \cdot 1850}{1000} = 2780$ Lumen und demnach

$$E_m = \frac{2780}{220{,}3} = 12{,}6 \text{ Lux.}$$

Bei diesem Beispiel waren der Einfachheit wegen die Abmessungen des Platzes so gewählt worden, daß die begrenzenden Seiten des Platzes Spuren von Ebenen darstellten, welche um 20, 30, 40 und 50° gegen die Vertikale der Lampe geneigt sind. Bei den Aufgaben der Praxis werden natürlich Winkel beliebiger Größe vorkommen; man muß dann interpolieren, was sich an Hand der Lichtstromdiagramme bequem ausführen läßt.

§ 72. Bestimmung der Maxima und Minima der Beleuchtung.

Da zur Beurteilung einer Beleuchtung die Kenntnis der Maxima und Minima der Beleuchtung neben der Kenntnis der mittleren Horizontalbeleuchtung notwendig ist, ist eine Methode, diese Maxima und Minima schnell aufzufinden, von Wert.

Högner gab ein Verfahren zur Bestimmung dieser Maxima und Minima der Beleuchtung, indem er von der mittleren Streckenbeleuchtung E_{St} (über diesen Begriff s. S. 130) ausging. Es war S. 132

$$E_{St} = \frac{2 \cdot Jc}{h \cdot l}.$$

Diese Gleichung zeigt, daß sich bei gleichbleibendem Lampenabstand l und bei gleichem Jc die mittlere Streckenbeleuchtung E_{St} im linearen aber umgekehrten Verhältnis zur Lichtpunkthöhe h ändert; bei gleichbleibender Lichtpunkthöhe h und gleichbleibendem Jc verändert sich die mittlere Streckenbeleuchtung im linearen aber umgekehrten Verhältnis mit dem Lampenabstand.

Der Wert Jc ist bei charakteristisch gleichen Lichtausstrahlungskurven immer ein n-faches von J_ω. Die Faktoren n sind bei den Kurven Fig. 90, 91 und 92 mit angegeben.

Bei Kenntnis von E_{St} lassen sich die Beleuchtungsmaxima in der Nähe der Lampe und die Beleuchtungsminima in der Mitte eines Lampenpaares bestimmen. Bei gleichen Verhältnissen $\dfrac{l}{h}$ und gleichartigen Lampen ist nämlich immer die maximale Beleuchtung $E_{max} = K \cdot E_{St}$ und die minimale Beleuchtung $E_{min} = k \cdot E_{St}$.

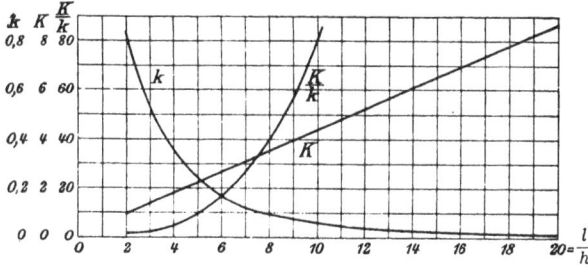

Fig. 90. K-k-Diagramm zur Polarkurve Fig. 86. $n = 1{,}09$.

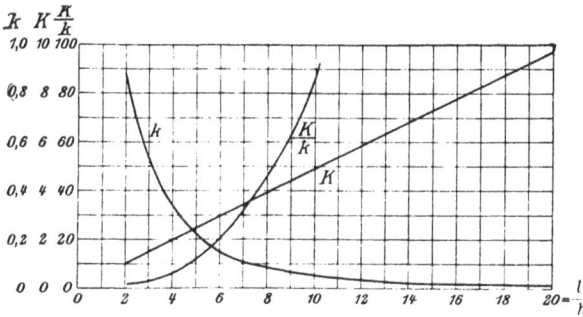

Fig. 91. K-k-Diagramm zur Polarkurve Fig. 87. $n = 1{,}08$.

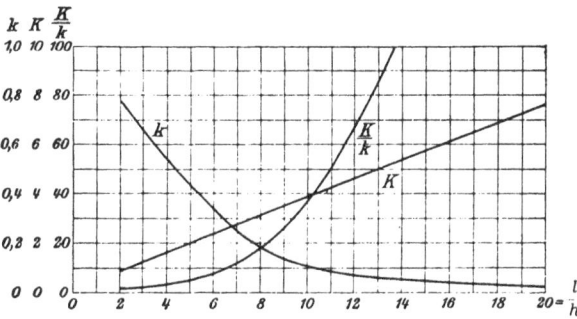

Fig. 92. K-k-Diagramm der Polarkurve Fig. 88. $n = 0{,}83$.

Die Faktoren K und k sind bei gleichartigen Lampen und gleichem Verhältnis $\dfrac{l}{h}$ konstante Größen. Zur Bestimmung der Faktoren K und k für eine Lampengattung hat man daher nur nötig, die Faktoren für eine Anzahl verschiedener $\dfrac{l}{h}$ zu suchen, und sie als Funktion von $\dfrac{l}{h}$

in ein Diagramm einzutragen; diese Diagramme sind in den Fig. 90, 91 und 92 dargestellt und gelten für dieselben Lampenarten, für welche die Lichtstromtafeln, Lichtstromdiagramme und Lichtausstrahlungskurven Fig. 86, 87 und 88 gelten.

Ein Beispiel soll das Verfahren erläutern. Eine Straße von 25 m Breite werde durch zwei offene Bogenlampen mit nebeneinander stehenden Effektkohlen und Diopterglocke beleuchtet; die Lichtpunkthöhe h beträgt 10 m und die Lampen sind 60 m voneinander entfernt. J_o jeder Lampe ist gleich 2550 HK. Die näheren Verhältnisse der Anordnung sind im Grundriß in Fig. 93 dargestellt. Es ist die maximale und die minimale Beleuchtung zu berechnen.

Es ist $\dfrac{l}{h} = \dfrac{60}{10} = 6.$

Aus Fig. 92 ergibt sich für die Abszisse 6:

$$K = 2,35$$
$$k = 0,32$$

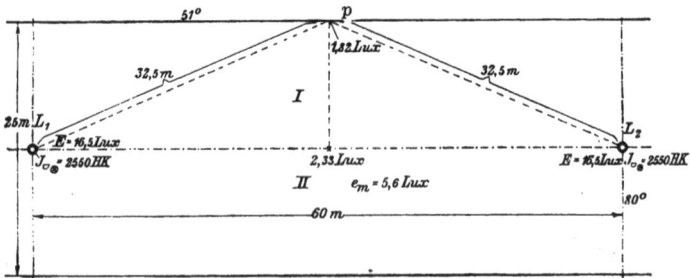

Fig. 93.

Da $Jc = n \cdot J_o$ ist, so ist für die vorliegende Lampenart $Jc = 0,83 \cdot 2550 = 2120$. (Der Wert von n ist aus Fig. 92 zu entnehmen.)

$$E_{St} = \frac{2 \cdot Jc}{h \cdot l} = \frac{2 \cdot 2120}{10 \cdot 60} = 7,05 \text{ Lux.}$$

Demgemäß ist die maximale Beleuchtung

$$E_{max} = K \cdot E_{St} = 2,35 \cdot 7,05 = 1615 \text{ Lux}$$

und die minimale Beleuchtung

$$E_{min} = k \cdot E_{St} = 0,32 \cdot 7,05 = 2,33 \text{ Lux.}$$

Diese minimale Beleuchtung von 2,33 Lux liegt in der Mitte der Verbindungslinie der beiden Lampen. Das wirkliche Minimum der Beleuchtung der Straße wird am Straßenrand in Fig. 93

im Punkt p liegen. Um hier das Minimum zu berechnen, hat man von der Erwägung auszugehen, daß die Beleuchtung im Punkte a in Fig. 94 die gleiche bleibt, wenn die Lampe L_2 an der Stelle b oder an der Stelle c steht. Soll also die Beleuchtung bei a für die Lampe L_1 und die bei c hängende Lampe L_2 bestimmt werden, so kann man sich L_2 um a bis b gedreht denken und nimmt nun erneut die Durchrechnung vor.

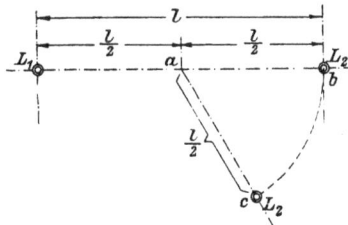

Für den Fall der Fig. 93 ergibt sich nun für den Punkt p am Straßenrande:

Fig. 94.

$$l = 65 \text{ m.} \quad l/2 = 32{,}5 \text{ m.} \quad l/h = \frac{65}{10} = 6{,}5$$

Für $\dfrac{l}{h} = 6{,}5$ ergibt sich aus den Kurven der Fig. 92: $k = 0{,}28$.

Ferner ist $E_{St} = \dfrac{2 \cdot 2120}{10 \cdot 65} = 6{,}5$ Lux.

Demnach ist $E_{min} = k \cdot E_{St} = 0{,}28 \cdot 6{,}5 = 1{,}82$ Lux.

Ist nur e i n e Lichtquelle vorhanden, so läßt sich mit dem Högnerschen Verfahren auch die Horizontalbeleuchtung irgend eines Punktes berechnen. Man hat nur notwendig in der Verlängerung der betreffenden Richtung und im gleichen Abstand sich eine zweite gleichartige Lampe zu denken und für beide Lampen das E_{min} zu berechnen. Die von einer Lampe hervorgebrachte Beleuchtung ist dann $\dfrac{E_{min}}{2}$.

Dieser Fall soll an dem Beispiel des durch eine einzige Lichtquelle beleuchteten Platzes der Fig. 89 erläutert werden. Es soll die Beleuchtung in den beiden äußersten Ecken berechnet werden. Die Entfernungen von der Lampe bis in die Ecken sind:

Im Rechteck II 14,55 m,

» » IV 13,20 m,

es ist demnach $l_{II} = 29{,}10$ m und $l_{II/h} = 2{,}91$

$l_{IV} = 26{,}4$ m und $l_{IV/h} = 2{,}64$.

Aus den Kurven der Fig. 91, welche für die Bogenlampen L der Fig. 87 gilt, ist zu entnehmen:

für $l_{II/h}$ $k = 0{,}525$. $K = 1{,}43$

für $l_{II/h}$ $k = 0{,}60$. $K = 1{,}30$

Nur ist $E_{S\,t_{11}} = \dfrac{2 \cdot 1080}{10 \cdot 29,1} = 7,45.$

Demnach: $E_{\text{II max}} = 7,54 \cdot 1,43 = 10,6$ Lux.

$$E_{\text{II min}} = \frac{1}{2} \cdot 7,45 \cdot 0,525 = 1,95 \text{ Lux.}$$

Ferner ist $E_{S\,t_{1V}} = \dfrac{2 \cdot 1080}{10 \cdot 26,4} = 8,20.$

Also ist: $\quad E_{\text{IV max}} = 8,20 \cdot 1,30 = 10,6$ Lux,

$$E_{\text{IV min}} = \frac{1}{2} \cdot 8,20 \cdot 0,60 = 2,45 \text{ Lux.}$$

§ 73. Bestimmung der Ungleichmäßigkeit der Beleuchtung.

Nach den Normalien des V. D. E. (s. S. 137) soll die U n g l e i c h -
m ä ß i g k e i t der Beleuchtung durch das Verhältnis der maximalen
Horizontalbeleuchtung zur minimalen Horizontalbeleuchtung gekennzeichnet werden. Högner hat nun aus den Kurven für K und k in
den Fig. 90, 91 und 92, da $\dfrac{E_{\max}}{E_{\min}} = \dfrac{K}{k}$ ist, für verschiedene $\dfrac{l}{h}$ die
Kurven der Ungleichmäßigkeit $\dfrac{K}{k}$ konstruiert.

Man kann also aus den Fig. 90, 91 und 92 jeweils für die betreffende
Lampenart und das gegebene Verhältnis von Lampenabstand l und
Aufhängehöhe h direkt die U n g l e i c h m ä ß i g k e i t der Beleuchtung
ablesen. Hierbei ist zu beachten, daß wenn unter $E_{\min}$ die minimale
Beleuchtung am Straßenrande gemeint ist, wie bereits bei dem Beispiel auf S. 159 erläutert wurde, das l über diesen Punkt hinweg zu
messen ist; l gilt dann nicht mehr als Lampenabstand sondern, da der
Punkt der minimalen Beleuchtung am Straßenrande bei zwei Bogenlampen gewöhnlich von den beiden Lampen gleichen Abstand hat, als
doppelte Entfernung der Lampen vom Punkte der Minimalbeleuchtung.

D. Beleuchtung in geschlossenen Räumen.

§ 74. Direkte Beleuchtung.

An die Beleuchtung geschlossener Räume werden im allgemeinen
folgende Anforderungen gestellt:

1. Die Beleuchtung soll so stark sein, daß die Arbeiten in dem
   Raume ohne Anstrengung der Augen ausgeführt werden
   können. (Zahlenwerte s. S. 178.)

2. Die Beleuchtung muß genügend gleichmäßig sein.

3. Das Auge darf von der Lichtquelle keinen Flächenteil sehen, der eine zu große Flächenhelle besitzt, da das Auge sonst geblendet wird und ermüdet. (Näheres s. S. 42.)

4. In das Beleuchtungsfeld sollen keine störenden Schlagschatten fallen.

5. Die Farbe der Lichtquelle soll der Färbung des Tageslichtes möglichst ähnlich sein.

6. Die Beleuchtung darf auf den beleuchteten Gegenständen keinen störenden Glanz erzeugen, da dieser das Auge blendet.

Die zu beleuchtenden geschlossenen Räume weisen jedoch nach ihrem Zweck und ihrer Eigenart eine solche Fülle von Verschiedenheiten auf, daß sich auf alle Verhältnisse zutreffende Normen überhaupt nicht aufstellen lassen.

Ein wesentlicher Umstand, der die Berechnung der Beleuchtung in Innenräumen erschwert, ist die Absorption und Reflexion des Lichtes an den Wänden und Decken der Räume. Es sei angenommen, daß die Flächen, welche einen Raum umgeben, das Licht diffus reflektieren. Fällt ein Lichtstrom Φ auf eine diffus reflektierende Wand, so wird ein Teil dieses Lichtstroms $\Phi (1 - a)$ von der Wand absorbiert; der übrigbleibende Teil des Lichtstroms $a\Phi$ wird reflektiert und fällt auf eine andere Wand. Von dieser wird wieder von dem Lichtstrom $a\Phi$ ein Teil absorbiert, der Rest $a^2 \Phi$ wird auf die nächste Wand geworfen, und so wiederholt sich das Spiel. Haben die Wände und die reflektierenden Gegenstände, wie z. B. auch die Decken, dasselbe Reflexionsvermögen a, so bleibt von dem Lichtstrom Φ nur der Betrag

$$\Phi (1 + a + a^2 \ldots) = \frac{\Phi}{(1 - a)} \ \text{übrig.}$$

Die Annahme, daß alle reflektierenden Gegenstände in dem Raume dasselbe Reflexionsvermögen besitzen, wird, wie aus den folgenden Tabellen zu ersehen ist, in den allerseltensten Fällen zutreffen. Daher ist es so gut wie unmöglich, mit absoluter Genauigkeit eine Innenbeleuchtung vorauszuberechnen.

Gilpin[1]) bestimmte das Reflexionsvermögen verschiedener Tapeten als das Verhältnis des gesamten reflektierten Lichtstromes zum gesamten einfallenden Lichtstrom. Die Untersuchungen wurden auf verschiedene Einfallswinkel erstreckt.

---

[1]) F. H. Gilpin, Electrical World **56**. S. 1242. 1910.

Art der Tapete	Farbe	Reflexionsvermögen bei einem Einfallswinkel von:					
		60°	45°	30°	15°	0°	Mittel
Matt. glatt	Weiß	56,0	61,5	58,2	56,5	54,6	57,3
» »	hell chamois	46,0	47,4	45,7	43 8	42,7	45,1
» »	hell orangegelb	42.5	44,1	43,0	42,5	42.4	42,9
Halbglanz	orangegelb	38,5	36,0	33 3	31,4	30 0	33,8
»	franz.-grau	37,6	32 2	25,6	22,6	21,0	26,0
»	helles Erbsgrün	27,8	25,7	21,4	18,9	18,5	22,2
»	dunkles Erbsgrün	23,5	18 6	14,4	11,2	9,3	15,4
»	hellbraun	16.8	14,6	11,7	10,9	10,3	12,9
»	hellblau	15,5	13.0	10,0	9,2	8,1	11,2
»	kirschrot	13,7	11,8	8,9	7,0	6,3	9,5
Faserig	lohfarbig	19,3	19,0	17,3	16,3	15,7	17,5
»	hellblau	13,5	13,4	12,0	11,0	10,2	12,0
Rauh	hellblau	12,7	12,0	10,5	9,1	8,2	10.5
»	kirschrot	6,6	6,4	6,2	6,0	5,7	6,2
»	chamois-gelb	31,4	34,3	35,6	35,6	35,0	34,4
»	helles Erbsgrün	21,5	20,4	19,8	18,8	18,2	19,7
»	dunkles Erbsgrün	13,4	12,7	11.3	10,7	8,9	11,6
»	tiefrot	7,3	7,0	5,9	5,3	4 9	6,1
Glänzend	crême	66,3	71,1	73.1	71,8	70 8	70,6
Relief-Glanz	vergoldet	54,0	49,3	43,7	37,7	27,0	41,7
Weißes Löschpapier	—	72.7	80,0	73,9	72,9	71,1	74,0

Bloch bestimmte das Reflexionsvermögen verschiedener An-
striche, wie sie an Decken in geschlossenen Räumen wohl allgemein, bei indirekt zu beleuchtenden Räumen auch an den Wänden
benutzt werden. Bloch[1] erhielt folgende Werte für das Reflexionsvermögen:

A n s t r i c h p r o b e n :

Lithopone (rein) 75
Zinkweiß (rein) 76
Schlemmkreide 66,5
        »   mit Chromgelb (hell) . . . 66,5
        »   »   »   (dunkel) . . 64,5
        »   »   Ocker (hell) 66,5
        »   »   »   (dunkel) 52,5
        »   »   Grün (hell) 66,5
        »   »   »   (dunkel) 57

---

[1] L. Bloch, Grundzüge der Beleuchtungstechnik S. 115.

Schlemmkreide	mit	Ocker und Grün (hell)	.	55,5
»	»	» » » (dunkel)	.	51,5
»	»	englisch Rot (hell)	. . .	63,5
»	»	» » (dunkel)	. .	50,5
»	»	Blau (hell)	. . . . .	60
»	»	» (dunkel)	. . . .	53
»	»	Umbra (hell)	. . . .	56
»	»	» (dunkel)	. . .	40,5

Papiersorten:

Weißes Schreibpapier 68
Gelbliches Papier 67
Gelbes Papier . . . . 60.

Die mit h e l l bezeichneten Anstrichproben entsprechen ungefähr den im praktischen Gebrauch für helle Decken üblichen
Farbentönen.

In der Blochschen Formel zur Berechnung der mittleren Beleuchtung auf S. 148 hat der Faktor k für Innenbeleuchtung eine
andere Bedeutung als für Straßenbeleuchtung oder Platzbeleuchtung.
Mit k wird die Reflexion der Decken und Wände des Innenraums
und die durch die Reflexion hervorgerufene Erhöhung der m i t t -
l e r e n B e l e u c h t u n g berücksichtigt. Sehr oft wird, wie Bloch
zutreffend hervorhebt, diese Erhöhung der Beleuchtung durch Decken-
und Wandreflexion bei d i r e k t e r B e l e u c h t u n g überschätzt.
Denn wenn man bei der d i r e k t e n Beleuchtung geschlossener
Räume nicht schon Lampen verwendet, die an und für sich das meiste
Licht nach unten werfen, also auf den Fußboden und die Tische, so
benutzt man doch bei Lampen mit anderer Lichtausstrahlungskurve
fast immer Glocken und Reflektoren, die bewirken, daß der Haupt-
nutzlichtstrom nach unten und nur wenig Licht nach der Decke und
den Wänden gelangt. Der Einfluß der Decken- und Wandreflexion
kann daher dann, wenn die Decke und die Wände eines Raumes keinen
hellen Anstrich oder keine helle Tapete besitzen, und wenn nicht ab-
sichtlich Lichtquellen gewählt werden, die eine starke Decken- und
Wandbeleuchtung ergeben sollen, ganz vernachlässigt werden. Man
setzt daher $k = 1$. Bei mäßig hellen Decken und Wänden wird
$k = 1,1$ bis $1,2$ und bei besonders hellen Decken und Wänden und
auch dann, wenn verhältnismäßig viel Licht auf sie fällt, wird
$k = 1,2$ bis $1,5$ anzunehmen sein.

Einige Fälle direkter Tischbeleuchtung durch Einzellichtquellen untersuchte Monasch[1]). Es wurde die Horizontalbeleuchtung auf einer mit grünem Stoff bedeckten Tischplatte gemessen. In Fig. 95 ist die Beleuchtungskurve auf der Tischplatte dargestellt, welche eine 14‴ Petroleumstehlampe mit Glocke liefert. Der Lichtschwerpunkt der Lampe lag 34 cm über der Tischplatte. Der Verbrauch der Petroleumlampe betrug pro Stunde 34,92 g = 0,043 l. Bei einem Beleuchtungsradius von 0,6 m ist $E_m = 29,3$ Lux und bei einem Beleuchtungsradius von 1,2 m ist $E_m = 11,7$ Lux. Die Lichtausstrahlungskurve dieser Lampe war in Fig. 66 dargestellt. Da diese Petroleumlampen noch sehr häufig verwendet werden, ist die Kenntnis des Verlaufs der von ihnen auf Tischflächen erzeugten Beleuchtung nicht ohne Interesse.

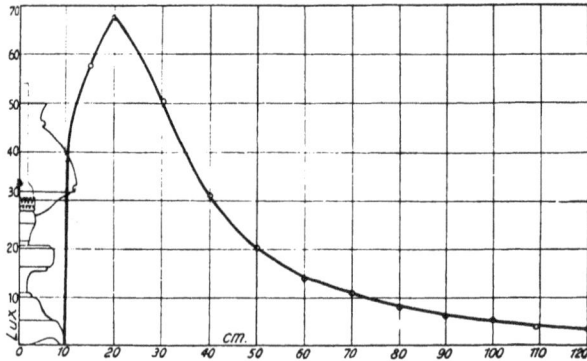

Fig. 95.

In neuerer Zeit ist die transportable Petroleumtischlampe gelegentlich durch die Spiritusglühlichtlampe verdrängt worden. In Fig. 96 ist der Verlauf der Beleuchtung auf der Tischfläche durch eine stehende Spiritusglühlichtlampe mit Glocke dargestellt, deren Spiritusverbrauch bei Verwendung von 95proz. Brennspiritus $1/_{27}$ l pro Stunde betrug. Der Lichtschwerpunkt lag 27 cm über der Tischfläche, die mittlere Horizontalbeleuchtung betrug bei einem Beleuchtungsradius von 0,6 m 61 Lux und bei einem Beleuchtungsradius von 1,2 m 18,0 Lux. Die Lichtausstrahlungskurve der Lampe war in Fig. 67 dargestellt. Schließlich sei noch die Beleuchtung desselben Arbeitsplatzes durch eine Tischlampe dargestellt, in der sich eine 32 HK elektrische Glühlampe befand. Der Lichtschwerpunkt der Glühlampe befand sich 34 cm über der Tischplatte, etwas unter Augenhöhe

---

[1]) B. Monasch, Journal für Gasbeleuchtung 51. S. 101. 1908.

einer vor dem Tisch aufrecht sitzenden Person. Da das Auge durch
die nackte Lampe stark geblendet werden würde, wurde die Lampe
mit dem für Bureaulampen vielfach gebräuchlichen Eisenblechreflektor
umgeben, dessen Innenfläche weiß emailliert war. Der Reflektor
hatte die Gestalt eines Kegelstumpfes; die Höhe betrug 80 mm, der

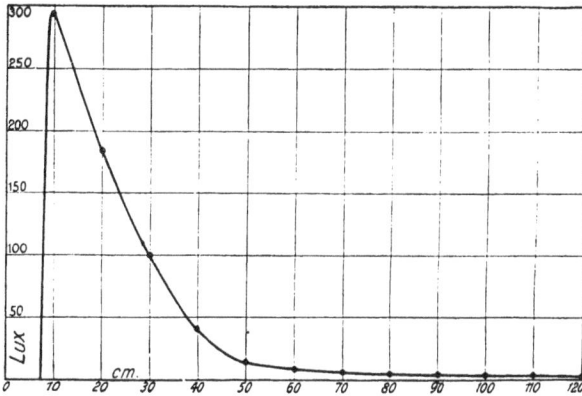

Fig. 96.

untere lichte Durchmesser 276 mm, der obere 44 mm. Die Beleuchtungskurve der Fig. 97 gilt für die Glühlampe mit Reflektor. Es ergibt sich
eine mittlere Horizontalbeleuchtung von 128 Lux bei einem Beleuchtungsradius von 0,6 m und von 45,3 Lux bei einem Beleuchtungsradius

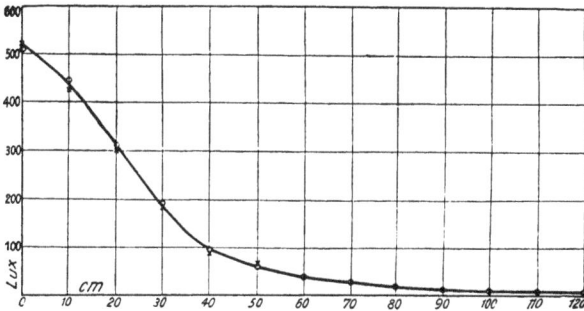

Fig. 97.

von 1,2 m. Das Maximum der Beleuchtung direkt unter der Lampe
beträgt mit Reflektor 520 Lux, während es ohne Reflektor 120 Lux
betrug. Die mittlere Beleuchtung war ohne Reflektor 54 Lux bei 0,6 m
Radius und 20,4 Lux bei 1,2 m Radius. Man erkennt aus diesen Zahlen,
wieviel Licht durch zweckmäßige Wahl eines geeigneten Reflektors
für einen bestimmten Beleuchtungszweck gewonnen werden kann.

§ 75. Indirekte Beleuchtung.

Unter i n d i r e k t e r B e l e u c h t u n g versteht man eine Beleuchtung, bei welcher die Lichtquelle dem Auge vollständig verborgen
ist und ihr Licht nach mehrfacher Reflexion und Diffusion in den
zu beleuchtenden Raum entsendet. Als reflektierende Flächen kommen
die Innenseite der die Lichtquelle umhüllenden Armaturen, die Decke
und die Wände des Raumes hauptsächlich in Betracht. Die indirekte
Beleuchtung ist insofern die vollkommenste Beleuchtung, als bei
ihr jegliche Belästigung des aufblickenden Auges durch Glanzpunkte
vermieden ist, da die Lichtstrahlen diffus sind und keine starken
Schlagschatten erzeugen können und das Licht dem diffusen Tageslicht ähnlicher ist als bei jeder anderen Beleuchtungsart.

Voege[1]) hat sogar gezeigt, daß die ultravioletten Strahlen der
künstlichen Lichtquellen bei der Diffusion des Lichtes an rauhen Flächen, wie es die Decken und die Wände sind, derart absorbiert werden,
daß bei künstlicher Beleuchtung durch indirektes Licht weniger
ultraviolette Strahlen in unser Auge als bei Tageslicht gelangen, wenn
auf den Arbeitstischen durch die künstlichen Lichtquellen eine dem
Tageslicht entsprechende Beleuchtung erzielt wird. Die indirekte
Beleuchtung wird hauptsächlich in Hörsälen, Schulzimmern und
Zeichensälen verwendet.

Aus dem Wesen der indirekten Beleuchtung ergibt sich, daß die
Beschaffenheit und Reflexionsfähigkeit der Wände und der Decke,
da diese gewissermaßen als sekundäre Lichtquelle wirken, von wesent-
lichem Einfluß auf die Güte und Stärke der Beleuchtung sind. Man
hat daher in indirekt beleuchteten Räumen dafür zu sorgen, daß die
gute Reflexionsfähigkeit der Decke und Wände erhalten bleibt und
nicht durch Staub, Schmutz und Rauch allmählich verschlechtert
wird. Eine Messung Uppenborns zeigt, wie stark die indirekte Beleuchtung durch unsaubere Wände verschlechtert werden kann.

Im Saale 20 der Gewerbeschule an der Luisenstraße in München
wurden bei unsauberen Wänden und unsauberer Decke Beleuchtungsmessungen vorgenommen und kurz nachdem der Saal frisch getüncht
worden war wiederholt. Bei beiden Versuchen wurden dieselben Bogenlampen an denselben Stellen benutzt; auch wurde dafür gesorgt, daß
die elektrischen Verhältnisse ihres Betriebes möglichst gleich waren.
Ebenso wurde an denselben Punkten die Beleuchtung gemessen.

---

[1]) W. Voege, Die ultravioletten Strahlen der modernen künstlichen Lichtquellen und ihre angebliche Gefahr für das Auge. Berlin 1910 bei J. Springer. 28 S. 8⁰.

Die Ergebnisse sind aus Fig. 98 und der folgenden Tabelle ersichtlich.

Fläche des Saales 91,60 qm. — Höhe des Saales 4,00 m.
Höhe des Lichtpunktes unter der Decke 1 m.

	1. Messung	2. Messung
Mittlere Beleuchtung	39,7 Lux	67,4 Lux
Maximale »	56,5 Lux	83,8 Lux
Minimale »	24,1 Lux	50,1 Lux
Größte Abweichung	$-39,3$ u. $+42,3\%$	$-25,7\%$ u. $+24,4\%$
Mittlere Stromstärke	10,7 Amp.	10,7 Amp.
Größte Abweichung	$-1,8\%$ u. $+2,8\%$	$-6,5\%$ u. $+8,4\%$
Mittlere Netzspannung . . .	116,9 Volt	113,7 Volt
Größte Abweichung	$-0,7\%$ u. $+0,6\%$	$-1,1\%$ u. $+0,6\%$
Mittlere Lampenspannung . .	41,2 Volt	41,6 Volt
Größte Abweichung	$-2,4\%$ u. $+1,7\%$	$-13,5\%$ u. $+10,7\%$
Mittl. Effektverbrauch. . . .	1761 Watt	1784 Watt
Größte Abweichung	$-2,4\%$ u. $+4,1\%$	$-4,4\%$ u. $+10,8\%$
Spezifischer Verbrauch der Beleuchtung: Watt pro Lux und qm . . .	0,484	0,289
Ungleichmäßigkeit der Beleuchtung: $\dfrac{\text{Maximum}}{\text{Minimum}}$	2,34	1,67

In dem Grundriß Fig. 98 sind die bei der zweiten Messung gefundenen Beleuchtungswerte unterstrichen. Die links daneben stehenden nicht unterstrichenen Zahlen stellen die Beleuchtungswerte der
ersten Messung bei verrußter Decke dar. Die kleinen Zahlen unter
den Punkten bezeichnen die Platznummer des Schultisches. Wenn
man die Ziffern vergleicht, so findet man einerseits eine bedeutende
Zunahme der erzielten mittleren Beleuchtung (67,4 Lux gegen 39,7 Lux)
und anderseits eine bedeutende Abminderung der Abweichungen
vom Mittelwerte (25% gegen 41%) bei frisch getünchtem Saal.
Dementsprechend ist auch die Ungleichmäßigkeit der Beleuchtung
geringer geworden.

Der spezifische Verbrauch der Beleuchtung ist von 0,484 auf
0,289 gefallen.

Aus den Messungen geht hervor, daß durch verrußte Decken
die erzielte tatsächliche Beleuchtung leicht um $\frac{1}{3}$ verringert wird.

Man muß deshalb auf rechtzeitige Erneuerung der Tünchung bedacht nehmen, wenn man eine gute Beleuchtung erhalten wissen will.

Das Blochsche Verfahren zur Vorausberechnung der m i t t - l e r e n B e l e u c h t u n g läßt sich auch für i n d i r e k t e Beleuchtung sinngemäß anwenden. Man berechnet zunächst die mittlere

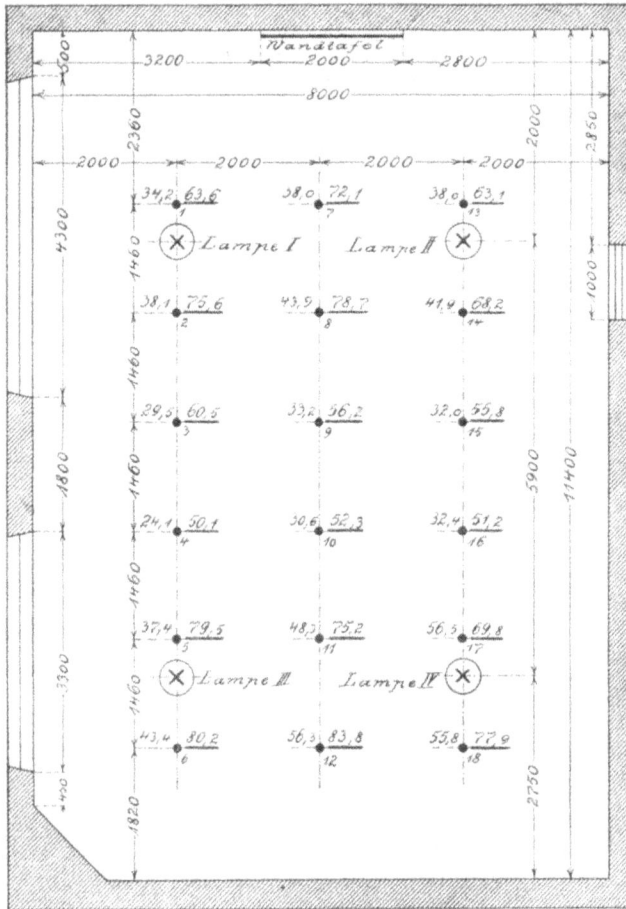

Fig. 98.

Beleuchtung E_m^D der Decke, wobei man die Lichtausstrahlungskurve der mit der undurchsichtigen Armatur umgebenen Lampe in der o b e r e n Hemisphäre kennen muß. Dann nimmt man an, daß die Decke eine Lichtquelle ist, die nach dem Lambertschen Gesetz strahlt. Für eine solche Lichtquelle ist die Lichtausstrahlungskurve ein Kreis, der die strahlende Fläche tangiert. Die Lichtstromtafel für eine derartige Lichtausstrahlungskurve, bei welcher die Beziehung gilt $J = J_{max} \cdot \cos \alpha$, ist nach Bloch folgende:

Lichtstrom-Tafel für $J = J_{max} \cdot \cos \alpha$.

1-cos α	0	1	2	3	4	5	6	7	8	9	10	
0	0	20	40	59	78	97	116	135	154	172	190	0,9
0,1	190	208	226	243	260	277	294	311	328	344	360	0,8
0,2	360	376	392	407	422	437	452	467	482	496	510	0,7
0,3	510	524	538	551	564	577	590	603	616	628	640	0,6
0,4	640	652	664	675	686	697	708	719	730	740	750	0,5
0,5	750	760	770	779	788	797	806	815	824	832	840	0,4
0,6	840	848	856	863	870	877	884	891	898	904	910	0,3
0,7	910	916	922	927	932	937	942	947	952	956	960	0,2
0,8	960	964	968	971	974	977	980	983	986	988	990	0,1
0,9	990	992	994	995	996	997	998	999	1000	1000	1000	0,
	10	9	8	7	6	5	4	3	2	1	0	cos α

Der Faktor k für Wandreflexion ist bei der Berechnung der mittleren Beleuchtung der Decke nicht mitzuberücksichtigen. Als Fläche S ist die Gesamtfläche der Decke einzusetzen. Kennt man die mittlere Beleuchtung E_m^D der Decke, so ist die mittlere Beleuchtung E_m des Raumes:

$$E_m = a \cdot \frac{\Psi}{1000} \cdot E_m^D \cdot k. \qquad \qquad \text{1)}$$

a ist der Reflexionsfaktor für den Deckenanstrich, wobei für a die in der Tabelle auf S. 162 angegebenen Werte des Reflexionsvermögens, durch 100 dividiert, einzusetzen sind. Der Faktor k gilt für die Reflexion der Wände. Für das zutreffende Verhältnis von $\dfrac{S'}{h}$, wobei S' die Größe der zu beleuchtenden Fläche und h die Entfernung dieser Fläche von der Decke bedeutet, wird $1 - \cos \alpha'$ aus der Tabelle auf S. 143 entnommen, und hierfür ergibt sich Ψ aus der Tabelle auf dieser Seite.

Eine Mittelstellung zwischen direkter Beleuchtung und indirekter Beleuchtung nimmt die halbindirekte Beleuchtung ein. Bei der halbindirekten Beleuchtung sind die Lichtquellen gewöhnlich an Stelle der undurchsichtigen Armaturen der indirekten Beleuchtung mit Armaturen umgeben, die in ihrem unteren Teile aus durchscheinendem Opal-, Alabaster-, Opalin- oder Milchglas bestehen, das einen Teil der Lichtstrahlen direkt hindurchläßt, den anderen Teil der Lichtstrahlen jedoch nach oben an die Decke reflektiert. Durch die Umhüllungen wird der Glanz der Lichtquelle erheblich gemildert, die Umhüllung wird aber immerhin vom Auge als sekundäre Lichtquelle von schwachem Glanze wahrgenommen.

Bei der überschlägigen Berechnung von Beleuchtungen kann man auch von den in der Tabelle auf S. 177 bis 181 mitgeteilten Erfahrungswerten ausgehen.

§ 76. Nordens Schattentheorie.

Norden[1]) machte die Schattenbildung, welche bei direkter oder halbindirekter Beleuchtung eines Punktes auftreten kann, der Berechnung zugänglich, indem er den Begriff der Schattigkeit einführte, der für jede Beleuchtungsanlage einen charakteristischen Zahlenwert besitzt und daher die objektive Vergleichung von verschiedenartig beleuchteten Anlagen hinsichtlich ihrer Schattenverhältnisse ermöglicht.

Die Untersuchung Nordens erstreckt sich zunächst auf die Schattenbildung in einem Punkte oder Flächenelemente.

Die allgemein möglichen Fälle von Beleuchtung und Schattenbildung sind, schematisch auf die einfachste Weise dargestellt, die folgenden:

Fall I. Ganzzerstreute Beleuchtung.

Schematisches Beispiel: Das Flächenelement P eines Innenraumes wird von der Decke her durch vollständig zerstreutes Licht beleuchtet.

Schattenverhältnisse: Vollkommene Schattenfreiheit.

Fall II. Unterteilte direkte Beleuchtung.

Beispiel: P wird von zwei Lichtquellen L_1 und L_2 beleuchtet, deren jede in P und dessen unmittelbarer Umgebung die gleiche Beleuchtungsstärke hervorbringt.

Schatten: Ein in P senkrecht aufgestellter Stab (»Schattenzeiger«) wirft zwei Schatten. In jedem derselben herrscht offenbar in unmittelbarer Nähe von P noch eine Helligkeit von 50% gegenüber der ursprünglichen.

Fall III. Teilindirekte Beleuchtung.

Beispiel: Man denke sich im vorigen Beispiel die eine der beiden Lichtquellen, etwa L_1, ersetzt durch einen Lichtstrom zerstreuten Lichtes, der in P die gleiche Beleuchtungsstärke hervorbringt wie L_1.

Schatten: Der Schattenzeiger wirft jetzt nur einen Schatten (nämlich von L_2), natürlich von der gleichen Beleuchtungsstärke (= 50%) wie zuvor.

---

[1]) Konrad Norden, E. T. Z. **32**. S. 607. **1911**.

Um zu bezeichnen, daß eine Beleuchtungsanlage sich aus mehr oder weniger »Teilbeleuchtungen« zusammensetzt, welche von den verschiedensten Seiten herkommen oder, was praktisch im allgemeinen dasselbe bedeuten wird, von möglichst vielen Lichtquellen ausgehen, führt Norden den Begriff der »Diffusion« ein und legt ihm für die Grenzfälle bestimmte Zahlenwerte bei.

Wenn die Beleuchtung von einer einzigen direkten Lichtquelle herrührt, so ist offenbar die geringst-mögliche Diffusion vorhanden; man kann für diesen Fall die Diffusion $D = 0$ setzen.

Ist dagegen die Beleuchtung unendlich unterteilt oder ist sie indirekt, also zerstreut, so daß von diskreten Lichtquellen überhaupt nicht gesprochen werden kann, so ist die vollkommene Diffusion vorhanden, d. h. ihr Wert ist $= 1$.

Alle übrigen möglichen Fälle liegen zwischen diesen Grenzen, d. h. die Diffusion D ist allgemein:

$$1 > D > 0.$$

Sucht man nach einem physikalischen Kriterium der Diffusion, so ist dies die »Aufhellung der Schatten«. Schatten ist: durch Abblendung verminderte Beleuchtung. Der Schatten empfängt seine Beleuchtung von den nicht abgeblendeten Lichtquellen, die Beleuchtungsstärke im Schatten ist daher gleich der Summe der nicht abgeblendeten Teilbeleuchtungen. Je mehr die Schatten, welche von den einzelnen Lichtquellen herrühren, durch die übrigen Lichtquellen beleuchtet werden, desto vollkommener wird die Diffusion D.

Diese Betrachtungsweise, welche den Schatten als eine gewisse (verringerte) Beleuchtung ansieht und stets von einer Beleuchtungsstärke $= 0$ ausgeht, hat für die folgenden Untersuchungen etwas Umständliches. Man kann anstatt dessen auch von der gegebenen Gesamtbeleuchtung als Nullwert ausgehen und umgekehrt die »Beschattung« (d. i. die Verminderung der Beleuchtung) als das Positive auffassen. Nach dieser Anschauung besitzt der entstehende Schatten eine um so größere Intensität, je schwärzer oder je »tiefer« er ist. Die maximale Tiefe besitzt der Vollschatten oder totale Schatten, welcher absolut schwarz ist. Indem die Lichtquelle A abgeblendet wird, welche eine Beleuchtung $= a$ erzeugte, tritt eine »Beschattung« von der Größe a ein. Die Intensität des Schattens oder »Schattentiefe«, muß der Beschattung proportional sein, hängt aber außerdem noch von dem Werte der ursprünglichen (d. i. vor Eintritt der Beschattung vorhandenen) bzw. der angrenzenden (d. i. noch in der nächsten Umgebung der beschatteten Stelle bestehenden) Beleuchtung ab. Denn der Schatten ist eine Kontrastwirkung und besteht als solche nur relativ zu diesem Werte. So kann z. B. eine einzelne Beschattung von 10 Lux, wenn etwa die Gesamtbeleuchtung nur 11 Lux beträgt, nahezu totalen Schatten herbeiführen, während sie bei einer Gesamtbeleuchtung von etwa 1000 Lux keinen wahrnehmbaren Schatten mehr erzeugt. Ebenso leuchtet ein, daß die Schattenverhältnisse unverändert bleiben, wenn sämtliche Beleuchtungswerte im gleichen Verhältnis verändert werden, also beispielsweise gleichzeitig auf den doppelten, dreifachen usw. Betrag erhöht werden.

Mithin wird die Schattentiefe durch das Verhältnis von Beschattung zu Gesamtbeleuchtung dargestellt. Für eine gegebene Gesamtbeleuchtung (Anfangsbeleuchtung) E und eine Beschattung a ist die Schattentiefe $a = \dfrac{a}{E}$. Da a stets $< E$, muß der Ausdruck < 1 bleiben.

Anderseits wird offenbar die »Aufhellung« des Schattens dargestellt durch das Verhältnis der nach Eintritt der Beschattung noch vorhandenen Beleuchtung zur ursprünglichen Gesamtbeleuchtung, also

$$= \frac{E - a}{E} = 1 - \frac{a}{E}.$$

Hieraus geht hervor, daß:

Schattentiefe = 1 minus Aufhellung.

Ebenso wie der Aufhellung muß auch der »Diffusion« D eine Ergänzung zu 1 entsprechen, welche Norden als »Schattigkeit«[1] S bezeichnet. ($D = 1 - S$.) Bei vollkommener Diffusion, $D = 1$, ist keine Schattigkeit vorhanden, $S = 0$; für den Fall einer einzigen direkten Lichtquelle, $D = 0$, erreicht die Schattigkeit ihren Höchstwert, $S = 1$.

Man hat somit bisher folgende, zum Teil einander entsprechenden Begriffe:

Gesamtbeleuchtung E.

Teilbeleuchtung a.	Beschattung (absolut) a.
Relative Beleuchtung im Schatten oder „Aufhellung" $\dfrac{E-a}{E}$.	Schattentiefe $\dfrac{a}{E} = 1 - \dfrac{E-a}{E}$.
Diffusion D.	Schattigkeit $S = 1 - D$.

---

[1] Von Norden nach Analogie des Wortes »Helligkeit« gebildet.

Allgemein ist die Schattigkeit einer Anlage bestimmt durch Zahl und Intensität der auftretenden Schatten.

Jeder direkten Lichtquelle entspricht ein Schatten, den indirekten dagegen gar kein Schatten. Bestehen nur indirekte Beleuchtungen, so ist die Schattigkeit $= 0$. Bestehen indirekte Lichtquellen neben direkten, so fügen sie, da sie keine Schatten hervorrufen auch zu der Größe der Schattigkeit unmittelbar nichts hinzu; mittelbar sind sie natürlich insofern von Einfluß, als sie die Schatten der direkten Lichtquellen aufhellen helfen.

Die Schattigkeit einer Anlage kann also als eine Funktion ihrer durch die direkten Lichtquellen hervorgerufenen »Teilschatten« dargestellt werden. Letztere denke man sich erzeugt durch aufeinanderfolgende Abblendung sämtlicher direkten Lichtquellen. Wird z. B. zuerst die Lichtquelle A_1 (Beleuchtung $= a_1$) abgeblendet, so entsteht im Punkte P ein Teilschatten $a_1 = \dfrac{a_1}{E}$, welcher durch die übrigen Teilbeleuchtungen $(E - a_1)$ aufgehellt ist. Das gleiche gilt von der Abblendung der übrigen Lichtquellen A_2, A_3 usw. Jede einzelne dieser aufeinanderfolgenden Abblendungen kann man nun auch für sich selbst betrachten und ihr eine dem Teilschatten entsprechende, eigene »Teilschattigkeit« s beilegen.

Diese Teilschattigkeit s_1 für Lichtquelle A_1 ist nur eine Funktion des Teilschattens $a_1 = \dfrac{a_1}{E}$, welche Norden durch die Formel:

$$ s_1 = \varphi(a_1) = a_1{}^p + k_1 \cdot a_1{}^{p-1} + k_2 \cdot a_1{}^{p-2} + \ldots $$

darstellt.

Diese Formel vereinfacht sich durch Wegfall aller Glieder mit Koeffizienten. Läßt man nämlich alle Teilbeleuchtungen außer a_1 verschwinden, so daß A_1 die einzig vorhandene Lichtquelle ist, so wird aus der Teilschattigkeit s die Gesamtschattigkeit S, welche für eine einzige Lichtquelle laut Definition den Wert 1 annimmt. Gleichzeitig wird aber auch $a_1 = \dfrac{a_1}{E} = 1$, da a_1 dann die Gesamtbeleuchtung E darstellt, mithin wird bereits das erste Glied $a_1{}^p = 1^p = 1$. Also müssen alle weiteren Glieder, damit die Gleichung erfüllt ist, fortfallen, d. i. die Koeffizienten k_1, $k_2 \ldots$ je $= 0$ werden.

Mithin ist allgemein die Teilschattigkeit:

$$ s = \varphi(a) = a^p, \quad \text{wo} \quad a = \frac{a}{E}. $$

Norden zeigt ferner, daß die Gesamtschattigkeit dargestellt wird durch die Summe der Teilschattigkeiten:

$$S = \sum_1^n s_k = \sum_1^n [\varphi(a_k)] \quad \sum_1^n (a_k{}^p) \quad a_1{}^p + a_2{}^p + \dots a_n^p \quad . \quad . \quad 1)$$

Denkt man sich nämlich, daß z. B. bis auf a_1 sämtliche Teilbeleuchtungen a_2, a_3 .... diffus wären, so müßten aus der Summe der Teilschattigkeiten alle bis auf $s_1 = a_1{}^p$ verschwinden, da ja diffuse Teilbeleuchtungen zum Werte der Schattigkeit nichts hinzufügen dürfen. Dagegen würde am Werte der Teilschattigkeit s_1 nichts geändert werden, da Beschattung und Aufhellung die gleichen bleiben. Die übrigbleibende Teilschattigkeit ist nun tatsächlich identisch mit der Gesamtschattigkeit des angenommenen Spezialfalles, womit die Natur der Gesamtschattigkeit als Summe der Teilschattigkeiten und die Richtigkeit der allgemeinen Gleichung (1) bewiesen ist.

Gleichung (1) vereinfacht sich erheblich für den Fall, daß sämtliche n Teilbeleuchtungen einander gleich sind,

$$a_1 = a_2 = a_3 \dots = a, \text{ mithin } a_1 = a_2 = a_3 \dots = a.$$

Denn alsdann wird:

$$S_n = n \cdot a^p,$$

und, da in diesem Falle

$$a = \frac{a}{E} = \frac{1}{n}, \text{ oder } n = \frac{1}{a},$$

folgt:

$$S_n = n \left(\frac{1}{n}\right)^p = \left(\frac{1}{n}\right)^{p-1} \quad . \quad . \quad . \quad . \quad . \quad 2)$$

Die Gesamtschattigkeit S_n wird also nur noch abhängig von der reziproken Anzahl der Teilbeleuchtungen und einem Exponenten, dagegen unabhängig von den Werten der Beleuchtung. Übrigens wird der Ausdruck der Schattigkeit für diesen Fall ein Minimum, wie man leicht zeigen kann.

Ist ferner in einem Falle die Anzahl der untereinander gleichen Teilbeleuchtungen $= m$, in einem anderen $= n$, so gilt

$$\frac{S_m}{S_n} = \left(\frac{n}{m}\right)^{p-1} \quad . \quad . \quad . \quad . \quad . \quad 3)$$

also unabhängig davon, welche Werte die Beleuchtung in beiden Fällen besitzt.

Auf Grund dieser Untersuchung ist man bereits imstande, die halbzerstreute Beleuchtung zur direkt unterteilten in Beziehung zu setzen. Man kennt nämlich schon 'die Schattigkeit in einem Punkte, der von einer einzigen Teilbeleuchtung a_1 direkt, im übrigen aber zerstreut beleuchtet wird, wenn

$$a_1 = \frac{E}{n}, \text{ d. i.: } a_1 = \frac{a_1}{E} = \frac{1}{n}, \text{ als } S_1 = a_1{}^p = \left(\frac{1}{n}\right)^p.$$

Die gleiche Schattigkeit muß auch durch eine ganz direkte Beleuchtung von geeigneter gleichmäßiger Unterteilung hervorgebracht werden können. Eine derartige direkte Beleuchtung soll als das »Schattigkeitsäquivalent« des ersten Falles bezeichnet und ermittelt werden.

Nennt man die gesuchte Anzahl von untereinander gleichen, direkten Teilbeleuchtungen x, so beträgt die Schattigkeit dieses Falles, entsprechend Gleichung (2):

$$S_x = \left(\frac{1}{x}\right)^{p-1},$$

und es muß bei Äquivalenz

$$\left(\frac{1}{x}\right)^{p-1} = \left(\frac{1}{n}\right)^p$$

sein, also:

$$x = n^{\frac{p}{p-1}} \text{ oder } \sqrt[p-1]{n^p} \quad \ldots \ldots \quad 4)$$

Für die praktische Anwendung dieser Formel ist noch die Bestimmung von p erforderlich.

Man geht hierzu von der physiologischen Tatsache aus, daß bei gleicher Gesamtbeleuchtung viele leichte Schatten weniger empfunden werden, als wenige tiefe Schatten. Je mehr eine direkte Beleuchtung unterteilt ist, d. i. aus einer sehr großen Zahl sehr kleiner Teilbeleuchtungen besteht, desto mehr nähert sich ihre Schattigkeit der Null; die geringere Intensität der einzelnen Schatten wird für die Bewertung ausschlaggebender als ihre größere Anzahl. Läßt man anderseits einen der Schatten (auf Kosten der übrigen) so anwachsen, daß die übrigen gegen ihn zurücktreten, so hat man damit die Schattenverhältnisse der Anlage dem Falle einer einzigen Lichtquelle genähert und muß die Schattigkeit annähernd $= 1$ bewerten.

Würde sich dagegen die Intensität der Schatten in gleichem Grade geltend machen wie ihre Anzahl, so müßte es für die Schattigkeit gleichgültig sein, ob eine Beleuchtung E von einer einzigen Lichtquelle herrührt oder aus beliebig vielen kleinen Teilbeleuchtungen a (wo $\Sigma a = E$) besteht. Das ist jedoch tatsächlich nicht der Fall. Größere Intensität der Schatten fällt progressiv wachsend in die Wagschale, woraus folgt, daß die Schattigkeit durch eine höhere Potenz der Schattentiefen ausgedrückt werden muß, also p keinesfalls $= 1$ sein kann.

Die Frage, welche Potenz Anwendung findet, beantwortet sich aus gewissen (zunächst unbekannten) physiologischen Gesetzen, welche zwischen den aus den Gleichungen für verschiedene Werte von p abzuleitenden Konsequenzen den Ausschlag geben müssen. Dazu sind insbesondere die Spezialgleichungen (2) bis (4) zu verwenden.

Für verschiedene p nehmen diese Gleichungen die Werte an:

$$p = 2 \qquad\qquad p = 3 \qquad\qquad p = 4$$

$$S_n = \frac{1}{n} \qquad\qquad S_n = \frac{1}{n^2} \qquad\qquad S_n = \frac{1}{n^3} \quad \ldots \quad 2\text{a)}$$

$$\frac{S_m}{S_n} = \frac{n}{m} \qquad\quad \frac{S_m}{S_n} = \frac{n^2}{m^2} \qquad\quad \frac{S_m}{S_n} = \frac{n^3}{m^3} \quad \ldots \quad 3\text{a)}$$

$$x = n^2 \qquad x = n^{\frac{3}{2}} = \sqrt{n^3} \qquad x = n^{\frac{4}{3}} = \sqrt{n^4} \quad \ldots \quad 4\text{a)}$$

usw.

Für $p = 2$ sind alle Verhältnisse am einfachsten. Durch Gleichung (2a) ist die Schattigkeit $\frac{1}{n}$ definiert als diejenige einer Anlage mit n gleichen Teilbeleuchtungen, also z. B. die Schattigkeit $\frac{1}{2}$ bei zwei gleichen Teilbeleuchtungen usw. Aus Gleichung (3a) folgt: Setzt man die Gesamtbeleuchtung aus der doppelten Anzahl von Teilbeleuchtungen zusammen, so vermindert man die Schattigkeit auf die Hälfte usw.

Für $p = 3$ dagegen wird, wenn man die Teilbeleuchtungen zweifach unterteilt, die Schattigkeit auf den vierten Teil verringert usw.

Diese Beziehungen, welche Gleichung (3a) liefert, sind nun nicht als Kriterien zu gebrauchen, weil sie nicht unmittelbar auf ihre physiologische Richtigkeit geprüft werden können. Zu diesem Zweck müßte man z. B. beobachten können, ob eine gegebene Schattigkeit entweder die Hälfte ($p = 2$) oder den vierten Teil ($p = 3$) einer anderen Schattigkeit ausmacht. Das menschliche Auge versagt jedoch schon bei der erheblich einfacheren Aufgabe, verschiedene Beleuchtungsstärken unmittelbar gegeneinander abzuschätzen; ob eine Beleuchtungsstärke das Doppelte oder das Vierfache einer anderen ist, vermögen wir nicht unmittelbar anzugeben, sondern alle unsere photometrischen Bestimmungen sind nur durch hilfsweise Ermittelung eines Gleichheitspunktes und Rückschluß auf Grund des quadratischen Gesetzes möglich.

Wohl aber läßt Gleichung (4a), welche das »Schattigkeitsäquivalent« bestimmt, die Prüfung auf Gleichheit zu.

Besteht z. B. eine Beleuchtungsanlage aus $\frac{1}{2}$ direkter, $\frac{1}{2}$ zerstreuter Beleuchtung (also $n = 2$), so ist ihr Schattigkeitsäquivalent entweder (für $p = 2$) durch eine Anlage mit $n^2 = 4$ gleichen Teilbeleuchtungen gegeben oder (für $p = 3$) mit $n^{\frac{3}{2}} = \sqrt[3]{8} \backsim 2{,}83$ oder für $p = 4$ mit $\sqrt[3]{16} \backsim 2{,}52$ gleichen Teilbeleuchtungen. Für $p > 2$ werden die Äquivalente irrational; physikalisch verwirklichen lassen sie sich natürlich nur, wenn x, die Anzahl gleicher Lichtquellen, eine ganze Zahl ist. Trotzdem muß es möglich sein, durch ein eindeutiges Experiment den Ausschlag zugunsten der einen oder anderen Potenz zu geben. Denn wenn überhaupt die Begriffe der Schattigkeit und Diffusion physikalisch oder physiologisch bestimmbar sind, so sind die hier auftretenden Unterschiede (4 oder 2 bis 3 Lichtquellen) groß genug, um eine Entscheidung zwischen den Potenzen zu treffen, mindestens aber zwischen $p = 2$ und $p > 2$ den Ausschlag zu geben.

Einstweilen kann für alle praktischen Bedürfnisse als scheinbar einfachster Fall

$$p = 2$$

angenommen werden, welcher mit keiner der bisherigen Feststellungen in Widerspruch steht.[1]

E. Praktische Zahlenwerte.

§ 77. Erforderliche Beleuchtung verschiedener Örtlichkeiten.

Die Grundlage für die Festsetzung eines Minimalwertes der Beleuchtung, der nicht unterschritten werden darf, bildet die Forderung

---

[1] Die von Norden in Aussicht gestellten Anwendungen dieser Theorie auf praktische Fälle sind leider bei Drucklegung dieses Buches noch nicht erschienen gewesen.

der Hygieniker. Cohn[1]) stellte fest, daß das menschliche Auge bei 60 Lux »ohne Akkomodationsanstrengung etwa so gut und so bequem wie bei Tage sehen kann«. Als hygienisches Minimum empfiehlt er $^1/_5$ dieses Betrages, also 12 Lux. Cohn hatte im Jahre 1885 bei seinen Versuchen die Spermacetikerze verwendet, 1 sp = 1,14 HK. Da man heute mit Hefnerkerzen rechnet, sind die Cohnschen Zahlen oben entsprechend umgerechnet angegeben worden; andernfalls würden die Originalzahlen von Cohn, wie man sie bisweilen in der Literatur findet, geringere hygienische Anforderungen darstellen, als Cohn sie beabsichtigt hatte.

Für die verschiedenen Örtlichkeiten pflegt man folgende mittleren Horizontalbeleuchtungen vorzusehen.

Örtlichkeit	Mittlere Horizontalbeleuchtung in Meßebene 1 m über dem Fußboden in Lux
Beleuchtung geschlossener Räume:	
Spinnereien	15—20
Webereien bei Verarbeitung heller Stoffe	25—30
» » » dunkler Stoffe	30—40
Maschinenfabriken, Schlossereien	25—35
Metallbearbeitung	
Feinmechanische Arbeiten	35—60
Druckereien, Setzereien	60—80
Hörsäle, Schulzimmer	35—60
Zeichensäle	60—80
Kaufmännische Bureaus	35—50
Verkaufsräume	35—60
Konzertsäle, Festsäle	40—60
Schaufenster	80—200
Nebenräume, Schlafzimmer, Hausgänge	5—10
Elegante Zimmer	20—30
Einfache Wohnzimmer, Speisezimmer	15—20
Beleuchtung im Freien:	
Hauptstraßen mit starkem Verkehr	3—12
Nebenstraßen mit stärkerem Verkehr	1,5—3
Nebenstraßen mit schwächerem Verkehr	0,5—1,5
Vollmond bei klarer Luft	etwa 0,26

---

[1]) Prof. Dr. H. L. Cohn (Breslau), Über den Beleuchtungswert der Lampenglocken. Wiesbaden 1885 bei J. F. Bergmann. 74 S. 8°.

§ 78. Spezifischer Verbrauch verschiedener Beleuchtungsarten.

Beleuchtung in geschlossenen Räumen.

Beleuchtungs-art	Lichtquelle	Beobachter	Spezifischer Verbrauch proLux u. qm
Indirekte Beleuchtung	A. Elektrische Bogen lampen:		Watt
	Offene Gleichstrom-Rein-kohlenbogenlampe mit nor-maler Kohlenstellung	Münchner Kommission J. f. Gas u. Wass. **47.** S. 713. **1904.**	0,218
	do.	Uppenborn. E. T. Z. **27.** S. 360. **1906.**	0,246
	do.	Heyck. E. T. Z. **31.** S. 691. **1910.**	0,262
	Offene Gleichstrom-Rein-kohlenbogenlampe mit um-gekehrter Kohlenstellung (+ unten) (− oben)	Münchner Kommission. » » Heyck.	0,136 0,146 0,212
	Offene Wechselstrom-Rein-kohlenbogenlampe	Monasch. E. T. Z. **31.** S. 808. **1910.** Heyck.	0,339 0,355
	B. Elektrische Glüh-lampen: Wolfram-Metallfadenglüh-lampen bei Gleichstrom und Wechselstrom	Monasch. E. T. Z. **31.** S. 842. **1910.**	Watt 0,259 bis 0,318
	C. Gaslampen: Gewöhnliches, aufrechtstehen-des Gasglühlicht	Münchner Kommission.	l/Std. 0,415
	do.	Lehmann-Richter. J. f. Gas u. Wass. **47.** S. 349. **1904.**	0,36
	Preßgas-Glühlicht (Selaslicht) » (Millenniumlicht) » »	Münchner Kommission. » » Schumann. J. f. Gas u. Wass. **50.** S. 113. **1907.**	0,286 0,30 0,263
Halb-indirekte Beleuchtung	A. Elektrische Bogen-lampen: Offene Gleichstrom-Rein-kohlenbogenlampe mit nor-maler Kohlenstellung	Monasch. E. T. Z. **30.** S. 377. **1909.**	Watt 0,15 bis 0,35

Beleuchtungs-art	Lichtquelle	Beobachter	Spezifischer Verbrauch proLux u. qm
Halb-indirekte Beleuchtung	Geschlossene Gleichstrom-Rein-kohlenbogenlampe (Sparbogen-lampe 5 Amp.)	Monasch. E. T. Z. **31.** S. 841. **1910.**	Watt 0,367
	B. Elektrische Glüh-lampen: Wolfram-Metallfadenglüh-lampen bei Gleichstrom und Wechselstrom	Monasch. E. T. Z. **31.** S. 841. **1910.**	Watt 0,225 bis 0,26
Direkte Beleuchtung	**A. Elektrische Bogen-lampen:** Offene Gleichstrom-Rein-kohlenbogenlampe	Bloch, Grundzüge. S.133.	Watt 0,15—0,3
	B. Elektrische Glüh-lampen: Kohlenfadenglühlampe	Bloch, Grundzüge. S.133.	Watt 0,5—1,2
	Wolfram-Metallfadenglühlampe Klarglasbirne	Monasch. E. T. Z. **31.** S. 840. **1910.**	0,15 bis 0.175
	Wolfram-Metallfadenglühlampe mattierte Birne	»	0,22 bis 0,25
	C. Elektrische Röhren-lampen: Moores Vakuum-Röhrenlicht (Meßebene 1,5 m über dem Fußboden)	Messung der Berliner Elek-trizitätswerke. Elektro-techn. Nachrichten. **6.** S. 67. **1910.**	Watt 0,445
	Moores Vakuum-Röhrenlicht (Meßebene 1,0 m über dem Fußboden)	Wedding. E. T. Z. **31.** S. 533. **1910.** Monasch. Desgl. S. 763. Heyck. Desgl. S. 691. Hilpert. E. T. Z. **32.** S. 1103. **1911.**	0,56 0,442
	D. Gaslampen: Stehendes Gasglühlicht	Bloch, Grundzüge. S. 133.	l/Std. 0,4—0,6
	Stehendes Preßgasglühlicht	» » »	0,3—0,6
	Hängendes Gasglühlicht	» » »	0,25 bis 0,45

Beleuchtungs-art	Lichtquelle	Beobachter	Spezifischer Verbrauch proLux u. qm
Direkte Beleuchtung	E. Petroleum-Tisch-lampen: Petroleumstehlampe mit Glocke 14''', Verbrauch 0,043 l pro Stunde	Monasch. Journal für Gasbel. **51.** S. 101. **1908.**	l/Std. 0,00081 bis 0,0013
	Petroleumstehlampe mit Glocke 16''', Verbrauch 0,0693 l pro Stunde	Desgl.	0,000935 bis 0,00114
	F. Spiritus-Glühlicht-lampen: Spiritusglühlicht - Tischlampe, Verbrauch 0,037 l 95 proz. Brennspiritus pro Stunde	Desgl.	l/Std. 0,000456 bis 0,000535

Beleuchtung im Freien.

Straßen-beleuchtung	A. Elektrische Bogen-lampen: Offene Gleichstrom-Rein-kohlenbogenlampe	Bloch, Grundzüge. S. 133.	Watt 0,15 bis 0,25
	Offene Gleichstrombogenlampe mit nebeneinanderstehenden Effektkohlen	» » »	0,05 bis 0,12
	Wechselstrom-Reinkohlen-bogenlampe	Bloch, Elektrot. u. Masch.-Bau (Wien). **29.** S. 999. **1911.**	0,20 bis 0,35
	B. Elektrische Glüh-lampen: Kohlenfadenglühlampen	Bloch, Grundzüge. S. 133.	Watt 0,8—1,2
	Wolfram-Glühlampen bis 50 HK (1,0 bis 1,25 Watt pro HK)	» » »	0,25—0,4
	Wolfram-Glühlampen 100 bis 600 HK (0,85 Watt pro HK)	Bloch, Elektrot. u. Masch.-Bau (Wien). **29.** S. 999. **1911.**	0,135 bis 0,188 [1])
	C. Gaslampen: Stehendes Gasglühlicht	Bloch, Grundzüge. S. 133.	l/Std. 0,4—0,6
	Stehendes Preßgasglühlicht	» » »	0,3—0,6
	Hängendes Gasglühlicht	» » »	0,25 -0,45
	Preßgas-Hängelicht	Bertelsmann. Lehrbuch d. Leuchtgasindustrie II. S. 268. **1911.**	0,15

[1]) Die Zahl des geringeren Verbrauches bezieht sich auf hochkerzige Wolfram-lampen, bei welchen die Armatur einen für Straßenbeleuchtung günstigen (para-bolischen) Reflektor trug, während für kegelförmige Reflektoren, welche das Licht mehr direkt unter der Lampe verstärken, die Zahlen des höheren Verbrauches gelten.

VIII. Kapitel.

Stationäre Photometer für Laboratorien.

§ 79. Allgemeines.

Photometer sind Instrumente zum Messen von Lichtstärken J und Beleuchtungen E. Während das menschliche Auge Längen und Entfernungen nach und nach ziemlich gut schätzen lernt (kleine Kinder greifen bekanntlich noch nach dem Monde), auch das Gefühl Zimmertemperaturen ziemlich gut zu schätzen erlaubt, versagt das Auge beim Schätzen von Lichtstärken und Beleuchtungen fast vollständig. Selbst bei den gebräuchlichsten Lichtstärken der häuslichen Beleuchtungsmittel sind Schätzungsfehler von 50% nicht selten, wie die in nachstehender Tabelle aufgeführten, ohne jede Vorbereitung vorgenommenen Schätzungen von vier g e ü b t e n Beobachtern lehren:

Beobachter	Geschätzte Lichtstärke in H K			
A	6	16	20	28
B	9	16	24	28
C	10	16	22	25
D	9,5	14	25	30
Mittel:	8,6	15,5	22,8	27,7
Gemessen:	4,5	9,4	16	25,5
Fehler ca.:	100%	50%	40%	10%

Das Auge ist hingegen sehr wohl fähig, die Gleichheit der Beleuchtung zweier Flächen festzustellen. Auf dieser Fähigkeit beruhen die verschiedenen Konstruktionen der Photometer. Je bequemer die Flächen dem Auge dargeboten werden, um so sicherer ist die Feststellung der Beleuchtungsgleichheit. Die zu vergleichenden Flächen werden dem Auge gewöhnlich gleichzeitig dargeboten, bei einigen Konstruktionen (Flimmerphotometer) in schneller Abwechslung.

Außer dieser Vergleichseinrichtung gehört zu einem Photometer noch eine weitere Vorrichtung, um die Beleuchtung der zu vergleichenden Flächen einander gleich zu machen. Zu diesem Zwecke wird manchmal die Wirkung der zu messenden Lichtquelle verändert, manchmal die der Normallichtquelle, manchmal auch beide.

Diese Veränderung kann auf verschiedene Weise vorgenommen werden.

1. Durch Anwendung des photometrischen Grundgesetzes von Lambert, indem man das Verhältnis der Entfernungen der beiden Lichtquellen von den Vergleichsflächen, dem Photometer ändert, bis Gleichheit der Beleuchtung erzielt ist. (Photometer von Lambert, Bouguer, Bunsen usw.) Man kann aber auch diese Entfernungen konstant lassen und die Neigung der einen photometrischen Fläche und damit ihre Beleuchtung proportional dem Kosinus des Neigungswinkels ändern. (Kosinusphotometer von Arnoux.)

2. Durch Anwendung von regulierbaren Diaphragmen oder veränderlichen Sektorenscheiben (Napoli, Lummer, Brodhun, Cornu, Blondel, Broca usw.).

3. Durch Anwendung von Polarisationseinrichtungen.

4. Durch Mischung des Lichtes, welches von den beiden zu vergleichenden Lichtquellen ausgeht. (Kompensationsphotometer.)

Alle bekannten Photometer, deren Zahl sehr groß ist, können in das vorstehende Schema eingereiht werden. Im nachstehenden sollen aber nur einige wenige Photometer beschrieben werden, welche sich für die technische Photometrie besonders gut eignen und daher große Verbreitung gefunden haben.

Im nachstehenden sollen zunächst die eigentlichen Photometer, d. h. diejenigen Einrichtungen näher beschrieben werden, welche zur Feststellung der Beleuchtungs g l e i c h h e i t dienen, während die Vorrichtungen, durch welche die Beleuchtung der beiden Photometerseiten erfolgt, später behandelt werden sollen.

Im vorigen Jahrhundert wurde durch die Einführung der Gasbeleuchtung ein besonderes Interesse für die Photometrie geweckt, denn in den Konzessionsverträgen spielt die Garantie der »Leuchtkraft« des Gases eine große Rolle. Am meisten wurde in den Gasanstalten das Bunsensche Photometer verwendet.

A. Die Photometerköpfe.

§ 80. Ältere Photometer.

Das P h o t o m e t e r   v o n   B o u g u e r[1]) ist das älteste bekannte Photometer. Eine weiße vertikale Wand $A B$ in Fig. 99 wird durch einen undurchsichtigen Schirm $C D$ in zwei Felder $B C$ und $C A$ ge-

---

[1]) Pierre Bouguer, Essai d'Optique sur la graduation de la lumière. Paris 1729. Nach Bouguers Tode im Jahre 1758 veröffentlichte der Abbé de la Caille Bouguers Nachlaß als Traité d'Optique sur la graduation de la lumière. Paris 1760.

teilt. Das beobachtende Auge befindet sich in der Verlängerung von CD. Die Wand AB wird nun auf jeder Seite des Schirmes CD durch je eine Lichtquelle J_1 bzw. J_2 beleuchtet. Die Lichtstärke der einen Lichtquelle z. B. J_1 sei bekannt. J_1 steht in der Entfernung r_1 von der Wand AB. Nun wird die Lichtquelle J_2 entlang dem Maßstabe FJ_2 verschoben, bis die beiden Felder BC und CA gleich hell beleuchtet erscheinen. Dann ist die gesuchte Lichtstärke

Fig. 99.

$$J_2 = \frac{J_1 \cdot r_2^2}{r_1^2}.$$

Foucault[1]) veränderte das Bouguersche Photometer, indem er die bei Bouguer undurchsichtige Wand AB durch eine diffus durchscheinende Wand ersetzte und das beobachtende Auge auf die andere Seite, in die Verlängerung von DC über C hinaus verlegte. Ferner rückte er den Schirm CD etwas von der Wand AB ab, damit die bei Bouguers Anordnung auf der Wand AB entstehende, von CD herrührende dunkle Zone gleichmäßig von den Lichtquellen J_1 und J_2 beleuchtet wird und demgemäß erhellt wird.

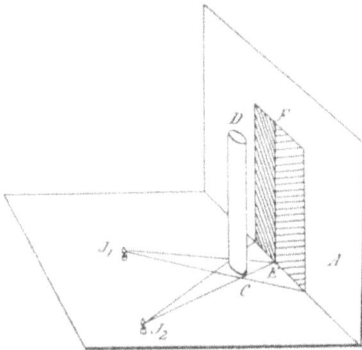

Fig. 100.

Das Photometer von Lambert (1760) enthält einen schattenwerfenden Stab CD in Fig. 100, der vor einem undurchsichtigen Schirm A aufgestellt ist. Die Lichtquelle J_1 wirft nun einen Schatten des Stabes CD auf den Schirm A rechts von der Trennungslinie EF, die Lichtquelle J_2 wirft einen Schatten auf den Schirm A links von der Trennungslinie EF. Es werden nun die beiden Schattenfelder dadurch in ihrer Beleuchtung gleichgemacht, daß die eine Lichtquelle dem Stab CD genähert oder von ihm entfernt wird. Ist die Beleuchtung der Schattenfelder gleich geworden, so verschwindet auch ihre scharfe Trennungslinie EF. Ist r_1 die Entfernung der Lichtquelle J_1 vom Schirm A, r_2 die von J_2, so ist bei Gleichheit der Beleuchtung der Schattenfelder $J_1 = \dfrac{r_1^2}{r_2^2} J_2$.

Es ist darauf zu achten, daß die Lichtstrahlen von J_1 und J_2 unter

---

[1]) L. Foucault, Recueil des travaux scientifiques S. 103. 1878.

den gleichen Einfallswinkeln auf die Fläche A auftreffen, da sonst erhebliche Fehler entstehen.

Rumford[1]) benutzte zu seinem Photometer das Lambertsche Schattenprinzip und gab ihm eine konstruktiv ausgearbeitete Form. Die Schattenstäbe befanden sich in einem geschwärzten Kasten K (Fig. 101) der im Treffpunkt zweier Tische A und B angeordnet war. Zwei zylindrische Rohre führen von den Tischen in den Kasten K, durch welche das Licht auf den im Kasten K angeordneten Papierschirm fällt. Der Beobachter befand sich zwischen den beiden Tischen AB und beobachtete den Schirm durch eine Öff-nung zwischen den beiden Rohren. Rumford wen-dete zwei Schattenstäbe an; er erhielt dadurch vier Schattenbilder, von denen die beiden äußeren außerhalb des Schirmes fielen. Die beiden inneren Schatten lagen nahe beieinander und waren leichter zu vergleichen, als wenn nur ein Schatten-

Fig. 101.

stab vorhanden ist, bei welchem die Schatten viel weiter auseinander-liegen. Die Lampen wurden auf den Tischen A und B vermittelst Schnurzug und Winde verstellt, wodurch ein s a n f t e s Fortbewegen der Lichtquellen erreicht werden sollte.

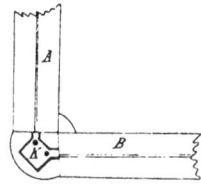

Bei dem P h o t o m e t e r v o n R i t c h i e[2]) sind zwei unter 45^0 geneigte Spiegel L_1 und L_2 vorgesehen, welche das von den beiden Lichtquellen J_1 und J_2 ausgehende Licht auf den durchscheinenden Schirm AB werfen. Die in Fig. 102 dargestellte Anordnung ist in ein mit den notwendigen Öffnungen versehenes Gehäuse eingeschlossen, welches zwischen den beiden Lichtquellen J_1 und J_2 so lange verschoben wird, bis das bei c befindliche Auge die Spiegelflächen gleich hell be-leuchtet sieht.

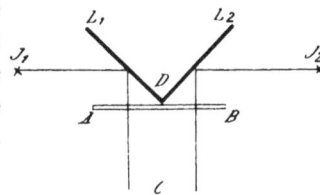

Fig. 102.

Aus diesem Photometer von Ritchie entwickelte sich das Photometer mit Ritchie-schem Keil, indem der Schirm AB fortgelassen wurde und an Stelle der Spiegel L_1 und L_2 Flächen aus weißem, rauhem Kartonpapier angeordnet wurden; schließlich wurde der ganze Körper $L_1 D L_2$ massiv

[1]) Benjamin Thompson (Graf Rumford), Royal Society, Philosophical Transactions **84**. S. 67. 1794.

[2]) Ritchie, The Quarterly Journal of Science, Royal Institution. London. **21**. S. 333, **1826**. — Transactions of the Royal Society of Edinburgh. **10**. S. 443. **1826**.

aus Gips hergestellt. Sind die Lichtquellen J_1 und J_2 derart angeordnet, daß jede ihre Keilfläche mit derselben Beleuchtungsstärke beleuchtet, dann erscheint der Keil dem Auge in c als eine gleichmäßig beleuchtete Fläche, welche durch die Kante des Keils bei D in zwei Teile geteilt ist.

§ 81. Das Joly-Elstersche Photometer.

Fast gleichzeitig gaben Joly[1]) und Elster[2]) ein Photometer an, das zwei rechtwinklige Parallelepipeda A und B aus Paraffin, Stearin, Wachs oder Opalglas enthält, die durch eine Stanniolschicht c getrennt und derart zusammengehalten sind, daß sie einen einzigen Klotz bilden. Die beiden Lichtquellen L_1 und L_2 beleuchten die Seitenflächen von A und B senkrecht; das auf A und B auffallende Licht wird nach allen Seiten diffus zerstreut. Das Auge befindet sich in der Verlängerung von c. Der Beobachter stellt auf gleiche Helligkeit der beiden vom Auge gesehenen, durch die schwarze Schicht c getrennten Klotzflächen ein. Joly empfiehlt als Abmessungen für jeden Glasklotz eine Höhe von 50 mm, eine Breite von 20 mm und eine Dicke von 11 mm. Die Glasklötze sind durchsichtiger als Klotze aus Paraffin, Stearin oder Wachs. Letztere ergeben daher nur eine recht schwache Beleuchtung des Gesichtsfeldes, da sie viel Licht absorbieren.

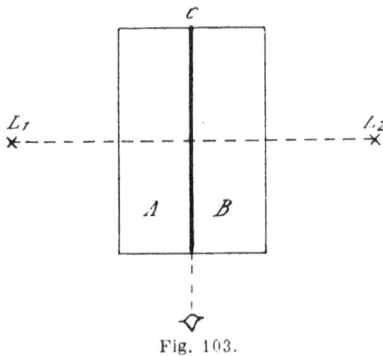
Fig. 103.

§ 82. Das Bunsensche Photometer.

Das Bunsensche Photometer beruht auf der Erscheinung, daß ein auf einem weißen Papier angebrachter Fettfleck nahezu verschwindet, wenn das Papier auf beiden Seiten gleich stark beleuchtet ist.

Vollständig verschwindet der Fleck jedoch nicht gleichzeitig auf beiden Seiten, wie Krüß[3]) nachgewiesen hat. Stellt man das Photometer so ein, daß einmal der Fettfleck auf der einen, das andere Mal auf der anderen Seite verschwindet, so erhält man zwei verschiedene Ein-

---

[1]) J. Joly, Philosophical Magazine. (5) **26**. S. 26. **1888**.
[2]) Elster, Zeitschrift für Instrumentenkunde. **8**. S. 299. **1888**.
[3]) H. Krüß, Zeitschrift für angewandte Elektrizitätslehre **3**. S. 460. **1881**.

stellungen, nämlich für die Lichtquelle J_1 die Einstellungen d_1 und δ_1 und für J_2 die Einstellungen d_2 und δ_2. Dann ist das Verhältnis der Lichtstärken:

$$\frac{J_1}{J_2} = \frac{d_1 \cdot \delta_1}{d_2 \cdot \delta_2}.[1])$$

Das Bunsensche Photometer wurde in den Gasanstalten vornehmlich in der von Rüdorff angegebenen Form benutzt, bei welcher die b e i d e n Seiten des mit dem Fettfleck versehenen Papierschirmes g l e i c h z e i t i g durch zwei schräg (um 70°) gestellte Spiegel beobachtet werden konnten. Eine eingehende Darstellung der in den Gasanstalten üblichen photometrischen Einrichtungen findet sich in Schillings Handbuch der Steinkohlengasbeleuchtung (München 1879, Verlag von R. Oldenbourg), S. 192 bis 227.

Besondere Verdienste um die weitere Ausbildung des Bunsenschen Photometers erwarben sich v. Hefner-Alteneck und Krüß[2]).

Seine wahre und endgültige Vollendung erhielt aber das Bunsensche Photometer erst durch die Arbeiten von Lummer und Brodhun, denen es gelang, den Fettfleck durch eine Prismenkombination zu ersetzen, welche sie den »idealen Fettfleck« nannten.

§ 83. Das Gleichheitsphotometer von Lummer und Brodhun.

Der Lummer-Brodhunsche Würfel[3]) (Fig. 104), welcher den »idealen Fettfleck« verkörpert, besteht aus zwei rechtwinkligen Prismen, deren vollkommen ebene Hypotenusenflächen aneinander gepreßt sind. Auf der Hypotenusenfläche des linken Prismas sind einige Stellen durch Ätzen oder mittels Sandstrahlgebläses vertieft. An den diesen Stellen gegenüberliegenden Teilen der Hypotenuse des unteren Prismas wird das Lichtbündel c total reflektiert, während die nicht vertieften Stellen das von oben kommende Lichtbündel bei d durchlassen. Das

---

[1]) Den Nachweis hierfür siehe Krüß a. a. O. und Chwolson, Lehrbuch der Physik, Bd. II. S. 602. Braunschweig 1904 bei Fr. Vieweg & Sohn.

[2]) H. Krüß, Eine neue Form des Bunsenschen Photometers. Zentralblatt für Elektrotechnik 6. S. 781. 1884. Ferner: B. Nebel, Über störende Einflüsse am Bunsenschen Photometer. Repertorium der Physik 24. S. 724. — E. Liebenthal, Theorie des Bunsenschen Photometers. E. T. Z. 10. S. 161. 1889.

[3]) O. Lummer und E. Brodhun, Ersatz des Photometerfettfleckes durch eine rein optische Vorrichtung. Zeitschrift für Instrumentenkunde 9. S. 23. 41. 1889. E. T. Z. 10. S. 544. 1889. — Dieselben, Photometrische Untersuchungen. Zeitschrift für Instrumentenkunde 12. S. 41. 1892. — E. Liebenthal, Beitrag zur Theorie des Bunsenschen Photometers. Zentralblatt für Elektrotechnik 11. S. 203. 1889.

beobachtende Auge sieht ein Bild, wie es in Fig. 105 dargestellt ist. Der dunkle innere Kreis entspricht dem Lichtbündel *d*, und der diesen Kreis umgebende hellere Ring entspricht dem Lichtbündel *c*.

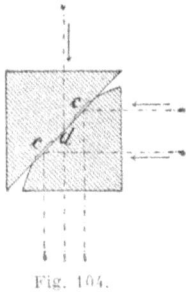

Fig. 104.

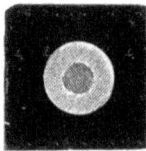

Fig. 105.

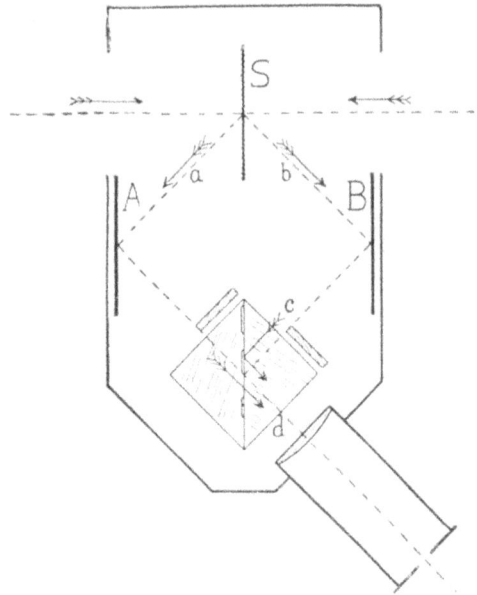

Fig. 106.

Fig. 106 zeigt die Anordnung des Photometers schematisch. In einem mit zwei Fenstern versehenen Messinggehäuse ist der Gipsschirm *S* angeordnet, welcher auf beiden Seiten von je einer der zu vergleichenden Lichtquellen beleuchtet wird. Das diffuse Licht der Gipsplatte *S* gelangt mit Hilfe der Spiegel *A* und *B* in den Lummer-Brodhunschen Würfel und von hier in das Beobachtungsrohr.

Die praktische Ausführung des Photometerkopfes, wie sie durch der Firma Franz Schmidt & Haensch in Berlin[1]) erfolgt, ist in Fig. 107 dargestellt.

Die Photometeraufsätze zeichnen sich durch vollständige Symmetrie in bezug auf die Schwenkachse aus, worauf großer Wert zu legen ist. Das Gehäuse aus schwarz gebeiztem Messing ist innen mit schwarzem Tuchpapier ausgeklebt, damit jedes störende Nebenlicht vermieden wird. Die beiden Drehzapfen sind in einem gußeisernen Bügel *E* gelagert, welcher auf einem ausziehbaren Stativ ruht. Das

---

[1]) Ferner liefern die Firmen A. Krüß in Hamburg und Hartmann & Braun in Frankfurt a. M. solche Photometerköpfe.

Gehäuse läßt sich leicht in zwei um 180° verschiedene Stellungen bringen, in welchen der Gipsschirm *ik* senkrecht steht; diese Stellungen sind durch Einschnappen einer Feder sehr leicht zu erkennen. Der Gipsschirm ist ebenfalls leicht umzukehren; zu diesem Zwecke ist er mit einer schwarz gebeizten Messingfassung versehen. Da sowohl der Gipsschirm wie der Prismenwürfel gegen Staub empfindlich sind, so sind die beiden Fenster des Gehäuses mit Staubklappen D_1 versehen. Damit das Photometer leicht gereinigt werden kann, ist der Deckel des Gehäuses durch vier Kordelschräubchen *K* befestigt und kann leicht entfernt werden. Eine Abänderung der beschriebenen Konstruktion mit Anordnung des Beobachtungsrohres in der Drehachse rührt von

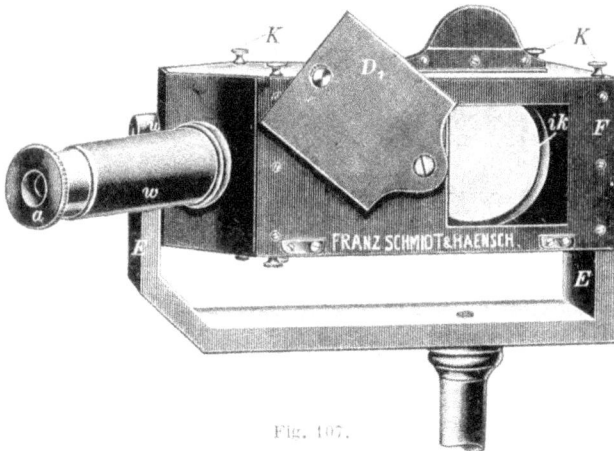

Fig. 107.

Krüß[1]) her. Diese Anordnung ist von großem Werte, weil sich das Okularende des Beobachtungsrohres nur mehr quer zur Sehrichtung bewegt, bei Rückwärtsschieben also nicht mehr gegen das Auge des Beobachters stoßen kann.

In Fig. 108 ist eine Ausführung des Photometerkopfes dargestellt, welche sich zum Photometrieren von Lichtquellen eignet, die über der Photometerachse aufgehängt sind. In solchen Fällen muß das Photometer so gestellt werden, daß die Mittelebene des Gipsschirmes den von der Photometerachse und der Richtung der zu messenden Lichtquelle eingeschlossenen Winkel halbiert. Zu diesem Zwecke ist der Photometerkopf mit einem Teilkreise *K* und einer Schattenwurfeinrichtung *S* ausgerüstet. Bei solchen Photometerköpfen muß der Deckel

---

[1]) H. Krüß, Verschiedene Formen des Photometers nach Lummer und Brodhun. Journal für Gasbeleuchtung **37**. S. 68. 613. **1894.**

und der Boden mit einem Ausschnitt versehen sein, damit kein Schatten
auf den Gipsschirm fällt. Natürlich erfolgt hierbei die photometrische
Einstellung durch Verschieben der Vergleichslampe, ohne daß der
Photometerkopf verstellt wird.

Fig. 108.

Die Schattenwurfeinrichtung besteht in Fig. 108 aus einem Stahl-
stab S, der in den Deckel des Gehäuses eingeschraubt ist und zwei
horizontale Stäbchen h trägt. An Stelle des Gipsschirmes wird für die
Benutzung der Schattenwurfeinrichtung eine mit zwei schwarzen
Streifen versehene Kartonplatte eingesetzt. Es läßt sich dann durch
gleichzeitiges Neigen des Photometerkopfes und Verschieben der Stäbchen h erreichen, daß die Schatten der letzteren gleichzeitig auf die
horizontalen Striche des Kartons fallen. Dann ist der fragliche Winkel
halbiert. Die genaue Halbierung des Winkels ist notwendig, damit
die dem Kosinusgesetze entsprechenden Lichtschwächungen auf beiden
Seiten des Gipsschirmes denselben Wert haben.

Um die Schatten scharf einstellen zu können, schlägt man das
Zerstreuungsglas L in Fig. 108 vor das Beobachtungsrohr. Ist die
Einstellung erledigt, so wird die Schattenwurfvorrichtung hochgezogen
und der Karton durch den Gipsschirm ersetzt.

Mit einem solchen Photometerkopf beträgt der Fehler einer Einstellung im Mittel 0,5%.

Noch größere Genauigkeit läßt sich mit dem Kontrastphotometer von Lummer und Brodhun erzielen.

§ 84. Das Kontrastphotometer von Lummer und Brodhun.

In dem Kontrastphotometer von Lummer und Brodhun[1]) ist der in § 83 beschriebene Würfel durch einen anderen Würfel ersetzt worden. Der Kontrastwürfel wird folgendermaßen hergestellt. Man beklebt die in Fig. 109 mit l_1 und l_2 bezeichneten Stellen des einen Prismas mit geeignet geschnittenen dünnen Kupferblechen und nimmt an den schraffierten Stellen r_1 und r_2 durch Sandstrahlgebläse die oberste Glasschicht fort. Dann preßt man die vorher gut aufeinander abgeschliffenen Hypotenusenflächen beider Prismen innig aneinander, bis der Würfel an allen polierten Stellen vollkommen durchsichtig ist. Dieses Prismenpaar wird anstatt desjenigen der Fig. 104 gebraucht. Dann geben die Felder r reflektiertes Licht von rechts, die Felder l durchgegangenes Licht von links. Sind beide Lichtanteile gleich groß, so erscheint im Augenblick der Einstellung das Sehfeld gleichmäßig hell. Werden da-

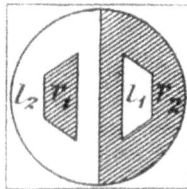

Fig. 109.

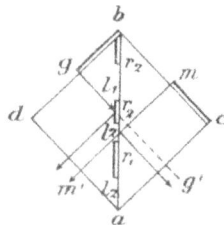

Fig. 110.

gegen an dem Würfel in geeigneter Weise Glasplatten gb und mc in Fig. 110 angebracht, so bleiben die Felder r_2 und l_2 in ihrer Helligkeit unverändert, während die Felder r_1 und l_1 geschwächt werden, und zwar sind die Helligkeiten von r_1 und l_1 und ebenso die von r_2 und l_2 einander gleich. Von einer Trennungslinie zwischen den Feldern r_2 und l_2 ist nichts zu sehen, vielmehr erscheinen sie wie eine zusammenhängende gleich hell beleuchtete Fläche. Je nach der Größe des Kontrastes unterscheiden sich die Helligkeiten von r_1, l_1 und r_2, l_2 um verschieden große Beträge. Bei jeder anderen Lage des Photometers erscheinen die vier Felder in anderem Helligkeitsverhältnis zueinander, ohne daß jedoch jemals die Kanten der den Kontrast erzeugenden Glasplatten sichtbar werden, wie sich aus Fig. 110, einem Durchschnitt durch den Würfel, leicht ergibt. Hier bedeuten wieder die Stellen r die reflektierenden, l die durchsichtigen Teile der Berührungsfläche beider Prismen. Stehen die Platten so, daß das Lot $m m' \perp ad$ durch die Mitte des nicht reflek-

---

[1]) Lummer und Brodhun, Zeitschrift für Instrumentenkunde **12**. S. 46. **1892**.

tierenden mittleren Feldes l_2 geht und das Lot $g\,g' \perp a\,c$ auf das undurchsichtige mittlere Feld r_2 trifft, so gelangen die von m und g ausgehenden Strahlen $m\,m'$ und $g\,g'$ nicht in das senkrecht auf $a\,c$ blickende Auge, es können demnach die Kanten der Glasplatten nicht gesehen werden. Geht man mit dem Photometer aus der Nullage nach rechts, so nähern sich die Helligkeiten von r_1 und l_2 einander immer mehr, während sich die von r_2 und l_1 voneinander entfernen, bis bei $r_1 = l_2$ und $r_2 - l_1 = 16\%$, wenn man annimmt, daß eine Glasplatte das Licht um 8% schwächt, die linke Hälfte des Sehfeldes als eine gleichmäßig leuchtende Fläche erscheint, während der Kontrast der beiden Felder rechts sich verdoppelt hat. Bei weiterer Verschiebung des Photometers wird l_2 dunkler als r_1 und $r_2 - l_1 > 16\%$. Man geht alsdann mit dem Photometer zurück durch die Nullage nach links, wobei sich die Erscheinungen umkehren.

Da bei der beschriebenen Anordnung des Kontrastwürfels die Trennungslinie zwischen l_2 und r_2 vollständig verschwindet, so kann bei diesem neuen Photometer neben dem Kontrastprinzip auch die Einstellung auf gleiche Helligkeit der Felder l_2 und r_2, also das Verschwinden ihrer Grenzlinie als photometrisches Kriterium dienen, wobei durch das gleichzeitige Auftreten beider zugleich eine Entscheidung über deren relative Empfindlichkeit möglich ist. Es zeigt sich, daß bei einem Kontrast von 8% die Genauigkeit des Kontrastprinzips noch überwiegt. Ein weiterer Vorteil des Kontrastphotometers besteht darin, daß man mittels desselben auch die Lichtstärke verschiedenfarbiger Lichtquellen, deren Färbungsunterschied jedoch nur gering sein darf, vergleichen kann. Das hierbei anzuwendende Kriterium beruht darauf, daß bei einer gewissen Stellung des Photometers die Grenze der verschieden gefärbten Felder r_2 und l_2 unscharf wird und diese kontinuierlich ineinander übergehen.

Die Photometerköpfe von Lummer und Brodhun nehmen die erste Stelle ein, wenn es sich um Präzisionsmessungen in gleichfarbigem Licht handelt.

§ 85. Das Photometer von Martens.

Das Photometer von Martens[1]) ist in Fig. 111 in äußerer Ansicht und in Fig. 112 im Schnitt dargestellt. Die Lichtquellen X und N beleuchten die beiden Seiten eines Gipsschirmes S, und diese Be-

---

[1]) Martens, Ein neuer Photometeraufsatz. Journal für Gasbeleuchtung **43**. S. 250. **1900**.

leuchtungen werden mit Hilfe eines Doppelprismas nebeneinander betrachtet. Der Strahlengang ist in Fig. 112 dargestellt. Die durch 1 gehenden Strahlen erzeugen in der Ebene der Blende B die Bilder a_1 und b_1 der Öffnungen a und b; die durch die Hälfte 2 gehenden Strahlen erzeugen die Bilder a_2 und b_2. Die Blende B läßt lediglich die Bilder a_1 und b_2 hindurch. Daher erblickt das Auge durch die Blende B die Hälften 1 und 2 des Zwillingsprismas von X und N beleuchtet. Die Einstellung auf gleiche Beleuchtung geschieht durch Verschieben des Photometers auf der Photometerbank. Bei genauer

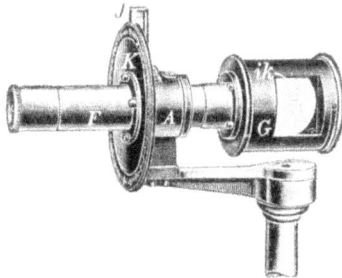

Fig. 111.

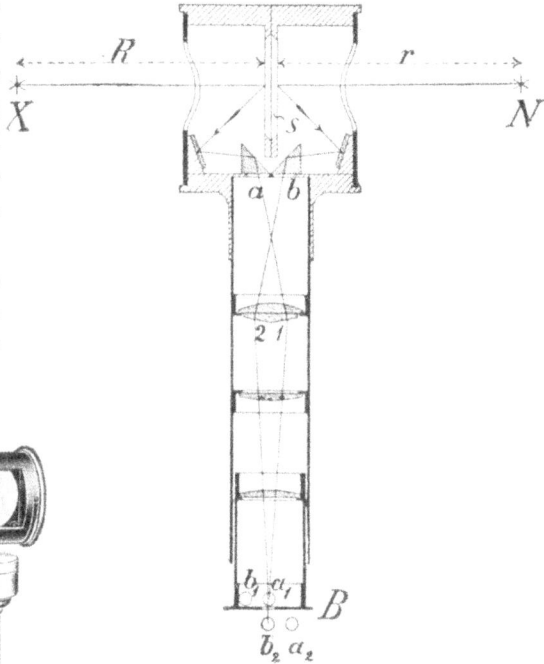

Fig. 112.

Einstellung verschwindet die Trennungslinie der Felder vollkommen. Durch Umlegen des ganzen Photometergehäuses um 180° können die beiden Schirmseiten vertauscht werden. In Fig. 111 ist eine Ausführungsform des Photometers zum Messen unter verschiedenen Winkeln dargestellt. Das Instrument wird von der Firma Franz Schmidt & Haensch in Berlin hergestellt.

§ 86. Das Photometer von Bechstein.

Die Konstruktion und der Strahlengang des Bechsteinschen Photometers können aus den beiden um 90° gedrehten Schnitten der Fig. 113 ersehen werden. Von den beiden zu vergleichenden Lichtquellen J_1 und J_2, die rechts und links auf der Photometerbank aufgestellt werden, fällt Licht auf das Ritchiesche Gipsprisma G. Dieses diffus reflek-

tierende Prisma ist in der Brennweite einer mit einem Zwillingsprisma Z_1 verkitteten Linse O und die Okularblende A ist in der
Brennweite der Linse L angeordnet. Zwischen Linse L und Zwillingsprisma Z_1 ist noch ein gleiches Prisma Z_2 derart eingeschaltet, daß die
brechenden Kanten senkrecht zueinander stehen und sich nahezu
berühren. Prisma Z_2 ist durch eine runde Blende begrenzt und wird
mit L als Lupe scharf gesehen. Das Aussehen des Gesichtsfeldes entspricht den Fig. 114 a, b, c.

Durch die gekreuzte Anordnung der Zwillingsprismen entstehen vier
virtuelle Lagen der Augenpupille auf dem Gipskörper, d. h. jeder der

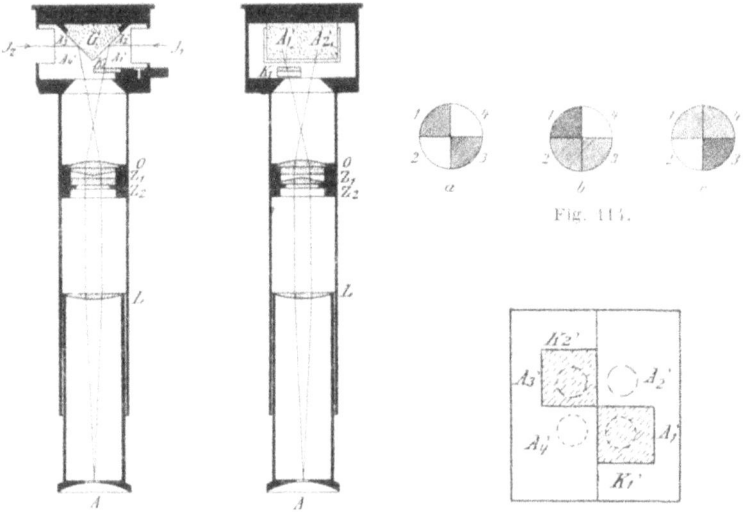

Fig. 113.   Fig. 115.

Quadranten 1, 2, 3, 4 wird von den entsprechenden Stellen A_1', A_2',
A_3', A_4' (Fig. 113) des Gipses beleuchtet und zwar die senkrecht übereinander liegenden Quadranten 1, 2 bzw. 3, 4 von je einer Lichtquelle.

In die von A_1' und A_3' kommenden Strahlenbündel können die
kleinen Glasblenden K_1' und K_2' (Fig. 115) durch Drehen eingeschaltet
werden. Hierdurch wird durch Absorption die Kontrastwirkung
hervorgebracht. Bei richtiger Einstellung des Photometers erscheint
das Gesichtsfeld in der in Fig. 114 a dargestellten Gestalt. Fig. 114 b
stellt das Aussehen des Gesichtsfeldes dar, wenn das Photometer
zu weit nach der Lichtquelle J_1, und Fig. 114 c, wenn das Photometer
zu weit nach J_2 verschoben ist. Werden die Glasblenden zurückge-
schlagen, so wirkt das Instrument als einfaches Gleichheitsphotometer.

Es ist dann das Gesichtsfeld nur durch eine vertikale Linie in zwei Hälften geteilt. Die Trennlinie verschwindet vollständig, sobald die richtige Einstellung erzielt ist.

Das Photometer wird auf Wunsch auch mit einem Kreis und Index zur Messung von Lichtquellen unter verschiedenen Winkeln geliefert. Da in dem Photometer ein Ritchiescher Gipskeil angebracht ist, muß das Photometer zur Achse der Photometerbank genau senkrecht gestellt werden.

§ 87. Das Flimmerphotometer von Simmance und Abady.

Die Flimmerphotometer beruhen auf dem Talbotschen Gesetz[1]), welches in der Fassung von Helmholtz[2]) folgendermaßen lautet:

»Wenn eine Stelle der Netzhaut von periodisch veränderlichem und regelmäßig in derselben Weise wiederkehrendem Lichte getroffen wird und die Dauer der Periode hinreichend kurz ist, so entsteht ein kontinuierlicher Eindruck, der dem gleich ist, welcher entstehen würde, wenn das während einer jeden Periode eintreffende Licht gleichmäßig über die ganze Dauer der Periode verteilt sein würde.«

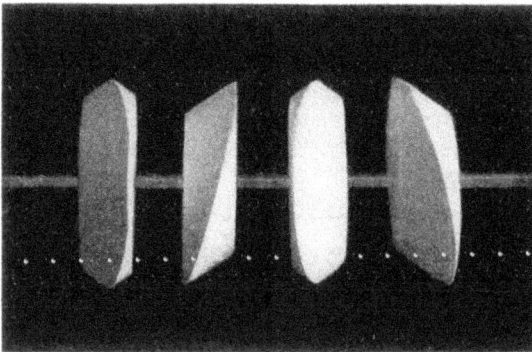

Fig. 116.

Wenn daher ein Flächenstück in schneller Abwechslung von zwei Lichtquellen beleuchtet wird, so erscheint es konstant beleuchtet, wenn die Beleuchtungen gleich sind. Ist jedoch eine Lichtquelle stärker oder befindet sie sich bei gleicher Stärke der Fläche näher, so tritt ein

---

[1]) Talbot, Philosophical Magazine (3) **5**. S. 321. **1834.**

[2]) H. v. Helmholtz, Handbuch der physiologischen Optik, 2. Aufl. S. 483. Hamburg 1896 bei L. Voß.

Flimmern ein. In dem Flimmerphotometer von Simmance und Abady[1]) befindet sich eine weiße Scheibe, deren Rotationsebene vertikal steht und mit der Achse des Beobachtungsrohres zusammenfällt. Die Peripherie ist von beiden Seiten aus kegelförmig derart abgeschliffen, daß die beiden Kegelachsen nicht mit der Rotationsachse zusammenfallen, sondern daß sie im umgekehrten Sinne exzentrisch sind. (Fig.116.) Hierdurch wird bewirkt, daß die dem Auge zugekehrte Fläche in den beiden äußersten Stellungen entweder nach rechts oder nach links geneigt ist. Sie wird deshalb abwechselnd von beiden Lichtquellen beleuchtet. Da die Flächen vollständig identisch sind, ist auch die Wirkung bei entsprechender Rotation auf das Auge identisch, gleiche beiderseitige Beleuchtung vorausgesetzt.

Die Rotation der Scheibe wird im Simmance-Abadyschen Photometer durch ein Uhrwerk bewirkt. Die Konstruktion (Fig.117) ist zum Photometrieren unter verschiedenen Winkeln bestimmt. Das Gehäuse ist mit einem Schlüssel zum Aufziehen des Uhrwerkes, einem Geschwindigkeitsregulator und einer Arretierungsvorrichtung versehen.

Fig. 117.

Die rotierende Scheibe soll aus reinem Kalk, Gips, kohlensaurer Magnesia oder aus Bariumsulfat hergestellt werden. Sie muß rein weiß sein, irgendwelche Färbung würde die Angaben des Photometers beeinträchtigen. Da die Wirkungsweise des Photometers auf der integralen Wirkung der beiden Seiten des Photometerkörpers beruht, so ist ersichtlich, daß jede Veränderung desselben, z. B. ein Berühren mit unsauberen Fingern, die Gleichheit und Brauchbarkeit des Körpers aufhebt. Zur Erzielung möglichst genauer Einstellungen ist es notwendig, die Rotationsgeschwindigkeit des photometrischen Körpers zu verändern.

---

[1]) Das Instrument wird von der Firma Alexander Wright & Co., Westminster (England), geliefert. — J. Simmance, Proceedings of the Physical Society 19. S. 37. 1904. Philosophical Magazine 7. S. 341. 1904. — Simmance-Abady-Photometer. Diskussion. The Electrician (London) 52. S. 380. 1905.

Die Umdrehungszahl muß für jeden Beobachter und für jeden Grad der Verschiedenheit der Lichtquellen in bezug auf Färbung eingestellt und dann konstant erhalten werden. Der Einfluß der Umdrehungszahl ist schematisch in Fig. 118 dargestellt. Die Messung wird am genauesten, je kürzer die Strecke ist, auf welcher das Flimmern verschwindet, anderseits fast unmöglich, wenn infolge zu kleiner Umdrehungszahl das Flimmern überhaupt nicht aufhört. In Fig. 118 stellen die Abszissen die Einstellungen auf der Photometerbank, die Ordinaten die Stärke des Flimmerns und $R\,B$ den Ort der richtigen Einstellung dar. Kurve I entspricht einer zu niedrigen Umdrehungszahl, denn sie ergibt nur ein Minimum des Flimmerns. Kurve II entspricht genau der richtigen Umdrehungszahl, das Flimmern im Minimum wird Null. Die Kurve III entspricht einer zu hohen Umdrehungszahl. Hierbei ist das Flimmern auf der Strecke $C\,D$ gleich Null. Zu einem sicheren Gebrauche des Instrumentes ist einige Übung erforderlich.

Es ist einleuchtend, daß das beschriebene Instrument zum Vergleichen gleichfarbigen Lichtes geeignet ist. Die Flimmerphotometer sollen sich aber auch gut zum Vergleichen verschieden gefärbter Lichter eignen.

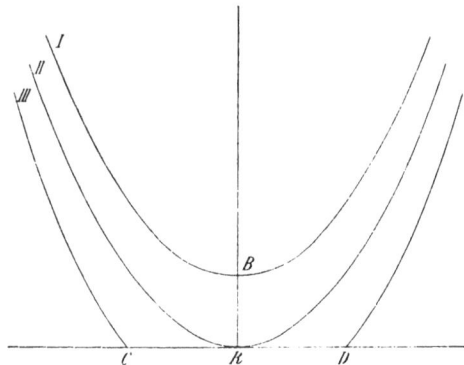

Fig. 118.

Rood[1]) hatte entdeckt, daß wenn zwei verschieden gefärbte Oberflächen schnell abwechselnd betrachtet werden, die Empfindung der Farben verschwindet oder eine Mischfarbe empfunden wird, obwohl die Empfindung des Flimmerns noch besteht; sind jedoch die beiden Flächen gleichmäßig beleuchtet, so verschwindet auch die Empfindung des Flimmerns. Rood hatte auch das erste Flimmerphotometer angegeben, das dann von Whitman[2]) modifiziert wurde.

Die Wahrnehmungen, welche man beim Vergleichen zweier verschieden gefärbter Glühlampen, z. B. einer roten und einer grünen, macht, sind folgende: Stellt man den Rotationskörper so ein, daß das Gesichtsfeld durch die Kante in zwei Teile geteilt wird, so ist der

---

[1]) Ogdon N. Rood, Americ. Journal of Science **46**. S. 173. **1893**. Physical Review. N. Y. **3**. S. 241. **1893**.

[2]) M. F. Whitman, Physical Review. N. Y. **3**. S. 241. **1896**.

eine Teil intensiv rot, der andere intensiv grün beleuchtet; hierbei ist natürlich jede Messung ausgeschlossen. Setzt man nun den Rotationskörper mit anwachsender Geschwindigkeit in Betrieb, so zeigt sich folgendes: Zuerst wechseln die beiden Farbeneindrücke ganz scharf miteinander ab. Allmählich wird es immer schwieriger, getrennte Farbeneindrücke wahrzunehmen, und schließlich erscheint im Gesichtsfeld eine Mischfarbe. Die gelegentlich geäußerte Ansicht, daß beim Flimmerphotometer die Farbenempfindung völlig aufhöre, ist unrichtig. Bei ungleicher Beleuchtung ist das Flimmern noch vorhanden, bei gleicher Beleuchtung ist es verschwunden. Diese Erscheinung lehrt, daß die Dauer des Farbeneindruckes kürzer ist als die des Lichteindruckes. Der variable Farbeneindruck ist schon verschwunden, während der variable Lichteindruck sich noch durch das Flimmern bemerkbar macht.

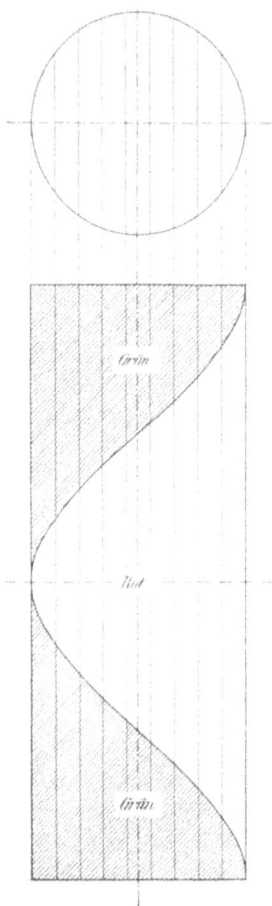

Betrachtet man das Gesichtsfeld genauer, so erkennt man, daß es nicht von einer einzigen Mischfarbe eingenommen ist, sondern daß die aus Rot und Grün bestehende Mischfarbe ihre Zusammensetzung von der rechten zur linken Grenze des Gesichtsfeldes hin ändert: es ist auch leicht einzusehen, weshalb diese Erscheinung auftreten muß.

Denkt man sich das Gesichtsfeld z. B. in neun schmale Streifen geschnitten, wie es Fig. 119 zeigt, und stellt man unter dem Gesichtsfeld

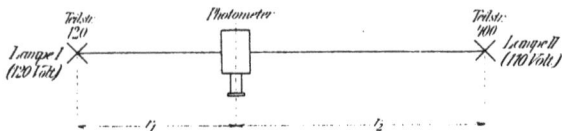

Fig. 119.

Fig. 120.

eine Abwickelung des Photometerkörpers dar, wobei die grün beleuchtete Fläche schraffiert, die rote weiß dargestellt ist, dann ist ersichtlich, daß der erste Streifen links einen sehr langen grünen und einen kurzen roten Impuls erhält. Der zweite Streifen erhält ebenfalls mehr Grün wie Rot. Beim mittleren Streifen ist das Verhältnis gleich, und nach rechts zu überwiegt immer mehr das rote Licht.

Will man diese Ungleichförmigkeit der Färbung des Gesichtsfeldes vermeiden, so muß man entweder beide Seiten des Gesichtsfeldes abblenden und nur einen mittleren Streifen freilassen oder einen Rotationskörper bzw. eine Anordnung anwenden, welche von dem oben geschilderten Mangel frei ist.

Die vorstehenden Erwägungen wurden von Uppenborn der experimentellen Prüfung unterzogen. Zu diesem Zwecke wurde das Flimmerphotometer mit verschiedenen Blenden versehen, welche einen Teil des Gesichtsfeldes abblendeten. Die Versuchsanordnung ist aus Fig. 120, die Gestalt der Diaphragmen aus Fig. 121 zu ersehen. Die Resultate sind in nachstehender Tabelle mitgeteilt.

Bei allen Versuchen stand Lampe I auf Teilstrich 120, Lampe II auf Teilstrich 400 der Photometerbank. Die konstante Meßlänge betrug demnach 280 cm. Die Spannung betrug 120 Volt für Lampe I und 110 Volt für Lampe II. Die Mittelwerte und Fehlergrößen in der nachstehenden Tabelle ergaben sich aus je 40 Beobachtungen.

Versuchsanordnung	Mittelwert der Photometer- einstellung	Verhältnis der Lichtstärken beider Licht- quellen	Mittlerer Fehler des einzelnen Lichtstärken- verhältnisses		Mittlerer Fehler des Mittelw. der Lichtstärken- verhältnisse	
			absolut	in % des Mittelw.	absolut	in % des Mittelw.
I. Lampe I war durch ein rotes Glas abgeblendet:						
1. Diaphragma I (Öffnung auf Rot)	315,7	5,39	+ 0,287	± 5,33	+ 0,045	+ 0.84
2. Diaphragma II	318,6	5,95	0,330	5.55	0,052	0,88
3. Diaphragma III (Öffnung auf Weiß)	323,3	7,03	0,400	5,70	0,063	0.90
4. Versuch ohne Diaphragma	320,1	6,35	0,446	7,02	0,071	1,11
5. Diaphragma IV	319,7	6,19	0,256	4,15	0,041	0,66
II. Vergleich beider Lampen ohne farbige Glasblenden[1]:						
1. Diaphragma IV	262,5	1,07	0,014	1,31	0,002	0,207
2. Versuch ohne Diaphragma	264,3	1,13	0,024	2,12	0,004	0,336
III. Kontrollversuch zu II mit dem Photometer von Lummer und Brodhun[2]:						
Beide Lampen ohne farbige Blenden	266,5	1,20	0,017	1,42	0,003	0,224

[1] Die Rotationsgeschwindigkeit der Gipsscheibe betrug bei Versuch II etwa $^2/_3$ der Rotationsgeschwindigkeit bei Versuch I.

[2] Eine Kontrolle des Versuches I mittels des Photometers von Lummer und Brodhun erwies sich als unmöglich.

Aus diesen Versuchen ergibt sich einerseits, daß die Photometereinstellung sehr wesentlich davon abhängt, welcher Teil des Gesichtsfeldes zur Messung benutzt wird, und anderseits daß die Genauigkeit
am größten wird, wenn nur ein kleiner mittlerer Ausschnitt aus dem
Gesichtsfeld verwendet wird. Das erste Ergebnis ist ohne weiteres
klar, und das zweite erklärt sich leicht daraus, daß alle übrigen Teile
des Gesichtsfeldes andere Einstellungen zur Folge haben und dadurch
das beobachtende Auge nur verwirren und die Einstellung erschweren.

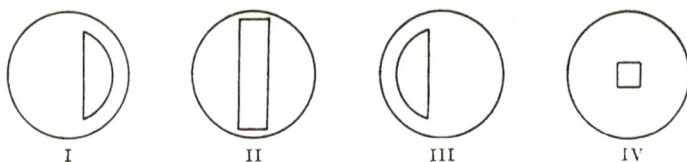

Fig. 121.

Wenn das Flimmern im mittleren Teile des Gesichtsfeldes verschwun-
den ist, muß es rechts und links noch bestehen. Hierdurch wird die
Einstellungsgenauigkeit beeinträchtigt. Man wird also gut tun, bei
Verwendung des Flimmerphotometers die quadratische Mittelblende
Fig. 121 IV zu benutzen. Daß das Photometer mit derselben tatsäch-
lich Brauchbares leistet, ergibt der Vergleich mit dem Photometer von
Lummer-Brodhun.

§ 88.   Das Flimmerphotometer von Bechstein.

Das Flimmerphotometer von Bechstein[1]) vermeidet den Fehler
des Photometers von Simmance-Abady. In Fig. 122 ist das Instrument
schematisch im Schnitt dargestellt. Bei dieser Einrichtung ist der
photometrische Gipskörper in Form eines Prismas G feststehend angeordnet. Eine keilförmige Linse K rotiert. Der Gipskeil und die
Okularblende A mit schlitzförmiger oder kreisrunder Öffnung befinden sich in den Brennweiten der Linsen K bzw. L. Das von der
feststehenden Blende B begrenzte Gesichtsfeld kann mit L als Lupe
scharf eingestellt werden. Rotiert K um die Achse des Instrumentes,
so beschreibt das auf dem Gipskeil liegende Bild des Schlitzes der
Okularblende A eine Bahn, die in Fig. 123 dargestellt ist. Bei richtiger
Stellung des Gipskeils G wird daher das ganze Gesichtsfeld während
einer halben Umdrehung der Keillinse beleuchtet. Unsymmetrie des

---

[1]) Walter Bechstein, Ein neues Flimmerphotometer. Zeitschrift für Instrumentenkunde **25**. S. 45. **1905.**

Gipskeiles kann durch Umlegen desselben leicht beseitigt werden.
Die Justierung des Instrumentes läßt sich in folgender Weise kontrol-
lieren: Es wird K so gedreht, daß das
Bild der Kante G im Schlitz der Okularblende erscheint. Wird nun G um 180°
gedreht und K unverändert gelassen, so
muß das Bild der Kante dieselbe Lage
annehmen wie zuvor. Bei diesen Versuchen empfiehlt es sich, das Fernrohr-
bild mit einer Lupe, die man auf den
Rand der Okularblende einstellt, zu betrachten.

    Zur Beobachtung in verschiedenen
Winkeln zur Horizontalen läßt sich das
Instrument in der Büchse des Trägers
um beliebige Winkel drehen. Die Größe

der Winkel kann am Kreis durch einen Index abgelesen werden. In
Fig. 124 ist das Instrument in Ansicht dargestellt. Zum Antrieb der

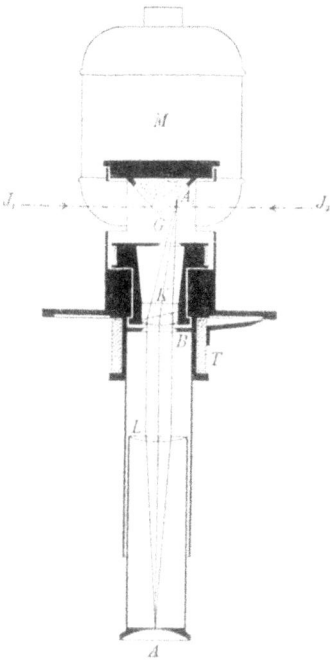
Fig. 122.

Fig. 123.

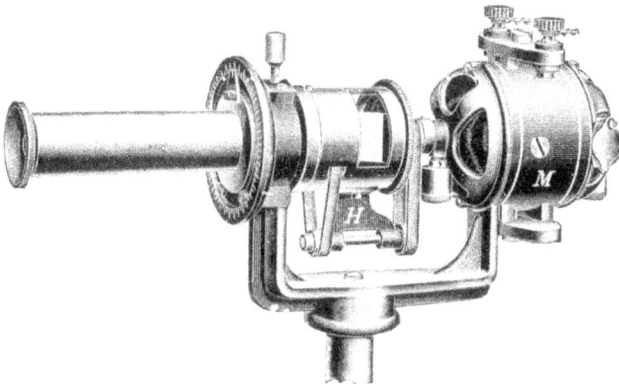
Fig. 124.

rotierenden Keillinse wird ein kleiner Elektromotor M für 6 Volt oder
für 110 Volt benutzt. Der Elektromotor hat vor dem im Flimmer-

photometer von Simmance-Abady verwendeten Uhrwerk den Vorteil, daß sich seine Umdrehungszahl viel leichter regulieren und völlig konstant halten läßt.

In einer weiteren, noch einfacheren Konstruktion des Bechsteinschen Flimmerphotometers ist der Gipskeil G durch einen unter etwa 45° stehenden Gipsschirm ersetzt, welcher rotiert. Die keilförmige Linse fehlt hier. Bei dieser Anordnung wird ebenfalls eine gleichmäßige und wechselseitige Beleuchtung des Gesichtsfeldes bewirkt. Einseitigkeit ist bei dieser Konstruktion ausgeschlossen, da eine und dieselbe Fläche die zu vergleichenden Lichtstrahlen aufnimmt.

Diese Instrumente von Bechstein eignen sich sowohl zum Vergleichen gleichgefärbter wie ungleichgefärbter Lichtquellen sogar bei erheblichen Unterschieden in der Färbung. Um dies nachzuweisen, wurden mit einem Photometer mit feststehendem Gipskeile folgende Versuche von Bechstein angestellt. Zur Untersuchung dienten zwei gleiche, ruhig brennende Petroleumlampen J_1 und J_2, deren Licht durch vorgeschlagene farbige Gläser gefärbt wurde. Den Beobachtern A und C war bisher das Flimmerprinzip gänzlich unbekannt. Trotzdem ergab sich, wie aus der Tabelle zu ersehen ist, eine gute Übereinstimmung in den Einstellungen. Die Zahlen bedeuten die Entfernungen r_1

	J_1 weiß; J_2 weiß			J_1 grün (stark); J_2 weiß			J_1 rubinrot; J_2 blau (hell)		
	Beobachter			Beobachter			Beobachter		
	A	B	C	A	B	C	A	B	C
	699	700	696	477	484	481	629	617	617
	698	696	704	480	484	482	637	615	620
	704	700	698	476	487	482	637	614	621
	703	700	699	475	482	481	631	620	623
	699	704	698	472	484	483	633	615	626
	698	700	700	477	482	485	634	631	623
	700	700	701	474	480	483	632	618	625
	699	702	698	472	482	482	626	610	622
	699	701	697	475	478	483	630	623	628
	697	698	695	476	483	478	633	629	625
Mittel	699,6	700,1	698,6	475,4	482,6	482,0	632,2	619,2	623,0
Mittlerer Fehler einer Einstellung in mm .	1,64	1,34	1,92	1,8	1,8	1,2	2,6	5,2	2,4
Fehler in %₀ . .	0,94	0,77	1,09	1,15	1,13	0,76	1,5	3	1,4

der Lichtquelle J_1 vom Photometer in mm. $r_1 + r_2$ war für alle
Messungen konstant gleich 1400 mm.

Aus diesen Werten geht ferner deutlich hervor, daß Beobachter A
durchweg Rot heller wahrnimmt als die beiden anderen Beobachter.

§ 89. Flimmerphotometer mit zwei in der Phase verschobenen Flimmerphänomenen von Bechstein.

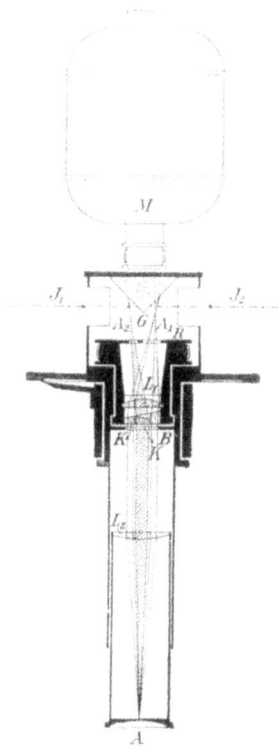

Bei den bisher beschriebenen Konstruktionen von Flimmerphotometern wird das Flimmerphänomen stets auf der ganzen Fläche
eines beliebig begrenzten Gesichtsfeldes der-
art erzeugt, daß das Gesichtsfeld in jedem
Augenblick nur von einer Lichtquelle, niemals
gleichzeitig von beiden beleuchtet wird. Die
neuere Konstruktion von Bechstein[1]) (Fig. 125)
läßt dagegen stets beide Lichtquellen gleichzeitig auf das Gesichtsfeld wirken. Das Gesichtsfeld hat das in Fig. 126 und 127 dargestellte Aussehen, welches dem eines Lummer-
Brodhunschen Gleichheitswürfels entspricht.
Es werden aber zwei um 180° in der Phase
verschobene Strahlen verwendet, von welchen
der eine zur Beleuchtung des Ringes, der
andere zur Beleuchtung der von ihm eingeschlossenen Kreisscheibe dient.

Das Flimmerphänomen auf der letzteren
ist also gegenüber dem auf dem Ring um
180° verschoben.

Fig. 125.   Fig. 126.   Fig. 127.

Die Konstruktion dieses Flimmerphotometers unterscheidet sich
von der des einfachen Flimmerphotometers, wie aus Fig. 125 hervor-
geht, durch den Ersatz des einfachen Keils durch einen Doppelkeil KK,
bestehend aus zwei konzentrisch zueinander angeordneten Glaskeilen

---

[1]) Walter Bechstein, Zeitschrift für Instrumentenkunde **26**. S. 249. **1906.**

mit gleichen brechenden Winkeln nebst angelegter Blende B. Die
Keile KK sind starr miteinander derart verbunden, daß die Keilwinkel
entgegengesetzte Lage haben. Sie werden mit der Linse L_1 von einem
Motor in entsprechende Rotation versetzt. Durch Verstellen der
Lupe L_2 können beide Keile gleichzeitig für das bei A beobachtende
Auge scharf eingestellt werden.

Das Gesichtsfeld kann durch Einsetzen von Blenden bis zur
fovealen Größe abgeblendet werden. Geschieht dies nach der in Fig. 128
dargestellten Weise, so wird nur ein Flimmer-
phänomen beobachtet, nach Fig. 129 werden beide
Flimmerphänomene beobachtet.

Fig. 128. 　　Fig. 129.

Durch die Einführung des Doppelkeiles KK
in den Strahlengang des Instrumentes werden zwei um 180⁰ verschobene Bilder A_1 und A_2 der schlitzförmigen Augenpupille A auf
dem Gipsprisma G erzeugt, welche bei der Rotation die in Fig. 130
dargestellte Bahn beschreiben.

In der Ruhelage und in der in Fig. 125 gezeichneten Stellung des
Rotationskörpers R erhält der Ring K Licht von J_2 und das Zentrum K
solches von J_1, und alle Stellen des Ringes sowie des Zentrums werden
von der entsprechenden Lichtquelle gleich hell beleuchtet. In der
Ruhelage ist das Instrument daher ein Gleichheitsphotometer, bei
welchem aber aus optischen Gründen die Trennungslinie nicht zum Verschwinden gebracht werden kann.
Auf Gleichheit einzustellen ist immer dann möglich, wenn
$\sin \varphi \quad a/d$ ist (Fig. 130).

Fig. 130.

Wird der Körper R etwa um 180⁰ gedreht, so be-
kommen der Ring K und das Zentrum K Licht von J_1 bzw. J_2.
Die Lichtquellen sind scheinbar gegenseitig unter Beibehaltung ihrer
Entfernungen vertauscht.

Läßt man den Körper R langsam rotieren, so hat das Gesichtsfeld bei gleich gefärbten Lichtquellen abwechselnd das Aussehen von
Fig. 126 und 127, solange der Gipskeil noch nicht beiderseitig gleich
stark beleuchtet ist. Bei Erhöhung der Umdrehungszahl, welche aber
bei gleichfarbigen Lichtquellen im Interesse der Empfindlichkeit sehr
gering sein soll, tritt Flimmern ein, welches dadurch, daß die Maxima
und Minima abwechselnd im Ring und Zentrum erscheinen, verstärkt
wird. Die Einstellung erfolgt wie beim einfachen Flimmerphotometer
so, daß das Flimmern möglichst verschwindet.

Beim Vergleichen verschieden gefärbter Lichtquellen wird die
Umdrehungszahl so gewählt, daß das Gesichtsfeld gerade in der Misch-

farbe erscheint und das Flimmern nur durch Helligkeitsunterschiede hervorgerufen wird.

In Fig. 131 ist das doppelte Flimmerphänomen für den Fall der Einstellung auf ungleiche Beleuchtung des Gipskeiles schematisch dargestellt. Die Kurven I und II, deren Formen willkürlich gewählt sind, zeigen die Größenverhältnisse der periodisch wiederkehrenden Lichtreize der beiden in der Phase verschobenen Flimmerphänome, wenn die Einstellung auf gleiche Helligkeit noch fehlerhaft ist.

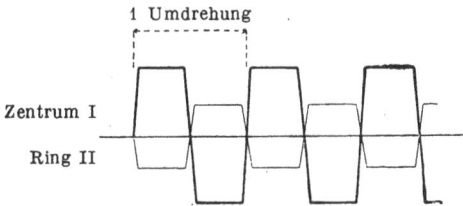

Fig. 131.

Die von den Kurven umschlossene Fläche stellt den auf das Auge ausgeübten integralen Lichtreiz dar.

Mit diesem Photometer läßt sich genauer und weniger ermüdend einstellen als mit dem einfachen Flimmerphotometer.

§ 90. Photometerkopf für zweiäugige Beobachtung von Krüß.

Es wird von manchen Beobachtern als lästig empfunden, bei Anwendung eines optischen Meßinstrumentes nur ein Auge benutzen zu sollen. Nicht jeder ist ohne weiteres imstande, das andere Auge in Ruhe zu stellen; es wird häufig krampfhaft geschlossen und dadurch dann auch die Ruhe des beobachtenden Auges gestört. Man hat manchmal schon Abhilfe zu schaffen versucht durch eine scheinbar zweiäugige Einrichtung, bei welcher das zur Untätigkeit verurteilte Auge einfach in ein vollkommen dunkles Rohr blickt.

Stigler[1]) hat Untersuchungen angestellt und gefunden, daß der gewöhnlich üblichen monokularen Beobachtung beim Photometrieren die binokulare Beobachtung vorzuziehen sei. Stigler fand insbesondere, daß die Unterscheidungsempfindlichkeiten beider Augen sich addieren. Die prozentualen Fehler betrugen bei Stiglers Versuchen beim Photometrieren mit e i n e m Auge meist mehr als 2%, während sie beim Photometrieren mit z w e i Augen unter 1,5% herabgingen. Ferner ergibt sich bei der Beobachtung mit zwei Augen eine größere Helligkeitsempfindung als bei der mit einem Auge sowie geringere Ermüdung der Augen.

1) R. Stigler, Zeitschrift für Sinnesphysiologie 44. S. 62. 1909.

Krüß[1]) hat nun den Lummer-Brodhunschen Photometerkopf für zweiäugige Beobachtung eingerichtet. Die Aufgabe, die Krüß löste, ist folgende:

Es sei P in Fig. 132 die Hypotenusenfläche des Lummer-Brodhunschen Würfels, durch welche hindurch bzw. an welcher reflektiert der Photometerschirm S von dem in A befindlichen Auge gesehen wird. Immer wird die Hypotenusenfläche, auf der dies Vergleichen der photometrischen Felder stattfindet, auf der Netzhaut des Auges scharf abgebildet, während die Fläche des Photometerschirmes S die Beleuchtung der Hypotenusenfläche bewirkt. Betrachtet man nun die Hypotenusenfläche P anstatt mit einem Auge A mit den beiden Augen A_l und A_r, so zeigt Fig. 132 ohne weiteres, daß dann für die beiden Augen verschiedene Teile des Photometerschirmes S wirksam sind.

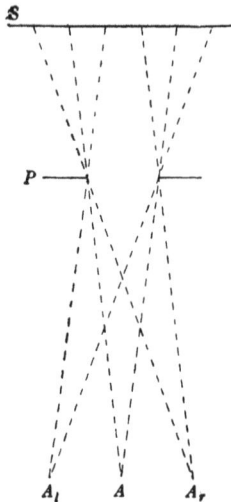

Fig. 132.

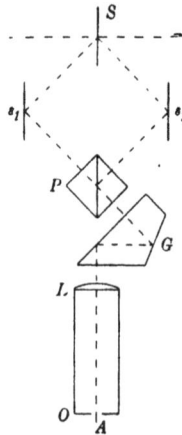

Fig. 133.

Die erste zu erfüllende Bedingung ist demnach die, daß für beide Augen die gleichen Teile des Photometerschirmes in Wirkung treten; dazu kommt als zweite Bedingung, daß nicht eine beträchtliche Lichtschwächung herbeigeführt werde.

Krüß löste diese Aufgaben in der Weise, daß er jedem Auge einen Lummer-Brodhunschen Würfel gab und die optischen Achsen beider auf denselben Punkt des Photometerschirmes S richtete, wobei er die bereits früher[2]) gegebene Ausführungsform des Lummer-Brodhunschen Würfels verwendete. In dieser in Fig. 133 dargestellten Krüßschen Ausführungsform des Lummer-Brodhunschen Würfels beleuchten die beiden Seiten des Photometerschirmes S die Hypotenusenfläche des Prismenpaares P durch die beiden rechts und links aufgestellten Spiegel s_1 und s_2. Durch das Reflexionsprisma G werden die Strahlen wieder in die Mittellinie des Instrumentes gelenkt und gelangen durch die Linse L und die Okularblende O in das Auge A. Soll nun für jedes

---

1) H. Krüß, Zeitschrift für Instrumentenkunde **30**. S. 329. **1910**.
2) H. Krüß, Journal für Gasbeleuchtung **37**. S. 61. **1894**. **39**. S. 265. **1896**.

Auge ein Lummer-Brodhunsches Prismenpaar vorhanden sein, so müssen beide mit ihren Hypotenusenflächen in der Mittellinie des Instrumentes, in der Ebene des Photometerschirmes S stehen; es müssen also an Stelle des Prismenpaares P (Fig. 133) zwei solcher Prismenpaare P_l und P_r (Fig. 134) angebracht werden und zwar symmetrisch zum Mittelpunkte des Photometerschirmes S. Anstatt je eines Spiegels s_1 und s_2 werden auf jeder Seite zwei Spiegel s_{1l}, s_{1r} und s_{2l}, s_{2r} angebracht und zwar in solcher Neigung, daß der Mittelpunkt des Photometerschirmes S in jedem der Prismenpaare in horizontaler Richtung gesehen wird. Durch zwei übereinander stehende Reflexionsprismen G und zwei senkrecht über einander stehende Linsen L werden die Strahlen ebenso wie in der durch Fig. 133 angedeutetenWeise weitergeleitet.

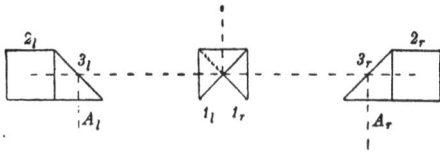

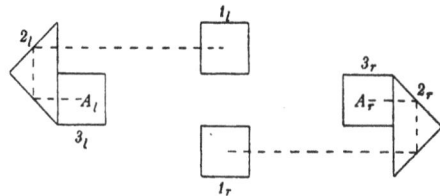

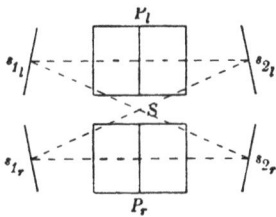

Fig. 134.

Fig. 135.

Die für die beiden Augen bestimmten Bilder der Hypotenusenflächen der beiden Prismenpaare P_l und P_r liegen also senkrecht über einander, und es handelt sich nun darum sie wieder in ein und dieselbe Höhe und in den Abstand der beiden Augen voneinander zu bringen.

Das geschieht in einfacher Weise durch die Benutzung einer Reihe von Reflexionsprismen, wie sie in Fig. 135 in Aufsicht und Ansicht dargestellt sind. Die rechtwinkligen Prismen 1_l und 1_r befinden sich in der Mittellinie des Instrumentes in gleichem vertikalen Abstand voneinander wie die beiden Prismenflächen. Ihre Hypotenusenflächen sind gegeneinander gekreuzt, so daß das Prisma 1_l die Strahlen nach links, das Prisma 1_r sie nach rechts reflektiert. Diese beiden Prismen sind in fester Stellung angebracht, wogegen die seitlichen Prismen 2 und 3 in horizontaler Richtung zur Anpassung an den Augenabstand des Beobachters verschiebbar sind.

Durch zweimalige Reflexion in den rechtwinkligen Prismen 2_l und 2_r werden die für das·linke und das rechte Auge bestimmten Strahlen auf dieselbe mittlere Höhe gebracht und dann durch die ebenfalls

rechtwinkligen Prismen 3_l und 3_r horizontal nach vorn in die Augen A_l
und A_r des Beobachters gesandt.

Fig. 136 zeigt noch eine äußere Ansicht des Instrumentes[1]). Die
beiden in der Seitenwand angebrachten Schrauben gestatten die
Spiegel s_{1l}, s_{1r} und s_{2l}, und s_{2r} (Fig. 134) so einzustellen, daß die von
der Mitte des Photometerschirmes S kommenden Strahlen horizontal
durch die Mitte der Prismenpaare gehen. In dem vorderen Ansatz-
rohre sind die beiden Linsen verschiebbar vorhanden; durch die beiden
nach oben und unten herausragenden Knöpfe können sie so eingestellt
werden, daß die Hypotenusenflächen der Prismenpaare den vor den
Augenmuscheln befindlichen Augen des Beobachters scharf eingestellt
erscheinen. In dem vorderen viereckigen Kasten befinden sich die
in Fig. 135 schematisch dargestellten Prismen. Die Entfernung der

Fig. 136.

beiden Außenpaare voneinander kann durch eine Schraube, deren
Knopf seitwärts heraussteht, symmetrisch zur Mittellinie verändert
werden, um die austretenden Strahlen in die Entfernung der beiden
Augen voneinander zu bringen; eine Millimeterteilung an der Vorderseite erlaubt diese Entfernung abzulesen. Stimmt der Augenabstand
nicht mit der Einstellung dieser Prismen überein, so wird man die
beiden Hypotenusenflächen der Prismenpaare als zwei getrennte
Bilder wahrnehmen; durch entsprechende Drehung des seitlichen
Knopfes werden sie leicht zur Deckung gebracht.

Der ganze Photometerkopf kann um seine von vorn nach hinten
gehende Achse um 180° gedreht werden, damit jederzeit festgestellt
werden kann, ob das Photometer auch in seiner Wirkung symmetrisch
ist, und man, wenn dieses nicht der Fall sein sollte, durch zwei Einstellungen in den beiden Lagen des Instrumentes den Fehler der Unsymmetrie auszuschalten vermag.

---

[1]) Das Instrument wird hergestellt von A. Krüß, Hamburg, Adolphsbrücke.

§ 91. Justiervorrichtung für Photometeraufsätze.

Wenn ein Photometeraufsatz, dessen bestrahlte Flächen einander
parallel sind, so aufgestellt wird, daß die Flächen nicht genau senkrecht
auf der Photometerachse stehen sondern daß die Photometerachse
mit der im Schnittpunkt des Schirmes errichteten Normalen einen
kleinen Winkel a bildet, so wird die Beleuchtung beider Seiten des
Schirmes im Verhältnis cos a geschwächt. Es ist deshalb bei solchen
Photometeraufsätzen nicht unbedingt erforderlich, daß sie derart aufgestellt werden, daß die auf dem Schirm errichtete Normale genau mit
der Photometerachse zusammenfällt.

Anders verhält es sich indessen bei solchen Photometern, bei
welchen ein Ritchiescher Gipskeil verwendet ist, wie z. B. bei dem
in § 88 beschriebenen Flimmerphotometer von Bechstein. Bei dieser
Anordnung wird durch einen kleinen Fehler in der Aufstellung die
Beleuchtung der einen Keilfläche vergrößert, die der anderen verkleinert; der Fehler wird also verdoppelt. Man kann diesen Fehler
unschädlich machen, indem man das Substitutionsverfahren anwendet.
Indessen wird es doch angenehm sein, nicht immer auf dieses Verfahren
angewiesen zu sein sondern auch eine direkte Vergleichung zweier
Lichtstärken vornehmen zu können. Zu diesem Zwecke haben Schmidt
und Haensch eine Justier-Vorrichtung konstruiert, welche in Fig. 137
dargestellt ist.

J_1 und J_2 seien zwei gleiche, konstante Lichtquellen irgendeiner
Art, welche in gleicher Höhe mit dem Photometeraufsatz und genau
auf der Mittellinie der Photometerbank angebracht sein müssen. Ihre
Abstände r_1 und r_2 am Index der Photometerbank abgelesen, müssen
b e i   r i c h t i g e r   S t e l l u n g   d e s   P h o t o m e t e r a u f s a t z e s
gleich groß sein. Der etwa vorhandene einseitige Fehler des Instrumentes
selbst ergibt sich durch den Umschlag desselben in seinem Träger.

Es müssen dann sein: $r_1 + r_1' = r_2 + r_2'$.

Die Justierung des Photometers geschieht folgendermaßen: J_1 und
J_2 seien die beiden gleichen, konstanten Lichtquellen, welche in gleicher
Höhe mit dem Photometeraufsatz und genau auf der Mittellinie der
Photometerbank angebracht sind. Die Justiervorrichtung besteht aus
einem Zapfen Z mit Kreis K, welcher auf den Auszug des Photometer-
wagens f e s t aufgeschraubt wird und der Hülse H, welche mit Index J
und Klammer S ausgerüstet ist und ebenfalls f e s t verschraubt den
Photometeraufsatz trägt. Die Hülse H wird auf den Zapfen Z gesteckt
und so gestellt, daß das Instrument ungefähr senkrecht steht. Hierauf

erfolgt eine Einstellung auf Gleichheit oder Kontrast oder auf Verschwinden des Flimmerns bei Anwendung eines Flimmerphotometers,
und dann wird am Index der Bank abgelesen. Unter Benutzung von
Kreis K und Index J wird nun das Instrument um genau 180° (0,1°
geschätzt) gedreht. Eine neue Einstellung auf Gleichheit usw. ergibt
eine von der ersten abweichende Stellung auf der Bank. Die Differenz der ersten und zweiten Ablesung am Index der Bank wird halbiert, der Wagen an diese Stelle gebracht und nun das Photometer
durch Drehen um den Zapfen Z auf Gleichheit eingestellt. Unter
Benutzung von Kreis K und Index J wird wieder das Instrument um
genau 180° gedreht usw.

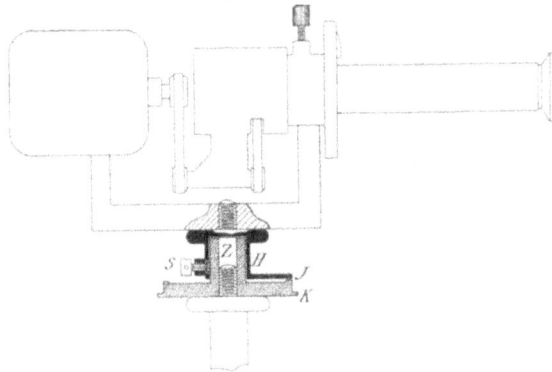

Fig. 137.

Bei einiger Übung gelingt es nach zwei- bis dreimaliger Wieder-
holung die richtige Stellung des Photometeraufsatzes zur Mittellinie
der Photometerbank zu finden.

Schraube S wird hierauf vorsichtig fest angezogen. Wird der
Kreis K mit Zapfen Z auf dem Wagen der Bank belassen, so können
beliebig viele Photometeraufsätze auf denselben Zapfen gesetzt werden;
die richtige Stellung eines jeden wird mittels Index J stets wieder
gefunden.

§ 92. Die Genauigkeit der Photometerablesungen.

Die Angaben über die bei den einzelnen Photometerkonstruk-
tionen erzielbare Genauigkeit, d. h. über den mittleren Fehler einer
Ablesung sind schwankend, denn bei solchen Feststellungen spielt die
Versuchsanordnung und die größere oder geringere Übung des Beob-
achters eine große Rolle. Die durch solche Beobachtungen gefundenen
Resultate haben daher stets nur eine relative Bedeutung.

Martens und Bechstein[1]) haben eine Vergleichung der Genauigkeit verschiedener Photometerkonstruktionen ausgeführt. Hierbei bedienten sie sich der in Fig. 138 im Grundriß dargestellten Anordnung. Eine Glühlampe von 50 HK beleuchtet beiderseitig durch die Spiegel S_1 und S_2 das zu prüfende Photometer P. Auf diese Weise ist jeder Einfluß einer Änderung der Lichtstärke der Glühlampe völlig aufgehoben. An dem zu prüfenden Photometer wurde eine Glasskala angebracht, welche von einem Beobachter mittels eines Fernrohres abgelesen wurde.

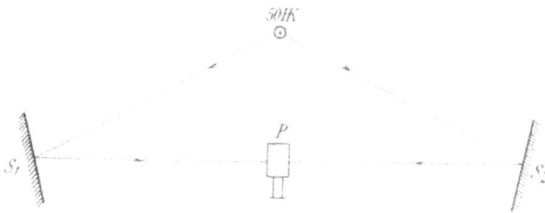

Fig. 138.

Auf diese Weise wurden die in nachstehender Tabelle verzeichneten Werte gefunden:

Mittlerer Fehler einer Ablesung:

Lummer und Brodhuns Kontrastphotometer	0.38%
Martens Photometer	0,46%
Lummer und Brodhuns Gleichheitsphotometer	0,59%
Jolys Diffusionsphotometer	1,7 %
Bunsen-Rüdorffs Fettfleckphotometer	2,0 %

Eine Verschiebung von 1 mm ergab einen Fehler von 0,27%. Aus dieser Angabe ist ersichtlich, daß die Versuche nicht unter den günstigsten Bedingungen stattgefunden haben, denn sonst hätten sich wohl noch etwas günstigere Zahlen ergeben.

Strecker[2]) gibt den Fehler eines geübten Beobachters beim Bunsenschen Photometer auf 3% und bei Beobachtung aller Vorschriften auf 1% an, was mit den Beobachtungen von Uppenborn übereinstimmt. Nebel[3]) erzielt eine Genauigkeit von 0,5 bis 0,8%. Für das Kontrastphotometer wird die Genauigkeit von anderer Seite auf 0.25% angegeben[4]).

[1]) Martens und Bechstein, Journal für Gasbeleuchtung **43**. S. 251. **1900**.

[2]) Strecker, Lichtmessungen in der Technik mit besonderer Berücksichtigung elektrischer Glühlampen. E. T. Z. **7**. S. 154. **1886**.

[3]) B. Nebel, Über störende Einflüsse am Bunsenschen Photometer und diesbezügliche Abänderungen. Repertorium der Physik S. 724. **1888**.

[4]) Zeitschrift für Instrumentenkunde **9**. S. 49. **1889**.

14*

Die oben angegebenen mittleren Fehler sind aber nicht, wie man anzunehmen versucht wäre, Größen, welche für eine gegebene Photometerkonstruktion die Bedeutung von Konstanten haben; sie sind vielmehr in ganz erheblichem Maße von der S t ä r k e d e r B e - l e u c h t u n g des Photometerschirmes abhängig. Dies folgt schon aus der einfachen Überlegung, daß im Grenzfalle, wo die Beleuchtung sich der Null nähert, der Fehler unendlich wird. Über diejenige Beleuchtungsstärke, welche den kleinsten mittleren Fehler gibt, ließ sich nur die ältere Angabe ermitteln, welche Krüß[1]) macht, wonach diese Beleuchtungsstärke gleich jener des diffusen Tageslichtes sein soll. Das diffuse Tageslicht eines Regentages in München wurde von Uppenborn zu 1400 Lux gefunden. Während nun diese Beleuchtung für einen Photometerschirm viel zu hoch erscheint, sind die Beleuchtungen, welche vielfach bei photometrischen Versuchen herrschen, zu niedrig. Dies ist auch der Grund, weshalb die Vorschaltung gefärbter Gläser beim Vergleichen verschieden gefärbter Lichtquellen selten eine Vergrößerung der Meßgenauigkeit mit sich bringt.

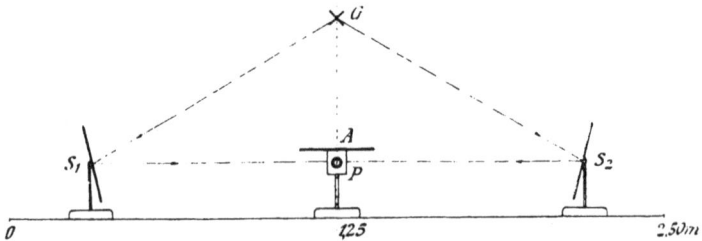

Fig. 139.

Um den Sachverhalt genauer festzustellen, wurde von Uppenborn die Aufstellung gemäß Fig. 139 gewählt. Der Photometerkopf P wurde über der Mitte einer Präzisionsphotometerbank auf den Teilstrich (125,0 cm) eingestellt und etwa 50 cm senkrecht über diesem eine in allen Richtungen verschiebbare Glühlampe G aufgehängt. Die Spiegel S_1 und S_2 waren in gleicher Entfernung vom Photometer aufgestellt und zwar so, daß das von der Glühlampe G ausgestrahlte Licht in die Photometerachse geworfen wurde. Das Photometer war gegen die Lampe durch einen schwarzen Schirm A abgedeckt.

Bei gleichen Spiegelkoeffizienten und gleicher Lichtstärke der Glühlampe G in den beiden in Betracht kommenden Richtungen würde die Photometereinstellung Gleichheit der Lichtstärke anzeigen. Diese

---

[1]) Krüß, Elektrotechnische Photometrie S. 52. 1886. Wien. Hartlebens Verlag.

Stellung ergibt den kleinsten Beobachtungsfehler. Zur Erzeugung verschiedener Beleuchtungen wurden bei den Versuchen mehrere Kohlenfadenlampen von 10 bis 50 HK verwendet und teils mit Unterspannung,
teils mit Überspannung gebrannt. Ferner wurde noch die Entfernung
der Spiegel und damit die Photometerlänge einigemale verändert.
Bei 11 verschiedenen Beleuchtungen wurden von zwei Beobachtern
je 20 Ablesungen vorgenommen. Zur genauen Bestimmung der Beleuchtungen in Lux wurde der Photometerkopf nachträglich auf den
Mittelwert der Ablesungen für die betreffende Beleuchtung eingestellt,
dann ein Spiegel entfernt und an Stelle desselben eine bei den Spannungen 70, 100 und 110 Volt geeichte Vergleichslampe aufgestellt,
Diese konnte mittels einer besonderen Vorrichtung vom Photometer
aus verschoben und genau eingestellt werden.

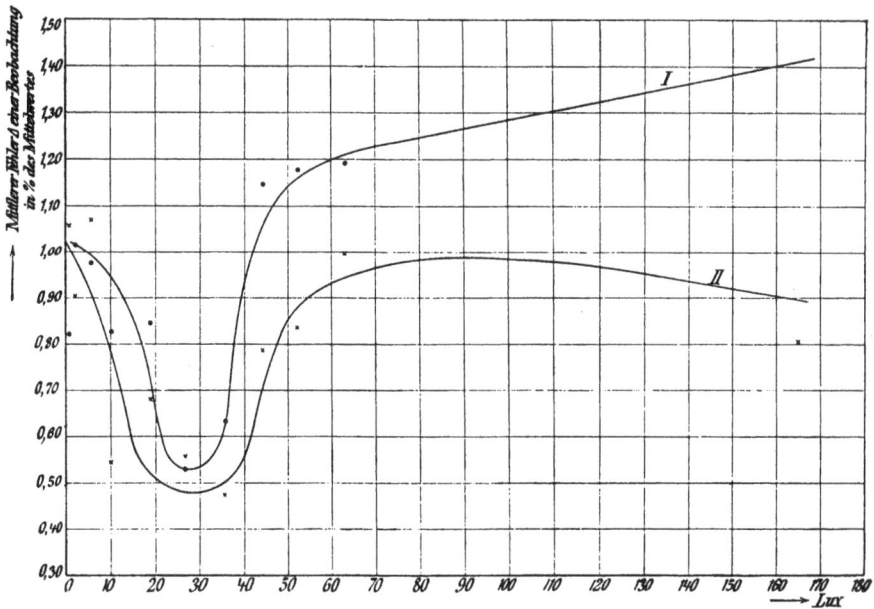

Fig. 140.

Die Beobachtungsresultate sind in der nachstehenden Tabelle mitgeteilt und in Fig. 140 graphisch dargestellt.

Mittlerer Beobachtungsfehler einer Ablesung in Prozenten des Mittelwertes, abhängig von der Beleuchtung.

Beleuchtung in Lux .	0,67	2,16	5,3	10,2	18,6	26,8	35,7	43,8	51,7	62,5	164,5
Beobachter I . . .	0,821	1,011	0,972	0,835	0,845	0,530	0,627	1,142	1,169	1,182	1,460
Beobachter II . . .	1,656	0,906	1,070	0,545	0,679	0,557	0,472	0,784	0,837	0,996	0,801

Aus diesen Beobachtungen ergibt sich, daß bei etwa 30 Lux der geringste Einstellungsfehler erzielt wird, und daß eine Steigerung der Beleuchtung von etwa 50 Lux an keinen erheblichen Einfluß auf die Größe des Beobachtungsfehlers ausübt. Während dieser Fehler bei dem Beobachter I etwas zunimmt, scheint er bei dem Beobachter II abzunehmen. Die unregelmäßige Lage der Punkte bei beiden Beobachtern läßt erkennen, daß derartige Untersuchungen durch allerlei physiologische Momente, wie Ermüdung der Augen usw., erschwert werden.

§ 93. Abweichungen vom photometrischen Grundgesetz.

Die photometrischen Messungen unter Benutzung des photometrischen Grundgesetzes beruhen auf der Voraussetzung, daß die zu messenden Lichtquellen in genügender Annäherung punktförmig sind. Dies ist nun in Wirklichkeit niemals der Fall. Man muß sich daher darüber Rechenschaft geben, inwieweit die räumliche Ausdehnung der Lichtquellen das Resultat der Messung fehlerhaft macht. Hierüber hat Strecker folgende Betrachtungen angestellt[1]).

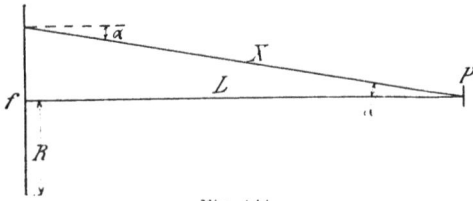

Fig. 141.

1. Leuchtende Kreisscheibe. Der leuchtende Punkt werde durch eine leuchtende Kreisscheibe vom Radius R in Fig. 141 ersetzt. Die Photometerachse sei eine Normale auf dem größten Durchmesser des Kreises. Die Beleuchtung eines Punktes P der Photometerachse, welcher in der ziemlich großen Entfernung L von der Kreisscheibe liegt, soll berechnet werden. Hat die Scheibe die Oberfläche f und die Lichtstärke J, so beträgt die Lichtstärke eines Oberflächenelements: $d\,J = \dfrac{J}{f} \cdot df$.

Der betrachtete Punkt P wird von jedem dieser Elemente eine Beleuchtung $d\,E$ empfangen, welche gleich ist:

$$d\,E = \frac{d\,J}{x^2} \cdot \cos^2 a \quad \ldots \ldots \ldots 1)$$

oder da $x = \dfrac{L}{\cos a}$:

$$d\,E = \frac{d\,J}{L^2}\cos^4 a = \frac{J}{L^2}\,\frac{df}{f}\cos^4 a \quad \ldots \ldots 2)$$

[1]) K. Strecker, Die Länge der Photometerbank und der Einfluß derselben auf das Messungsresultat. E. T. Z. 8. S. 17. 1887.

Die Scheibe werde nun durch unendlich viele Radien und konzentrische Kreise in Flächenelemente zerlegt, dann ist:

$$df = r \cdot d\varphi \cdot dr \quad \ldots \ldots \ldots \quad 3)$$

worin $d\varphi$ den unendlich kleinen Winkel vorstellt.

Demnach:

$$dE = \frac{J}{L^2} \cdot \frac{r \cdot d\varphi \cdot dr}{f} \cdot \cos^4 a \quad \ldots \ldots \quad 4)$$

$$E = \frac{J}{L^2} \int_0^{2\pi} \int_0^R \frac{r \cdot d\varphi \, dr}{f} \cos^4 a \quad \ldots \ldots \quad 5)$$

$$E = \frac{J}{L^2} \left[1 - \left(\frac{R}{L} \right) \right] \quad \ldots \ldots \ldots \quad 6)$$

Aus dieser Formel ergibt sich, daß, wenn das Verhältnis $R : L$ den relativ hohen Wert von $1 : 20$ annimmt, die Korrektion erst $0,25\%$ beträgt. In den weitaus meisten Fällen wird man daher von der Anwendung dieser Korrektion absehen dürfen.

2. L e u c h t e n d e L i n i e. Analog der vorigen Ableitung ergibt sich für den Fall der leuchtenden Linie:

$$E = \frac{J}{L^2 \cdot l} \int_{-x_1}^{x_2} \left[1 - 2 \left(\frac{x}{L} \right)^2 \right] dx. \quad \ldots \ldots \quad 1)$$

Hierin bedeutet L die Entfernung des Punktes P, J die Lichtstärke, l die Länge der leuchtenden Linie und x den Abstand des betrachteten Längenelementes dx von der Photometerachse. Es ist:

$$E = \frac{J}{L^2 \cdot l} \int_{-x_1}^{x_2} dx - \frac{2J}{L^4 \cdot l} \int_{-x_1}^{x_2} x^2 \, dx \quad \ldots \ldots \quad 2)$$

Nun ist:

$$\frac{1}{l} \int_{-x_1}^{x_2} dx = 1 \quad \ldots \ldots \ldots \ldots \quad 3)$$

da $x_1 + x_2 = l$.

Ferner erhält man:

$$\int_{-x_1}^{x_2} x^2 \, dx = \frac{1}{3} l \cdot (l^2 - 3 l x_2 + 3 x_2^2) = \frac{1}{12} l^3 \quad \ldots \quad 4)$$

daher wird:

$$E = \frac{J}{L^2}\left(1 - \frac{1}{6}\left(\frac{l}{L}\right)^2\right) \qquad \ldots \ldots \quad 5)$$

Für $\frac{l}{L} = 0{,}1$ wird die Korrektion $0{,}17\%$.

Beispielsweise beträgt die Länge des Kohlenfadens der Photometer-glühlampe (Fig. 31) 100 mm.

Befindet sich daher die Glühlampe in der Entfernung von 1 m vom Photometerschirm, so hat die Korrektion den oben angegebenen Wert.

Die Korrektion wird hiernach nur selten einen erheblichen Einfluß auf das Resultat erlangen können. Für gewöhnlich wird sie durch die Beobachtungsfehler vollständig verdeckt.

3. L e u c h t e n d e H a l b k u g e l. Für krummflächige Licht-quellen und speziell für eine leuchtende Halbkugel hat Saltzmann[1]) folgende Ableitung gegeben:

Es sei in Fig. 142 P ein Punkt der Photometerachse, M der Mittel-punkt der halbkugelförmigen Fläche, $PM = L$, der Radius der Kugel sei R. Als Flächenelement sehe man die unendlich schmale Kugelzone $BCDE$ an; für alle Punkte der-selben sei der Ausstrahlungs-winkel α und der Einfalls-winkel β gleich groß. Nennt man das Flächenelement df und setzt man die Licht-stärke desselben gleich $dJ = \frac{J}{f} \cdot df$, so wird die Be-

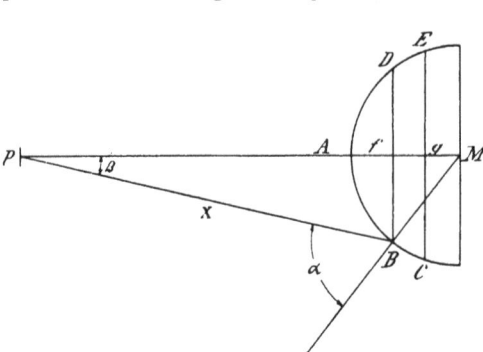

Fig. 142.

leuchtung dE, welche der Punkt P von diesem Flächenelement erfährt:

$$dE = \frac{dJ}{x^2}\cos\alpha \cdot \cos\beta = \frac{J\cos\alpha\cos\beta}{2\,R^2\,\pi\cdot x^2}\cdot df,$$

oder da

$$df = 2\,R\,\pi\cdot dh,$$

so erhält man:

$$dE = \frac{J\cos\alpha\cdot\cos\beta}{R\cdot x^2}\cdot dh \qquad \ldots \ldots \quad 1)$$

wenn man $PB = x$, $Af = h$ und $fg = dh$ setzt.

---

[1]) W. Saltzmann, E. T. Z. 8. S. 430. 1887.

Es ist ferner:

$$L - R + h = x \cdot \cos \beta,$$

d. h. $= - x \cdot \sin \beta \cdot d\beta + \cos \beta \cdot dx.$

Man hat ferner aus dem Dreieck $P\,M\,B$:

$$R^2 = x^2 + L^2 - 2\,x\,L \cos \beta,$$

$$0 = (x - L \cos \beta)\,dx + L\,x \sin \beta \cdot d\beta,$$

$$x \cdot \sin \beta \cdot d\beta = \cos \beta\,dx - \frac{x}{L} \cdot d\,x.$$

Durch die letzte Gleichung erhält man:

$$dh = \frac{x}{L} \cdot d\,x \quad \ldots \ldots \ldots \ldots \quad 2)$$

Man findet ferner:

$$\cos \beta = \frac{L^2 - R^2 + x^2}{2\,x \cdot L} \quad \ldots \ldots \ldots \quad 3)$$

$$\cos \alpha = \frac{L^2 - R^2 - x^2}{2\,x \cdot R} \quad \ldots \ldots \ldots \quad 4)$$

Mit Hilfe von (2), (3) und (4) geht (1) über in:

$$d\,E = \frac{J\,\{(L^2 - R^2)^2 - x^4\}}{4\,R^2 \cdot L^2\,x^3} \cdot d\,x \quad \ldots \ldots \quad 5)$$

Dieser Ausdruck ist zu integrieren von $x = P\,A$ bis $x = P\,T$, wenn $P\,T$ die an den Halbkreis gezogene Tangente bedeutet. Der Quotient $\dfrac{J}{f}$, der oben vorkommt, ändert durch diese Begrenzung des Integrals seinen Wert nicht, da Zähler und Nenner in demselben Verhältnis gekürzt werden. Man erhält also:

$$E = \frac{J}{4\,R^2 \cdot L^2} \cdot \left| (L^2 - R^2)^2 \int_{L-R}^{\sqrt{L^2-R^2}} \frac{d\,x}{x^3} - \int_{L-R}^{\sqrt{L^2-R^2}} x\,d\,x. \right.$$

Führt man die Integration aus, so erhält man:

$$E = - \frac{J}{8\,R^2\,L^2} \left| \frac{(L^2 - R^2)^2}{x^2} + x^2 \right|_{L-R}^{\sqrt{L^2-R^2}} = \frac{J}{2\,L^2} \quad \ldots \quad 6)$$

wenn J die Lichtstärke der ganzen Halbkugel bedeutet. Die Beleuchtung, welche ein Punkt der Photometerachse von einer halbkugelförmigen Fläche erfährt, ist also in allen Fällen, mag R groß oder klein sein, nur die Hälfte des Verhältnisses $\dfrac{J}{L^2}$, welches man für kleine, ebene leuchtende Flächen bei hinreichender Entfernung annehmen darf. Will man statt L die Entfernung l des Punktes P vom Scheitel A der Fläche einführen, so setzt man $L = l + R$, und erhält mit Vernachlässigung der höheren Potenzen von $\dfrac{R}{l}$:

$$E = \frac{J}{2\,l^2}\left(1 - 2\,\frac{R}{l} + 3\,\frac{R^2}{l^2}\right). \qquad \ldots \ldots \quad 7)$$

4. L e u c h t e n d e r   Z y l i n d e r. Die Abweichungen vom Gesetze der Quadrate der Entfernungen für zylindrische Leuchtkörper. z. B. Nernststäbchen, hat Hyde[1]) untersucht. Das leuchtende Nernststäbchen sei ein leuchtender Zylinder vom Radius a in Fig. 143, der Länge $2\,h$ und dem gleichmäßigen Glanze e. Die Aufgabe besteht darin, das Gesetz der Veränderung der Beleuchtung mit der Entfernung vom leuchtenden Zylinder zu finden.

Lamberts Gesetz werde als richtig angenommen. Es sei dann Φ der Emissionswinkel irgend eines Oberflächenelementes dS des leuchtenden Zylinders, φ sei der Inzidenzwinkel irgend eines auf den Schirm P fallenden Strahles, wobei P normal auf OP steht und OP in einer Ebene liegt, welche im Zylindermittelpunkte O normal auf der Achse

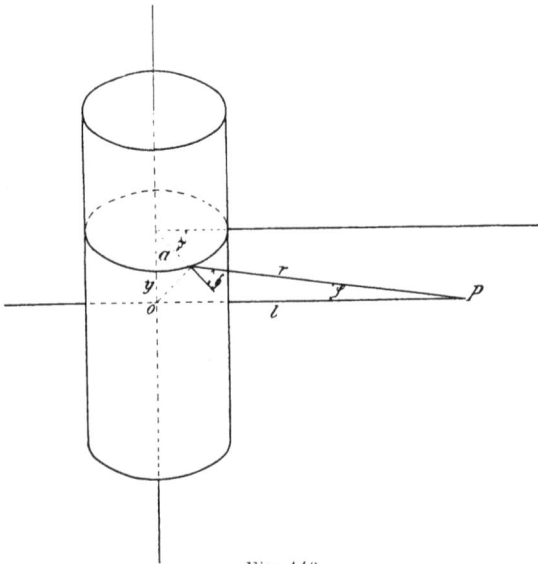

Fig. 143.

des leuchtenden Zylinders steht. Es sei ferner r die Entfernung des Schirmes P von dem Flächenelement dS.

Dann ist die Beleuchtung E des Schirmes P:

$$E = \iint \frac{e \cdot \cos \Phi \cdot \cos \varphi \cdot dS}{r^2} \qquad \ldots \ldots \quad 1)$$

wobei die Integration auf den dem Schirme P zugekehrten konvexen Teil des Zylinders zu erstrecken ist. Drückt man alle in Gleichung (1) enthaltenen Größen in den beiden Zylinderkoordinaten a und y aus,

---

[1]) E. P. Hyde, Bulletin of the Bureau of Standards, Washington **3**. S. 81. **1907**.

so erhält man für die Beleuchtung des Punktes P in einer Entfernung l von der Zylinderachse:

$$E = e \cdot a \cdot \iint \frac{(l \cdot \cos \alpha - a) \cdot (l - a \cdot \cos \alpha)}{(a^2 + l^2 - 2 a l \cos \alpha + y^2)} d\alpha \cdot dy \quad . \; . \; 2)$$

Für dieses Doppelintegral sind die Grenzen für y: $-h$ und $+h$ und für α:

$$-\cos^{-1} \frac{a}{l} \text{ und } + \cos^{-1} \frac{a}{l}.$$

Die Integration ergibt:

$$E = \frac{e}{l} \left| a \cdot \cos^{-1} \frac{l^2 - a^2 - h^2}{l^2 - a^2 + h^2} \right.$$
$$+ h \left[(q + 1) \cdot \right] \frac{1}{q} \cdot \cot^{-1} \sqrt{\frac{p}{q}} - 2 \cot^{-1}] p \left| \right| \quad . \; . \; . \; 3)$$

hierin ist:

$$p = \frac{l + a}{l - a}, \quad q = \frac{(l + a)^2 + h^2}{(l - a)^2 + h^2}.$$

Läßt man h zu unendlich anwachsen, so wird $q = 1$ und Gleichung (3) geht über in

$$E = \frac{\pi \cdot e \cdot a}{l} \quad . \; . \; . \; . \; . \; . \; . \; 4)$$

In diesem Falle entspricht also die Abnahme nicht dem Quadrate, sondern der ersten Potenz der Entfernung, wie bei der Einwirkung eines unendlich langen Drahtes auf eine magnetische Masse[1]). Die Dimensionen der untersuchten Nernststäbchen waren:

Energieverbrauch	h	a
80 Watt	7,5 mm	0,6 mm
44 »	6 »	0,4 »

Die Abweichungen vom Gesetze des Quadrates der Entfernungen werden also noch größer sein, wenn man $h = 10$ mm und $a = 1$ mm setzt. Die Abweichungen für diese Annahme sind in der folgenden Tabelle dargestellt.

Abweichungen vom Gesetze der Quadrate der Entfernungen für die Strahlung eines Zylinders von 20 mm Länge und 1 mm Radius.

Entfernungen l	Differenz	Entfernungen l	Differenz
3000 mm	$\pm$ 0,00 %	200 mm	+ 0,20 %
2000 »	+ 0,00 »	100 »	+ 0,09 »
1000 »	+ 0,05 »	80 »	— 0,09 »
500 »	+ 0,11 »	50 »	— 1,13 »

[1]) Uppenborn, Zeitschrift für angewandte Elektrizitätslehre 4. S. 363. 1882.

Der Verlauf des Fehlers bei Anwendung des Gesetzes der Quadrate der Entfernungen ist aus Fig. 144 zu ersehen. Es ergibt sich aus der Untersuchung, daß selbst bei einer Entfernung, welche nur dem Zehn-

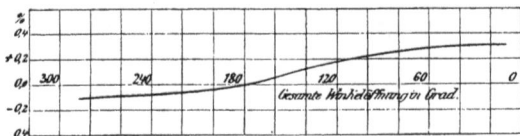

Fig. 144.

fachen der Länge des Nernststäbchens entspricht, die durch Anwendung des Gesetzes der Quadrate der Entfernungen gemachten Fehler erheblich kleiner sind als die Beobachtungsfehler.

B. Die Regulierungsmethoden.

§ 94. Benutzung des photometrischen Grundgesetzes.

Das einfachste Mittel, die Beleuchtung des Photometerschirmes zu regulieren, besteht darin, daß man die Entfernung der Lichtquelle vom Photometerschirm ändert. Hierbei gibt es nun verschiedene Möglichkeiten. In Fig. 145 bedeutet P das Photometer, J_1 und J_2

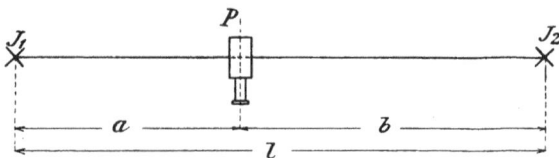

Fig. 145.

die beiden zu vergleichenden Lichtquellen. Man kann nun folgendermaßen verfahren. Die Lichtquellen J_1 und J_2 sind in dem Abstande l voneinander auf der Photometerbank, welche mit einer in mm geteilten Skala versehen ist, befestigt, während das Photometer P verschoben wird, bis die Beleuchtungsgleichheit erzielt ist.

Dann ist:

$$\frac{J_1}{a^2} = \frac{J_2}{b^2} \quad \ldots \ldots \ldots \ldots \quad 1)$$

oder:

$$J_1 = \left(\frac{a}{b}\right)^2 \cdot J_2 = \left(\frac{a}{l-a}\right)^2 \cdot J_2 \quad \ldots \ldots \quad 2)$$

Es empfiehlt sich l gleich einer runden Zahl, z. B. 2000 mm, zu wählen. Für eine solche bestimmte Entfernung läßt sich für die Funktion $\left(\dfrac{a}{l-a}\right)^2$ eine Tabelle aufstellen. Man kann auch die Skala so herstellen, daß sie die Funktion direkt abzulesen gestattet. Eine solche Teilung der Skala nennt man Kerzenteilung.

Man kann ferner die Entfernung b konstant lassen, indem man entweder die Lichtquelle J_2 mit dem Photometer fest verbindet und verschiebt, während J_1 feststeht. Oder man läßt das Photometer P und J_2 feststehen und verschiebt J_1. Die letztere Anordnung ist für den Beobachter bequemer, weil er seinem Auge eine feste Lage geben kann, sie setzt aber eine Bewegungsvorrichtung, wie z. B. Schnurlauf, für J_1 voraus. In allen Fällen, wo J_2 eine Flamme (z. B. Hefnerlampe) ist, muß J_2 feststehen, weil sonst durch die Zugluft jede Beobachtung unmöglich gemacht wird.

Für die Anordnung, bei welcher b konstant ist, gilt die Gleichung:

$$\frac{J_1}{a^2} = C \qquad . \qquad . \qquad . \qquad . \qquad . \qquad . \qquad . \qquad 3)$$

oder:

$$J_1 = C \cdot a^2 \qquad . \qquad . \qquad . \qquad . \qquad . \qquad 4)$$

Bei dieser Anordnung wendet man meist die auch sonst sehr empfehlenswerte Substitutionsmethode an, welche Ungleichseitigkeiten des Photometers ausschließt. Man benutzt dann J_2 nur als Vergleichslampe und macht mit den zu vergleichenden Lichtquellen J_1 und J_1' die Einstellungen a_1 bzw. a_1'. Dann ist:

$$\frac{J_1}{a_1^2} = \frac{J_1'}{a_1'^2} \qquad . \qquad . \qquad . \qquad . \qquad . \qquad . \qquad 5)$$

oder:

$$J_1 = \left(\frac{a_1}{a_1'}\right)^2 \cdot J_1' \qquad . \qquad . \qquad . \qquad . \qquad . \qquad . \qquad 6)$$

§ 95. Benutzung von regulierbaren Diaphragmen.

Regulierbare Diaphragmen als Mittel zur Herstellung gleicher Beleuchtung der beiden Photometerseiten sind von verschiedenen Physikern verwendet worden, z. B. von Cornu[1]), Broca und Blondel. Die Diaphragmen können in zwei verschiedenen Arten zum Regulieren verwendet werden, nämlich:

[1]) Palaz, Les photomètres. La Lumière Electrique **35**. S. 620. 1890.

1. Zur Veränderung der Oberfläche eines Körpers von gleich-
mäßigem Glanze.

2. Zur Verminderung der Oberfläche einer Linse.

Die erste Anordnung ist in Fig. 146 schematisch dargestellt.

B ist eine gut diffundierende Platte, welche das Lambertsche
Gesetz für kleine Einfalls- und Ausfallswinkel genügend erfüllt.
D ist ein in geringer Entfernung von der Platte *B* aufgestelltes Diaphragma mit regulierbarer Öffnung, *P* bedeutet das Photometer. Die
Platte *B* möge mit dem Glanze *e*
leuchten. Die Fläche des Diaphragmas sei *s* und *r* der Abstand zwischen der Platte *B*
und dem Photometer. Dann ist
die Lichtstärke der Platte *B*:

$$J = e \cdot s \quad . \quad . \quad . \ 1)$$

ferner ist die in *P* erzeugte
Beleuchtung *E*:

Fig. 146.

$$E = \frac{J}{r^2} = \frac{e \cdot s}{r^2} \cdot . \quad 2)$$

Nun ist aber die Entfernung *r* sowie *e* konstant und nur *s* veränderlich. Man kann daher die Gleichung (2) auch schreiben:

$$E = c \cdot s.$$

Bei Anwendung der Substitutionsmethode kann man alle Konstantenbestimmungen vermeiden und gelangt dahin, daß man das Lichtstärkenverhältnis zweier zu vergleichender Lichtquellen durch die
Gleichung ausdrückt:

$$\frac{J_1}{J_2} = \frac{s_1}{s_2} \quad . \quad . \quad . \quad . \quad . \quad . \quad . \quad . \ 3)$$

oder:

$$J_1 = \frac{s_1}{s_2} \cdot J_2 \quad . \quad . \quad . \quad . \quad . \quad . \quad . \ 4)$$

Die zweite Methode beruht auf einem schon von Bouguer er-
kannten Satz.

Wenn man durch eine Sammellinse ein reelles Bild einer Lichtquelle entwirft und die Größe der Objektivöffnung durch ein Diaphragma verändert, so wird die Größe und Stellung des Bildes nicht
geändert. die Lichtstärke desselben ist jedoch der Öffnung des Diaphragmas proportional, vorausgesetzt, daß diese Öffnung stets klein

ist gegenüber dem Abstande der Lichtquelle. Unter diesen Umständen ist die Größe des Lichtstromes, welcher durch die Linse tritt, der Öffnung des Diaphragmas proportional.

Auf der Anwendung regulierbarer Diaphragmen beruht das auf Seite 241 beschriebene Universalphotometer von Blondel.

§ 96. Die Sektorenscheibe.

Wenn man vor einer Lichtquelle eine undurchsichtige Scheibe mit gleichen sektorförmigen Öffnungen (Fig. 147) anbringt und diese Scheibe in eine so schnelle Rotation versetzt, daß das Auge einen unveränderlichen Lichteindruck erhält, so verhält sich die Stärke der Strahlung, welche durch die Sektoröffnungen hindurchgegangen ist, zur Gesamtstrahlung, welche die Scheibe getroffen hat, wie die Winkelöffnung der offenen Sektoren zu 360⁰. Wenn man also auf der Scheibe 10 Sektorausschnitte von je 36⁰ Winkelöffnung anbringt, so empfängt das Auge auf der der Lichtquelle entgegengesetzten Seite des Sektors $1/_{10}$ der von der Lichtquelle auf den Sektor gesandten Strahlung. Diese Erscheinung beruht auf dem Talbotschen Gesetz (s. S. 195). Man hat in dem rotierenden Sektor ein bequemes Mittel, die Lichtstärke von Lichtquellen zu schwächen, ohne daß man die Lichtquelle zu bewegen braucht. Der erste rotierende Sektor wurde von Fox Talbot[1] im Jahre 1834 angegeben. Lummer und Brodhun[2] haben das Talbotsche Gesetz für gleichfarbiges Licht nachgeprüft und gefunden, daß es innerhalb der Genauig-
keitsgrenzen photometrischer Messungen gilt.

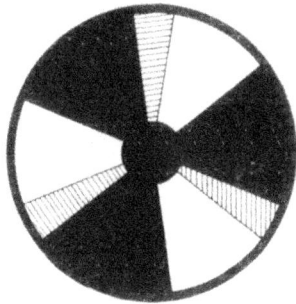

Fig. 147.

Ferry[3] glaubte dann gefunden zu haben, daß das Talbotsche Gesetz für verschiedenfarbige Lichtquellen nicht mehr gilt, doch hat Hyde[4] gezeigt, daß das Talbotsche Gesetz beim rotierenden Sektor sowohl für weißes als auch für farbiges Licht für alle Sektoröffnungen von 15⁰ bis 240⁰ gilt.

In Fig. 148 bedeuten nach Hyde die Abszissen die verschiedenen Winkelöffnungen des rotierenden Sektors. Die gemessenen Werte sind

---

[1] Fox Talbot, Philosophical Magazine (3) **5**. S. 331. **1834**.
[2] Lummer und Brodhun, Zeitschrift für Instrumentenkunde **16**. S. 299. **1896**.
[3] Ferry, Physical Review **1**. S. 338. **1893**.
[4] E. P. Hyde, Bulletin of the Bureau of Standards (Washington) **2**. S. 1. **1906**.

durch Punkte bezeichnet, und diese sind durch die gestrichelte Kurve
verbunden. Von den beiden Fehlerquellen, dem Einfluß des durch
Reflexion auf den Photometerkopf gelangenden Lichtes und der durch
die endliche Ausdehnung der Lichtquelle (zylindrisches Nernststäbchen)
bedingten Abweichung vom quadratischen Entfernungsgesetz, wurde die
erstere durch einen Versuch, die zweite durch Rechnung (vgl. S. 219)
ermittelt. Unter Berücksichtigung dieser Korrektionen ergibt sich als
endgültige Darstellung des Fehlergesetzes die stark ausgezogene Kurve.

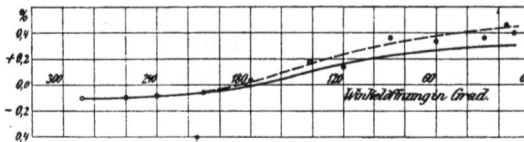

Fig. 148.

Man verwendet entweder Sektorenscheiben mit unveränderlichen
Ausschnitten, wobei jede Scheibe die Beleuchtung in einem festen Verhältnis reduziert oder Sektorenscheiben, bei denen der Sektorwinkel
kontinuierlich verändert werden kann, indem man eine zweite Sektorenscheibe hinter der ersten Sektorenscheibe verschiebt und die Öffnungen
der ersten Sektorenscheibe abdeckt. Eine solche Stellung ist in Fig. 147
dargestellt, bei welcher die schraffiert gezeichnete Scheibe die Öffnungen
der ersten schwarzen Sektorenscheibe verkleinert. Bei den älteren
Sektorenscheiben konnten die Scheiben nur gegeneinander im Ruhezustand verstellt werden. Damit nun die Lichtschwächung kontinuierlich erfolgen kann, haben zuerst Abney und Festing[1] durch eine sinn-
reiche Konstruktion eine Einrichtung geschaffen, durch welche die
beiden Scheiben auch während der Rotation gegeneinander verstellt
werden können. Brodhun[2] hat außerdem noch eine Vorrichtung angegeben, vermittelst welcher die Größe des Sektorwinkels während der
Rotation abgelesen werden kann.

Ferner hat Brodhun[3] eine Sektorenvorrichtung angegeben, die
zugleich eine kinematische Umkehrung des oben beschriebenen Sektor-
prinzips enthält, indem nicht der Sektor, sondern der Lichtstrahl
rotiert. Diese Sektorenvorrichtung wird bei dem Brodhunschen
Straßenphotometer § 104 verwendet und ist dort näher beschrieben
(siehe S. 245).

---

[1] Abney und Festing, Proceedings of the Royal Society **43**. S. 247. **1887.**
[2] Brodhun, Zeitschrift für Instrumentenkunde **17**. S. 10. **1897.**
[3] Brodhun, Zeitschrift für Instrumentenkunde **24**. S. 313. **1904.**

§ 97. Sonstige Regulierungs- und Schwächungsmethoden.

Außer den bereits erwähnten Regulierungsmethoden werden zur Abschwächung der Photometerbeleuchtung noch folgende Vorrichtungen verwendet.

a) Nicolsche Prismen. Man kann diese Prismen in der Weise anwenden, daß sie in den Strahlengang der einen Lichtquelle eingeschaltet werden; sind die beiden Hauptschnitte der Prismen dann einander parallel, so findet, abgesehen von Absorption und Reflexion kein weiterer Lichtverlust statt. Sind die Hauptschnitte aber unter 90° gekreuzt, so wird alles Licht ausgelöscht. In dieser Form eignet sich die Anordnung wohl für astronomische Photometrie. In der technischen Photometrie wird die Anordnung gewöhnlich so getroffen, daß die von beiden Lichtquellen ausgehenden Strahlen rechtwinkelig aufeinander polarisiert werden. Durch Drehen des Analysators kann dann erzielt werden, daß die beiden Vergleichsfelder gleich hell sind. Auf diesem Prinzip beruht das Polarisationsphotometer von Martens (s. S. 252).

b) Glaskeile. In der astronomischen Photometrie wendet man häufig sog. Photometerkeile, d. h. keilförmig geschliffene Stücke aus absorbierendem Glas (Rauchglas) an. Drückt man die durch einen Photometerkeil an einer l mm von seiner Schneide entfernten Stelle absorbierte Lichtmenge A in astronomischen Größenklassen aus, so lautet die für den idealen Keil geltende Grundgleichung:

$$A = k \cdot l \ldots \ldots \ldots \ldots \ldots \; 1)$$

Hierin bedeutet k die sog. Keilkonstante. Da diese Konstante aber nicht in jedem Bezirk des Keiles den gleichen Wert aufweist, ist eine sog. optische Kalibrierung des Keiles erforderlich. (Näheres hierüber s. Zeitschrift für Instrumentenkunde 26, S. 58, 1906.)

c) Rauchgläser. Zur Schwächung des Lichtes in einem ganz bestimmten Verhältnis also nicht zur Regulierung werden vielfach Rauchgläser verwendet. So verwendet z. B. Krüß zur Starklichtphotometrie[1]) Rauchgläser mit einer Durchlässigkeit von 0,2. Bei Einschaltung eines solchen Rauchglases muß man das Ergebnis der Messung mit 5 multiplizieren. Schaltet man zwei solche Gläser ein, so muß man mit 25, schaltet man drei Gläser ein, so muß man mit 125 multiplizieren. Durch Anwendung solcher Gläser kann man daher Lichtquellen von sehr verschiedener Stärke vergleichen.

[1]) H. Krüß, Journal für Gasbeleuchtung 49. S. 109. 1906.

d) Zerstreuungslinsen. Zu dem gleichen Zweck sind auch Zerstreuungslinsen verwendet worden[1]).

C. Photometerbank und Photometerraum.

§ 98. Die Photometerbank.

Photometerbänke wurden früher des billigen Preises halber nicht selten aus Holz hergestellt. Indessen ist dieses Material wegen seiner Unbeständigkeit hierzu nicht recht geeignet und für Präzisionsmessungen auszuschließen. Die Physikalisch-Technische Reichsanstalt hat eine Photometerbank konstruiert, welche sich sehr gut bewährt hat und von sehr vielen Laboratorien verwendet wird. Diese Photometerbank ist in der Ausführung von Schmidt und Haensch in Fig. 149 dargestellt. Zwei starkwandige Stahlrohre von 285 cm Länge sind nebeneinander auf drei gußeisernen Böcken, welche auf 5 Stellschrau-

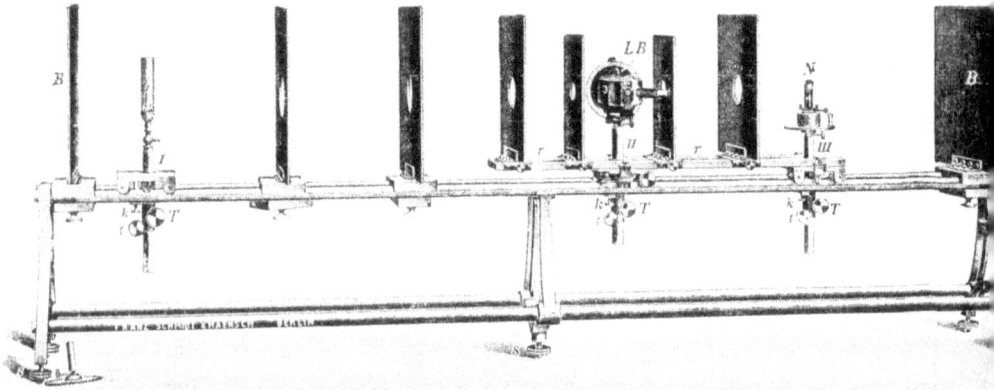

Fig. 149.

ben ruhen, angeordnet und tragen drei auf je drei Rollen laufende Wagen I, II, III. Diese Wagen tragen in der Mitte ein vertikales Stahlrohr, welches zur Aufnahme von verschiedenen Lichtquellen, Tellern, Apparaten sowie des Photometeraufsatzes dienen. Das Stahlrohr kann durch Zahn und Trieb T gehoben und gesenkt werden. Die auf dem Wagen angebrachten Apparate können um ihre Vertikalachse gedreht werden. Jeder Wagen ist mit einem Index versehen, welcher zum Ablesen der Stellung der Achse des Vertikalrohres auf

---

[1]) Näheres siehe: Perry und Ayrton, Philosophical Magazine (5) **8**. S. 117 und **9**. S. 45. **1880**. — Voller, Zeitschrift für angewandte Elektrizitätslehre **4**. S. 46. **1883**.

einer an dem einen horizontalen Stahlrohre der Bank angebrachten
Teilung dient. Die Wagen sind leicht beweglich, wodurch die photometrische Einstellung sehr erleichtert wird. Wenn erforderlich, können
die Wagen auch mit Hilfe einer Klemmvorrichtung auf jedem Teilstrich der Skala festgestellt werden. Die Länge der Millimeterteilung
ist gleich der freien Verschiebung der Wagen und beträgt 2500 mm.
Die Stahlrohre sind mit Hartgummi überzogen, in welches Material
die Teilung weiß eingelassen ist. An dem Wagen, welcher zur photometrischen Einstellung dient, also gewöhnlich an dem, welcher den
Photometeraufsatz *II* trägt, ist eine Skalenbeleuchtungsvorrichtung
angebracht, welche durch einen Druckknopf eingeschaltet wird und
einen kleinen Teil der Skala beleuchtet.

Der Verbindungsrahmen *r* gestattet, den Photometeraufsatz mit
dem einen Lampenträger in feste Verbindung zu bringen, was bei
einigen photometrischen Methoden erforderlich ist.

Von besonderem Werte sind die sehr reichlich angeordneten
Blenden. Vier Blenden sind mit dem Photometeraufsatze mit Hilfe des
Rahmens *r* fest verbunden, je zwei weitere Blenden sind vor und je
eine Blende hinter den zu vergleichenden Lichtquellen angeordnet.
Die Blenden bestehen aus Messingplatten, welche mit schwarzem Samt
überzogen sind. Uppenborn zog den Photometerkopf mit einem zur
Photometerachse rechtwinkeligen Beobachtungsrohr vor. Für solche
Photometerköpfe wird auf dem Beobachtungsrohr noch ein weiterer
Schirm angeordnet, welcher den Kopf des Beobachters gegen seitliches
Licht schützt. Die Teller zur Aufnahme von Lichtquellen sind so einge-
richtet, daß die Lichtquellen durchaus zentrisch sind. Die in Fig. 149
rechts dargestellte Hefnerlampe *N* paßt genau in eine kleine Vertiefung des Tellers. Wird die Hefnerlampe entfernt, so kann man in
die Vertiefung eine kleine Messingscheibe mit zentrisch aufgesetzter
Glühlampe setzen; auf der linken Seite der Photometerbank ist eine
Gaslampe dargestellt. Der Messingteller ist mit einer Gradeinteilung
und mit Index versehen, damit die Lichtquelle unter jedem beliebigen
Winkel in der Horizontalebene photometriert werden kann. Für hängend
zu photometrierende Lichtquellen ist ein besonderes Stativ zu verwenden.

§ 99. Photometerraum.

Für den Photometerraum wird in den Laboratorien nicht selten
ein kleiner, dunkler Kellerraum gewählt, der manchmal nicht einmal
ventilierbar ist. Solche Räume sind völlig ungeeignet. Wir besitzen

zurzeit keine anderen zuverlässigen Lichteinheiten als Normalflammen. Diese sind aber, wie oben bereits ausgeführt, in außerordentlich hohem Maße von dem Feuchtigkeits- und Kohlensäuregehalt der Luft abhängig. Es ergibt sich daraus von selbst, daß Photometerräume, zumal, wenn sich in ihnen zugleich mehrere Personen aufhalten sollen, sehr groß und sehr gut ventiliert sein müssen, sonst werden durch die Luftverschlechterung Fehler von mehreren Prozenten hervorgebracht. Wo aber die örtlichen Verhältnisse zur Verwendung eines kleinen Raumes zwingen, wird man bei der Benutzung von Flammennormalen stets die größte Vorsicht anwenden müssen. Man wird vor den Versuchen gründlich ventilieren und die Versuche auf eine möglichst kurze Zeit beschränken müssen.

Der Anstrich der Wände wurde früher stets in mattschwarzer Farbe hergestellt. Man kommt in letzter Zeit mehr von der schwarzen Farbe ab, weil einige Photometerbänke so beschaffen sind, daß sie äußeres Licht völlig ausschließen.

Den tatsächlichen Fehler, welcher durch einen weißen Anstrich der Wände des Photometerraumes hervorgerufen wird, hat Hyde in den photometrischen Laboratorien des Bureau of Standards in Washington[1]) näher untersucht. Hierbei wurde die rechte Seite eines Photometers vollständig in Schirme eingehüllt, so daß eine Reflexwirkung der Wände auf dieser Seite völlig ausgeschlossen war. Die Fenster des Photometerraumes wurden durch dunkle Gardinen verschlossen; außerhalb des Photometers wurden zur Beleuchtung der Wände 16- bzw. 32 kerzige Lampen angebracht. Bei dieser Anordnung war die rechte Seite des Photometers absolut dunkel, während auf die linke Seite des Photometerschirmes nur jenes Licht gelangen konnte, welches von den beiden Glühlampen ausgehend die Wände erreichte und von diesen auch auf die im linken Teile des Photometers aufgestellte Prüfglühlampe reflektiert wurde. Das Gesichtsfeld des Photometers erschien daher von der rechten Seite her vollständig dunkel und links ganz schwach erhellt. Diese Helligkeit wurde nun in der Weise bestimmt, daß auf der rechten, verfinsterten Seite der Photometerbank eine Glühlampe von 1 HK aufgestellt wurde; in den Strahlengang wurden alsdann Rauchgläser mit bekannten Absorptionskoeffizienten eingeschaltet, bis beide Photometerseiten gleich stark beleuchtet waren.

---

[1]) Edward P. Hyde, Use of white walls in a photometric Laboratory. Bulletin of the Bureau of Standards 1. S. 417. 1905. E. T. Z. 27. S. 16. 1906. — F. J. Rogers, Über die Reflexion von den Wänden eines Raumes für photometrische Messungen. Physical Review 16. S. 166. 1903.

Nach der Beobachtung wurde nunmehr berechnet, welche Lichtstärke an der Stelle der nicht leuchtenden Prüfglühlampe angebracht werden müßte um den gleichen Beleuchtungseffekt im Photometer zu erzielen. Der Betrag dieser Lichtstärke ist dann der beim Photometrieren unter diesen Umständen gemachte Fehler. Dieser Fehler ergab sich bei Anwendung von 32 HK-Lampen zu 0,003 HK und bei 16 kerzigen Lampen zu 0,001 bis 0,002 HK. Man erkennt, daß der Fehler außerordentlich gering ist. In Wirklichkeit wenn man nämlich auch auf der rechten Seite lediglich die rechtwinkelig auf der Photometerachse stehenden Schirme zuläßt, wird der Fehler noch kleiner sein, da er auf der rechten Seite nahezu kompensiert wird.

Wurden die Gardinen geöffnet, so daß nunmehr das Tageslicht in den Photometerraum eindringen konnte, so stieg der Fehler bei 32 kerzigen Lampen auf mehrere Zehntel HK. Er überstieg mithin schon merklich den Beobachtungsfehler. Das Tageslicht muß also bei Photometern, bei welchen nicht die ganze Bank in ein dunkles Gehäuse eingeschlossen ist, völlig ausgeschlossen werden. Im vorstehenden ist nur der direkte Einfluß des hellen Anstriches auf die photometrischen Einstellungen behandelt worden. Es darf aber nicht übersehen werden, daß das Auge durch alles Nebenlicht in seiner Beobachtungsschärfe sehr beeinträchtigt wird. Es dürfen daher auch völlig eingeschlossene Photometerbänke nicht in einem hellen Raume aufgestellt werden. Wenn es sich ferner um Präzisionsmessungen von kleinen Lichtstärken handelt, wie z. B. bei der Messung von Hefnerlampen, so muß alles fremde Licht von dem Auge des Beobachters abgehalten werden, wenn man die erreichbare Meßgenauigkeit wirklich erzielen will. In solchen Fällen ist also ein schwarz gestrichener Raum vorzuziehen.

Über den Normalphotometerraum, der vom Deutschen Verein von Gasfachleuten empfohlen ist, s. S. 333.

IX. Kapitel.
Transportable Photometer.

§ 100. Allgemeines.

Die im VIII. Kapitel beschriebenen Photometerkonstruktionen erfordern eine Photometerbank und demgemäß eine ortsfeste Aufstellung.
Sie sind zur Messung der Lichtstärken von Lampen geeignet und gestatten eine sehr große Genauigkeit zu erzielen. Nun gibt es in
der Beleuchtungstechnik viele Fälle, in denen es weniger auf die Erzielung einer sehr großen Meßgenauigkeit ankommt, als vielmehr
darauf, an beliebigen Orten, z. B. auf der Straße Messungen vornehmen zu können. Für solche Zwecke werden kleine, leicht transportable und leicht aufzustellende Photometerkonstruktionen verlangt.
Diese beweglichen Instrumente können verwendet werden, um

1. wie die feststehenden Photometer die Lichtstärke von Lampen
   zu messen,
2. die Beleuchtung einer Ebene zu messen,
3. die Flächenhelle einer selbstleuchtenden oder beleuchteten
   Fläche zu bestimmen.

Manche der im folgenden beschriebenen Konstruktionen sind für
alle diese Aufgaben bestimmt. Man nennt sie deshalb auch »Universal«-
Photometer; andere sind nur zur Messung der Beleuchtung bestimmt,
man nennt sie Beleuchtungsmesser.

§ 101. Das Webersche Photometer.

Das älteste und wohl auch am meisten verbreitete Photometer
ist das Webersche Milchglasphotometer[1] (Fig. 150
und Fig. 151). Es besteht aus einem an einem Stativ S in horizontaler
Ebene drehbar befestigtem, ca. 30 cm langen, innen geschwärzten
Tubus A, an dem rechts eine Laterne mittels eines Bajonettverschlusses
befestigt ist. In der Laterne befindet sich eine Normallampe und zwar
entweder eine kleine Benzinkerze oder eine kleine Wolframglühlampe.

---

[1] Leonhard Weber, Wiedemanns Annalen der Physik **20**. S. 326. **1883**.
Journal für Gasbeleuchtung **28**. S. 267. **1885**.

Die Benzinkerze trägt ein Gewinde und kann in einer Mutter gedreht werden; dadurch läßt sich die Flammenhöhe regulieren. Die Flammenhöhe kann auf einer mit Spiegel versehenen Skala oder an einer mit Skala versehenen Mattglasscheibe, auf welche das Bild der Flamme mit Hilfe von Linsen geworfen wird, abgelesen werden. Vorteilhafter besonders beim Beobachten im Freien ist es, an Stelle der Benzinkerze eine Glühlampe zu setzen, die durch eine kleine Akkumulatorenbatterie gespeist wird. Die Lampenspannung wird durch ein Präzisionsinstrument gemessen und durch einen Gleitwiderstand konstant gehalten.

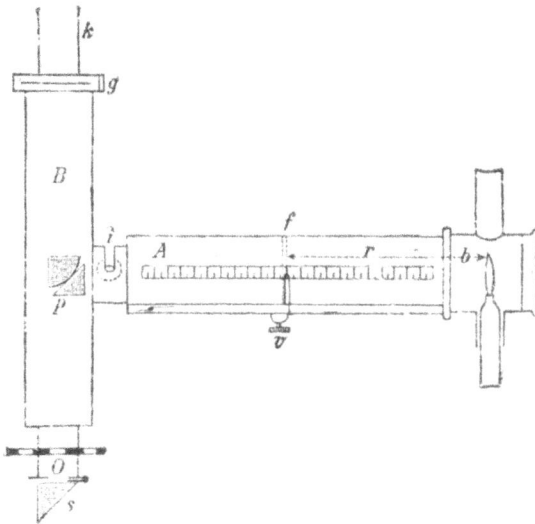

Fig. 150.

Die Lichtstärke der Benzinkerze bei verschiedenen Flammenhöhen ist aus einer dem Instrumente beigegebenen Tabelle zu ersehen. Die Laterne ist gegen den Tubus *A* durch eine Glasplatte abgeschlossen. In dem Tubus kann durch einen Trieb eine kreisrunde Milchglasplatte *f* (Fig. 150) bewegt werden: ihre Entfernung *r* von der Normallampe *b* wird auf einer auf dem Tubus *A* befindlichen Teilung abgelesen. Rechtwinklig zu *A* ist ein in einer vertikalen Ebene drehbarer Tubus *B* angebracht. Die Stellung dieses Tubus kann an einem Gradbogen *s* abgelesen werden. In dem Schnittpunkt der beiden optischen Achsen der Tuben *A* und *B* ist in *B* eine Lummer-Brodhunsche Prismenkombination *P* angebracht, welche durch das Okular *O* beobachtet wird. Das Gesichtsfeld hat das in Fig. 105 dargestellte Aussehen. Der nicht schraffierte ringförmige Teil des Feldes empfängt sein Licht von der Milch-

glasscheibe f, welche von der Normallampe beleuchtet wird. Der
schraffierte Teil des Gesichtsfeldes wird direkt oder indirekt von der
zu messenden Lichtquelle beleuchtet. Sind beide Beleuchtungen im
Prisma gleich und von gleicher Farbe, so verschwindet der Ring, und
das Gesichtsfeld erscheint als gleichmäßig erhellte Scheibe. Ist die
bewegliche Milchglasscheibe f noch nicht richtig eingestellt, so erscheint der Ring, falls r zu groß ist, dunkler, im andern Falle heller

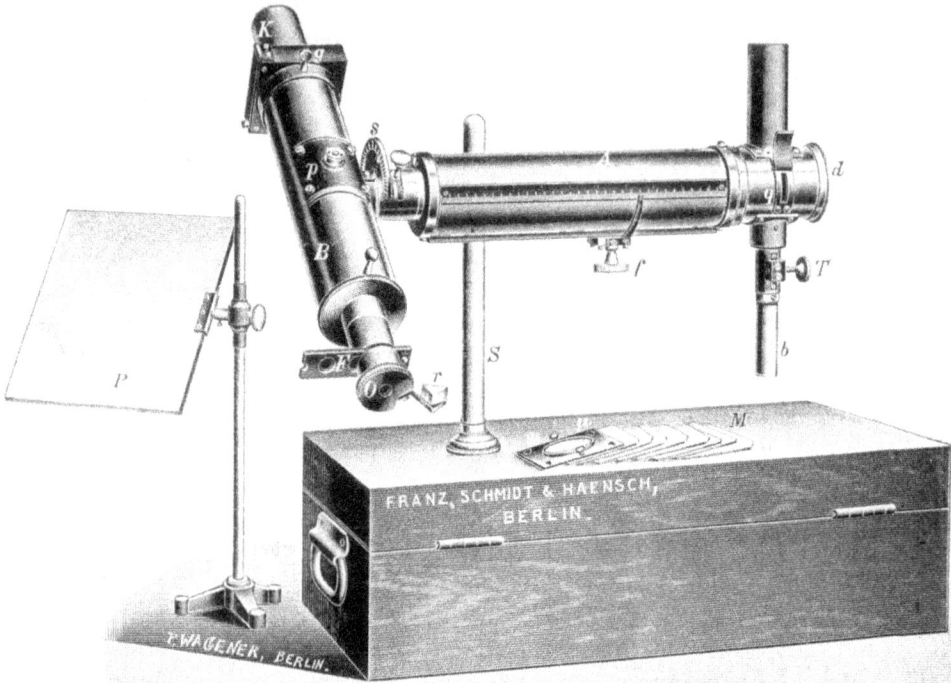

Fig. 151.

als das übrige Gesichtsfeld. Vor dem Okular O ist ein totalreflektierendes
Prisma r (Fig. 151) drehbar angebracht, damit das Auge auch wenn
der Tubus B geneigt wird, in bequemer Lage beobachten kann. Am
andern Ende des Tubus B setzt sich ein viereckiger Kasten g zur
Aufnahme von diffundierenden Glasplatten und an diesen ein Blend-
rohr k an. Mit dem Instrument lassen sich drei Aufgaben lösen:

a) Bestimmung der Lichtstärke einer Lichtquelle,
b) Messung diffusen Lichtes mittels einer weißen Kartontafel,

c) Messung diffusen Lichtes mittels einer auf den Kasten g aufgesetzten mattierten Milchglasplatte.

a) Messung der Lichtstärke einer Lichtquelle von gleicher oder nahezu gleicher Farbe wie die Normallampe. Der Tubus B wird genau auf die Lichtquelle gerichtet und die Normallampe genau justiert (d. h. die Benzinlampe auf normale Flammenhöhe, die Glühlampe auf normale Spannung gebracht). Nun schiebt man eine der dem Apparate beigegebenen Milchglasplatten M, z. B. Nr. 3 in den Kasten g, schließt dessen seitliche Klappe und mißt die Entfernung R dieser Platte vom Mittelpunkt der Lichtquelle, welche möglichst zu 100 oder 200 cm gewählt wird. Mit Hilfe des Triebes r wird nun die bewegliche Milchglasplatte f im Tubus A so eingestellt, daß das durch O betrachtete Gesichtsfeld gleichmäßig beleuchtet erscheint. Die Einstellung sollte im Interesse der Meßgenauigkeit nicht kleiner sein als 100 mm. Wäre dies der Fall, so vergrößere man R auf 200 oder 300 cm oder man schiebe zu der Platte noch eine zweite, allenfalls noch eine dritte Platte in den Kasten g ein. Fällt umgekehrt die Einstellung der Platte f über 300 mm hinaus, so reduziert man den Abstand R auf z. B. 50 oder 30 cm. Ist nunmehr auf Verschwinden des Ringes (Fig. 105) eingestellt, was ganz scharf nur bei Lichtquellen von genau gleicher Farbe möglich ist, so ist die Lichtstärke J der zu untersuchenden Lichtquelle

$$J = \frac{R^2}{r^2} \cdot C \quad . \quad . \quad . \quad . \quad . \quad . \quad . \quad 1)$$

Hierin bedeuten R und r die beiden in gleichem Maß (z. B. cm) gemessenen Entfernungen und C eine Konstante für die in den Kasten g eingeschobene Platte.

Beispiel: Es sei R = 100 cm, r = 25,5 cm, C = 0,33; dann ist

$$J = \frac{100^2}{25,5^2} \cdot 0,33 = 5,07 \, \mathrm{HK}.$$

Bestimmung der Konstanten C für eine bestimmte Milchglasplatte. Man stelle eine Hefnerlampe in 30 bis 50 cm Entfernung von der in das Photometer eingesetzten Platte auf, nachdem der Tubus B so gedreht ist, daß die Hefnerlampe in seiner Achse liegt. Es geschieht dies sehr einfach durch Beobachten des Schattens, welchen das Abblendrohr auf g wirft. Der Schatten des vorderen Endes muß

konzentrisch um den Fuß des Rohres liegen. Alsdann wird eingestellt
(r). Es folgt dann aus Gleichung 1)

$$C = \frac{r^2}{R^2}.$$

Zur Erzielung möglichster Genauigkeit mache man n Einstellungen
$r_1 \ldots r_n$, dann ist

$$C = \frac{1}{n\,R^2}\,(r_1{}^2 + r_2{}^2 \ldots r_n{}^2) \quad \ldots \quad \ldots \quad 2)$$

b) Messung der Beleuchtung mittels Schirms.
Auch diese Messung hat annähernde Farbengleichheit zur Voraussetzung. Durch den zu untersuchenden Raum lege man eine Ebene,
z. B. die Tischebene; dann besteht die Messung der Beleuchtung der
einzelnen Punkte der Tischebene darin festzustellen, welche Lichtstärke in 1 m Entfernung senkrecht auf die Fläche wirkend, die
gleiche Beleuchtung hervorbringt wie diejenige, welche die im Raume
angeordneten Lichtquellen hervorbringen.

Man bringe die dem Apparat beigegebene weiße Tafel P in Fig. 151
an jene Stelle der Tischebene, deren Beleuchtung gemessen werden
soll. Will man die Beleuchtung in der Tischebene selbst messen, so
muß man die Tafel horizontal auf die zu messende Stelle legen. Nunmehr stelle man das Photometer so auf, daß der drehbare Tubus B auf
die durch ein schwaches Kreuz bezeichnete Mitte der Tafel gerichtet
ist. Nach Entfernung aller Gläser aus dem Kasten g muß dann das
Kreuz in der Mitte des Gesichtsfeldes stehen, wenn man durch O
hindurchblickt. Es muß dabei der Okularauszug herausgezogen werden,
weil O auf P eingestellt ist, d. h. nicht so weit eingeschoben werden
kann, daß der Schirm bzw. das Kreuz darauf in die deutliche Seh-
weite gebracht werden kann. Die Entfernung des Photometers von der
Tafel ist angeblich gleichgültig; keinesfalls aber darf sie, falls Platten
eingeschaltet werden, größer sein als daß alle Punkte der Platte Licht
ausschließlich von der Tafel erhalten. Ein von den Kanten der Platte
ausgehender und den Rand des Abblendungsrohrs berührender Strahl
darf also keinesfalls über die Tafel P hinausfallen können. Auch auf die
Neigung des Tubus B gegen die Platte kommt es nicht genau an,
da die Platte annähernd diffuses Licht gibt. Nur bei Neigungen von
30^0 treten störende Abweichungen von der diffusen Reflexion auf.
Immerhin empfiehlt es sich, die Abweichung von der Senkrechten
möglichst klein zu machen. Ferner dürfen weder das Photometer

noch der Beobachter Schatten auf die weiße Tafel werfen. Ist dies jedoch nicht zu vermeiden, so ist die unter c) beschriebene Methode anzuwenden.

Ist das Photometer entsprechend aufgestellt, so macht man nach richtiger Einregulierung der Normallampe (auf Flammenhöhe oder Spannung) die Einstellung r in cm. Alsdann ist die Beleuchtung

$$E = \frac{R^2}{r^2} \cdot C' = \frac{10\,000}{r^2} \cdot C' \quad \ldots \ldots \quad 3)$$

wenn r in cm gemessen wird. Nach der Definition war $R = 1$ m $= 100$ cm.

Beispiel: Es sei beobachtet ohne Platte $r = 18,5$ cm; ferner sei $C'' = 0,0757$: dann ist

$$E = \frac{10\,000}{18,5^2} \cdot 0,0757 = 2,21 \text{ Lux.}$$

Bestimmung der Konstanten C''. Zur Bestimmung der Konstanten C'' stellt man eine genau bekannte Beleuchtung her, z. B. indem man im Dunkelraum eine Hefnerlampe in 1 m senkrechter Entfernung von der Tafelmitte aufstellt. Dann kann man das Photometer nicht ebenfalls senkrecht einstellen sondern unter einem Winkel a gegen das Lot auf die Tafel. Hat man das Photometer dann justiert und auf r eingestellt, so ist

$$C' = \frac{r^2}{R^2} \quad \ldots \ldots \ldots \quad 4)$$

oder, wenn $R = 1$ m,

$$C' = \frac{r^2}{10\,000}.$$

Bei einem Instrumente ergab sich C'' in Abhängigkeit von a folgendermaßen:

a =	5⁰	10⁰	20⁰	30⁰
C'' =	0,13	0,14	0,15	0,16

Behufs genauer Feststellung von C' verfahre man wie unter a).

Schiebt man bei den vorstehenden Messungen unter b) in den Kasten g die Platten 1 oder 2, so ist in der nämlichen Weise die Messung und die Bestimmung der Konstanten C_1' und C_2' durchzuführen.

c) Messung der Beleuchtung mittels der Milchglasplatte μ. Dem Instrumente ist eine Milchglasplatte in Fassung beigegeben, welche allgemein als Milchglasplatte μ bezeichnet wird. Diese Platte μ liegt auf dem Kastendeckel in Fig. 151 am weitesten links. Bei dieser Messung wird das Abblendrohr entfernt und durch die Platte μ aus mattiertem Milchglase ersetzt. Die Aufstellung des Photometers muß nun so erfolgen, daß die Platte μ sich genau an derselben Stelle befindet wie die weiße Tafel P unter b). Der Tubus B würde also bei der Messung der Beleuchtung in einer Tischebene vertikal und nach Entfernung der Tischebene so aufgestellt werden müssen, daß sich die Platte μ in der Höhe der Tischebene befindet. Will man die vertikale Aufstellung des Tubus B wegen der dadurch bedingten Unbequemlichkeit beim Beobachten vermeiden, so kann man die in Fig. 152 dargestellte Spiegelanordnung benutzen. Sie hat die Form eines Prismas über einem rechtwinkligen Dreieck als Grundfläche. Die eine Kathetenfläche W besitzt eine Öffnung gleich der des Kastens g und wird auf diesem befestigt; die andere Kathetenfläche besitzt ebenfalls eine Öffnung, in welche die Milchglasplatte μ eingesetzt wird. Die Hypotenusenfläche ist durch den Spiegel S gebildet. Im übrigen ist das Verfahren das gleiche wie oben. Es findet also wieder Gleichung 3 Anwendung; nur tritt an Stelle der Konstanten C' die Konstante C'', die in der gleichen Weise nach Gleichung 4 wie oben angegeben zu bestimmen ist.

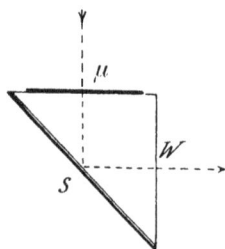

Fig. 152.

d) Bestimmung abgeleiteter Konstanten. Hat man zu irgendeiner Messung mehr als eine Platte in den Kasten g eingeschoben und kann man die Konstante C_1 der betreffenden Plattenkombination durch ein unmittelbares Verfahren nach Gleichung 4) nicht bestimmen, etwa deshalb weil keine genügend starke ihrer Lichtstärke nach bekannte Vergleichslichtquelle vorhanden ist, so wendet man folgendes Verfahren an. Man stelle das Photometer auf eine konstante stärkere Lichtquelle ein, deren Entfernung so gewählt wird, daß die beiden folgenden Messungen sich ausführen lassen. Handelt es sich beispielsweise um die Kombination aus Platte 3 und 4, so setze man zunächst die Platte Nr. 3 in den Kasten g ein, welcher die Konstante C entspricht, alsdann stelle man ein und lese r_1 ab. Hierauf fügt man die Platte 4 hinzu, stellt ein und liest r_2 ab. Dies wiederholt man so oft, bis man von r_1 und r_2 eine genügende Anzahl von Werten hat. Die Ablesungen werden dann verarbeitet, wie aus der folgenden Rechnung zu ersehen ist.

Ablesungen		Interpolierte Mittelwerte		$\log \dfrac{r_2^2}{r_1^2}$
P13 – 4 r_2	P13 r_1	r_2	r_1	
21,5				
	12,7	21,45	12,7	0,4552
21,4		21,4	12,65	0,4566
	12,6	21,5	12.6	0,4620
21,6		21,6	12,7	9,4614
	12,8	21,6	12,8	0,4548
21,6				
Mittel 21,52	12,70			0,4580

$$\frac{C_1}{C} = 2{,}871 \text{ oder } C_1 = 2{,}871\,C.$$

In der gleichen Weise kann man nun das Verhältnis $\dfrac{C_2}{C}$ bestimmen für die Platten $3 + 4 + 5$ usw. In analoger Weise bestimmt man die abgeleiteten Konstanten $C_1'\ C_2'\ C_3' \ldots$ und $C_1''\ C_2''\ C_3'' \ldots$, nur treten für die Konstanten C_1' und C_2' die Gläser 1 und 2 an die Stelle, da 3 und 4 zu viel Licht absorbieren würden und der Sprung von der Einstellung ohne Platte und der mit Platte 3 zu groß sein würde, denn das größte r, welches gemessen werden kann, beträgt 31 cm und das kleinste soll nicht unter 10 cm betragen; somit können ohne weiteres nur Lichtstärken verglichen werden, welche sich etwa wie 9,6 zu 1 verhalten.

Der Beleuchtungsmesser von Sharp und Millar[1]) ist im Prinzip dem Weberschen Photometer gleich, nur daß bei dem Instrument von Sharp und Millar der innere Opalschirm fest angeordnet ist, während die Vergleichslampe beweglich ist.

§ 102. Der Beleuchtungsmesser von Martens.

Handlicher als das Webersche Photometer und für technische Messungen ausreichend genau ist der Beleuchtungsmesser von Martens[2]), mit dem sich Bodenbeleuchtungen und Horizontallichtstärken messen lassen. Der Apparat besteht aus einem Holzkasten von 28 cm

---

[1]) Electrical World 25. Jan. 1908. The Illuminating Engineer (New York) **2**. S, 475. **1907/08.**

[2]) F. F. Martens, Verhandlungen der Deutschen Physikalischen Gesellschaft **5**. S. 149. **1903**. — Das Instrument wird von der Firma Franz Schmidt und Haensch, Berlin gebaut.

Länge, 10 cm Breite und 17 cm Höhe, auf dessen Oberseite sich in der
Mitte ein zum Transporte dienender Handgriff und an einem Ende
das schräg gestellte Beobachtungsrohr V befinden. In einer der
Längsseiten ist unter dem Beobachtungsrohre eine Öffnung angebracht,
welche, wenn das Photometer nicht gebraucht wird, durch eine Klappe
verschlossen ist. Im Gebrauchszustande liegt die Klappe horizontal
unter der Öffnung; in die Oberseite der Klappe ist eine Gipsplatte F
eingelassen, welche der weißen Tafel des Weberschen Photometers ent-

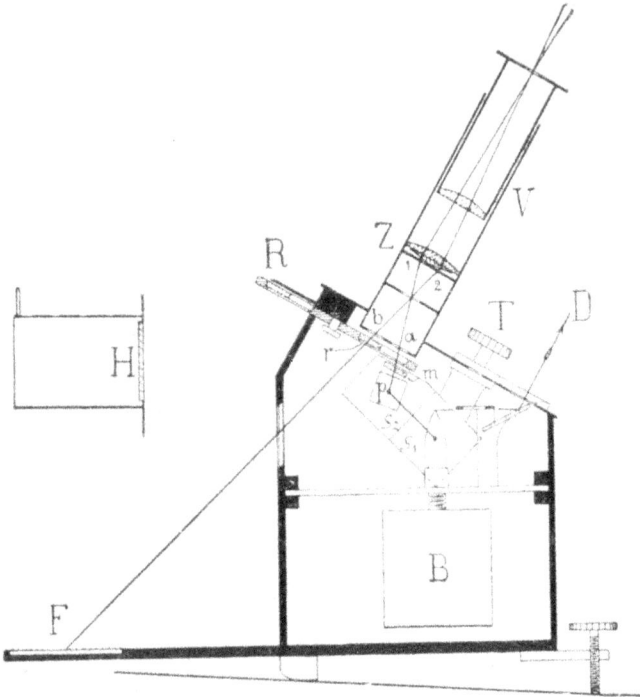

Fig. 153.

spricht und bei Beleuchtungsmessungen die zu bestimmende Beleuchtung
empfängt. Die von ihr ausgestrahlte Lichtstärke gelangt in schräger
Richtung durch die Öffnung des Kastens hindurch zum Okular des
Beobachtungsrohres V. Die Grundrißanordnung des Martenschen Be-
leuchtungsmessers ist in Fig. 154, die Aufrißanordnuug in Fig. 153
dargestellt. Als Vergleichslichtquelle dient eine kleine im Kasten
unter dem Beobachtungsrohre befindliche Benzinlampe B, deren
Flammenhöhe durch ein Schauglas D hindurch über ein Visier hinweg beobachtet und in einfachster Weise dadurch reguliert werden

kann, daß die Dochtröhre ein Schraubengewinde trägt und sich, wenn man die Lampe dreht, in ihrer Mutter hebt oder senkt. Das Licht der Lampe wird in der Richtung der Längsachse des Kastens auf ein in der gleichen Richtung bewegliches Spiegelsystem S_1 S_2 ausgestrahlt, auf eine unter dem Beobachtungsrohr fest angebrachte Milchglasplatte zurückreflektiert und gelangt durch diese und ein Ablenkungsprisma p hindurch zugleich mit den von der Gipsplatte kommenden Lichtstrahlen in das Beobachtungsrohr V. In diesem befindet sich eine Prismenkombination Z, deren eine Hälfte von der Gipsplatte her Licht empfängt, während die andere Hälfte nur von dem durch das bewegliche Spiegelsystem reflektierten Licht der Normallampe beleuchtet wird. Dadurch

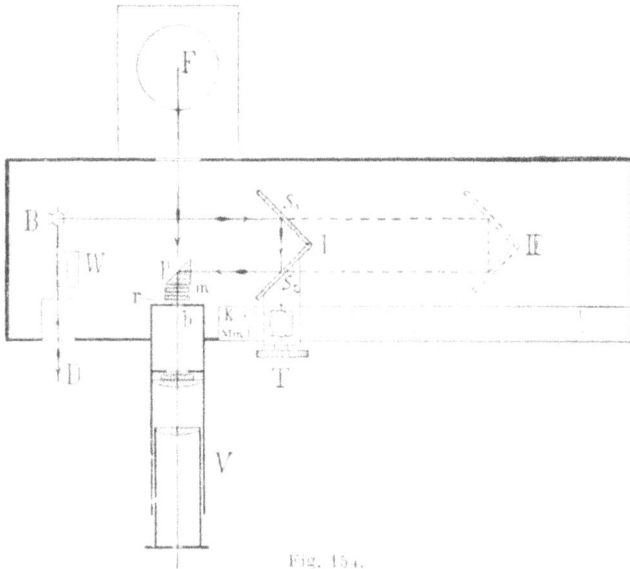

Fig. 154.

entsteht ein kreisförmiges in zwei Hälften geteiltes Gesichtsfeld, dessen Trennungslinie durch Verschieben des Spiegelsystems zum Verschwinden gebracht werden kann. Zu diesem Zwecke ist das Spiegelsystem mit einem außerhalb des Kastens auf seiner Oberseite liegenden Zahntriebe T versehen, der sich längs einer nach Millimetern geteilten Skala bewegen läßt, an welcher man die Länge des Strahlungsweges von der Normallampe bis zur Milchglasplatte ablesen kann. In das von der Gipsplatte herkommende Strahlenbündel können mittels einer zwischen der Milchglasplatte und dem Beobachtungsrohre liegenden Revolverscheibe R Rauchgläser eingeschaltet werden, deren Dichte so gewählt ist, daß jedes folgende zehnmal weniger Licht durchläßt als das vorhergehende. Für das Rauchglas Nr. 3, das bei den in geschlossenen Räumen gewöhnlich vorkommenden Beleuchtungen benutzt wird, ist eine nach Lux geteilte Skala berechnet, die über der Millimeterskala angebracht ist, so daß man bei Benutzung dieses Rauchglases die gesuchte Beleuchtung unmittelbar ablesen kann. Ist dagegen ein anderes Rauchglas eingeschaltet, so braucht man den an der Luxskala abgelesenen Wert nur mit 10 oder 100 zu multiplizieren bzw. zu dividieren. Unter allen Umständen ist es wegen der Abhängigkeit der Lichtstärke der Benzinlampe von der Beschaffenheit des Benzins empfehlenswert die Richtigkeit der Luxskala von Zeit zu Zeit durch eine Nacheichung nachzuprüfen. Die Konstantenbestimmungen werden in gleicher Weise wie beim Weberschen Photometer vorgenommen (S. 235). Zur Bestimmung von Horizontallichtstärken wird auf die Öffnung in der einen Längsseite ein an seinem inneren Ende durch eine Milchglasplatte H verschlossener Tubus (links oben in Fig. 153) aufgesetzt, der auf die zu untersuchende Lichtquelle gerichtet wird. Messung und Konstantenbestimmung erfolgen

Fig. 155.

genau so wie beim Weberschen Photometer (S. 234).

Das Gesichtsfeld kann mittels einer im Okular des Beobachtungsrohres sitzenden Revolverscheibe zum Vergleich verschieden gefärbten Lichtes rot oder grün gefärbt werden.

Auf Wunsch wird der Beleuchtungsmesser statt mit einer Benzinlampe auch mit einer kleinen elektrischen Glühlampe geliefert.

Eine für den Gebrauch im Freien sehr zweckmäßige Anordnung zeigt Fig. 155. Der Beleuchtungsmesser ist auf einen flachen Kasten aufgesetzt, der auf ein kräftiges Stativ aufgeschraubt ist. Der Kasten enthält außer dem Beleuchtungsmesser ein kleines Präzisions-

amperemeter, mit dem die Stromstärke der elektrischen Glühlampe
(Wolframlampe, zweckmäßig für 3 Volt), eingestellt wird und den
hierzu erforderlichen Regulierwiderstand. Ferner können in dem Kasten
Meßprotokolle, Leitungsschnüre usw. aufbewahrt werden. Die kleine
(zweizellige) Akkumulatorenbatterie zur Speisung der elektrischen
Glühlampe befindet sich außerhalb des Kastens. Für Beleuchtungsmessungen im Freien ist stets die Ausrüstung des Photometers mit
elektrischer Glühlampe zu wählen, da die Benzinlampe bei dem leisesten
Windhauch unruhig wird.

§ 103. Das Universalphotometer von Blondel und Broca.

Das Universalphotometer von Blondel und
Broca[1]) ist in den Fig. 156 bis 159 dargestellt. Der mittlere Teil F
in Fig. 156 enthält zwei übereinanderliegende totalreflektierende Prismen A, welche in Verbindung mit der Linse p und den Prismen m, m

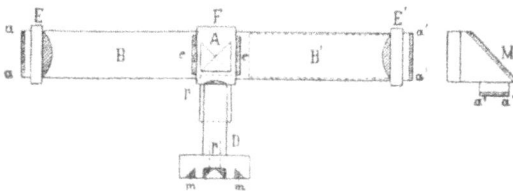

Fig. 156.

die gleichzeitige Betrachtung der beiden mattierten Glasscheiben E
und E' gestatten. Das kreisförmige Gesichtsfeld erscheint bei der in
Fig. 156 dargestellten Prismenkombination durch eine horizontale
Gerade in zwei Hälften zerlegt. Durch vier übereinandergelegte Prismen gleicher Anordnung läßt sich
das Gesichtsfeld in vier übereinanderliegende Streifen zer-
legen. Man kann auch zwei Prismen derart anordnen, daß die
Trennlinie vertikal steht (Fig. 157

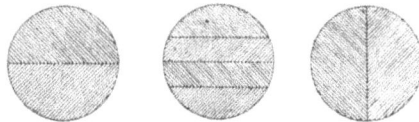

Fig. 157.

rechts). Die Linse p ist eingeschaltet um die zum deutlichen Sehen
erforderliche Länge der ausziehbaren Röhre D zu ergeben. Die kleinen
Prismen zum binokularen Sehen sind mit dreifacher Regulierung versehen, damit die beiden Bilder vollständig zur Deckung gebracht
werden. An den mittleren Teil sind beiderseits Röhren B und B' mittels

---

[1]) Blondel und Broca, L'Eclairage Electrique 8. S. 52. 1895. 10. S. 145. 1897.

Bajonettverschlusses befestigt, von denen B' durch Zahn und Trieb ausgezogen und auf entferntere Objekte eingestellt werden kann. Beide Röhren sind an ihren Enden mit gleichen Linsen versehen, welche hinter den Diaphragmenbehältern E liegen. Jeder dieser Behälter kann runde Diaphragmen von verschiedenen Öffnungen aufnehmen und ist mit einem Katzenauge versehen, dessen Konstruktion in Fig. 158 dargestellt ist. Das Katzenauge besteht aus einem Diaphragma Q mit rechteckigem Fenster und zwei Blenden V, welche durch ein Mikrometer, das 0,01 mm abzulesen gestattet, bewegt werden. Die Blenden sind in verschiedenen Schlitzbreiten beigegeben.

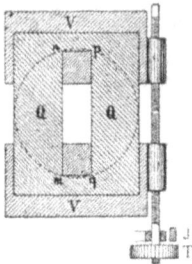

Fig. 158.

Gewöhnlich befestigt man vor den Linsen E und E' zwei Plättchen mit den Albatrinschirmen a und a'. Das eine wird von der Normallampe, das andere von der zu messenden Lichtquelle beleuchtet. Man kann auch nach Bedarf vor der Linse einen Kopf mit dem Spiegel M und der Albatrinplatte a' a' anbringen (Fig. 156 rechts).

Mit diesem Instrument lassen sich alle vorkommenden photometrischen Messungen ausführen:

a) Messung der Lichtstärke einer Lichtquelle. Man stelle eine Vergleichslampe in einer konstanten Entfernung von der Platte a auf, ferner die zu messende Lampe von der gesuchten Lichtstärke J_1 in einer Entfernung l von der Platte a' und reguliere das Katzenauge bei a', bis das Gesichtsfeld als gleichmäßig beleuchtete Fläche erscheint. Hierauf wird die Messung mit der in gleicher Entfernung l aufgestellten Normallampe von der Lichtstärke J_2 wiederholt; sind σ_1 und σ_2 die Öffnungen des Katzenauges, so ist

$$J_1 = \frac{\sigma_2}{\sigma_1} J_2. \qquad\qquad 1)$$

Man kann aber auch ohne Vergleichslampe die Lichtquellen J_1 und J_2 direkt vergleichen und zwar entweder, indem man die Lampen in gleicher Entfernung von den Platten a und a' aufstellt und das Katzenauge auf der Seite der stärkeren abblendet oder indem man bei gleichen Diaphragmen das Instrument auf eine Photometerbank setzt und nach Bunsenscher Methode photometriert. Sehr schwache Lichtquellen kann man durch die gleiche Methode vergleichen, wenn man die Röhren B und B' entfernt hat.

b) M e s s u n g d e r B e l e u c h t u n g e i n e r F l ä c h e. Man
setzt den Winkelkopf λ auf das ausziehbare Rohr, nachdem man den
Albatrinschrim a des Rohres und den Schirm des Winkelkopfes entfernt
hat. Der andere Schirm a′ wird durch eine kleine tragbare Hilfslichtquelle beleuchtet. Man visiert mit Hilfe des Spiegels M durch die
Öffnung t die zu photometrierende Fläche S in Fig. 159 ein und stellt

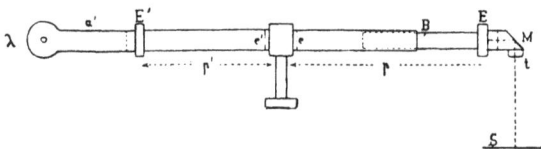

Fig. 159.

durch Veränderung des Auszuges die Röhre B so ein, daß das Bild von
S auf dem Schirme e deutlich erscheint. Alsdann wird das Katzenauge
E′ so reguliert, daß das Gesichtsfeld gleichmäßig hell erscheint. Es sei
dann σ die Öffnung des Katzenauges, p der Abstand des Schirmes e
von dem Diaphragma E. Dann wird die Messung im Laboratorium
wiederholt, wobei der Normalschirm S von 1 HK in 1 m Entfernung
beleuchtet wird. Es seien hierbei eine Öffnung σ_2 und eine Entfernung p_2 abgelesen. Dann ist die gesuchte Beleuchtung E

$$E = \frac{\sigma_2\, p^2}{\sigma\, p_2{}^2} \quad . \quad . \quad . \quad . \quad . \quad . \quad . \quad 2)$$

§ 104. Das Straßenphotometer von Brodhun.

Die optische Einrichtung des Brodhunschen Straßenphotometers
ist in Fig. 160 abgebildet. Im Gehäuse g befindet sich eine elektrische
Vergleichslampe, deren Stromstärke durch ein Präzisionsinstrument
gemessen und durch eingeschaltete Regulierwiderstände konstant gehalten wird. In den Strahlengang können bei d Schwächungsmittel,
wie Rauch- oder Milchgläser eingeführt werden. Ein Linsenpaar
entwirft von diesen Platten ein vergrößertes Bild durch die als Ab-
schwächungsvorrichtung dienende Sektoreneinrichtung hindurch auf
die Lummer-Brodhunsche Prismenkombination W. Diese besteht aus
zwei Einzelprismen, die in einer von rechts oben nach links unten gezeichneten Trennungsfläche aneinanderliegen. Der Beobachter blickt
durch die Lupe l auf die Trennungsfläche und sieht die durchlässigen
Teile von der Vergleichslampe g erleuchtet. Die versilberten und daher
reflektierenden Teile der Trennungsfläche erhalten dagegen ihr Licht
von links von der zu untersuchenden Lichtquelle.

Auf gleiche Helligkeit der Vergleichsfelder wird dadurch eingestellt, daß das Licht der Vergleichslampe meßbar geschwächt wird.
Zu diesem Zwecke sind zwischen W und d zwei Fresnelsche Prismen $p\ p$
an einer Art Trommel angeordnet, welche durch den Elektromotor M

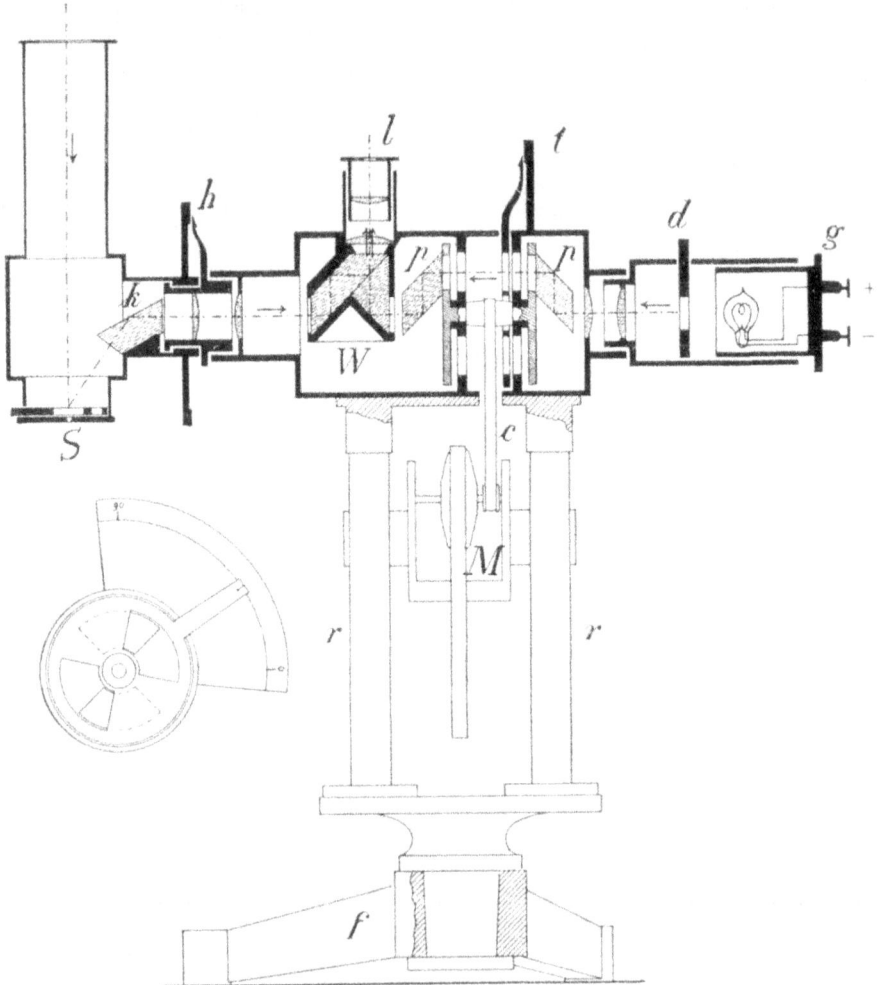

Fig. 160.

mittels der Schnurscheibe c um die Längsachse des ganzen Apparates
in schnelle Rotation versetzt werden kann.   Das zwischen den Buchstaben $p\ p$ gezeichnete Lichtbündel rotiert also um die Längsachse
des Apparates und wird auf einem größeren oder kleineren Teile seiner
Bahn abgeblendet, bis gleiche Helligkeit der Vergleichsfelder erzielt

ist. Diese Abblendung geschieht durch einen Sektor, der in einer
kleinen Skizze links in Fig. 160 dargestellt ist: die Lichtstrahlen hat
man sich hier senkrecht zur Ebene des Papiers vorzustellen. Der
Sektor besteht aus einer feststehenden Metallscheibe mit zwei sektorförmigen Ausschnitten von 90° Winkelöffnung und einer darüber befindlichen drehbaren Scheibe mit Index. Dem abgelesenen Öffnungswinkel ist die Lichtstärke, die von der Vergleichslampe zum Ver-
gleichsfelde kommt, proportional.

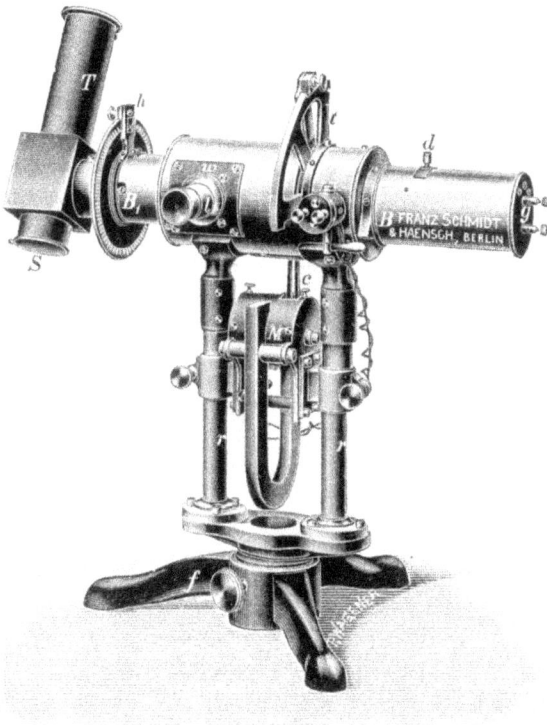

Fig. 161.

Fig. 161 zeigt den Apparat in seiner äußeren Konstruktion. Das
eigentliche Photometer ist um eine vertikale, in dem schweren eisernen
Dreifuß f liegende Achse drehbar: das Glühlampengehäuse g ist mit
dem beweglichen Tubus T austauschbar, so daß entweder, wie es in
Fig. 160 angenommen ist, das Licht der Vergleichslampe oder das
zu untersuchende Lichtbündel durch den Sektor meßbar geschwächt
werden kann.

Das Licht der zu messenden Lichtquelle fällt durch den Tubus T auf eine Gipsplatte S und wird von dieser diffus reflektiert. Die auf ein Prisma k in Fig. 160 fallenden Strahlen werden in die Richtung der Achse des ganzen Apparates reflektiert und durch ein Linsenpaar auf den Prismenkörper W konzentriert.

Die Einstellung auf gleiche Helligkeit der Vergleichsfelder von W geschieht mit Hilfe der Lupe l; diese ist in Fig. 160 der Deutlichkeit halber senkrecht eingezeichnet, während sie in Wirklichkeit wagerecht liegt. Der Tubus T, durch den das Licht der zu messenden Lichtquelle einfällt, ist um die Hauptachse des Photometers drehbar und seine Stellung kann an dem Teilkreise h abgelesen werden. So kann die Messung von Lichtstärken in jeder beliebigen Richtung erfolgen, was zur Aufnahme von Lichtverteilungskurven erforderlich ist.

Soll die Konstante des Photometers bestimmt werden, so wird eine Lichtquelle von bekannter Lichtstärke, also entweder eine Hefnerlampe oder eine geeichte Normalglühlampe von der Lichtstärke J_1 in einer Entfernung r_1 m (wenn möglich wird $r_1 = 1$ m gewählt) von der Gipsplatte S aufgestellt, und die Stellung a_1 auf der Skala t für gleiche Helligkeit der Vergleichsfelder von W ermittelt. Dann ist die Konstante des Photometers:

$$c = \frac{J_1}{a_1 \cdot r_1{}^2}. \qquad \ldots \ldots \ldots \quad 1)$$

Die Lichtstärke J einer beliebigen zu messenden Lampe, die in der Entfernung r von der Gipsplatte S aufgestellt wird und bei der Messung die Einstellung a ergibt, ist dann:

$$J = c \cdot a \cdot r^2. \qquad \ldots \ldots \ldots \quad 2)$$

In dieser Weise werden mit dem Photometer kleine und mittlere Lichtstärken bis zu etwa 200 Kerzen gemessen.

Sollen größere Lichtstärken oder Beleuchtungsstärken an bestimmten Stellen gemessen werden, so wird ein anderer Tubus T_1, der in den Tubus T eingesetzt werden kann, benutzt. Dieser trägt vorne eine Milchglasscheibe, hinter welche noch weitere Milch- und Rauchgläser gesetzt werden können. Diese Milchglasscheibe wird von der zu messenden Lichtquelle beleuchtet, so daß die Strahlen senkrecht auf die Scheibe auftreffen oder die Milchglasscheibe wird in die Ebene gebracht, deren Beleuchtungsstärke gemessen werden soll. Das Bild der beleuchteten Milchglasscheibe wird mittels einer Linsenkombination im Tubus T_1 auf einen kleinen Spiegel S_1 geworfen, der jetzt mit Hilfe einer einfachen Schiebervorrichtung an die Stelle der Gipsplatte S

gebracht werden kann und das Bild der beleuchteten Milchglasscheibe über k nach W reflektiert.

Die Eichung des Photometers und die Messung von Lichtstärken und Beleuchtungsstärken erfolgt ebenso wie im oben beschriebenen Falle. Nur wird hier die Entfernung von der Lichtquelle bis zur vorderen Milchglasscheibe in die Formeln zur Berechnung von c und J eingesetzt.

Durch Anwendung des Tubus T_1 mit nur einer Milchglasscheibe steigt der Meßbereich des Photometers auf etwa das Fünffache, da bei gleicher Lichtstärke nur etwa der fünfte Teil der Skalenablesung erhalten wird wie bei Anwendung von Tubus T. Wird noch eine zweite Milchglas- und eine Rauchglasplatte angewandt, so wird dadurch der Meßbereich nochmals auf etwa das Siebenfache erhöht.

Für die höchsten vorkommenden Beleuchtungsstärken kann wieder — auch bei Anwendung des Tubus T_1 — die Gipsplatte S an Stelle des Spiegels S_1 treten, so daß die direkte Reflexion des Bildes der Milchglasscheibe durch diffuse Reflexion ersetzt wird. Man erhält dann nur etwa den achtzehnten Teil des Skalenausschlages wie mit dem Spiegel S und kann so die größten überhaupt praktisch vorkommenden Lichtstärken auch in einem kleinen Photometerraume, wo nur geringe Entfernungen möglich sind, bequem und genau messen.

§ 105. Beleuchtungsmesser von Preece und Trotter.

Preece und Trotter[1] haben einen Beleuchtungsmesser konstruiert, bei welchem ein Schirm von einer Vergleichslichtquelle beleuchtet wird, wobei die Beleuchtung des Schirmes durch seine verschiedene Neigung zur Vergleichslichtquelle geändert wird. Die verschiedene Neigung des Schirmes wurde in den älteren Ausführungsformen durch eine Daumenscheibe bewirkt. In Fig. 162 ist eine neue Ausführungsform erläutert, in welcher der Schirm durch ein Hebelsystem bewegt wird. Fig. 162 stellt einen Vertikalschnitt durch den Beleuchtungsmesser dar. In dem innen geschwärzten Photometerkasten befindet sich die Glühlampe G, deren Licht auf den um den Drehpunkt d drehbaren weißen Kartonschirm A fällt. Außen auf dem Deckel des Kastens befindet sich ein weißer Schirm CD mit drei sternförmigen Öffnungen. CD wird an die Stelle gebracht, deren Beleuchtung bestimmt werden soll. Das Auge in P sieht sowohl den Schirm CD als auch durch die Öffnungen den Schirm A. Nun wird A so lange verstellt, bis das Auge

---

[1] The Electrician (London) **35.** S. 671. **1895.**

sowohl die Fläche $C\,D$ als auch den Schirm A gleichmäßig beleuchtet
erblickt.   Die Beleuchtung des Schirmes A ist nahezu proportional
dem Kosinus des Einfallswinkels α, welchen der von der Glühlampe G
kommende Lichtstrahl mit dem Schirm bildet.   Der Schirm A wird

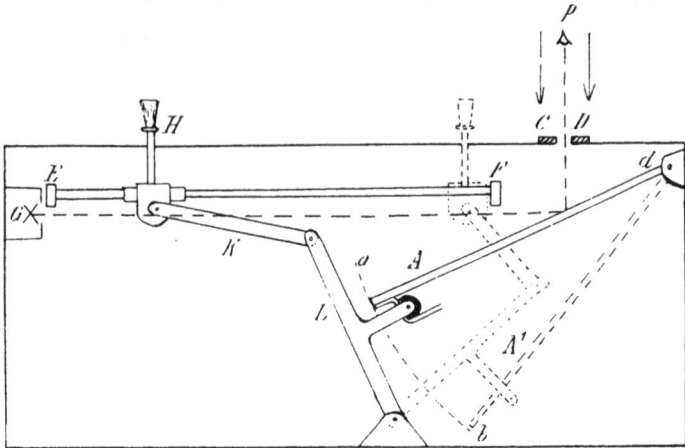

Fig. 162.

in folgender Weise verstellt.   Der Handgriff H kann längs der Geraden
EF entlanggleiten.   Bei dieser Gleitbewegung bewegt er durch die Hebel
K und L den Schirm A längs des Kreisbogens $a\,b$.   Die gestrichelt gezeichnete Stellung A' zeigt Schirm, Hebel und Handgriff in der einen
äußersten Meßstellung.

§ 106.   Beleuchtungsmesser von Wingen und Krüß.

Bei dem von Krüß[1]) konstruierten Beleuchtungsmesser von
Wingen wird ein weißer Schirm c_1 durch eine Benzinlampe B (Fig. 163)
beleuchtet.   Schirm c_1 und Benzinlampe befinden sich in einem innen
geschwärzten Kasten.   An dem Apparat befindet sich ein zweiter Schirm
c_2, der an die Stelle gebracht wird, deren Beleuchtung zu bestimmen ist.
An dem Apparat ist ferner eine Visiervorrichtung angebracht, ein
Schlitz M und eine Teilung T mit den Zahlen 10, 20, 30, 40 und 50 Lux.
Wird die Spitze der Benzinflamme auf den Teilstrich 10 eingestellt,
so wird der Schirm c_1 mit 10 Lux beleuchtet; wird sie auf den Teilstrich
50 eingestellt, so wird c_1 mit 50 Lux beleuchtet.   Zu einer Beleuchtungsmessung hat man durch das Okularrohr O auf die beiden Schirme c_1
und c_2 zu blicken und verstellt die Höhe der Benzinflamme so lange,

---

[1]) Journal für Gasbeleuchtung **45.** S. 738. **1902.** **47.** S. 917. **1904.**

bis die Schirme gleich hell beleuchtet erscheinen. Dann liest
man an der Teilung T die Beleuchtung ab.

In einer neueren Ausführungsform Fig. 164 ist der Schirm c_1
um eine horizontale Achse drehbar gemacht. Die Flammenhöhe
bleibt hier feststehend, die photometrische Einstellung wird hier
durch Drehen des Schirmes c_1
bewirkt, ein Prinzip, das schon
Preece und Trotter verwendet
hatten. Der außen am Apparat
sichtbare Zeiger gibt an, mit wieviel Lux die im Inneren des Kastens angeordnete Vergleichsfläche
beleuchtet erscheint, wenn man
durch das Okularrohr auf sie
blickt. Durch letzteres sieht man

Fig. 163.

gleichzeitig auf die unten links seitlich aus der Stirnwand des Kastens
herausziehbare Meßfläche c_2,
welche an diejenige Stelle des
Raumes gebracht wird, deren
Beleuchtung zu bestimmen ist.
Der Meßbereich des in Fig. 164
dargestellten Apparates ist
durch einen Lichtschwächungs-
schieber bis auf 500 Lux er-
weiterbar.

Das Okular ist noch mit
einem Okularschieber versehen,
welcher gestattet, durch ein
rotes oder durch ein grünes
Glas zu beobachten oder auch
ohne farbiges Glas zu arbeiten.
Letzteres wird sich sehr
schwierig gestalten, wenn die
zu messende Beleuchtung eine
von der Benzinlampe sehr ab-

Fig. 164.

weichende Farbe hat, wenn z. B. Tageslicht gemessen werden soll.
Will man sich hier nicht auf die Messung im Rot beschränken, sondern
die Gesamtbeleuchtung bestimmen, so macht man je eine Einstellung
unter Benutzung der roten und grünen Scheibe, bildet aus den beiden
Messungsergebnissen das Verhältnis Grün/Rot, entnimmt aus der auf
Seite 287 angegebenen Weberschen Tabelle den zu diesem Verhältnis
gehörigen Wert k und multipliziert damit das Ergebnis für Rot. Dadurch erhält man dann die Gesamtbeleuchtung der Meßfläche, wie
sie ohne Einschaltung farbiger Gläser ist.

Diese Apparate ergeben keine allzugroße Meßgenauigkeit. Für
schnelle überschlägige Messungen sind sie jedoch brauchbar.

Genauere Resultate ergibt der Beleuchtungsmesser von Krüß[1]).
der in Fig. 165 dargestellt ist.

Fig. 165.

In den abnehmbaren Kasten K wird eine Hefnerlampe so hinein-
gestellt, daß durch das Fenster f ein Flammenmesser zum Zwecke der
Einstellung der Flammenhöhe beobachtet werden kann.

Die Fläche F wird an diejenige Stelle gebracht, deren Beleuchtung
gemessen werden soll; sie kann mit dem Photometerkopf P, welcher
mit Lummer-Brodhunschem Prismenpaar versehen ist, gedreht werden;
ihre Neigung kann an dem Teilkreise D abgelesen werden.

Durch das Okular (vor welches auch ein rotes und ein grünes Glas
geschoben werden kann) wird die Beleuchtung des Photometerschirmes
und der Fläche F miteinander verglichen: sie wird gleichgemacht
durch Verschieben des Kastens mit der Hefnerlampe; durch eine
Schraube ist dieser Kasten festklemmbar. Der Zeiger r gleitet an einer
Teilung T_1, von welcher direkt die Beleuchtung in Lux abgelesen werden
kann, während eine zweite Teilung T_2 mit Metermaßstab versehen ist.

---

[1]) Krüß, Journal für Gasbeleuchtung **45**. S. 739. **1902**.

Die weiße Fläche des Photometerschirmes kann gegen diejenige der Fläche F vertauscht werden. Ergeben sich hierbei verschiedene Einstellungen, so ist das Mittel aus den beiden Messungen zu nehmen. Wird der Apparat nicht benutzt, so wird der Schieber F mit der weißen Fläche nach unten eingesteckt.

Eine auf dem Photometerkopf befindliche drehbare Scheibe kann in drei mit 0,1, 1,0 und 10 bezeichnete Stellungen gebracht werden. In der Stellung 1,0 gelten die Angaben der beiden Teilungen ohne weiteres, in den Stellungen 0,1 bzw. 10 müssen die Angaben der Luxteilung T_1 oder das aus der Meterteilung T_2 errechnete Resultat mit 0,1 bzw. 10 multipliziert werden.

Der Meßbereich des Apparates reicht:

bei Stellung der Scheibe auf 0,1: von 0,4 bis 10 Lux
» » » » » 1,0: » 4 » 100 »
» » » » » 10 : » 40 » 1000 »

Außer zur Messung der Beleuchtung kann der Apparat auch zur Messung der Lichtstärken von Lichtquellen benutzt werden. Die Vergleichsfläche F wird zu diesem Zweck in senkrechte Lage gebracht und die zu messende Lichtquelle vor ihr aufgestellt: ihre Entfernung von F muß mittels eines Maßstabes bestimmt werden, während die Entfernung der Hefnerlampe vom Photometerschirm an der metrischen Teilung T_2 abgelesen wird. Man kann auch die von Lichtquellen in verschiedenen Richtungen ausgestrahlten Lichtstärken z. B. von hochhängenden oder hoch aufgestellten Lichtquellen bestimmen, indem man der Vergleichsfläche F die entsprechende Neigung gibt.

Um den Apparat als Straßenphotometer benutzen zu können, wird er auf ein mit Dreifuß und mit einer Wasserwage versehenes Stativ gesetzt.

§ 107. Universalphotometer von Martens[1]).

Bei dem in Fig. 166 dargestellten Universalphotometer von Martens wird zum Vergleichen zweier Lichtbündel und zur meßbaren Schwächung des einen Lichtbündels das Polarisationsprinzip verwendet. Die zu vergleichenden Lichtbündel treten durch zwei Öffnungen a und b in das eigentliche Photometer ein, durchlaufen der Reihe nach eine Linse O, ein Wollaston-Prisma aus Kalkspath W, ein Zwillings-

---

[1]) F. F. Martens, Verhandlungen der Deutschen Physikalischen Gesellschaft **5.** S. 149. **1903.**

prisma mit den Hälften 1 und 2, einen Analysatornicol N, sowie die
beiden Linsen L und H und endlich die Blende D. Der Beobachter
blickt durch D und dreht den Analysatornicol N bis die beiden Vergleichsfelder 1 und 2 gleich hell
erscheinen.

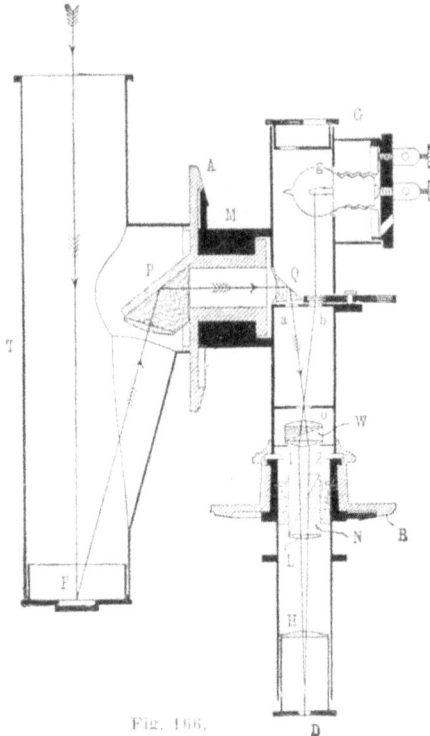

Das Instrument enthält ferner ein Vergleichslampengehäuse
g, einen Brodhunschen Tubus T
und eine Revolverscheibe M mit
Rauchgläsern zur Vergrößerung
des Meßbereiches.

Der Brodhunsche Tubus T
enthält ein total reflektierendes
Prisma P und ist um die horizontale Achse $P\,Q$ drehbar;
seine Neigung gegen die Vertikale wird an einem Teilkreise A
abgelesen. Der Zweck dieser
Einrichtung ist der, alle photometrischen Messungen bei un-
veränderter Stellung des Auges
vornehmen zu können; man
kann den Tubus auf eine in
beliebiger Höhe befindliche
Lichtquelle richten, um deren

Fig. 166.

Lichtstärke zu messen. Ersetzt man den Gipsschirm F durch ein
mattgeschliffenes Milchglas, so kann man die Beleuchtung in einer
beliebig geneigten Fläche messen. Entfernt man den Schirm F, so findet
man die Flächenhelle einer Fläche z. B. eines Projektionsschirmes,
welcher nur auf dem Wege $F\,P\,Q$ Licht ins Photometer sendet.

Das Instrument ist transportabel und läßt sich sowohl zu Messungen in geschlossenen Räumen als auch im Freien verwenden.

X. Kapitel.
Photometerspiegel.

§ 108. Bestimmung der Absorptionsverluste.

Bei photometrischen Messungen bedient man sich vielfach eines Spiegels, z. B. bei der Aufgabe, Lampen unter verschiedenen Winkeln zu messen oder die mittlere horizontale Lichtstärke einer Lampe durch eine einzige Messung zu bestimmen. Die zu solchen Zwecken verwendeten Spiegelgläser müssen sorgfältig ausgewählt werden, sie müssen frei sein von Unregelmäßigkeiten und müssen Bilder ohne Verzerrungen geben.

Ihre Größe muß derart sein, daß sie den ganzen in Betracht kommenden Lichtkegel zu fassen vermögen, daß also, vom Photometerschirme aus gesehen, die ganze Lichtquelle in ihnen sichtbar ist. Hierauf ist besonders beim Photometrieren von Bogenlampen m i t G l o c k e n zu achten.

Bevor die Spiegel benutzt werden, müssen ihre Absorptionskoeffizienten bestimmt werden. Dies geschieht nach folgender Methode:

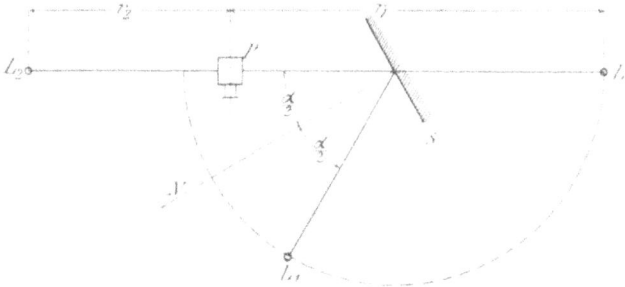

Fig. 167.

Auf der Photometerbank Fig. 167 werden zwei Glühlampen L_1 und L_2 mit den Lichtstärken J_1 und J_2 in der Entfernung $R = r_1 + r_2$ aufgestellt, und das Photometer P wird eingestellt; dann ist

$$\frac{J_1}{J_2} = \left(\frac{r_1}{r_2}\right)^2 \quad . \quad . \quad . \quad . \quad . \quad . \quad 1)$$

Hierauf stellt man den Spiegel S auf und bringt L_1 an die Stelle L_1'. Der Spiegel wird so eingestellt, daß die Spiegelnormale N den Winkel a

halbiert: dann ist, wenn J_1 und J_2 ebensogroß sind wie zuvor und r_1' und r_2' die zugehörigen Entfernungen bedeuten:

$$\frac{J_1}{J_2}\mu = \left(\frac{r_1'}{r_2'}\right)^2 \qquad \ldots \ldots \ldots \quad 2)$$

demnach:

$$\mu = \left(\frac{r_1'}{r_2'}\right)^2 \left(\frac{r_2}{r_1}\right)^2 \qquad \ldots \ldots \ldots \quad 3)$$

Damit die Versuche ein genaues Resultat ergeben, ist es nötig, für L_1 und L_2 zwei sehr konstante Lampen anzuwenden, am besten Glühlampen, welche von einem Akkumulator gespeist werden. Die Lampe L_2 bleibt während der Versuche unberührt, die Lampe L_1 muß dem Photometer bzw. dem Spiegel stets dieselbe Richtung zukehren. Am besten verwendet man Lampen, welche nach jeder Richtung dieselbe Lichtstärke besitzen, z. B. die Lampe auf Seite 73. Ferner muß die Spannung sehr konstant gehalten werden, endlich muß das Lichtstärkenverhältnis der Lampen ohne Spiegel öfters bestimmt werden.

Unter Benutzung der beschriebenen Anordnung wurden die Reflexionskoeffizienten von sieben ebenen Spiegeln mit Silberbelag, die für photometrische Untersuchungen bestimmt waren, von Uppenborn ermittelt. Als Lichtquellen dienten zwei Glühlampen eine gewöhnliche und eine Einfadenlampe, deren Spannung bei dem Vorversuche, der Photometrierung ohne Zwischenschaltung des Spiegels, so einreguliert wurde, daß beide Lampen gleiche Lichtstärke ergaben. Dabei war die Einfadenlampe in der Achse der Photometerbank auf einem drehbaren Arme befestigt, 60 cm von dessen Drehpunkt entfernt. Die gesamte Meßlänge, die auch für die im folgenden beschriebenen Versuche beibehalten wurde, betrug 300 cm.

Es wurde nunmehr ein Spiegel auf den Drehpunkt des Armes aufgesetzt, der Arm mit der Lampe so weit aus der Achse der Photometerbank herausgedreht, daß er mit der Spiegelebene einen bestimmten Winkel a bildete und zehn photometrische Einstellungen vorgenommen. Der Mittelwert der quadratischen Entfernungsverhältnisse ergab dann ohne weiteres den gesuchten Koeffizienten für den betreffenden Winkel a. Der Winkel a des drehbaren Armes gegen die Spiegelebene wurde, soweit sich dies durchführen ließ, von 10 zu 10^0 geändert und das gleiche Verfahren auf alle anderen Spiegel angewendet. Bei Spiegel VII wurde die Bestimmung der Koeffizienten in zwei aufeinander senkrechten Ebenen vorgenommen.

Die Versuchsergebnisse sind in der folgenden Tabelle zusammengestellt.

Spiegel Nr.	I.	II.	III.	IV.	V.	VI.	VII.	
							Ebene 1	Ebene 2
$\alpha = 20^0$	0,818	0,786	0,815	0,800	0 840	0.779	0,792	0,802
30^0	0 820	0.782	0,813	0,796	0,797	0,778	0.783	0,792
40^0	0,814	0,786	0,831	0.800	0,781	0,778	0,778	0,801
50^0	0,804	0,791	0,823	0,800	0,799	0,778	0 786	0,803
60^0	0,820	0,791	0,821	0,794	0,784	0,799	0,785	0,803
70^0	0 814	0,791	0,835	0 794	0,775	0.799	0,785	0 813
110^0	0,812	0,781	0,826	0,821	0,780	0.783	0,867	0,820
120^0	0,820	0,791	0,836	0.822	0,780	0.782	0,841	0,824
130^0	0,813	0,786	0,835	0,821	0 782	0.782	0,849	0,809
140^0	0,820	0 786	0,821	0,820	0 791	0.779	0,830	0,819
150^0	0,826	0,798	0,823	0.825	0,798	0,796	0,824	0,825
160^0	0.848	0,799	0.838	0,815	0.840	0.774	0.821	0.820
Mittelwerte	0,819	0,789	0,826	0,809	0,787	0,784	0,812	0,811

Die vorstehend beschriebenen Versuche wurden mit Glühlampen von normalem Glühgrade angestellt. Es ist von Interesse zu wissen, ob bei stark gefärbtem Lichte andere Reflexionskoeffizienten gefunden werden.

Dow[1]) hat Versuche angestellt, bei denen zwei Glühlampen für 32 HK und 200 Volt bei 200 Volt miteinander verglichen wurden und zwar einmal direkt und ein anderes Mal nachdem das Licht der einen mittels des Spiegels längs der Photometerbank reflektiert worden war. Der Versuch wurde mit roten und grünen Glasblenden wiederholt. Die Mittelwerte einer Versuchsreihe ergaben:

Reflexionskoeffizient 0,788 für Lampen ohne Blende,

» 0,790 » rotes Licht,

» 0,778 » grünes Licht.

Zahlreiche andere Versuche ergaben abweichende Resultate. Der Unterschied war manchmal zugunsten des roten, manchmal zugunsten des grünen Lichtes. Die Werte für die drei verschiedenen Farben wichen aber nie mehr als 2,5% voneinander ab.

§ 109. Winkelspiegel.

Bei den im vorhergehenden behandelten Untersuchungen spielt die Dimension der Lampen bzw. die Länge der Photometerbank keine andere Rolle als bei den gewöhnlichen photometrischen Messungen.

[1]) J. S. Dow, Zeitschrift für Beleuchtungswesen 13. S. 74. 1907.

Etwas verwickelter wird der Fall bei den Winkelspiegeln (Fig. 168), welche z. B. zum Photometrieren von Glühlampen (siehe Seite 356) benutzt werden können. Diese Spiegel schließen einen Winkel von 120° ein. Von der Lichtquelle J entstehen die zwei Bilder J_1 und J_2. Auf dem Photometerschirme P ruft die Lichtstärke J eine Beleuchtung $\frac{J}{r^2}$ hervor. Hierzu kommen noch die von den Bildern J_1 und J_2

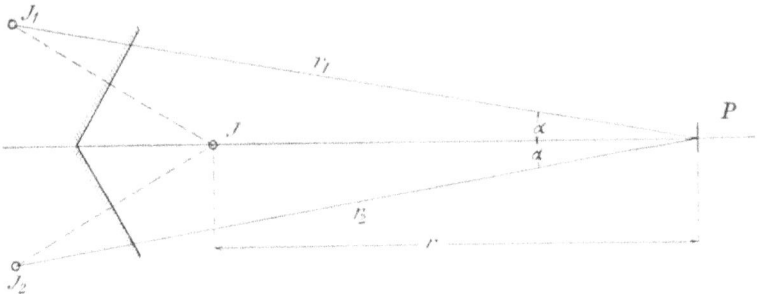

Fig. 168.

herrührenden Beleuchtungen. Dieselben sind, wenn man mit μ den Schwächungskoeffizienten der Spiegel bezeichnet,

$$\mu_1 \cdot \frac{J}{r_1^2} \cos \alpha \quad \text{und} \quad \mu_2 \cdot \frac{J}{r_2^2} \cos \alpha.$$

die Gesamtbeleuchtung wird daher:

$$E = \frac{J}{r^2} + \mu_1 \frac{J}{r_1^2} \cdot \cos \alpha + \mu_2 \frac{J}{r_2^2} \cos \alpha.$$

Je weiter P von den Spiegeln entfernt ist, um so kleiner wird α und um so mehr nähert sich cos α der 1. Ebenso wird der Unterschied von r_1 und r immer kleiner. Für den Grenzfall wird die Gesamtbeleuchtung:

$$E = \frac{J}{r^2} (1 + \mu_1 + \mu_2).$$

Setzt man für μ z. B. den Wert 0,86 ein, so wird:

$$E = \frac{J}{r^2} \cdot 2,72.$$

Die mit dem Photometer beobachteten Werte müssen also durch diese Zahl dividiert werden.

Bei solchen Winkelspiegeln ist der Reduktionsfaktor, wie ersichtlich, von der Entfernung r des Spiegelsystems vom Photometerschirm P abhängig, ebenso auch von der Gestalt der zu prüfenden Lampe. Deshalb empfiehlt es sich, diese Entfernung r konstant zu lassen und die

Einstellung des Photometers durch Verschiebung der Vergleichslampe herbeizuführen. Ebenso wird es für die Genauigkeit solcher Messungen sehr förderlich sein, wenn man den Reduktionsfaktor für jede besondere Lampenform besonders bestimmt.

XI. Kapitel.
Hilfsmittel zur Aufnahme der Lichtausstrahlungskurven.

Bei einer großen Zahl beleuchtungstechnischer Aufgaben ist die Lichtausstrahlung einer Lichtquelle unter den verschiedenen Lichtausstrahlungswinkeln zu bestimmen, teils weil man den Gang der Lichtausstrahlungskurve oder die Gestalt des photometrischen Körpers kennen will, teils weil man aus der Lichtausstrahlungskurve die räumlichen Lichtstärken J_0, J_0, J_0 oder Lichtströme zu ermitteln hat. Sind die Lichtquellen axial symmetrisch, so genügt die Aufnahme der Lichtausstrahlungskurve in einer Meridianebene. Zur Aufnahme der Lichtausstrahlungskurven bestehen verschiedene Hilfsmittel, die im folgenden kurz besprochen werden sollen.

§ 110. Die Lichtquelle wird bewegt.

Bei Photometern, deren Meßfläche sich in beliebige Neigungen verstellen läßt, wie z. B. beim Weberschen Photometer wird das Photometer in Fig. 169 auf die Lichtquelle gerichtet. Die Lichtquelle kann sowohl in ihrer Höhe H durch eine Seilwinde als auch seitlich z. B. auf einem Wagen auf Schienen oder durch ähnliche Vorrichtungen verschoben werden. Die Anordnung läßt sich auch so treffen, daß die Lichtquelle nur in der Höhe verstellt werden kann und daß der Tisch, auf welchem das Photometer ruht, seitlich verschoben werden kann. Der Winkel a, welchen die Photometerachse mit der Lichtquelle bildet (von der Vertikalen gerechnet), kann, nachdem das Photometer auf die Lichtquelle einvisiert ist, an einem am Photometer befindlichen Teilkreis abgelesen werden. Für die Lichtstärkenmessung muß man noch R, die Entfernung der Lichtquelle von der Meßplatte des Photometers kennen. Aus dem in Fig. 169 sichtbaren rechtwinkligen Dreieck ergibt sich:

$$R = \frac{A}{\sin a} - d,$$

wobei d der Abstand der Milchglasplatte des Photometers von der horizontalen Drehungsachse desselben ist. A wird zweckmäßig an einer Teilung abgelesen. Man kann auch die Höhe H des Lichtpunktes über dem Fußboden bequem messen und erhält dann

$$R = \sqrt{A^2 + (H - h)^2} - d.$$

Die Rechnung ist umständlich; bei wiederkehrenden Arbeiten empfiehlt es sich daher, die in Betracht kommenden Größen für eine gegebene Versuchsanordnung einmal zu berechnen und tabellarisch für den späteren Gebrauch zusammenzustellen.

Will man den Photometerschirm nicht neigen, so befestigt man auf einem Wagen der Photometerbank einen Spiegel $S\,S_1$ in Fig. 170, der um die horizontale Achse der Photometerbank meßbar gedreht werden kann. Die horizontale Achse des Spiegels selbst steht senkrecht zur Photometerachse. Liegt nun die zu untersuchende Lichtquelle in der durch die Achse der Photometerbank gehenden Vertikalebene, so werden die von der Lichtquelle L kommenden

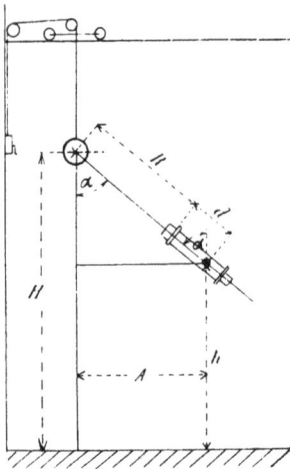

Fig. 169.

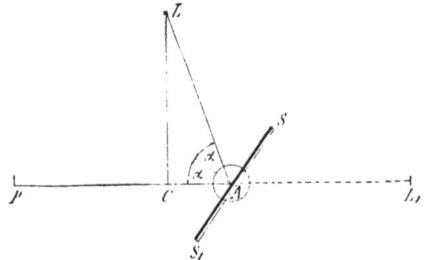

Fig. 170.

Strahlen $L\,A$, die mit der Horizontalen $L_1\,A\,P$ den Winkel $2\,\alpha$ bilden, durch den Spiegel $S\,S_1$ in horizontaler Richtung $A\,P$ auf den Photometerschirm P geworfen. Die Entfernung des Spiegelbildes L_1 vom Photometerschirm ist dann gleich der Summe der Entfernungen der Lichtquelle L von dem Punkt, in welchem ihre Strahlen den Spiegel treffen und der Entfernung dieses Punktes vom Photometerschirm, also $= L\,A + A\,P$. Aus dem rechtwinkligen Dreieck $L\,A\,C$ wird $L\,A$ berechnet; $L\,C$ ist leicht zu messen, α am Spiegelindex abzulesen. Die Lichtquelle L wird durch eine Seilwinde oder ähnliche Vorrichtungen in verschiedene Höhenlagen $L\,C$ eingestellt oder der Spiegel $S\,S_1$ wird in verschiedene Entfernungen $P\,A$ vom Photometer gebracht.

Bei der Messung muß das von L in L_1 erzeugte Spiegelbild in der horizontalen Achse der Photometerbank liegen.

Liegt die zu messende Lichtquelle nicht in der durch die Achse der Photometerbank gelegten Vertikalebene sondern seitwärts außerhalb der Photo- meterbank, so muß der Spiegel auch um die Vertikalachse A_1 gedreht werden können. Ein derartiger Spiegel ist in Fig. 171 in der Ausführungsform von Krüß dargestellt. Es sei, um die von dem Spiegel reflektierten Strahlen in horizontaler Richtung AF auf den Photometerschirm zu werfen, eine Drehung des Spiegels um die Achse A_1 um den Winkel β und um die Achse A um den Winkel γ notwendig; dann ist der Winkel 2α aus dem sphärischen Dreieck, dessen Seiten β, γ und 2α sind, durch die Gleichung

$$\cos 2\alpha = \cos \beta \cdot \cos \gamma$$

zu berechnen.

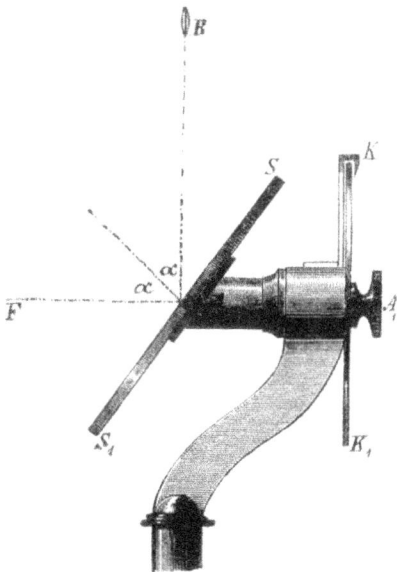

Fig. 171.

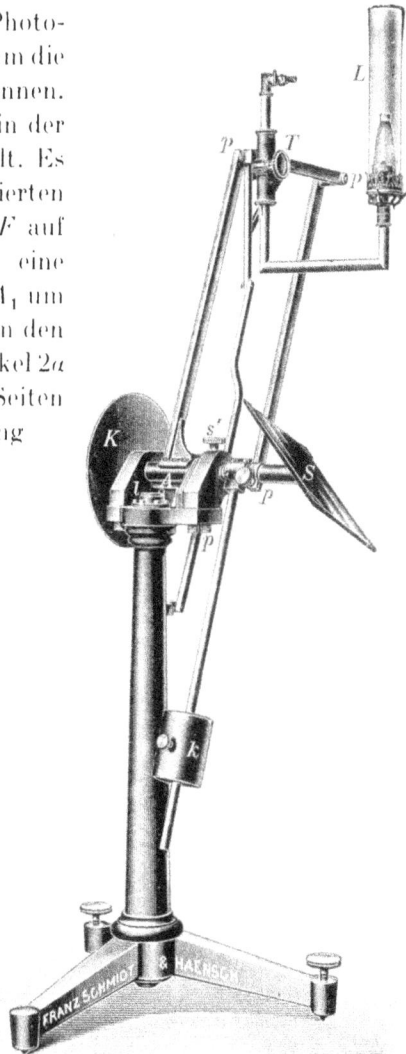

Fig. 172.

Wenn man mit Spiegeln arbeitet, muß man den Betrag des Lichtes, das von dem Spiegel absorbiert wird, bei der Auswertung berücksich-

17*

tigen. Über eine Methode zur Bestimmung der Lichtverluste durch
Spiegel s. S. 253.

Drehschmidt hat den in Fig. 172 dargestellten Apparat zur Herum-
führung von Gaslampen im Kreise konstruiert. Das Licht der Lampe L
wird durch den Silberspiegel S in die Richtung der Photometerbank
gebracht und auf den Photometerschirm geworfen. Der Lichtausstrahlungswinkel a wird an dem Teilkreis K abgelesen.

Bei dem Photometer von Dibdin[1]) wird der Photometerschirm P
derart um eine horizontale Achse geneigt, daß die von der zu untersuchenden Lichtquelle L und die von der Vergleichslichtquelle L_1
ausgehenden Strahlen den Schirm unter gleichen Winkeln treffen.

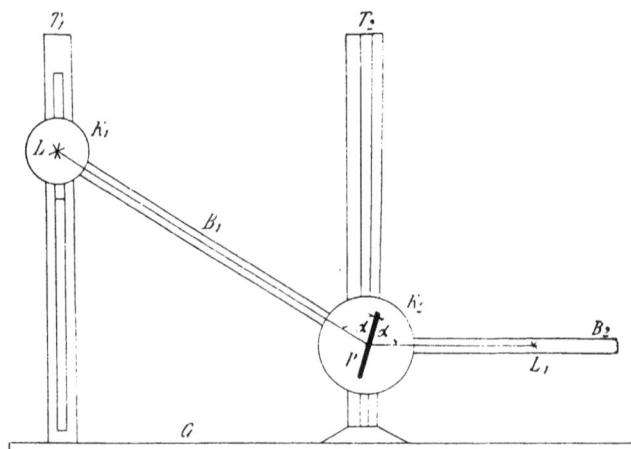

Fig. 173.

Das Dibdinsche »Radialphotometer« ist in Fig. 173 dargestellt. Auf
einer horizontalen Grundplatte G sind zwei vertikale Säulen T_1 und
T_2 angebracht. T_1 steht fest, T_2 läßt sich längs der Grundplatte G
verschieben. Auf einem an T_1 angebrachten Arm befindet sich die
zu untersuchende Lichtquelle L. Der Photometerschirm ist an dem
Arm B_2 längs T_2 verschiebbar angeordnet; die Vergleichslichtquelle L_1
befindet sich auf dem horizontalen Arm B_2. Der Arm B_1 ist gelenkig
in den Gleitrinnen der Säulen T_1 und T_2 angebracht und trägt Zeiger,
die auf den Teilkreisen K_1 und K_2 die Winkel abzulesen gestatten.
Um die Lichtquelle L unter verschiedenen Winkeln zu photometrieren,
wird sie längs der Gleitrinne der Säule T_1 vertikal verschoben: bei
dieser Verschiebung wird Arm B_1 zwangläufig mitbewegt und mit ihm

---

[1]) Dibdin, La Lumière Electrique **30**. S. 227. 1888.

wird K_2 und der horizontale Arm B_2 gehoben oder gesenkt. Da die
Länge des Armes B_1 konstant bleibt, bleibt auch der Abstand der zu
untersuchenden Lichtquelle L vom Photometerschirm P konstant.
Die Vergleichslichtquelle L_1 wird so lange verschoben, bis beide Seiten
des Photometerschirmes P gleich hell beleuchtet sind. Wegen der
verhältnismäßig geringen Länge des Armes B_1 läßt sich das Dibdinsche
Radialphotometer nur für kleine Lichtquellen verwenden.

Rousseau[1]) konstruierte eine Vorrichtung, durch welche sich ebenfalls die Lichtstärke einer Lichtquelle in verschiedenen Ausstrahlungsrichtungen bestimmen läßt. Das Rousseausche Winkelphotometer
ist in der ihm von Krüß gegebenen Anordnung in Fig. 174 dargestellt.

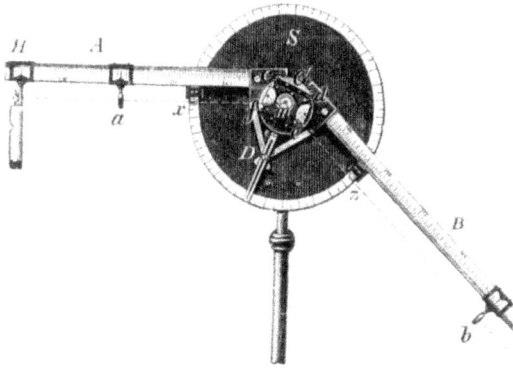

Fig. 174.

Zwei an einer Scheibe S angebrachte Arme A und B bilden die Schenkel
eines Winkels; sie lassen sich um den Scheitel des Winkels als Drehpunkt in einer Vertikalebene verstellen. Auf jedem Arm befindet sich
ein kleiner verschiebbarer Spiegel a bzw. b, dessen Ebene senkrecht
auf dem Arm steht. Der Lichtpunkt der zu untersuchenden Lichtquelle wird in den Scheitel des Winkels hinter der Mitte der Scheibe S
eingestellt. Im Scheitel des Winkels ist ein Bunsenscher Photometerkopf G angeordnet. Von f und e gehen Führungsstangen aus, die einen
dritten Arm D durch eine in einem Schlitz verlaufende Gleitvorrichtung
stets in der Halbierungslinie des von A und B gebildeten Winkels halten.
Bei der Messung bleibt der Arm A in horizontaler Lage, B wird in die
gewünschte Ausstrahlungsrichtung eingestellt und die Spiegel a und b
werden so lange verschoben, bis der Fettfleck verschwunden ist. Ist
hierbei die Entfernung des Spiegels a vom Photometerschirm x und z

---

[1]) Rousseau, Comptes Rendus des Travaux du Comité International des
Essais Electriques de l'Exposition d'Anvers S. 85. 1885.

die des Spiegels b, so ist die Lichtstärke J_α unter dem Ausstrahlungswinkel α

$$J_\alpha = \left(\frac{z}{x}\right)^2 \cdot J.$$

J bedeutet die Lichtstärke in der Horizontalen. J wird meistens
$= 1$ gesetzt. Die Lichtquelle ist also mit sich selbst photometriert
worden (relative Messung). Will man die Lichtstärken in den verschiedenen Ausstrahlungswinkeln in Hefnerkerzen messen, so hat man
J mit einem gewöhnlichen Photometer zu bestimmen.

Bei der ursprünglichen Anordnung von Rousseau befand sich
im Scheitel des Winkels an Stelle des von Krüß angeordneten Bunsenschen Photometers ein Rumfordsches Schattenphotometer.

§ 111. Die Lichtquelle steht fest.

Die Anordnungen zur Aufnahme der Lichtausstrahlungskurve,
bei denen die zu untersuchende Lichtquelle bewegt werden muß, haben
den Nachteil, daß die meisten Lichtquellen eine Bewegung nicht gut
vertragen. Bei Bogenlampen, besonders bei solchen mit langen Lichtbogen, werden die Lichtbogen unruhig, und man muß nach einer Orts-
veränderung der Bogenlampe bisweilen geraume Zeit warten, bis der
Lichtbogen sich wieder beruhigt hat. Für Gaslampen mit Glühkörpern
sind die Erschütterungen bei der Verstellung der Lichtquelle ebenfalls nicht förderlich, und einige elektrische Glühlampenarten sind auch
empfindlich bei Ortsveränderungen. Man hat daher Vorrichtungen
zur Aufnahme der Lichtausstrahlungskurve konstruiert, bei welchen die
zu untersuchende Lichtquelle selbst nicht bewegt zu werden braucht.

In Fig. 175 ist eine Vorrichtung dargestellt, bei welcher die Lichtquelle feststeht. Nach Martens fallen die von der Lichtquelle ausgehenden Lichtstrahlen auf einen Spiegel A und werden durch einen
zweiten Spiegel B auf den Photometerschirm S geworfen. Der Kreis K
dient zur Ablesung des Winkels α, welchen die untersuchte Ausstrahlungsrichtung mit der nach oben gerichteten Vertikalen bildet. G stellt
ein Gegengewicht dar.

Bei einer anderen Einrichtung (Fig. 176) von Krüß[1]) ist eine Gaslampe fest auf einer Photometerbank angeordnet. Drei Spiegel S_1,
S_2 und S_3 sind um die in die Photometerachse eingestellte Achse x
drehbar angeordnet. Der Drehungswinkel kann an einem Teilkreise
abgelesen werden. Der Gang der Strahlen ist aus Fig. 176 zu ersehen.

---

[1]) H. Krüß, Journal für Gasbeleuchtung **41**. S. 253. **1898**.

Damit die Teilung der Photometerbank ohne weiteres benutzt werden kann, ist es nur notwendig, die zu prüfende Lichtquelle in einem Abstande $B S_1 + S_2 S_3$ vom Endpunkte der Photometerbank bzw.

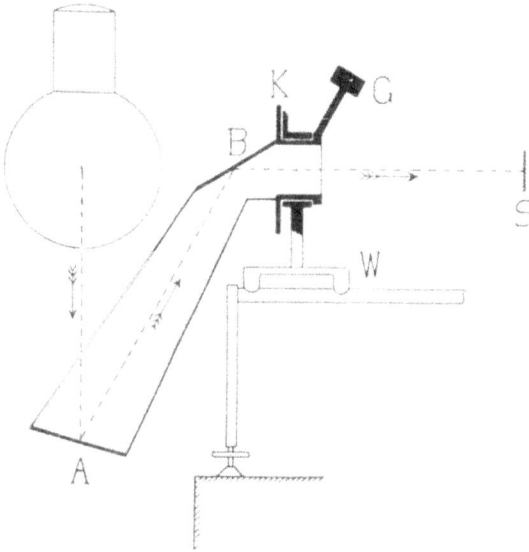

Fig. 175.

vom Nullpunkte der Teilung an aufzustellen, welche gleich ist dem Doppelten des Abstandes der Spiegel S_2 und S_3. Der Reflexionskoeffi-

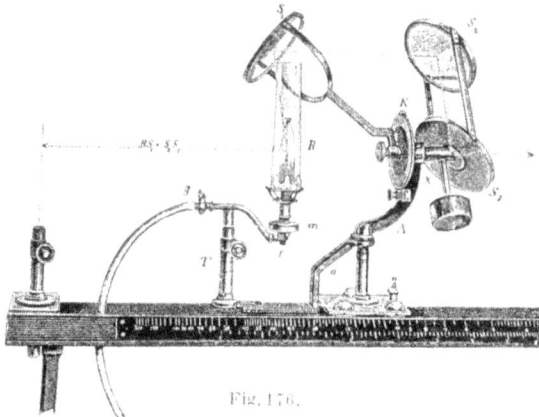

Fig. 176.

zient bzw. der Spiegelfaktor des Spiegelsystems wird dadurch bestimmt, daß man die horizontale Lichtstärke zweier Lampen einmal direkt und einmal nach Einschaltung des Spiegelsystems bei gleichem Ab-

stande vergleicht. Krüß fand bei einem Instrument die Lichtstärke
eines aufrecht stehenden Gasglühlichtbrenners mit Spiegel zu 25,5 HK
und ohne Spiegel zu 50,0 HK. Hieraus ergibt sich der Faktor, mit dem
die Ablesungen zu multiplizieren sind, zu 1,96. Da bei der Drehung des
Spiegelsystems die Winkel der Spiegel mit der photometrischen Achse
nicht geändert werden, genügt diese eine Bestimmung.

Für Gasglühlichtlampen mit abwärts hängendem Glühkörper hat
Krüß[1]) entsprechend veränderte Spiegelvorrichtungen konstruiert,
die auch für elektrische Glühlampen benutzt werden können.

Voege[2]) gab einen Apparat zur Aufnahme der Lichtausstrahlungskurven an, der von Krüß gebaut wird.

Der Apparat besteht aus einer eisernen
Säule, an welcher ein Arm a (Fig. 177) in einer
horizontalen Achse r drehbar befestigt ist. Der

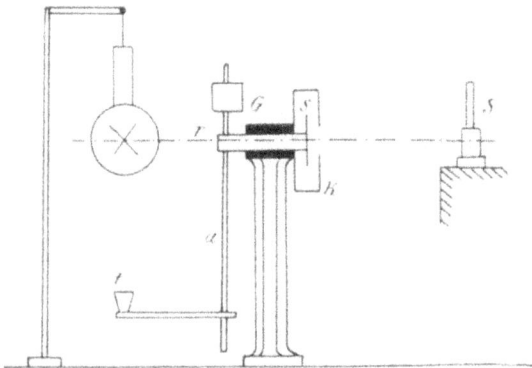

Fig. 177.

Fig. 178.

Arm a trägt an einer seitlichen Ausladung eine
Thermosäule t nach Rubens, welche eine Fassung für Glasplatten zur Absorption der dunklen Wärmestrahlen besitzt. Die Entfernung der
Thermosäule von der in der Richtung der Achse r befindlichen Lichtquelle kann verändert werden, je nachdem die Lichtquelle eine größere
oder kleinere Ausdehnung besitzt. G ist ein Gegengewicht.

Die Thermosäule ist mit einem Spiegel-Galvanometer S zu verbinden. Es werden dann die Stromschwankungen, welche in der
Thermosäule entstehen, wenn sie um die Lichtquelle in einem vertikalen

---

[1]) H. Krüß, Journal für Gasbeleuchtung 50. S. 1017. 1907.
[2]) W. Voege, E. T. Z. 29. S. 49. 1908.

Kreise herumgeführt wird, verschieden große Ablenkungen des Galvano-
meterspiegels verursachen. Diese werden in üblicher Weise mittels
eines Lichtzeigers sichtbar gemacht.

Die Größe der Ablenkung des Lichtzeigers ist der Wärmestrahlung
und bei der von Voege getroffenen Anordnung auch praktisch der
Lichtausstrahlung in den verschiedenen Richtungen proportional. Die
Ausschläge des Lichtzeigers werden entweder bei Messungen unter
verschiedenen Winkeln nacheinander an einer Skala abgelesen oder
es wird die ganze Lichtausstrahlungskurve direkt graphisch aufgenommen, indem der Lichtzeiger durch den in der am Stativ angebrachten Kapsel *k* befindlichen Schlitz auf eine mit Bromsilberpapier bezogene Scheibe *s* geworfen wird, welche die gleiche Drehung wie die
Thermosäule ausführt.

Das Instrument ist in Fig. 178 in Ansicht dargestellt. Die Thermosäule gibt nur die relativen Werte der Lichtstärken in den verschiedenen
Ausstrahlungsrichtungen an. Will man die absoluten Werte der Lichtstärke z. B. in HK kennen, so hat man die Lichtstärke in e i n e r Ausstrahlungsrichtung, z. B. in der Horizontalen mit einem gewöhnlichen
Photometer zu bestimmen und erhält so den HK-Maßstab für die
anderen Richtungen. Zur Absorption der Wärmestrahlen schaltet
Voege dicke klare Gläser vor die Lötstellen der Thermosäule, wenn
elektrische Glühlampen photometriert werden. Sollen Bogenlampen
mit Kohlen, die Leuchtsalze enthalten, photometriert werden, bei
denen die Wärmestrahlen in erster Linie von den glühenden Kohlen-
spitzen, die Lichtstrahlen aber mindestens in gleichem Maße vom
farbigen Lichtbogen ausgehen, so schaltet Voege noch ein hellgrünes
Glas von 1,5 mm Stärke vor das 3 mm starke klare Glas. Dieses grüne
Glas absorbiert die roten Lichtstrahlen zum größten Teil, die auf das
Auge wenig, auf die Thermosäule jedoch stark wirken würden.

XII. Kapitel.
Integratoren.

Die Integratoren sind Hilfsapparate, welche bewirken, daß der Lichtstrom bzw. die räumliche Lichtstärke durch eine einzige Messung bestimmt werden kann. Die ersten Integratoren wurden von Blondel angegeben.

§ 112.   Lumenmeter von Blondel.

Die Blondelsche[1]) Methode besteht darin, daß der von der Lichtquelle ausgehende Lichtstrom durch eine geeignete Vorrichtung, z. B. einen Hohlspiegel M möglichst senkrecht auf einen orthotropen, diffus reflektierenden, ebenen Schirm G (Fig. 179) geworfen wird und

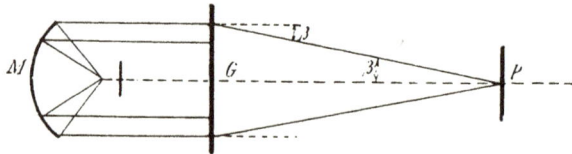

Fig. 179.

daß die auf diesem Schirm erzeugte Beleuchtung durch ein gewöhnliches Photometer P gemessen wird. Es kommt darauf an, den Lichtstrom derart auf den Schirm zu werfen, daß die Indikatrix der Diffusion (s. hierüber S. 24) mit dem theoretischen Kreis möglichst zusammenfällt. Jedes Flächenelement ds des Schirmes G wirkt für das Photometer P als kleine Lichtquelle, deren Lichtstärke dJ_β proportional der Flächengröße ds und der Flächenhelle e_β in der Richtung des Photometers ist. Es ist

$$dJ_\beta = e_\beta \cdot ds \quad \ldots \ldots \ldots \ldots 1)$$

Ist r die Entfernung des Schirmes G vom Photometer P, so ist die vom Flächenelement ds auf dem Photometer erzeugte Beleuchtung dE'

$$dE' = \frac{e_\beta \cdot ds}{r^2} \quad \ldots \ldots \ldots \ldots 2)$$

Die gesamte Beleuchtung E', die vom Schirm G auf dem Photometer hervorgebracht wird, ist dann

$$E' = \int \frac{e_\beta \cdot ds}{r^2} \quad \ldots \ldots \ldots \ldots 3)$$

---

[1]) André Blondel, L'Eclairage Electrique 2. S. 385. 1895. 3. S. 57. 406. 538. 583. 1895. — André Blondel, Bulletin de la Société Internationale des Electriciens (2) 4. S. 688. 1904.

Wenn angenommen wird, daß die auf den Schirm G einfallenden Strahlen innerhalb des Einfallswinkels liegen, innerhalb dessen Grenzen das Lambertsche Gesetz gilt, so ist

$$e_i = k \cdot E \cdot \cos^n \beta, \quad . \quad . \quad . \quad . \quad . \quad . \quad 4)$$

wobei k eine Konstante ist, die von dem diffundierenden Material abhängt und n eine Zahl bedeutet, die zwischen 1 und 2 liegt. E ist die Beleuchtung, die G von links her empfängt. Es ist also

$$E' = k \int \frac{E \, ds \cdot \cos^n \beta}{r^2} \quad . \quad . \quad . \quad . \quad . \quad . \quad 5)$$

Wenn man die Anordnung derart trifft, daß der beleuchtete Fleck auf dem Schirm G klein genug ist im Vergleich zur Entfernung r vom Photometer P, so daß $\dfrac{\cos^n \beta}{r^2}$ als konstant für alle Strahlen, die das Instrument empfängt, angenommen werden kann, so ergibt sich, wenn man den konstanten Wert von r mit l bezeichnet und mit A den konstanten Wert von $\cos^n \beta$

$$E' = \frac{A \cdot k}{l^2} \int E \, ds. \quad . \quad . \quad . \quad . \quad . \quad 6)$$

Da aber $\int E \, ds$ der Lichtstrom Φ ist, so ist

$$E' = \frac{A \cdot k}{l^2} \Phi. \quad . \quad . \quad . \quad . \quad . \quad . \quad 7)$$

Man kann keinen gewöhnlichen Reflektor, der die zu messende Lichtquelle etwa zur Hälfte umgibt, verwenden, um die Lichtstrahlen auf den Schirm G zu werfen, weil bei den Reflektoren der Reflexionskoeffizient sich mit dem Einfallswinkel ändert. Blondel hat daher die wirksame Fläche des zu benutzenden Reflektors derart verkleinert, daß der Einfallswinkel fast konstant bleibt. Es wird dann nur ein Bruchteil des Lichtstromes auf den Schirm G geworfen.

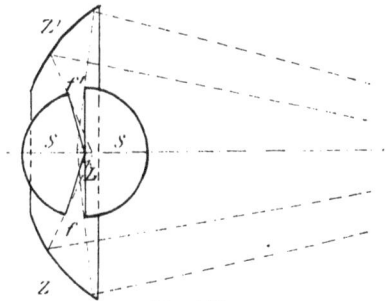

Fig. 180.

Das Blondelsche Lumenmeter ist in Fig. 180 dargestellt. Die zu messende Lichtquelle L wird von einer undurchsichtigen Kugel $S S$ umgeben, die innen geschwärzt ist. Der Mittelpunkt der Kugel liegt auf der optischen Achse der Gesamtanordnung. Die Kugel ist mit zwei symmetrisch einander gegenüberliegenden Ausschnitten ver-

sehen, f und f', welche die Gestalt von Kugelzweiecken von je 18°
besitzen. Die beiden aus diesen Ausschnitten austretenden Lichtbündel
fallen unter nahezu gleichen Einfallswinkeln auf die spiegelnde Zone
$Z\,Z'$ eines Rotationsellipsoids von etwa 60 cm Durchmesser, dessen
einer Brennpunkt der Mittelpunkt der Hohlkugel S liegt und in dessen
anderem, 3 m entfernten Brennpunkt der Schirm G steht. Auf dem
aus Milchglas bestehenden Schirm G erhält man einen Lichtfleck von
geringer Ausdehnung. Da der Öffnungswinkel der Lichtbündel 18°
beträgt, müßte man, um den gesamten Lichtstrom der Lichtquelle L zu
messen, zehn Messungen nacheinander machen, wobei die Lichtquelle
jeweils um 18° in der Horizontalebene gedreht werden müßte. Ist jedoch
die Lichtausstrahlung der Lichtquelle in bezug auf die Vertikalachse
symmetrisch, so kann man sich mit zwei Messungen bei zwei um 90°
versetzten Richtungen der Lichtquelle begnügen. Man kann auch die
Lichtquelle rotieren lassen. Der Spiegel $Z\,Z'$ besteht aus silberbelegtem
Glas. Der Schirm G hat eine Fläche von 1 qm. Im allgemeinen läßt
sich das in Fig. 180 dargestellte Modell des Lumenmeters nur für
Lichtquellen von geringer Ausdehnung, wie z. B. für nackte Lichtbogen,
verwenden. Für Bogenlampen mit Glocken würde es sehr teuer werden.

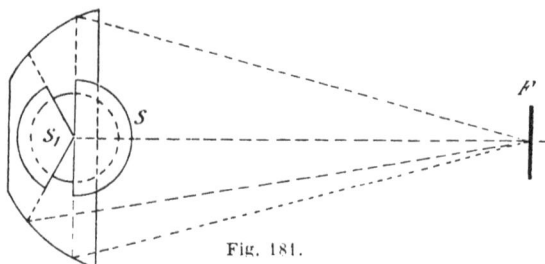

Fig. 181.

Bei einem anderen Modell (Fig. 181) setzt Blondel in die undurchsichtige Kugel S eine zu dieser konzentrische Kugel S_1 aus einem durchscheinenden, gut diffundierendem Material. Der Diffusionsschirm G
fällt hier weg. Die Meßfläche des Photometers wird hier in den zweiten
Brennpunkt F des elliptischen Spiegels gestellt. Die Beleuchtung des
Photometerschirmes ist dem Lichtstrom bei axial symmetrischen Lichtquellen proportional. Bei der Entwicklung der Theorie dieses Instrumentes gewinnt Blondel den Satz:

Wenn eine Lichtquelle in den M i t t e l p u n k t einer Kugel
aus orthotropem, homogenem, diffus reflektierendem Material gestellt
wird, so ist die mittlere normale Flächenhelle der Kugel proportional
dem von der Lichtquelle ausgehenden Lichtstrom.

Während die beiden beschriebenen Methoden auf vereinigter Diffusion und Spiegelung beruhen, baute Blondel ein drittes Modell, das nur auf diffuser Reflexion beruht. Zu diesem Zweck ersetzte Blondel den Spiegel $Z Z'$ durch einen Kegel K aus diffus reflektierendem Material, z. B. weiß emailliertem Blech, das mit Fluorwasserstoffsäure mattiert wurde. Dieser Kegel beleuchtet (Fig. 182) den Photometerschirm direkt mit dem Licht, das er zerstreut. Das Photometer muß in hinreichender Entfernung vom Kegel angebracht sein, damit sowohl der Emissionswinkel der diffusen Strahlen an allen Stellen des Kegels als auch die Entfernung dieser Punkte selbst vom Photometer als konstant betrachtet werden können. Das Photometer ist in eine Entfernung von 2 bis 5 m vom Kegel zu stellen. Die die Lichtquelle umgebende Kugel S dient hier nur dazu direktes Licht vom Photometer auszuschließen. Dieses Modell eignet sich für sehr lichtstarke Lichtquellen und Lichtquellen von größerer Ausdehnung, z. B. von Bogenlampen mit Glocken bis zu 40 cm Durchmesser. Es ist weniger genau als das Lumenmeter mit Spiegel.

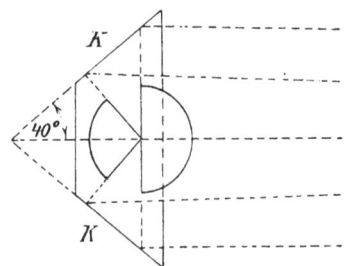

Fig. 182.

§ 113. Die Ulbrichtsche Kugel.

Wird die Flächeneinheit einer vollkommen diffus reflektierenden Fläche durch den Lichtstrom Φ beleuchtet, so würde sie unter jedem beliebigen Winkel betrachtet genau die gleiche Flächenhelle E zeigen, nämlich

$$E = (1 - a) \frac{\Phi}{\pi} \quad . \quad . \quad . \quad . \quad . \quad . \quad 1)$$

wobei unter a der bei der Reflexion vom Körper absorbierte Bruchteil des aufgefallenen Lichtes verstanden wird. Ulbricht[1] zeigte nun, daß bei genauer Gültigkeit der Gleichung 1) die mit Φ beleuchteten Flächenelemente einer d i f f u s r e f l e k t i e r e n d e n H o h l k u g e l vom Durchmesser $2 r$ jeder Flächeneinheit dieser Hohlkugel infolge des Umstandes, daß der Einfluß der verschiedenen

[1] R. Ulbricht. E.T.Z. **21**. S. 595. **1900**. **26**. S. 512. **1905**. **27**. S. 50. 803. **1906**. **28**. S. 777. **1907**. **30**. S. 322. **1909**. — Ulbricht und Dyhr, E.T.Z. **31**. S. 1295. **1910**. — L. Bloch, E.T.Z. **26**. S. 1047. 1074. **1905**. — B. Monasch, E.T.Z. **27**. S. 669. 695. 803. **1906**. — Corsepius, E.T.Z. **27**. S. 468. **1906**. The Illuminating Engineer (London) **1**. S. 801. **1908**.

Flächenabstände durch den der verschiedenen Flächenneigungen aufgehoben wird, den gleichen Lichtstrom

$$\frac{(1 - a)\, \varPhi}{4 r^2 \pi} \quad \cdots \cdots \cdots \quad 2)$$

zusenden, somit eine vollständig gleichmäßige Beleuchtung des Hohlkörpers ergeben. Da nun hiernach jedes beleuchtete Flächenelement für sich genommen alle übrigen gleichmäßig beleuchtet, so ist in dieser Hohlkugel die Beleuchtung durch diffus reflektiertes Licht an allen Stellen die gleiche, wie v e r s c h i e d e n auch die d i r e k t e Beleuchtung der Kugelwandungen v e r t e i l t sein möge.

Befindet sich in der Kugel eine Lichtquelle von der Lichtstärke J_0, j e d o c h v o n b e l i e b i g e r V e r t e i l u n g d e r A u s s t r a h-l u n g, so wird der direkt ausgesendete Lichtstrom $4\,\pi\,J_0$ an den Wänden eine sich bis zur vollkommenen Absorption des Lichtes wiederholende Reflexion erfahren, die die einzelnen Lichtströme

$$(1 - a)\, 4\,\pi\,J_0 + (1 - a)^2\, 4\,\pi\,J_0 + \ldots\ldots = \frac{1 - a}{a}\, 4\,\pi\,J_0 \quad . \quad . \quad 3)$$

ergibt.

Die gleichförmige Beleuchtung B_r durch reflektiertes Licht ist sonach pro Flächeneinheit

$$B_r = \frac{(1 - a)}{a} \frac{J_0}{r^2}, \quad \cdots \cdots \quad 4)$$

während die mittlere direkte Beleuchtung

$$B_d = \frac{J_0}{r^2} \quad \cdots \cdots \cdots \quad 5)$$

ist.

Für einen weißen Kreideanstrich der Wände hat a ungefähr die Größe 0,2. Dann verhält sich

$$B_r : B_d = 4 : 1.$$

Die Lage der Lichtquelle in der Kugel ändert hieran nichts. Ist die Lichtquelle eine nahezu punktförmige, so läßt sich ihre direkte Wirkung auf einen kleinen Teil der Wandfläche durch eine kleine, in der Nähe der Lichtquelle angebrachte B l e n d e aufheben, ohne daß, wenn die Blende weiße Färbung hat, die Entwickelung des reflektierten Lichtes wesentlich beeinträchtigt wird. Mißt man nun die Stärke der Wandbeleuchtung an der Stelle, auf der der Schatten der Blende liegt, so hat man in dem Werte

$$\frac{(1 - a)\, J_0}{a \cdot r^2}$$

eine der mittleren sphärischen Lichtstärke der Lichtquelle einfach proportionale Größe, die nur von
Konstanten der Konstruktion abhängt.

Die hier erforderliche Blende übt einen gewissen störenden Einfluß aus, der um so geringer wird, je größer der Abstand der Blende
von der Lichtquelle im Verhältnis zum Blendendurchmesser genommen
werden kann oder je größer die Kugelfläche im Verhältnis zur Fläche
der Blende ist. Die Güte des Meßverfahrens nimmt also mit der Größe
der Kugelfläche zu. Die Meßanordnung ist in Fig. 183 dargestellt.

Die Lichtquelle L be-
findet sich im oberen Teil
der Kugel und ist so zur
Blende B gestellt, daß
der Kernschatten derselben
die vom Anstrich freige-
haltene Kreisfläche M der
Kugelwandung vollständig
bedeckt.

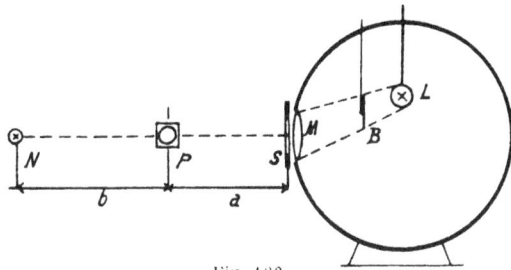

Fig. 183.

Die nun lediglich vom reflektierten Lichte hervorgebrachte Beleuchtung B_r dieser Kreisfläche M wird nach außen durch die Helligkeit
E_1 der durchleuchteten Milchglaswand M angezeigt. E_1 ist proportional
B_r und kann von außen nach einer der bekannten Methoden vermittelst
eines gewöhnlichen Photometers P gemessen werden. Am Nullpunkt
der Photometerbankskala steht ein geschwärzter Schirm S, durch
dessen kreisförmige Öffnung die Milchglasfläche M der Kugel derart
sichtbar wird, daß, wenn letztere erleuchtet ist, die Schirmöffnung,
in der Richtung der Photometerbank gesehen, als gleichmäßig leuchtende Kreisfläche erscheint.

Einer besonderen Ermittlung der Konstanten $\dfrac{B_r}{E_1}$ bedarf es nicht,
da es nur auf die durch Eichung zu bestimmende Konstante

$$\frac{J_0}{E_1} = K$$

ankommt, welche von der konstanten Lichtdurchlässigkeit des Milchglasfensters der Kugel, von der Beschaffenheit des weißen Anstriches
und auch mit von der Einwirkung der Konstruktionsteile (Blende
und Halter) abhängt, die sich außer der zu untersuchenden Lichtquelle in der Hohlkugel befinden müssen.

Die Kugel wird geeicht, indem man eine Glühlampe, deren sphärische Lichtstärke J_0 genau bekannt ist, in die Kugel bringt und die

Lichtstärke J' des Milchglasfensters M mit einem Photometer bestimmt. Die Konstante K der Anordnung ist dann

$$K = \frac{J_0}{J'}.$$

Die gesuchte sphärische Lichtstärke J_0 einer unbekannten Lichtquelle x ist dann, wenn die Lichtstärke des Milchglasfensters M zu J_M gefunden worden ist,

$$J_{0x} = K \cdot J_M.$$

Die Untersuchungen von Ulbricht über den Einfluß von Fremdkörpern in der Kugel auf die Konstante K haben gezeigt, daß dieser Einfluß von der Gestalt und Absorption des Fremdkörpers, in geringem Maße auch von seiner Lage, abhängig ist. Bleiben diese Verhältnisse unverändert, so ändert sich auch der Einfluß des Fremdkörpers nicht, sofern dieser nicht von der direkten Strahlung getroffen wird, deren Verteilung unbekannt ist. Die Bestimmung der Konstanten K muß deshalb so vorgenommen werden, daß der hier in erster Linie in Betracht kommende Fremdkörper — das Lampengestell der zu untersuchenden Bogenlampe — nicht im direkten Lichte der geeichten Glühlampe L_1 liegt. Letztere ist deshalb nach der Seite des Gestelles hin weiß abzublenden. Dies geschieht durch eine kleine Gipskappe, ein aufgekittetes Stückchen Asbestpappe oder Ähnliches (in Fig. 184 mit b bezeichnet).

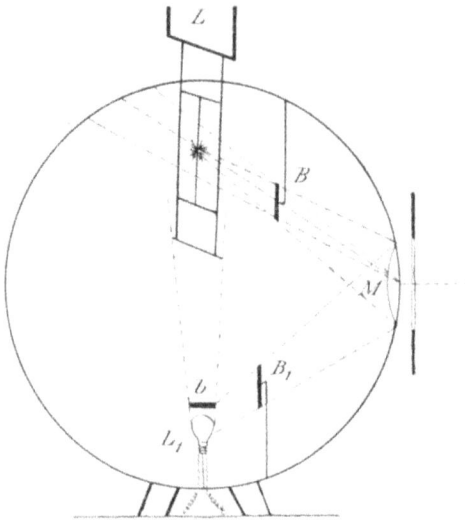

Fig. 184.

Die geeichte Lampe L_1 mit ihrer Blende B_1 bleibt in der Kugel, so daß während der Konstantenbestimmung und der eigentlichen Messung dieselben Körper in derselben Lage sich in der Kugel befinden: nur mit dem Unterschiede, daß einmal die geeichte Lampe L_1, das andere Mal die zu messende Lampe L brennt. Durch die Ulbrichtsche Anordnung in Fig. 184 ist es leicht möglich, zu jeder Zeit die Konstante K nachzuprüfen, indem L ausgeschaltet und L_1 eingeschaltet wird.

Man kann mit der Ulbrichtschen Kugel auch die untere h e m i -
s p h ä r i s c h e Lichtstärke bestimmen, indem man von der Kugel
eine durch einen horizontalen Schnitt abgetrennte Kalotte (Fig.
185) abhebt und die zu messende Lichtquelle in die Schnittebene des ver-
bleibenden größeren Kugelteiles bringt. Das Abheben der Kalotte
braucht nicht wirklich vorgenommen zu werden, sondern es läßt sich
durch Schwärzen der Kalotteninnenfläche (Fig. 186) oder durch Ver-
kleiden derselben mit schwarzem Stoff ersetzen. Nach Corsepius kann
man auch die Kugelfläche weiß lassen und umgibt denjenigen Teil der
Lampe, dessen Lichtstrom n i c h t bestimmt werden soll, mit einem
innen schwarzen, außen weiß diffus reflektierenden Abblendkörper.

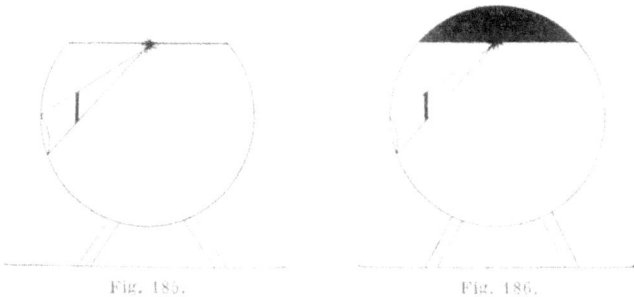

Hat die Lichtquelle eine größere Ausdehnung, wie z. B. Bogenlampen
mit lichtstreuenden Glocken, so kann im allgemeinen nur eine Messung
aus einem größeren Abstande richtige Werte der hemisphärischen
Lichtstärke ergeben. Die Frage nach diesem Abstande ist mit der Frage
verbunden, in welcher Höhe die die Meßhemisphäre begrenzende
Horizontalebene durch den Leuchtkörper gelegt werden muß. Diese
Frage gilt nicht nur für die Ulbrichtsche Kugel, sondern jeder hemisphärischen Messung aus geringer Entfernung.

Ulbricht löst diese Frage in folgender Weise: Bezeichnet man
den in dieser fraglichen Horizontalebene liegenden Kreis, dessen
Radius r_1 der Abstand ist, aus dem die hemisphärischen Beobachtungen
vorgenommen werden, der Kürze wegen als den Schnittkreis — er
schneidet die Meßhemisphäre ab und entspricht dem vorher erwähnten Schnittkreis der Kugel —, so wird der Meßhemisphäre von
dem Teile des Leuchtkörpers, der über der Schnittkreisebene liegt,
zu wenig, und von dem Teile, der darunter liegt, zu viel Licht zu-
strömen. Betrachtet man (Fig. 187) die Wirkung einer punktförmigen,
nach allen Seiten gleichmäßig strahlenden Lichtquelle von der Lichtstärke J, die im Abstand y über der Mitte der Schnittkreisfläche

steht, so erkennt man, daß die von ihr außerhalb der Schnittkreisfläche bis zur Horizontalebene $E\,E$ entsendeten Lichtströme für die
hemisphärische Messung verloren gehen. Der Verlust beträgt

$$\frac{2\pi J\,y}{\sqrt{r_1{}^2+y^2}} \qquad \cdots \cdots \cdots \quad 1)$$

Für eine Vertikalreihe solcher Lichtquellen J_1, J_2, J_3 ..... mit
den Ordinaten y_1, y_2, y_3 ..... tritt ein Gesamtverlust

$$\Sigma\,\frac{2\pi J\,y}{\sqrt{r_1{}^2+y^2}}$$

ein.

Damit die Messung dasselbe Ergebnis habe, wie eine solche aus
unendlicher Entfernung, muß obige Summe gleich Null werden. Dies
läßt sich erreichen, indem die Vertikalreihe der Leuchtpunkte teilweise
unter die Schnittkreisebene gebracht wird.

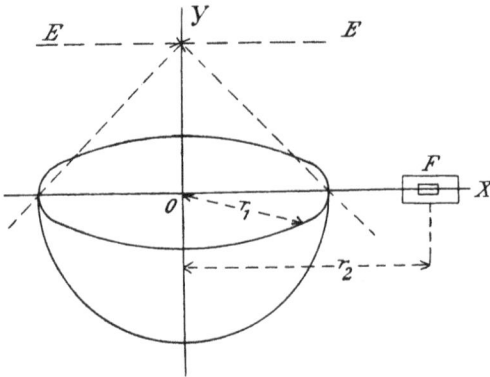

Fig. 187.

Bezeichnet man dann die
Summe der

$$\frac{2\pi J\,y}{\sqrt{r_1{}^2+y^2}}$$

für die über der Schnittkreisebene liegenden Leuchtpunkte
mit Σ_0, die Summe für die darunter liegenden mit Σ_u, so muß
für genaue Bestimmung der
hemisphärischen Lichtstärke

$$\frac{\Sigma_0}{\Sigma_u} = -1 \qquad \cdots \quad 2)$$

sein.

Es kommt nun darauf an, in einfacher Weise diejenige Höhenlage
der Schnittkreisebene zu bestimmen, für die die Gleichung (2) erfüllt ist.

Legt man im Abstande r_2 von O in die Schnittkreisebene eine
horizontale Platte F in Fig. 187, so empfängt sie von der Lichtquelle J
die Beleuchtung

$$\frac{J\,y}{\sqrt{r_2{}^2+y^2}{}^3}\,.$$

Für die hier in Betracht kommenden Fälle läßt sich für diesen
Ausdruck die Näherungsform

$$\frac{J\,y}{r_2{}^2\sqrt{r_2{}^2+3\,y^2}}$$

oder

$$\frac{J\,y}{r_2^2\,\sqrt{3}\,\sqrt{\dfrac{r_2^2}{3}+y^2}}$$

anwenden.

Dieser Ausdruck besagt, daß, wenn man die horizontale Platte F (Fig. 187) in der Entfernung

$$r_2 = r_1\,\sqrt{3}$$

von der Vertikalen des Leuchtkörpers anbringt, ihre Beleuchtung bei konstantem r_2 zu dem Werte

$$\frac{J\,y}{\sqrt{r_1^2+y^2}}$$

in geradem Verhältnis steht.

Wendet man also diese Platte F (Fig. 188) einer Vertikalreihe von Lichtquellen $J_1, J_2, J_3 \ldots J_n$ gegenüber an und stellt sie so ein, daß im Abstand

$$r_2 = r_1\,\sqrt{3} \quad\ldots\ldots\ldots\ldots 3)$$

von der Lichtquellenvertikalen ihre Beleuchtung auf beiden Seiten gleich ist, so liegt sie in der gesuchten Höhe des Schnittkreises vom Halbmesser r_1, für den

$$\frac{\Sigma_0}{\Sigma_u} = -1$$

ist.

Der durch Anwendung der Näherungsformel entstehende Fehler kann hierbei vernachlässigt werden, solange nicht $\dfrac{y}{r_1\,\sqrt{3}}$ den Wert $\dfrac{1}{2}$ überschreitet.

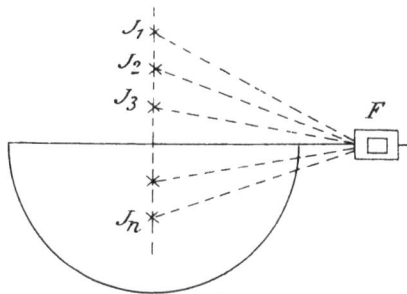

Fig. 188.

Die Gleichheit der beiderseitigen Beleuchtung bestimmt man am einfachsten mittels des Fettfleckverfahrens. Das Verfahren mit dem Fettfleckschirm stellt sich wie folgt.

Soll die vertikale Lichtreihe $J_1, J_2, J_3 \ldots J_n$ aus der Entfernung r_1 hemisphärisch gemessen werden, so wird in der Entfernung

$$r_2 = r_1\,\sqrt{3}$$

der horizontal gehaltene Fettfleckschirm in die Höhenlage gebracht, in welcher der Fleck verschwindet, und es wird in der durch diese Schirmlage gehenden Horizontalebene sodann die hemisphärische Messung begonnen. Auf diese Weise kann man mit dem Schnittkreis verhältnismäßig nahe an die Lichtquelle heranrücken ohne erheblichen Fehlern ausgesetzt zu sein.

In der so bestimmten Ebene kann mit dem Schnittkreis der Meßhemisphäre bis auf den doppelten Halbmesser der um den Leuchtkörper zu beschreibenden kleinsten Kugelfläche an die vertikale Symmetrieachse herangegangen werden. Ulbricht hat in anschaulicher Weise den Ausdruck L i c h t s c h w e r p u n k t eingeführt; man kann demgemäß für die richtige Höhenlage der Schnittkreisebene bei hemisphärischen Messungen sagen: »Die Schnittkreisebene muß durch den L i c h t s c h w e r p u n k t des Leuchtkörpers gehen.«

Bei Messung hemisphärischer Lichtstärken in der Kugel ist es notwendig, dies zu beachten. Man wird hierbei den Kugeldurchmesser nicht kleiner als den doppelten Schnittkreisdurchmesser nehmen. Vom Milchglasfenster aus gesehen soll die schattengebende Blende möglichst vollständig in die Schnittkreisfläche fallen. Für Lampen mit zerstreuenden Glocken sollte — und zwar auch bei sphärischen Messungen — das Verhältnis des Kugeldurchmessers zum größten Durchmesser der Lampenglocke nicht unter 6 : 1 sein.

Dabei ist es zur Verkleinerung der Blende von Vorteil, das Milchglasfenster recht klein zu nehmen.

Zur Ermittelung der richtigen Höhenlage der Meßebene bei hemisphärischen Messungen hat Ulbricht einen Apparat konstruiert, den L i c h t s c h w e r p u n k t s u c h e r.

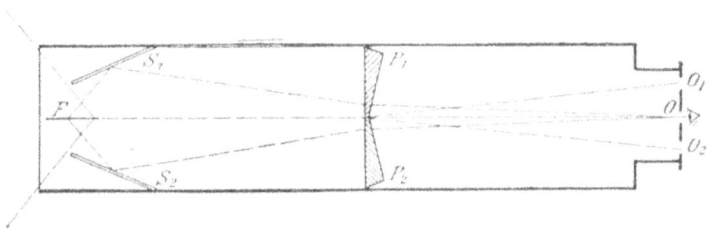

Fig. 189.

Das beiderseitige Bild des Fettfleckschirmes F wird in Fig. 189 durch die Spiegel S_1 und S_2 dem beobachtenden Auge bei O sichtbar gemacht. Auf dem Wege dahin gehen aber die Lichtstrahlen durch die beiden Prismen P_1 und P_2, die die Spiegelbilder lückenlos zusammenrücken, so daß von O aus von der Lampe selbst nichts zu sehen ist. Geht man aber mit dem Auge nach den Beobachtungspunkten O_1 oder O_2, so erscheint in einem mäßig breiten Spalt die

Lampe wieder, auf der sich der Fettfleckschirm als horizontale Linie abzeichnet. Diese Linie wird, nachdem die Lampe so gehoben oder gesenkt wurde, daß Gleichheit der Fettfleckbilder eintrat, mit der Stoßfuge der Prismen zur Deckung gebracht und nun wird ihre Lage an der Lampe als Höhenlage des Schnittkreises angezeichnet.

Die Prismen sitzen in einem Rahmen, der sich senkrecht verstellen läßt, so daß genaue Übereinstimmung der Prismenstoßfuge mit der Schirmebene hergestellt werden kann.

Die Beobachtungsstellen O_1 und O_2 erhalten Blenden von gelbem Glase, so daß das Auge nicht das Bogenlicht unmittelbar aufzunehmen hat.

Die Vorderfläche des Suchers ist mit einer dünnen ebenen Glastafel bedeckt, um den sonst leicht verletzbaren Fettfleckschirm zu schützen. Die hierdurch entstehende kleine Ungenauigkeit in der Bestrahlung des Schirmes kann unbedenklich zugelassen werden.

Fig. 190.

Fig. 190 zeigt den Lichtschwerpunktsucher ohne obere Deckplatte in der Ausführung von H. Stieberitz in Dresden. Der Schirm F des Suchers ist beim Gebrauche von jeder fremden Bestrahlung sorgfältig freizuhalten.

Die Fläche der Blende B soll nicht größer als $1/20$ der Kugelquerschnittsfläche sein. Die Blende B muß, vom Meßfenster M aus gesehen, bei Messung einer Bogenlampe ohne Glocke die eigentliche Lichtquelle und ihren Reflektor, bei Messung in lichtstreuender Glocke die ganze Glocke und bei Messung in Klarglasglocke (Verbandsmethode)[1] die Lichtquelle, den Reflektor und das Spiegelbild der Lichtquelle vollständig verdecken. Die Blenden müssen in jedem Falle groß genug sein, um auch nach dem äußersten Rande des Meß-

---

[1] Siehe § 149.

f e n s t e r s keine direkten Strahlen mehr von den zu verdeckenden
leuchtenden Teilen gelangen zu lassen.

Ulbricht hatte zuerst seine Versuche an einer Kugel von 0,5 m
Durchmesser begonnen. Bloch arbeitete zuerst (1905) an einer Kugel
von 1 m Durchmesser, Monasch und Corsepius haben zuerst (1906)
Versuche an einer wirklich ausgeführten Kugel von 2 m Durchmesser
beschrieben. Bei derartig großen Kugeln wird von einigen der horizontalen Teilung, von anderen der vertikalen Teilung der Kugel in
zwei Hälften zum bequemeren Arbeiten der Vorzug gegeben; andere
teilen die Kugel ganz unsymmetrisch.

Als bewährtes Rezept für den Kugelanstrich gab Utzinger in der
Lichtmeßkommission des Verbandes Deutscher Elektrotechniker folgendes bekannt: Als Material für die Kugel nehme man v e r z i n k -
t e s E i s e n b l e c h. Zunächst wird ein Grundanstrich aus Bleiweiß-
kopallack gemacht, indem Bleiweiß in Kopallack mit Terpentin im
Verhältnis 1:1 verdünnt wird. Auf diesen Grundanstrich wird ein
Deckanstrich aus Zinkweißleimfarbe gegeben. Das mit Wasser dick
angerührte Zinkweiß wird mit sehr schwacher warmer Leimlösung
(frischer Tischlerleim) verdünnt.

§ 114. Meridianapparate.

Die im folgenden zu besprechenden Apparate, für die Blondel
die Bezeichnung M e s o p h o t o m e t e r[1]) benutzt, sind im strengen
Sinne des Wortes keine Integratoren, da sie nicht integrieren, sondern
nur längs eines Meridians summieren. Bei diesen Apparaten werden
längs eines Meridiankreises Spiegel in gewisser Weise derart angeordnet,
daß die Summe der Lichtstärken, welche sie auf ein an bestimmter
Stelle befindliches Photometer werfen, bei axial symmetrischen Lichtquellen der mittleren sphärischen Lichtstärke proportional ist.

Der korrekte Ausdruck für J_0 war auf Seite 99

$$J_0 = \frac{1}{2} \int_0^r J_a \sin a \cdot d a \quad . \quad . \quad . \quad . \quad . \quad 1)$$

---

[1]) Diese Apparate sind Hilfsapparate, keine P h o t o m e t e r. Ebenso
ist die Ulbrichtsche Kugel kein Photometer. Ulbricht hatte zwar den Apparat in
seiner ersten Abhandlung »Kugelphotometer« genannt. Da der Ausdruck »Photometer« nur der Meßeinrichtung z. B. P in Fig. 183 zukommt, beantragte Monasch in der Lichtmeßkommission des Verbandes Deutscher Elektrotechniker
statt des Ausdruckes Kugelphotometer den Ausdruck »Ulbrichtsche Kugel« zu
verwenden. Der Antrag wurde angenommen.

Wenn J_α in einer Meridianebene in n gleichen Zonen gemessen wird, so kann man, wenn die Anzahl der n Meßpunkte genügend groß ist, mit hinreichender Genauigkeit obige Formel durch folgende ersetzen:

$$J_0 = \frac{\pi}{2n} \sum_0^\pi J_\alpha \cdot \sin \alpha \quad \ldots \ldots 2)$$

Um auf dem Photometerschirm eine der sphärischen Lichtstärke proportionale Beleuchtung zu erzielen, läßt Matthews[1] das Licht unter den verschiedenen Ausstrahlungswinkeln eines Meridiankreises derart auf das Photometer fallen, daß die einzelnen Lichtstrahlen in dem Verhältnis des Sinus ihres Neigungswinkels zur Vertikalen geschwächt werden. Zu diesem Zweck ordnet Matthews 24 trapezförmige Spiegel von 15° zu 15° auf einem Kreise an, in dessen Mittelpunkt sich die zu untersuchende Bogenlampe befindet. Die Anordnung der Spiegel gegeneinander ist derart, daß sie eine 24 seitige abgestumpfte Pyramide S bilden (Fig. 191). Vom Photometer P aus gesehen, kann man im Mittelpunkt eines jeden Spiegels S ein Bild des Lichtbogens erblicken. Direkte von der Lichtquelle ausgehende Strahlen werden durch einen Schirm vom Photometer abgehalten. Die Verringerung der Lichtstärke der von jedem Spiegel ausgestrahlten und unter gleichen Winkeln auf den Photo-

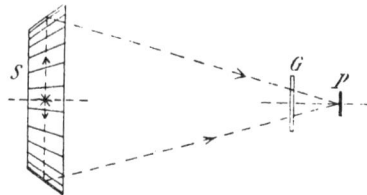

Fig. 191.

meterschirm auffallenden Lichtstrahlen im Verhältnis des Sinus des Neigungswinkels wird durch eine polygonale Glasscheibe G bewirkt, die aus ebensovielen Teilen besteht wie die Spiegelpyramide und bei der jeder Teil mit Rauchglas von solcher Dicke belegt ist, daß das Licht entsprechend dem Sinus geschwächt wird. Zu jedem Spiegel gehört also ein ganz bestimmter Teil der Rauchglasscheibe. Der Photometerschirm P ist fest angeordnet. Die Vergleichslichtquelle ist beweglich. Mit Hilfe eines Spiegels wird bewirkt, daß das von der Vergleichslichtquelle kommende Licht unter demselben Neigungswinkel den Photometerschirm P trifft wie das von der Spiegelpyra-

---

[1] Ch. P. Matthews, Trans. American Institute of Electrical Engineers **18**. S. 671. **1901**. 19. S. 1465. 1902. Referat: Zeitschrift f. Beleuchtungswesen 9. S. 91. 335. 1903. — E. P. Hyde, On the theory of the Matthews and the Russell-Leonard Photometers for the Measurement of mean spherical and mean hemispherical Intensities, Electrical World 44. S. 687. 1904. — Dyke, The mean spherical candlepower of incandescent and arc lamps, Philosophical Magazine (6) 9. S. 136. **1905**.

mide auf den Photometerschirm auffallende Licht. Die Entfernung der Spiegelpyramide vom Photometerschirm beträgt bei dem Matthewsschen Modell für Bogenlampen 9 m.

Man kann das Instrument auch zur punktweisen Aufnahme der Lichtausstrahlungskurve verwenden, indem man die Rauchglasscheiben entfernt und alle Spiegel der Pyramide mit Ausnahme der beiden Spiegel, die zu dem Neigungswinkel gehören, unter welchem die Lichtausstrahlung bestimmt werden soll, mit schwarzen Kappen verdeckt. Bei derartigen Messungen müssen die Reflexionskoeffizienten der Spiegel berücksichtigt werden. Das Instrument wird geeicht, indem man eine hochkerzige Glühlampe von genau bekannter Lichtausstrahlung in den Mittelpunkt der Spiegelpyramide bringt.

Matthews entwickelte ferner noch einen Apparat, der besonders zur Untersuchung von Glühlampen bestimmt ist (Fig. 192). Die Spiegelverteilung ist dieselbe wie in dem oben beschriebenen Apparat für Bogenlampen. Anstatt die Lichtstrahlen jedoch durch absorbierende Medien dem Sinus des Neigungswinkels entsprechend zu schwächen, benutzt Matthews hierzu die bekannten Eigenschaften der Diffusoren, indem der Schirm des Photometers P aus einer orthotropen diffus reflektierenden Substanz gewählt wird. Die Anordnung des Instruments ist folgende. An dem in dem oberen Teil der Fig. 192 im Aufriß sichtbaren Halbkreis K sind elf Spiegelpaare (von 15^0 zu 15^0) angeordnet. Eine horizontale Schiene A trägt das Photometer P (Bunsen), die Vergleichslichtquelle L_2 und einen Spiegel S_2 für die Vergleichslichtquelle. Hinter dem Photometer P wird hinter einem schwarzen Vorhang V die zu untersuchende Lichtquelle L_1 in der Horizontalebene aufgestellt. Wie aus der Grundrißskizze in Fig. 192 erkannt werden kann, besteht jeder Spiegel S aus zwei Teilen, die zueinander um 90^0 geneigt sind und die demgemäß mit der Horizontalen einen Winkel von 45^0 einschließen. Das von der Lichtquelle L_1 ausgehende Licht fällt zuerst auf den einen Spiegel S_1, dann auf den anderen Spiegel S_1 und von diesem auf den Photometerschirm P. Das Photometer P steht fest. Der Spiegel S_2, der das Licht der Vergleichslichtquelle auf den Photometerschirm P wirft, ist längs der horizontalen Schiene A verschiebbar; seine Stellung kann an dem Maßstab M abgelesen werden.

Das von der Lichtquelle L_1 unter elf verschiedenen Neigungswinkeln α ausgehende Licht wird durch die Spiegel unter den Winkeln α auf den vertikal gestellten Photometerschirm geworfen. Da der Photometerschirm diffus reflektierend ist, so ist die Beleuchtung, die er von den verschiedenen elf Ausstrahlungsrichtungen der Spiegel bzw. der Lichtquelle empfängt, jeweils proportional $\sin \alpha$. Die gesamte Beleuchtung des Photometerschirmes muß daher proportional J_0 sein.

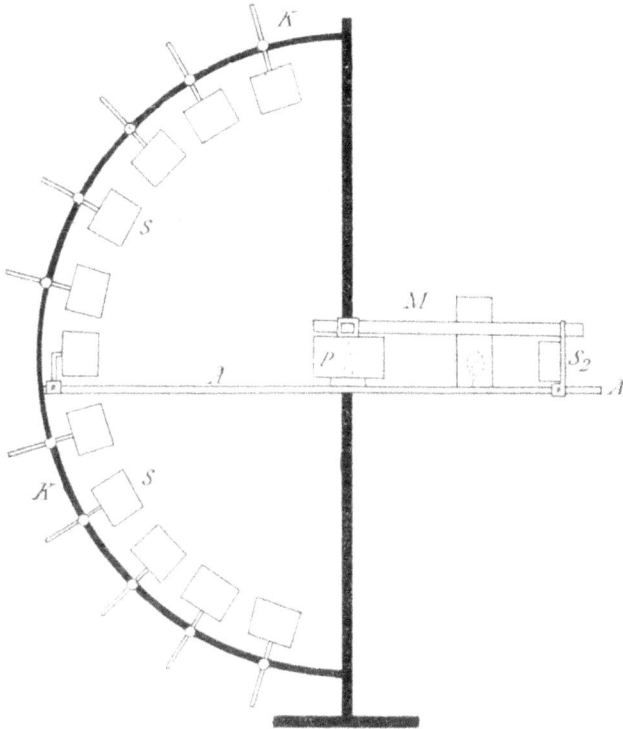

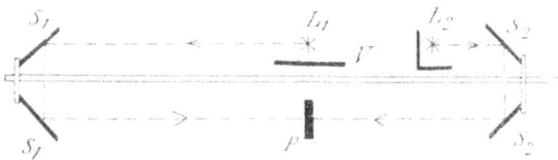

Fig. 132.

Bedeuten K' und K'' die Reflexionskoeffizienten der beiden Spiegel S_1 und S_2, D den Diffusionskoeffizienten des Photometerschirmes und R den gesamten Weg von L_1 bis P, so ist

$$J_0 = \frac{K' \cdot K'' \cdot D}{R^2} \cdot \sum_{0}^{i} J_\alpha \cdot \sin \alpha.$$

Nun sind aber nicht alle Reflexionskoeffizienten der verschiedenen Spiegel gleich, und der Diffusionskoeffizient D ist auch nicht für alle Einfallswinkel konstant.

Da P kein vollkommener Diffusor ist, wird die durch stärker geneigte Strahlen erzielte Beleuchtung auf dem Schirm zu schwach werden. Wenn die Spiegel S nun nach dem Mittelpunkt des Halbkreises hin verschoben werden, wird der gesamte Weg der Lichtstrahlen kürzer, und die Fehler werden kompensiert.

Ist die Lichtquelle nicht axial symmetrisch, so muß sie gedreht werden, damit verschiedene ihrer Ausstrahlungsmeridiane gemessen werden können. Matthews sah bereits bei seiner Anordnung einen Elektromotor vor, der die zu untersuchende Glühlampe L_1 in Rotation versetzte, wenn ihre sphärische Lichtstärke gemessen werden sollte.

Werden alle Spiegel mit Ausnahme des in der Horizontalen liegenden Spiegelpaares $S_1 S_1$ verdeckt, so kann mit dem Instrument auch die horizontale Lichtstärke gemessen werden. Analog läßt sich auch durch Verdecken der nicht benötigten Spiegel die Lichtausstrahlungskurve in einer Meridianebene punktweise aufnehmen.

Beim Arbeiten mit dem Matthewsschen Instrument ist besonders darauf zu achten, daß der Lichtschwerpunkt der zu messenden Glühlampe sich genau im Mittelpunkt des Halbkreises K befindet, daß jegliches fremde Licht vom Photometerschirm ferngehalten wird und daß die Spiegel und der Photometerschirm recht sauber gehalten werden.

Russell[1]) und Léonard[2]) haben die Meridianinstrumente vereinfacht, indem sie die Spiegel nicht wie Matthews unter gleichen Winkeln, sondern unter verschiedenen Winkeln anordneten, aber derart, daß ihre Mittelpunkte sich in der Mitte von Kugelzonen gleicher Höhe befinden. Hierbei entsendet dann jeder Spiegel ein Lichtbündel auf den Photometerschirm, das die m i t t l e r e Lichtstärke auf das Photometer wirft, welches die zwischen zwei Horizontalebenen von der Höhe n jeweils eingeschlossene Kugelzone empfangen hat.

Es entfällt hier die Notwendigkeit, die Lichtstrahlen proportional sin a durch besondere Vorrichtungen zu schwächen, da die Summe der von den n Spiegeln auf das Photometer fallenden n Lichtströme direkt der sphärischen Lichtstärke proportional ist. Teilt man die Kugel in 12 Zonen von gleicher Höhe, so entsprechen den Spiegeln folgende Winkel:

---

[1]) Alexandre Russell, Bulletin of the Bureau of Standards, Washington 1. S. 225. 1906.

[2]) Léonard, Eclairage Electrique 50. S. 128. 1904. — S. auch Wild, The Illuminating Engineer (London) 2. S. 197. 1909.

Spiegel Nr.	Winkel	Spiegel Nr.	Winkel
1	23⁰ 30′	7	94⁰ 50′
2	41⁰ 30′	8	104⁰ 30′
3	54⁰ 20′	9	114⁰ 40′
4	65⁰ 20′	10	125⁰ 40′
5	75⁰ 30′	11	138⁰ 30′
6	85⁰ 10′	12	156⁰ 30′

Léonard ordnet die Spiegel auf dem rechten Halbkreise in der Mitte der Höhe der Kugelzonen des linken Halbkreises an, wodurch er dieselbe Erhöhung der Genauigkeit erzielt, als ob er auf jeder Seite die doppelte Anzahl Spiegel anbringen würde.

Die Apparate von Russell und Léonard sind zur punktweisen Aufnahme der Lichtausstrahlungskurve nicht so bequem wie die Matthewsschen. Zur Bestimmung von J_0 axial symmetrischer Lichtquellen sind sie jedoch einfacher.

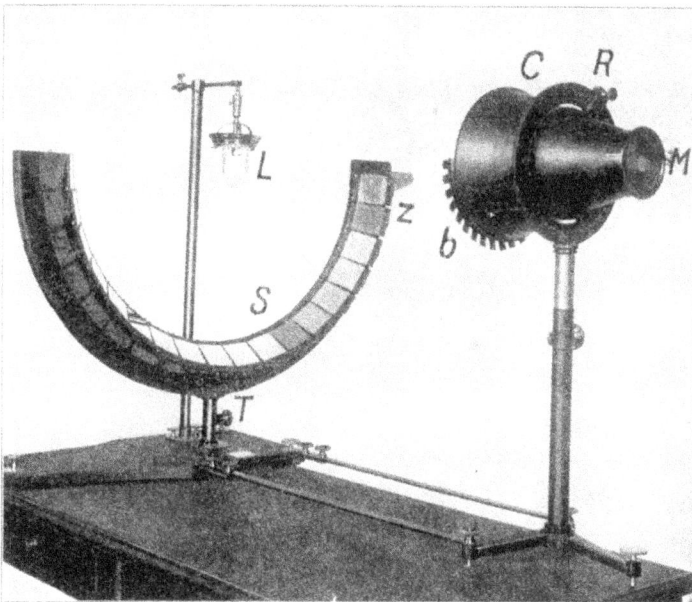

Fig. 193.

Krüß[1]) baut nach einem zuerst von Blondel angegebenen Prinzip ein Meridianinstrument, das in Fig. 193 dargestellt ist. Auf einem

---

[1]) H. Krüß, Journal für Gasbeleuchtung **51**. S. 597. **1908**.

Halbkreise (oder auch auf einem ganzen Kreis) ist eine Anzahl Spiegel *S* von je 10 qcm Fläche in gleichem Winkelabstand voneinander angeordnet, welche die Strahlen der im Kreismittelpunkt aufgehängten Lichtquelle *L* auf die gleiche Anzahl von Objektiven werfen. Diese Objektive beleuchten den Photometerschirm. Die Schwächung der von den Spiegeln auf die Objektive geworfenen Lichtstrahlen, entsprechend dem sin *a*, wird durch Einschaltung entsprechend abgestufter (im Objektivkopf untergebrachter) Blenden *b* bewirkt. Mit dem Instrument kann auch die Lichtstärke in einer bestimmten Ausstrahlungsrichtung *a* gemessen werden, wenn alle nicht beteiligten Linsen abgeschaltet werden; auf diese Weise kann auch die Lichtausstrahlung einer Lichtquelle in den verschiedenen Ausstrahlungsrichtungen einer Meridianebene bestimmt werden, ohne daß die Lichtquelle oder das Photometer bewegt zu werden brauchen.

XIII. Kapitel.

Das Vergleichen verschiedenfarbiger Lichtquellen.

§ 115. Allgemeines.

Beim Vergleichen zweier beleuchteter Flächen kommen nicht nur physikalische, sondern auch physiologische Vorgänge in Betracht. Sind die beleuchteten Flächen, welche zu vergleichen sind nicht gleichfarbig sondern v e r s c h i e d e n gefärbt, so treten außer den physikalischen und physiologischen Vorgängen noch psychologische Erscheinungen auf, die sich bis ins Mystische steigern können. Auf Grund des Purkinjeschen Phänomens (s. § 5) soll das Vergleichen verschieden gefärbten Lichtes (heterochrome Photometrie) überhaupt unmöglich sein, die Lichtstärken verschieden gefärbter Lichtstrahlen seien inkommensurabel. Dieser Satz gilt für reine Spektralfarben, an ihm wurde früher auch für die Färbungen, wie sie in der beleuchtungstechnischen Photometrie vorkommen, hartnäckig festgehalten. Dieser Satz gilt aber nicht mehr für die verhältnismäßig geringen Färbungsunterschiede, wie sie bei den in der Beleuchtungstechnik verwendeten normalen Lichtquellen vorkommen. Es ist schon in § 7 auf S. 12 gezeigt worden, daß durch neuere Untersuchungen von

Brodhun und Dow nachgewiesen worden ist, daß das Purkinjesche
Phänomen unter Umständen, wie sie gerade in der praktischen Photometrie vorzuliegen pflegen, überhaupt nicht auftritt. Auch bei verhältnismäßig großen Farbenunterschieden wird der geübte Beobachter
mit ausgeruhtem Auge immer zwei Einstellungen angeben können,
bei denen die Beleuchtung der einen oder der anderen Photometer-
fläche heller oder dunkler erscheint; diese beiden Einstellungen werden um so näher zusammenliegen, je geringer der Farbenunterschied
der beiden Lichtquellen und je größer die Übung des Beobachters ist.
Die Genauigkeit der Einstellung ist allerdings bei verschieden gefärbten
Flächen etwas geringer, da auch geübte Beobachter gegen Helligkeitsunterschiede von verschieden gefärbten Flächen weniger empfindlich
sind als bei gleichartig gefärbten Flächen. Sind die Lichtquellen verschieden gefärbt, so gelingt es z. B. bei Anwendung eines Lummer-
Brodhunschen Gleichheitswürfels nicht, auf Verschwinden des Flecks
einzustellen; man stellt in diesem Falle auf das Undeutlichwerden
der Ränder des Flecks ein, da die scharfe Grenzlinie zweier verschiedenfarbiger Flächen undeutlich wird, wenn die Flächen gleich beleuchtet
sind. Die Methoden zum Vergleichen verschiedenfarbigen Lichtes
beruhen entweder auf dem Prinzip der Einstellung auf g l e i c h e
H e l l i g k e i t oder auf dem Prinzip g l e i c h e r S e h s c h ä r f e.
In neuerer Zeit wird auch das F l i m m e r p r i n z i p zum Vergleichen
verschiedenfarbigen Lichtes verwendet. Von Anomalien der Augen
abgesehen, muß beachtet werden, daß das Vergleichen verschieden
gefärbter Lichtquellen infolge des subjektiven Charakters des Auges
stets mit gewissen Fehlern behaftet sein wird, da es kein N o r m a l -
a u g e gibt. Die Empfindlichkeit der Netzhaut ist nicht nur individuell verschieden, sondern kann sogar bei derselben Person gewissen Schwankungen unterworfen sein, so daß die Einstellungen
ein und derselben Person zu verschiedenen Zeiten unter sonst gleichen
Verhältnissen verschiedene Ergebnisse liefern können.

A. Die Methode der gleichen Helligkeit.

§ 116. Farbige Mittel.

Bei verschieden gefärbten Lichtquellen, die zu vergleichen sind,
ändert man durch Zwischenschalten farbiger Mittel die Färbung
der einen Lichtquelle oder beider Lichtquellen derart, daß die Färbungen gleich oder nahezu gleich werden. Dann stellt man auf gleiche
Helligkeit in gewissermaßen gleichfarbig gewordenem Licht ein.

1. C r o v a [1]) fand, daß die Gesamthelligkeiten zweier nahezu
weißen Lichtquellen in demselben Verhältnis wie die in ihnen enthaltenen Strahlen der Wellenlänge $\lambda = 0{,}582 \, \mu$ stehen. Demgemäß
soll zwischen Auge und Photometer ein Strahlenfilter eingeschaltet
werden, das nur die Strahlen dieser Wellenlänge hindurchläßt, so
daß das Auge nur diese Strahlen der beiden Lichtquellen zu vergleichen
hat. Das Filter wird hergestellt, indem man in einen Glastrog eine
Flüssigkeit bringt, welche durch Auflösen von 22,321 g sublimiertem,
wasserfreiem Eisenchlorid und 27,191 g kristallisiertem Nickelchlorür
in so viel destilliertem Wasser bereitet wird, daß das Volumen bei
15^0 C 100 ccm beträgt. Die Flüssigkeit läßt alle Strahlen zwischen
0,630 μ und 0,534 μ durch; bei 0,582 μ besteht ein Maximum. Bei
Einschaltung des Glastroges mit einer Flüssigkeitsschicht von 7 mm
Stärke zwischen Auge und Photometer kann man eine Bogenlampe
mit der Hefnerlampe direkt vergleichen.

Nach eigenen Versuchen Uppenborns wird die Einstellung durch
die Verwendung des Filters allerdings sicherer. Durch das Einschalten
des Strahlenfilters wird indessen bei normaler Beleuchtung des Photometers so viel Licht absorbiert, daß hierdurch der Gewinn mehr als
kompensiert wird. Das Crovafilter kann also nur dann von Nutzen
sein, wenn s t a r k e Lichtquellen miteinander zu vergleichen sind.

Übrigens ist zu bedenken, daß Crova den Wert $\lambda = 0{,}582 \, \mu$ für
den Vergleich der Carcellampe mit dem Sonnenlicht fand und daß
dieser Wert demnach nur für den Vergleich dieser Lichtquellen streng
richtig sein kann. Crova gibt allerdings an, daß er mit Hilfe seines
Strahlenfilters auch bei dem Vergleichen anderer Lichtquellen zutreffende Werte gefunden habe.

2. M a c é   d e   L é p i n a y   u n d   N i c a t i [2]) wenden bei den
Messungen nacheinander zwei verschiedene Flüssigkeitsfilter an.
Zuerst wird eine die grünen Strahlen durchlassende 30 mm dicke
Schicht von Nickelchlorürlösung von 19^0 Beaumé zwischen Auge und
Photometer gebracht, dann eine ebenso dicke Schicht Eichenchlorid-
lösung von 38^0 Beaumé, welche nur die roten Strahlen hindurchläßt.
Ist R die Lichtstärke, die bei der Messung im roten Licht erhalten
wurde und Gr die Lichtstärke im grünen Licht, so ist die gesuchte
Gesamtlichtstärke J ohne Strahlenfilter

$$J = k \cdot R \quad . \ . \ . \ . \ . \ . \ . \ . \ 1)$$

---

[1]) Crova, Comptes Rendus **93**. S. 512. **1881**. **95**. S. 1271. **1882**. **99**. S. 1067. **1884**.

[2]) Macé de Lépinay und Nicati, Comptes Rendus **97**. S. 1428. **1883**.

Der Faktor k ergibt sich aus folgender Gleichung

$$k = \cfrac{1}{1 + 0{,}208 \left(1 - \cfrac{Gr}{R}\right)} \quad \ldots \ldots 2)$$

Die Größe des konstanten Faktors 0,208 hängt von der Form der Kurve der Helligkeitsverteilung im Spektrum der zu untersuchenden Lichtquelle im Vergleich zur Form der Kurve der Helligkeitsverteilung im Spektrum der als Vergleichseinheit·gewählten Lichtquelle ab.

Dieser Methode haftet der Mangel an, daß sich aus den Lichtstärken des roten und grünen Lichtes noch kein genügend sicherer Schluß auf die Lichtstrahlung des gesamten Spektrums ziehen läßt. Man denke z. B. an die Quecksilberdampflampe in Glasröhre, welche keine roten Strahlen aussendet. Trotzdem hat sich diese Methode in der ihr von Weber gegebenen Abänderung in Deutschland sehr eingebürgert.

3. L. W e b e r [1]) ersetzte die beim Experimentieren immerhin unbequemen und veränderlichen Flüssigkeiten durch eine rote und grüne Glasplatte. Das rote Glas läßt nur Licht von den Wellenlängen $\lambda = 0{,}687\,\mu$ bis $\lambda = 0{,}630\,\mu$ hindurch: das Maximum der Helligkeit liegt bei $\lambda = 0{,}656\,\mu$. Das grüne Glas läßt Licht von den Wellenlängen zwischen $\lambda = 0{,}577\,\mu$ bis $\lambda = 0{,}516\,\mu$ hindurch mit einem Maximum bei $\lambda = 0{,}547\,\mu$. Man macht zuerst eine Einstellung mit vorgeschaltetem roten Glase und erhält die Lichtstärke R. Dann entfernt man das rote Glas und macht eine Einstellung mit dem grünen Glase: sie ergebe die Lichtstärke Gr. Hierauf bildet man den Quotienten $\dfrac{Gr}{R}$ und entnimmt aus der folgenden Tabelle den Faktor k. Dann ist die gesuchte Gesamtlichtstärke J

$$J = k \cdot R \quad \ldots \ldots \ldots 3)$$

Weber hat für Glühlampen bei verschiedener Beanspruchung folgende Tabelle aufgestellt.

$\dfrac{Gr}{R}$	k	$\dfrac{Gr}{R}$	k	$\dfrac{Gr}{R}$	k
0,3	0,50	0,8	0,87	1,3	1,22
0,4	0,56	0,9	0,94	1,4	1,28
0,5	0,64	1,0	1,00	1,5	1,34
0,6	0,72	1,1	1,08	1,6	1,40
0,7	0,80	1,2	1,15	1,7	1,46

[1]) L. Weber, E.T.Z. 5. S. 166. 1884.

Die Fortsetzung dieser Tabelle ist für Bogenlicht und Tageslicht bestimmt.

$\dfrac{Gr}{R_1}$	k	$\dfrac{Gr}{R}$	k	$\dfrac{Gr}{R}$	k
1,8	1,50	3,1	2,05	4,4	2,44
1,9	1,55	3,2	2,08	4,5	2,47
2,0	1,60	3,3	2,11	4,6	2,49
2,1	1,65	3,4	2,15	4,7	2,52
2,2	1,70	3,5	2,18	4,8	2.55
2,3	1,75	3,6	2,20	4,9	2,57
2,4	1,80	3,7	2,24	5,0	2,60
2,5	1 84	3,8	2,27	5,1	2.62
2,6	1,88	3,9	2 30	5,2	2,64
2,7	1.92	4,0	2,33	5,3	2,67
2,8	1,96	4,1	2,36	5,4	2,69
2,9	1,99	4,2	2,39	5,5	2,71
3,0	2,02	4,3	2.41		

Beispiel: Es sei die Lichtstärke einer Glühlampe mittels des roten Filters bestimmt zu $R = 14{,}7$ HK und mittels des grünen Filters zu $Gr = 18{,}1$ HK. Dann ist $\dfrac{Gr}{R} = \dfrac{18{,}1}{14{,}7} = 1{,}23$. Dem Quotienten $\dfrac{Gr}{R} = 1{,}23$ entspricht in der Tabelle $k = 1{,}15$ bis $1{,}22$ oder interpoliert $1{,}17$. Die gesuchte Lichtstärke J ist daher nach Gleichung 3):

$$J = R \cdot k = 14{,}7 \cdot 1{,}17 = 17{,}2 \text{ HK}.$$

k ist für Lichtquellen, deren Farbe rötlicher als die der Benzinkerze ist kleiner als 1, für Lichtquellen, deren Farbe weißlicher ist, größer als 1. Weiteres über den Faktor k s. S. 297.

4. Einfarbiger Glasschirm wird in der Reichsanstalt nach Liebenthal[1]) verwendet, wenn man auf einer geradlinigen Photometerbank ein Lummer-Brodhunsches Photometer benutzen will und Lichtquellen (Bogenlampen) zu photometrieren hat, die in ihrer Färbung von der Hefnerlampe oder der mit ihr gleichfarbigen Gebrauchsnormale abweichen. Je nach Bedarf wird eine mehr oder minder stark bläulich gefärbte Glasplatte zwischen Photometer und Gebrauchsnormale eingeschaltet, so daß beide Felder des Photometers möglichst gleich gefärbt erscheinen. Durch die gefärbte Glasplatte

---

[1]) E. Liebenthal, Praktische Photometrie S. 231. Braunschweig 1907 bei Fr. Vieweg & Sohn.

wird die Beleuchtung des von der Vergleichslichtquelle beleuchteten Photometerfeldes geschwächt. Der Schwächungsgrad des Lichtes durch die gefärbte Glasplatte wird entweder bestimmt, indem man nacheinander die Lichtstärke der Vergleichsnormale ohne gefärbte Glasplatte mit der Lichtstärke der Hefnerlampe vergleicht und dann gesondert das Durchlässigkeitsvermögen D_n der gefärbten Glasplatte für die Strahlenart der Vergleichsnormale bestimmt, oder indem man direkt die Vergleichsnormale einschließlich gefärbter Glasplatte mit der Hefnerlampe vergleicht. Liebenthal zieht diesen letzteren Weg vor, wobei die Vergleichsnormale und das Photometer fest miteinander verbunden sein sollen und entwickelt folgende Beziehungen. Es bezeichne J die Lichtstärke der Hefnerlampe, J_1 die aus der Luftfeuchtigkeit berechnete Lichtstärke der Hefnerlampe r sei der Mittelwert aus den in beiden Lagen des Photometers bei Anwendung der Umlegungsmethode gefundenen Abständen zwischen der Hefnerlampe und dem Photometer, r_1 sei der entsprechende Mittelwert für J_1, dann ist:

$$J = \frac{J_1}{r_1^2} \cdot r^2 \quad . \quad . \quad . \quad . \quad . \quad . \quad . \quad . \quad 4)$$

Durch die Umlegungsmethode erhält man eine von der Ungleichseitigkeit des Photometers unabhängige Konstante E. Es ist $E = \frac{J_1}{r_1^2}$. Demnach wird: $J = E\, r^2$.

Man braucht also nur die Größe E zu kennen. Aus E kann man auch die Größe $D_n \cdot J_n$ berechnen, wenn J_n die Lichtstärke der Vergleichsnormale ist, denn es gilt:

$$E = \frac{D_n \cdot J_n}{(r_n - {}^1/_3\, d)^2}, \quad . \quad . \quad . \quad . \quad . \quad . \quad 5)$$

wenn d die Dicke der Glasplatte in Millimeter und r_n die Entfernung der Vergleichsnormale vom Photometerschirm ist. Der hierbei notwendige Vergleich verschiedenfarbigen Lichtes braucht nur von Zeit zu Zeit ausgeführt werden, wobei jedesmal mehrere Beobachter einstellen sollen und aus ihren Beobachtungen das Mittel zu nehmen ist.

Hyde führte diese Methode blaue Schirme beim Photometrieren von Bogenlampen zwischen Vergleichslichtquelle und Photomsterschirm einzuschalten im Bureau of Standards in Washington ein.

Cady[1]) schlug vor, derartige Schirme auch zu verwenden, wenn eine Wolframlampe mit ihrem weißlichen Licht gegen eine Kohlen-

---

[1]) F. E. Cady, Electrical World **54**. S. 195. **1909**.

fadenglühlampe mit ihrem gelblichen Licht verglichen werden soll. Es ist in diesem Falle nur ein kleiner Teil gelber Strahlung von der Kohlenfadenlampe zu absorbieren oder was in der Wirkung gleichkommt, etwas blaue Strahlung hinzuzufügen. Auf diese Weise stufte Cady eine Reihe von Schirmen ab, die gleiche Färbungen auf den beiden Photometerseiten ergaben, wenn auf der einen Seite als Vergleichslichtquelle eine 4-Watt Kohlenfadenglühlampe stand, auf der anderen Seite je eine 3,5 Watt- bzw. 3,1 Watt-Kohlenfadenlampe, 2,5 Watt metallisierte Kohlenfadenlampe, 2 Watt-Tantallampe und 1,25 Watt-Wolframlampe. Den Absorptionskoeffizienten des farbigen Schirmes bestimmt Cady in der Weise, daß er zu einer elektrischen Normalglühlampe, deren Spannung bei bestimmtem spezifischen Effektverbrauch bekannt ist, die Spannung einer Vergleichslampe derart bestimmt, daß sie dieselbe Färbung wie die Normallampe ergibt. Die Vergleichslampe wird auf die andere Seite des Photometers gestellt. Dann wird der f a r b i g e S c h i r m zwischen Normalglühlampe und Photometer gestellt und eine Reihe von Ablesungen vorgenommen. Hierauf wird der farbige Schirm entfernt und an seine Stelle eine Sektorenscheibe mit solcher Öffnung gebracht, daß die Beleuchtung des Photometerschirmes auf denselben Wert herabgemindert wird, der sich bei Anwesenheit des farbigen Schirms ergeben hatte. Hieraus läßt sich die Schwächung berechnen. Die Beobachtung muß von vielen Beobachtern wiederholt werden, und der Mittelwert aller Mittelwerte dürfte dann einen Wert ergeben, der dem eines idealen normalen Auges entspricht. Cadys Vorschlag geht weiter dahin, daß ein in dieser Weise von unabhängiger Stelle sorgfältig geprüfter farbiger Glasschirm in anderen Ländern ebenfalls von unabhängigen Stellen geprüft wird und daß aus den Werten aller Prüfstellen dann der Mittelwert als Absorptionskoeffizient mit gewissermaßen internationaler Bedeutung gewonnen würde. Von derartig geprüften farbigen Schirmen könnten dann beglaubigte gleichartige Stücke jedem Laboratorium zugänglich gemacht werden, wodurch sich eine große Gleichförmigkeit in der Photometrie verschiedenfarbigen Lichtes erreichen ließe.

Fabry[1]) will an Stelle der Glasschirme zwei Flüssigkeiten zwischen Vergleichslampe und Photometer einschalten. Die eine Flüssigkeit, eine Lösung von kristallinischem Kupfersulfat in Ammoniak und Wasser, sollte das rote Ende des Spektrums, die andere Flüssigkeit,

---

[1]) Ch. Fabry, Comptes Rendus **137**. S. 743. **1903**. Beiblätter **28**. S. 354. **1904**.

eine Lösung von Jod und Jodkalium in Wasser, sollte das blaue Ende
des Spektrums absorbieren. Durch Änderung der Schichtdicke bzw.
der Konzentration der Lösungen soll sich jede beliebige Färbung
des Feldes erzielen lassen. Dieses Verfahren ist viel umständlicher
beim Experimentieren als die Anwendung von Glasschirmen, welch
letztere außerdem nicht im geringsten solchen Änderungen unterworfen sind wie Flüssigkeiten.

§ 117. Kompensation.

Wybauw[1]) gab im Jahre 1885 eine Möglichkeit an ohne farbige
Mittel verschiedenfarbige Lichtquellen zu vergleichen, indem er von
den beiden Seiten des Photometerschirmes die eine direkt durch die
zu untersuchende Lichtquelle (Bogenlampe) beleuchten ließ, während
die andere durch einen bekannten Bruchteil des Lichtes der Bogenlampe und gleichzeitig auch durch Licht von der Vergleichslichtquelle
(Carcellampe) beleuchtet wurde. Empfängt die eine Vergleichsfläche
des Photometers 75% Licht von der Bogenlampe und 25% Licht von
der Carcellampe, so hat man nicht mehr bläuliches Licht mit röt-
lichem Licht zu vergleichen sondern eine Lichtfärbung, die dem
reinen Bogenlicht ähnlicher ist. Wybauw k o m p e n s i e r t also den
Farbenunterschied.

Wybauw verwendete ein Foucaultsches Photometer. Ein wesentlicher Übelstand seiner Anordnung bestand darin, daß die zu untersuchende Lichtquelle und die Vergleichslichtquelle nicht in gerader
Linie mit der Mitte des Photometerschirmes lagen. Zu einer photometrischen Einstellung mußte daher die eine oder die andere Lichtquelle verschoben werden.

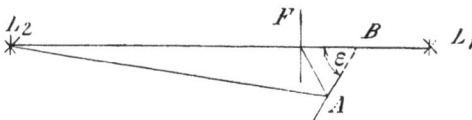

Fig. 194.

Krüß[2]) veränderte daher das Kompensationsprinzip, indem er
eine Anordnung schuf, bei welcher die beiden Lichtquellen in gerader
Linie mit dem Photometerschirm liegen und feststehen können, während zu einer Einstellung nur das Photometer verschoben zu werden
braucht. Die Anordnung von Krüß ist in Fig. 194 dargestellt. L_1 und

---

[1]) J. Wybauw, Bulletin de la Société Belge d'Electriciens **12**. S. 5. **1885**.
[2]) H. Krüß, Journal für Gasbeleuchtung **28**. S. 685. **1885**.

L_2 sind die beiden zu untersuchenden Lichtquellen, F stellt den Photometerschirm dar, und AB ist ein Spiegel, welcher unter dem Winkel ε
gegen die Verbindungslinie $L_1 L_2$ geneigt ist. Der Photometerschirm
empfängt dann einerseits direkt Licht von der Lichtquelle L_2, anderseits auf dem Wege $L_2 A F$ von dem Spiegel AB reflektiertes Licht
von L_2 sowie direktes Licht von der Lichtquelle L_1. Es bedeute a
den horizontalen Abstand zwischen Spiegelachse und Photometerschirm und f das Reflexionsvermögen des Spiegels. Dann ist nach
Strecker[1])

$$J_2 = J_1 \cdot \frac{r_2^2}{r_1^2}\, k\, \frac{1}{1 + \dfrac{f \cdot k \cdot \varphi}{r_2^2}}, \text{ wobei } k = \frac{1}{1 + f \cdot \cos 2\,\varepsilon} \text{ ist.}$$

ε muß zwischen 60^0 und 70^0 liegen, und die Entfernung der zu
messenden Lichtquelle L_2 vom Photometerschirm muß zwischen
10 und 15 a liegen. Für die Werte von φ und k sind Tabellen aufgestellt.
Für $\varepsilon = 60^0$ ist $\varphi = 8,8$, für $\varepsilon = 75^0$ ist $\varphi = 31$.

$$\frac{k}{1 + \dfrac{f \cdot k \cdot \psi}{r_2^2}}$$

darf nicht größer als 3 werden.

Die Konstruktion des Krüßschen Kompensationsphotometers
ist in Fig. 195 dargestellt. Der Photometerschirm mit Fettfleck befindet sich in einem Gehäuse in F, oben auf dem Gehäuse sind zwei
Spiegel S_1 und S_2, entsprechend dem Spiegel AB der Fig. 194, ange-

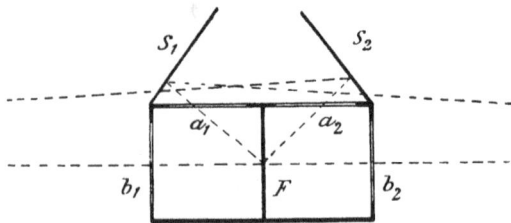

Fig. 195.

bracht. Infolge der Anordnung von zwei Spiegeln kann man die zu
messende Bogenlampe nach Belieben auf der rechten oder linken Seite
des Photometers anordnen. Die Neigung der Spiegel S_1 bzw. S_2 kann
an einem Teilkreis abgelesen werden. Durch die Öffnungen a_1 und a_2
werden die Strahlen der Bogenlampe auf den Photometerschirm F

---

[1]) K. Strecker, E.T.Z. 8. S. 305. 1887.

geworfen. Der nicht benutzte Spiegel kann niedergeklappt werden und verdeckt dann die Öffnung a_1 bzw. a_2. Das von der Vergleichs- lichtquelle kommende Licht tritt durch die Öffnung b_1 bzw. b_2 auf den Photometerschirm. In die Öffnungen b_1 und b_2 können nach Be- darf Zerstreuungslinsen oder planparallele Gläser eingesetzt werden. Das Photometer kann auch, wenn man beide Spiegel S_1 und S_2 nieder- klappt, als gewöhnliches Bunsensches Photometer verwendet werden. Die mathematischen Beziehungen des Instruments sind ausführlich dargelegt in Krüß[1]).

Große[2]) gab ein Kompensationsphotometer an, das gleichzeitig auch die Erscheinungen der Polarisation benutzt, das M i s c h u n g s - p h o t o m e t e r , das von Krüß[3]) gebaut wird. Es besteht aus einem Glanschen Luftprisma P in Fig. 196, das aus zwei rechtwinkligen Kalkspatprismen abd und bcd

zusammengesetzt ist, die durch eine dünne Luftschicht voneinan- der getrennt sind. Von einem auf die Kathetenfläche ab senk- recht auffallenden Strahlenbündel gehen nur die außerordentlichen im Hauptschnitt schwingenden Strahlen durch die Luftschicht hindurch und treten senkrecht zur Kathetenfläche dc heraus; die ordentlichen Strahlen erlei- den eine totale Reflexion an der Diagonalfläche bd. Neben dem Prisma P ist ein Prisma A an- geordnet. Treffen auf die Ka-

Fig. 196.

thetenfläche ef dieses Prismas Strahlen senkrecht auf, so gehen die außerordentlichen Strahlen durch die Hypotenusenfläche fg hindurch, während die ordentlichen Strahlen an ihr total reflektiert werden und auf das Prisma P fallen. An der Luftschicht dieses Prismas wer- den sie noch einmal reflektiert und treten senkrecht zu cd aus dem Prisma P heraus. Es können hier also zwei senkrecht zueinander polarisierte Strahlenbündel miteinander gemischt oder nebeneinander

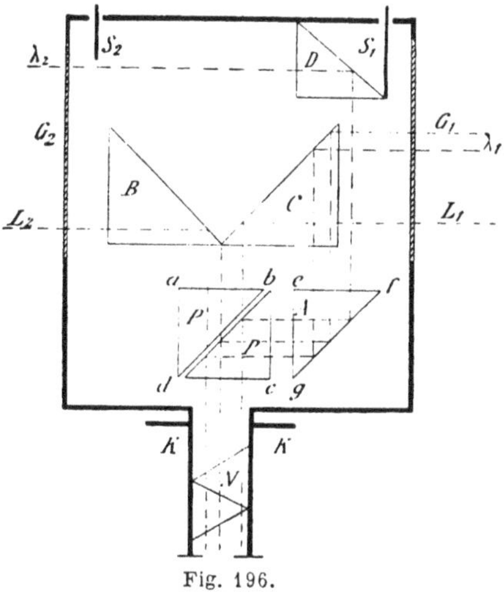

---

[1]) H. Krüß, Die elektrotechnische Photometrie S. 77. Wien 1885.
[2]) W. Große, Zeitschrift für Instrumentenkunde **7**. S. 129. 1887. **8**. S. 95. **1888**. E. T. Z. **9**. S. 151. **1888**.
[3]) H. Krüß, Zeitschrift für Instrumentenkunde **8**. S. 347. 1888.

gelegt werden. Die aus dem Prisma P heraustretenden Strahlen fallen auf einen Nicol N, dessen Hauptschnittebene mit der Papierebene einen Winkel bildet, der an dem Teilkreise KK abgelesen werden kann. In dem Kasten, in welchem die Prismen P und A untergebracht sind, sind noch drei Reflexionsprismen B, C, D angeordnet. Der Kasten ist seitlich durch zwei Mattgläser G_1 und G_2 geschlossen. Diese Mattgläser werden von den zu untersuchenden Lichtquellen L_1 und L_2 mit den Lichtstärken J_1 und J_2 aus den Entfernungen r_1 und r_2 beleuchtet. Ferner sind noch zwei Schieber S_1 und S_2 angeordnet, welche die Lichtbündel, die in den Kasten eintreten, nach Bedarf auszulöschen gestatten. Durch Verschieben des Photometers auf einer geradlinigen Photometerbank wird auf gleiche Helligkeit eingestellt. Das Photometer von Große kann sowohl als gewöhnliches Photometer verwendet werden, indem man beide Schieber S_1 und S_2 soweit herunterschiebt, daß das Prisma D ausgeschaltet ist oder als Kompensationsphotometer mit einseitiger Mischung oder als Kompensationsphotometer mit gegenseitiger Mischung je nach der Stellung der Schieber S_1 und S_2. Bei der in Fig. 196 dargestellten Stellung der Schieber erfolgt gegenseitige Mischung. Das von der Lichtquelle L_1 kommende Strahlenbündel L_1 wird durch das Prisma C, das von der Lichtquelle L_2 kommende Strahlenbündel L_2 durch das Prisma B auf das Prisma P geworfen. Von der Lichtquelle L_2 wird noch das Lichtbündel λ_2 durch das Prisma D auf das Prisma A geworfen; ferner gelangt von L_1 noch das Lichtbündel λ_1 zur Wirkung, so daß die linke Hälfte des Gesichtsfeldes durch die Lichtbündel L_2 und λ_1, die rechte Hälfte durch L_1 und λ_2 beleuchtet wird. Bedeutet d das Durchlässigkeitsvermögen des Systems für die Strahlen L_1 und L_2 und d' dasjenige für die Strahlen λ_1 und λ_2 sowie α den Winkel am Teilkreis K des Nicols, so ist die Helligkeit des Gesichtsfeldes, die vom Strahlenbündel L_1 erzeugt wird, $d \cdot \dfrac{J_1}{r_1{}^2} \cdot \cos^2 \alpha$. Analog ist die von L_2 erzeugte Helligkeit $d \cdot \dfrac{J_2}{r_2{}^2} \cdot \cos^2 \alpha$; die von λ_1 und λ_2 erzeugten Helligkeiten sind $d' \cdot \dfrac{J_1}{r_1{}^2} \cdot \sin^2 \alpha$ und $d' \cdot \dfrac{J_2}{r_2{}^2} \sin^2 \alpha$. Da auf beiden Seiten des Gesichtsfeldes das Mischungsverhältnis das gleiche ist, so wird nach Einstellung auf gleiche Helligkeit

$$J_2 = \frac{r_2{}^2}{r_1{}^2} J_1.$$

B. Die Methode der gleichen Sehschärfe.

§ 118. Vorbemerkungen.

Unter S e h s c h ä r f e versteht man die Fähigkeit des normalen Auges feine Einzelheiten an beleuchteten Gegenständen wahrzunehmen. Nähert man das Auge einem mit Buchstaben von bestimmter Größe bedruckten Papierblatt, so wird das Auge bei einer bestimmten Entfernung, der eine bestimmte Beleuchtung des Blattes entspricht, die Buchstaben genau erkennen können. Wählt man größere Buchstaben, so genügt ein geringerer Grad von Beleuchtung bzw. kann man schon aus weiterer Entfernung die Buchstaben erkennen, während bei kleineren Buchstaben zum Erkennen eine geringere Entfernung oder stärkere Beleuchtung notwendig ist. Diese Erscheinung soll, so nahm man früher an, vollständig unabhängig von der Farbe des Lichtes sein, welches die Fläche beleuchtet (siehe indessen § 121). Daher hat schon Celsius[1]) im Jahre 1735 vorgeschlagen, diese Erscheinung zur Messung verschiedenfarbigen Lichtes zu verwenden, indem man zwei Lichtstärken als gleich betrachtet, wenn sie einen schwarzen Gegenstand auf weißem Grunde aus derselben Entfernung derart beleuchten, daß die Einzelheiten des Gegenstandes mit d e r - s e l b e n S c h ä r f e wahrgenommen werden, d. h. daß die Sehschärfe denselben Wert erhält.

Auch Buffon und W. Herschel benutzten die Methode der gleichen Sehschärfe. Siemens[2]) sagte, »ein richtiges Photometer sollte verschiedenartiges Licht dann als gleich angeben, wenn es uns in gleicher Weise entfernte Objekte e r k e n n b a r macht«.

Zur Messung der Sehschärfe benutzt man Tafeln mit genau festgesetzten Zeichen und läßt den Beobachter sich der Tafel nähern, bis er die Zeichen deutlich zu unterscheiden beginnt. Die Sehschärfe ist dann direkt proportional der Entfernung des Beobachters von den Zeichen im Augenblick des deutlichen Wahrnehmens. Die gewöhnlich verwendeten Buchstaben oder Haken nach Snellen (Fig. 197) bestehen aus schwarzen

Fig. 197.

Strichen. Als Einheit der Sehschärfe ($v = 1$)[3]) nimmt man eine solche Sehschärfe, daß der Beobachter die Entfernung zweier aufeinander fol-

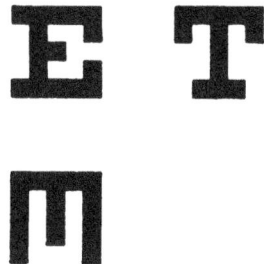

---

[1]) Bouguer, Traité d'Optique S. 48.
[2]) W. Siemens, Wiedemanns Annalen **2**. S. 547. **1877**. E.T.Z. **5**. S. 3. **1884**.
[3]) v = Visus.

genden Striche unter dem Gesichtswinkel von 1 Minute sieht. Sind
die Striche 1 mm dick, so liegt die Sehschärfe $r = 1$ bei einer Entfernung des Beobachters von den Strichen von 3,44 m. Bei einer
Entfernung von 1 m ist die Sehschärfe $v_1 = \dfrac{1}{3,44} = 0,29$ und bei
einer Entfernung von n m ist sie $v_n = 0,29\ n$.

Macé de Lépinay und Nicati haben bei ihren Versuchen drei
schwarze horizontale Striche auf weißem Grunde benutzt, die 5 mm
lang, 1 mm dick und je 1 mm voneinander entfernt waren.

Um nach der Sehschärfenmethode zu messen, beleuchtet man
die Sehzeichen mit dem Licht einer Normallichtquelle von der bekannten Lichtstärke J_1. Das Auge wird dann aus der Entfernung r_1
die Sehzeichen genau unterscheiden können. Hierauf beleuchtet man
die Sehzeichen mit dem Licht der zu untersuchenden Lichtquelle J_2;
dann wird das Auge aus der Entfernung r_2 die Sehzeichen wieder
gerade deutlich erkennen können. In diesen beiden Stellungen sind
die Sehschärfen gleich und die Beleuchtungen sind gleich, so daß gilt:

$$\frac{J_1}{r_1^2} = \frac{J_2}{r_2^2} \qquad \ldots \ldots \ldots \quad 1)$$

oder

$$J_2 = J_1 \frac{r_2^2}{r_1^2} . \qquad \ldots \ldots \ldots \quad 2)$$

Palaz[1]) empfiehlt, als Sehzeichen ein Blatt einer Logarithmentafel
zu verwenden.

§ 119.   Methode von Weber.

Als Sehzeichen verwendet Weber[2]) acht flächengleiche Rechtecke
mit konzentrischen Kreisen derart, daß in jedem Rechteck jeweils
ein schwarzer Kreis auf einen weißen Kreis von gleicher Dicke folgt.
In jedem Rechteck ist die Dicke der Kreise verschieden, so daß in
dem Rechteck 1, das die dicken Kreise enthält, nur einige wenige,
in dem Rechteck 8, das die dünnen Kreise enthält, hingegen viele
dünne Kreise liegen. Diese acht Rechtecke werden photographisch
verkleinert auf Milchglasplatten angebracht, auf denen sie nur etwa
den dritten Teil der einen Hälfte der Milchglasplatte einnehmen, so
daß auf den Milchglasplatten noch genügend Raum für eine Einstellung auf gleiche Helligkeit übrig bleibt. Man macht zunächst eine

---

[1]) A. Palaz, Traité de Photometrie S. 71. Paris 1892.
[2]) L. Weber, Wiedemanns Annalen 20. S. 326. 1883. E.T.Z. 5. S. 166. 1884.

normale Lichtmessung, indem in den Kasten G die Platte 3 eingeschoben wird, jedoch mit der Maßgabe, daß das in dem in Fig. 150
sichtbaren Schieber vorhandene rote Glas eingeschaltet ist. Es ist
dann das Verhältnis der Lichtstärken R der zu untersuchenden Lichtquelle und der Vergleichslichtquelle im R o t e n

$$R = C_3 \cdot \frac{r^2}{r_1^2}, \quad \ldots \ldots \ldots \ldots \quad 1)$$

wobei r den Abstand zwischen der zu untersuchenden Lichtquelle
und der Milchglasplatte und r_1 den Abstand der Platte f in Fig. 150
von der Vergleichslichtquelle bedeuten.

Dann ist die wirkliche Lichtstärke J auf weißes Licht bezogen

$$J = k \cdot R \quad \ldots \ldots \ldots \ldots \quad 2)$$

Der Faktor k wird nun durch eine Sehschärfenmessung bestimmt,
indem zwei identische Milchglasplatten a und b, die mit den Sehzeichen versehen sind, außerhalb des Photometers dicht nebeneinander
aufgestellt werden und von hinten derart beleuchtet werden, daß
Platte a nur von einer Benzinkerze von konstanter Höhe, b nur von
der zu untersuchenden Lichtquelle von anderer Färbung beleuchtet wird.
Zunächst wird die Platte a so stark beleuchtet, daß man beim Verschieben der Milchglasplatte (f im Tubus in Fig. 150) die Ablesung $r_a' =$
24,5 cm erhält, wenn man den Tubus B ohne Platten im Kasten G
auf den Teil der Milchglasplatte a richtet, der frei von Sehzeichen ist.
Hierauf wird die Beleuchtung der Milchglasplatte b solange verändert,
bis man unter abwechselnder Betrachtung der Kreise auf beiden Platten
in einem Viereck von derselben Nummer die weißen Kreise nicht mehr
von den schwarzen unterscheiden kann. Dann schlägt man das rote
Glas vor und photometriert den neben den Kreisen liegenden Teil
der Platte b in der üblichen Weise; hierbei ergebe sich die Einstellung r_a''. Dann ist

$$k = \frac{r_a''^2}{r_a'^2} \quad \ldots \ldots \ldots \ldots \quad 3)$$

Der Faktor k ist ein physiologisch beeinflußter Koeffizient. Die
Tabelle von Weber für k ist auf S. 287 abgedruckt. Weber hat k
aus Messungen berechnet, die Schumann[1] an verschieden stark be-
anspruchten Kohlenfadenglühlampen angestellt hatte.

---

[1] Schumann, E.T.Z. 5. S. 220. 1884.

Stuhr[1]) hat diese Tabelle für k nachgeprüft und gefunden, daß
der Wert von k mit der B e l e u c h t u n g s s t ä r k e wächst. Während die Webersche Tabelle für eine Beleuchtungsstärke von 4 Lux
entworfen ist, schlägt Stuhr eine solche von 10 Lux vor, weil diese
Beleuchtungsstärke nach Cohn auch dem Minimum der für Arbeits-
plätze erforderlichen Beleuchtungsstärke besser entspricht. Die von
Stuhr aufgestellte Tabelle von k gibt durchweg höhere Werte als die
Webersche Tabelle. Während die Unterschiede in beiden Tabellen
bis zum Verhältnis $\dfrac{G}{R} = 4{,}0$ nicht sehr erheblich sind, wachsen sie
von da ab beträchtlich und betragen bei 5,5 etwa 10%.

§ 120. Apparate ohne Vergleichslichtquelle.

Houston und Kennelly[2]) benutzten das Sehschärfenprinzip zur
Konstruktion eines B e l e u c h t u n g s m e s s e r s. In einem innen geschwärzten Kasten (Fig. 198) befindet sich die mit Sehzeichen bedeckte Fläche A, welche von einer in der oberen Kastenwand angebrachten Milchglasplatte M
beleuchtet wird. Diese Platte
M wird in die Fläche gebracht, deren Beleuchtung
gemessen werden soll. Der
Beobachter betrachtet durch
das mit Lupe versehene
Okular O die Fläche A und
ändert, indem er einen

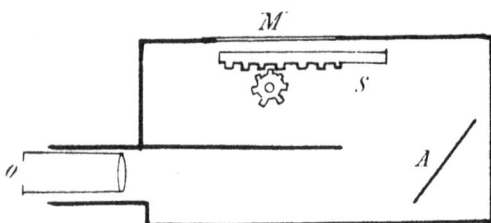

Fig. 198.

Schieber S durch Zahntrieb verschiebt, die wirksame Öffnung der
Milchglasplatte M solange, bis er die Sehzeichen auf A gerade
deutlich zu sehen vermag. Der Schieber S bewegt sich längs einer
Teilung, an welcher die Beleuchtung, welche die Milchglasplatte
empfangen hat, abgelesen werden kann. Die Teilung wird empirisch
mittels einer Lichtquelle von bekannter Lichtstärke aus bekannter
Entfernung geeicht. Die Erfinder, die ihren Apparat I l l u m i n o -
m e t e r nannten, gaben selbst an, daß der mittlere Fehler bei 10%
liegt. Trotter[3]) nennt das Wort Illuminometer eine »unglückliche

---

[1]) J. Stuhr, Bestimmung des Äquivalentwertes verschiedenfarbiger Lichtquellen. Dissertation. Kiel **1908.**

[2]) F. J. Houston und A. E. Kennelly, Electrical World **25.** S. 309. **1895.**

[3]) A. P. Trotter, Illumination S. 71. London 1911.

Bezeichnung« und sieht mit Bedauern, daß dieses Wort bisweilen noch bis auf den heutigen Tag gebraucht wird.

Wybauw[1]) hatte bereits einen kleinen Beleuchtungsmesser konstruiert, das »Luxmeter«. Das Instrument beruhte auf der Erkennbarkeit feiner Schriftzeichen auf einer matten Glasplatte, welche durch eine kleinere oder größere Anzahl halbdurchsichtiger Platten verdunkelt wurden, bis sie zu verschwinden schienen.

Auch Fleming[2]) gab ein Photometer an, welches das Sehschärfenprinzip benutzt, das »discrimination photometer«.

Steinmetz und Ryan gaben das in Fig. 199 dargestellte Instrument an, dem sie den Namen L u m i n o m e t e r gaben. In einem innen geschwärzten Kasten liegt ein mit schwarzen Buchstaben bedrucktes weißes Kartonblatt A. Der Kasten trägt zwei Rohre; durch das eine Rohr R_1 fällt das Licht der zu untersuchenden Lichtquelle auf die Karte A, durch das andere Rohr R_2 wird die Karte A mit beiden Augen beobachtet. Das Instrument ist zur Ermittelung der Beleuchtung bestimmt. Die Einstellung wird gemacht, indem die Entfernung von der Lichtquelle festgestellt wird, bei welcher das

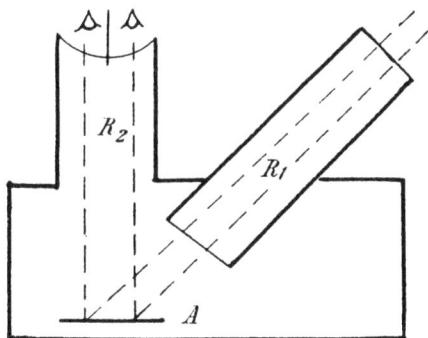

Fig. 199.

Auge gerade die Buchstaben einer Karte A deutlich wahrzunehmen vermag. Zu dem Apparat gehört eine größere Anzahl von Karten. Die Buchstabengröße jeder Karte weicht von der Buchstabengröße auf den anderen Karten ab. Die Buchstaben selbst auf jeder Karte sind in regellosen Wirrwarr zu Worten zusammengesetzt, die keinen Sinn ergeben. Durch Vorversuch ist festgestellt worden, welche Beleuchtung dem Sehschärfenwert jeder Karte entspricht. Die Genauigkeit dieses Instruments beim Vergleichen verschiedenfarbiger Lichtquellen soll zwischen 5 und 10% liegen. Steinmetz[3]) preist dieses Instrument als das einzig geeignete zum Messen der durch farbige Lichtquellen erzeugten Beleuchtung. Es bleibt jedoch immerhin nur ein rohes

---

[1]) H. Krüß, Elektrotechnische Photometrie S. 252. 1886.

[2]) J. A. Fleming, Journal of the Proceedings of the Institution of Electrical Engineers (London) **32**. S. 156. **1902.**

[3]) Ch. P. Steinmetz, Radiation, Light and Illumination S. 175. New York 1909.

Instrument. Trotter[1]) sagt mit Recht über die auf dem Prinzip der Vergleichung der Sehschärfe beruhenden Instrumente ohne Vergleichslichtquelle, daß sie wohl in ein physiologisches Laboratorium gehören, um die Sehschärfe verschiedener Personen oder diejenige einer Person unter verschiedenen Bedingungen zu prüfen. Diese Instrumente gehören aber nicht auf die Straße als Rüstzeug des Beleuchtungsingenieurs.

Monasch[2]) meinte, bei einem derartigen Apparat kann das Auge des verkaufenden Ingenieurs bei derselben Beleuchtung eine Schrift häufig noch lesen, die das Auge des die Anlage abnehmenden Ingenieurs vielfach nicht mehr lesen kann. Selbst wenn die Kartons mit regellos durcheinander gesetzten Buchstaben bedeckt sind, kann das Auge desjenigen, der häufiger mit diesen

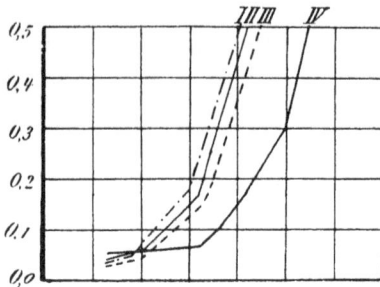

Fig. 200.

Tafeln arbeitet, leichter lesen als das Auge eines unbefangenen Beobachters, besonders wenn der erstere ein gutes Gedächtnis hat.

Ein Hauptübelstand der Sehschärfenmethode liegt darin, daß das Zunehmen der Sehschärfe mit zunehmender Beleuchtung für verschiedene Augen verschieden ist. In Fig. 200 sind Beobachtungen über die Abhängigkeit der Sehschärfe von der Beleuchtung dargestellt, die König an vier normalen Augen vorgenommen hat. Jede Kurve entspricht einem Auge. Die Ordinaten stellen die Sehschärfe dar, die Abszissen die Logarithmen der Beleuchtungsstärken. Ein Teilstrich der Abszisse stellt

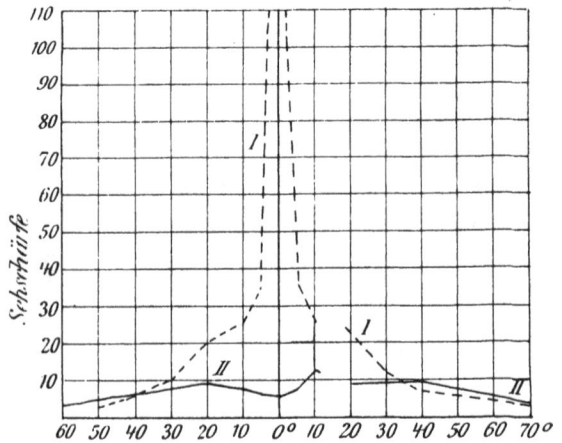

Fig. 201.

nach König[3]) ein zehnfaches Anwachsen der Beleuchtungsstärke dar.

[1]) A. P. Trotter a. a. O. S. 73.
[2]) B. Monasch, Elektrische Beleuchtung I. Teil. S. 40. Hannover 1910.
[3]) Gesammelte Abhandlungen zur Physiologischen Optik von Artur König. Leipzig 1903 bei J. A. Barth.

Auch die verschiedenen lichtempfindlichen Teile eines und desselben Auges besitzen bei gleicher Beleuchtung eine verschiedene Sehschärfe. Der Verlauf der Sehschärfe in dem Gesichtsfeld eines Auges ist in Fig. 201 dargestellt. Die gestrichelte Kurve I stellt den Verlauf der Sehschärfe eines helladaptierten Auges dar. Man erkennt, daß die Sehschärfe im Mittelpunkt des Gesichtsfeldes am größten ist, dann zunächst sehr schnell und dann langsamer nach den äußeren Seiten des Gesichtsfeldes hin abfällt. Für ein dunkeladaptiertes Auge (Kurve II) ist die Sehschärfe auf der ganzen Ausdehnung des Gesichtsfeldes gleichmäßiger, im Mittelpunkt etwas schwächer. Sie ist für das dunkeladaptierte Auge in den äußeren Teilen des Gesichtsfeldes sogar gleich oder größer als für das helladaptierte Auge.

Dow kommt in einer längeren Betrachtung zu dem Ergebnis, daß das Sehschärfenprinzip als photometrisches Meßprinzip für das Vergleichen verschiedenfarbiger Lichter zu erheblichen Einwänden Anlaß gibt, über die im folgenden gesprochen werden soll.

§ 121. Abhängigkeit der Sehschärfe von der Farbe.

Dow[1]) hat die Kurven früherer Beobachter über den Verlauf der Sehschärfe in den verschiedenen Teilen des Spektrums in zwei Gruppen teilen können. In der einen Gruppe fiel das Maximum in das Grüne bei $\lambda = 0{,}52\ \mu$, in der anderen in das Gelbe auf $\lambda = 0{,}58\ \mu$, je nachdem bei den Versuchen die Bedingungen so gewählt waren, daß Stäbchensehen oder Zapfensehen auftrat. Eine weitere Unsicherheit bei Versuchen über die Sehschärfe in verschiedenfarbigem Licht liegt in solchen Anordnungen, bei denen der Beobachter sich von der mit Sehzeichen versehenen Platte entfernt, bis die Zeichen nicht mehr unterscheidbar werden. Hier ändern sich die Gesichtswinkel, und beim Entfernen von der Sehzeichenplatte kommt ein anderer Teil der Netzhaut in Wirkung. Nun ist der mittlere Teil der Netzhaut weniger empfindlich für das blaue Ende des Spektrums als die äußeren Teile der Netzhaut. Bei den Versuchen über Sehschärfe aus verschiedenen Entfernungen in verschiedenfarbigem Licht ist die Akkomodation des Auges (s. § 2) und der Mangel an Achromatismus des Auges zu berücksichtigen. Es sei in Fig. 202 A ein leuchtender Punkt, welcher den farbigen Lichtkegel *BAC* auf das Auge wirft, der durch die Augenlinse in das Innere des Auges dringt. Die stärker brechbaren Strahlen, also die violetten, werden auf einen Punkt *V* im Auge fallen,

---

[1]) J. S. Dow, Color and Visual Acuity. Electrical World **54**. S. 153. **1909**.

während die weniger stark brechbaren Strahlen, die roten auf einen
Punkt R fallen, der auf der anderen Seite der Netzhaut liegt. Da
Sonnenlicht und das Licht der meisten künstlichen Lichtquellen
hauptsächlich gelbliche Strahlen enthalten, ist die Augenlinse gewöhnlich so eingestellt, daß das gelbe Licht auf die Netzhaut fällt, also
zwischen V und R. Die schon bestehende Schwierigkeit für das Auge,
sich in weißem oder gelbem Licht auf nahe Gegenstände zu akkomodieren erhöht sich demnach, wenn die Gegenstände rotes Licht
ausstrahlen, da das rote Bild hinter die Netzhaut fällt. Anderseits
läßt sich erkennen, daß ein Auge, das sich nicht mehr für rotes oder
gelbes Licht akkomodieren kann, das violette Bild noch auf die Netzhaut zu bringen vermag. Daher finden manche Leute das Lesen in
bläulichem Licht nicht so ermüdend als in gelblichem Licht. Umgekehrt erscheint das blaue und violette Licht bei größerer Entfernung

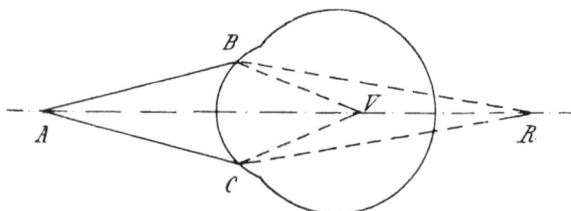

Fig. 202.

des leuchtenden Gegenstandes ermüdender und erlaubt weniger eine
genaue Unterscheidung von Einzelheiten als das rote und gelbe Licht.
Viele Leute sind kurzsichtig für blaues und violettes Licht. Dow
machte folgenden Versuch. Eine Tafel mit schwarz-weißen Mustern
wurde in einem geräumigen Hörsaal durch rotes und durch violettes
Licht beleuchtet. Die Beleuchtungsstärke der roten Fläche wurde
auf einen Bruchteil der Beleuchtungsstärke der violetten Fläche
herabgemindert. Nichtsdestoweniger erklärten die hinten im Hörsaal
also von der Tafel entfernter sitzenden Personen, daß die rot beleuchteten Muster schärfer zu unterscheiden seien als die violett beleuchteten; letztere erschienen verschwommen. Anderseits gibt es Leute,
die diese Unterschiede nicht bemerken, weil ihre Augen außerordentlich
gute Akkomodationsfähigkeit besitzen oder besonders gut achromatisch
sind. Diese ganzen Erscheinungen und ihre Beziehungen zur Sehschärfenmethode bedürfen noch eingehender Erforschung.

Da in den früheren Untersuchungen die spektrale Zusammensetzung des Lichtes nicht genau angegeben war, unternahm es

Luckiesh[1]), die Sehschärfe in monochromatischem Licht in verschiedenen Teilen des Spektrums zu bestimmen. Um die chromatische Aberration des Auges möglichst auszuschließen, wurde nur ein enger Teil des Spektrums jeweils zur Messung benutzt, so daß das Licht, welches ins Auge gelangte, praktisch monochromatisch war. Die Ergebnisse Luckiesh's sind in Fig. 203 dargestellt. Die Ordinaten sind der Sehschärfe proportional. Die Abszissen stellen die Wellenlänge des Lichtes dar. Die Kurve I wurde am Vormittag, Kurve II am Nachmittag desselben Tages erhalten; sie zeigen, daß die Sehschärfe nicht konstant ist. Kurve III wurde als Mittelwert aus je 50 Ablesungen an jedem Punkte des Spektrums erhalten; die Beobachtungen, die zu der Mittelwertkurve III führten, erstreckten sich auf die Dauer von zwei Wochen. Die Kurven IV und V wurden von zwei anderen Beobachtern erhalten; sie stellen Mittelwerte aus je 10 Ablesungen an jedem Punkte des Spektrums dar. Die ausgezogenen Kurven wurden mit Hilfe des spektral zerlegten Lichtes einer Wolframlampe erhalten. Da das Licht dieser Lampe im blauen Spektralbezirk zu schwach war, wurde der blaue und violette Spektralbezirk durch das Licht einer Quecksilberlampe gewonnen. Die Ergebnisse der Sehschärfenbeobachtung in diesem Spektralbezirke sind durch den gestrichelten Teil der Kurve III dargestellt. Aus den Kurven ergibt sich, daß für nahes Sehen (aus einer Entfernung von 35 cm) die Sehschärfe ein Maximum im gelbgrünen Teile des Spektrums erreicht und nach dem roten und blauen Teile des Spektrums hin allmählich schwächer wird. Die mit Sehzeichen bedeckte Fläche wurde bei diesen Versuchen von Luckiesh durch das Licht jeder Farbe jeweils mit einer Helligkeit von etwa 50 Lux beleuchtet. Zur Benutzung der Methode

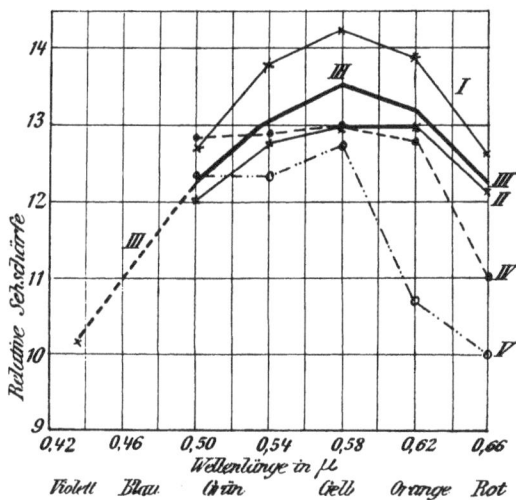

Fig. 203.

---

[1]) M. Luckiesh, The Dependence of Visual Acuity on the Wave-Length of Light. Electrical World **58**. S. 1252. **1911**.

der gleichen Helligkeit verschiedener Farben gab der Umstand Veranlassung, daß bei der angewendeten Helligkeit die Sehschärfe sich
in weit geringerem Maße ändert als die Helligkeit. Es müßte daher
schon ein ganz erheblicher Fehler in der Helligkeitsbestimmung des
verschiedenfarbigen Lichtes vorhanden gewesen sein, um einen merklichen Fehler in der Sehschärfenbestimmung zu ergeben. Nach einem
Vorversuch von Luckiesh ergaben sich bei den verschiedenen Spektralfarben folgende Veränderungen der Sehschärfe bei Veränderung der
Helligkeit der betreffenden Spektralfarbe:

Wellenlänge	Relative Helligkeit	Relative Sehschärfe
0,66 μ	1,0	1,0
	0,25	0,85
0,62 μ	4,0	1,05
	1,0	1,00
	0,25	0,93
0,58 μ	4,00	1,05
	1,00	1,00
	0,25	0,95
0,54 μ	4,00	1,08
	1,00	1,00
	0,25	0,88
0,50 μ	4,00	1,08
	1,00	1,00
	0,25	0,82

Die Werte der relativen Sehschärfe in dieser Tabelle sind nur
mit den Werten derselben Gruppe, nicht mit denen einer anderen
Wellenlänge vergleichbar.

C. Flimmern.

§ 122. Die Flimmermethode.

Das Prinzip der Flimmerphotometer[1]) und einige Ausführungsformen sind bereits in den §§ 87 bis 89 beschrieben worden. Man
setzte große Hoffnungen auf die Flimmerphotometer als Mittel zur

---

[1]) Weitere Literatur: H. Krüß, Versuche mit dem Flacker-Photometer
von Rood. Journal für Gasbeleuchtung **39**. S. 393. **1896.** — O. N. Rood, Farbenwahrnehmung und das Flimmerphotometer. Sillimans Journal **8**. S. 258. **1899.** —
O. Polimanti, Über die sogenannte Flimmerphotometrie. Abhandlungen zur Phy-

Lösung der Schwierigkeiten des Photometrierens verschiedenfarbigen Lichtes. Man nahm an, daß beim V e r s c h w i n d e n des Flimmerns die beiden zu untersuchenden verschiedenfarbigen Lichtquellen L_1 und L_2 aus den Entfernungen r_1 und r_2 g l e i c h e B e l e u c h t u n g auf dem Photometerschirm erzeugen würden. Man rechnet demgemäß bei den Flimmerphotometern:

$$J_2 = \frac{J_1 \cdot r_2^2}{r_1^2}. \quad \ldots \ldots \ldots \quad 1)$$

Nun ist aber bis heute noch nicht entschieden, ob das Flimmern tatsächlich bei Gleichheit der Beleuchtung durch verschiedenfarbige Lichtquellen aufhört oder ob dem Verschwinden des Flimmerns ein anderes Prinzip zugrunde liegt.

Man muß bei Betrachtung der Flimmererscheinungen mit verschiedenfarbigem Licht zwei Flimmerstufen unterscheiden. Die eine ist durch die Farben hervorgerufen und verschwindet schon bei niedrigerer Schwingungszahl, indem an Stelle der beiden verschiedenen Farben eine Mischfarbe auftritt, die andere Flimmerstufe verschwindet erst, wenn die Beleuchtungen durch die beiden Lichtquellen gleich gemacht werden.

siologie der Gesichtsempfindungen von J. v. Kries. S. 83. Leipzig 1902 bei J. A. Barth. — H. Krüß, Das Problem der Flimmerphotometrie. Physikalische Zeitschrift **5**. S. 65. **1904.** — M. Lauriol, Le photomètre à papillotement et la photométrie hétérochrome. Eclairage Electrique **41**. S. 550. **1904.** — Della Casas Methode der photometrischen Vergleichung verschiedenfarbiger Lichtquellen. Zeitschrift für Beleuchtungswesen **10**. S. 161. **1904.** — H. Krüß, Zur Flimmerphotometrie. Zeitschrift für Instrumentenkunde **25**. S. 98. **1905.** — A. Blondel, La photométrie hétérochrome au moyen de photomètres à scintillation. Eclairage electrique **42**. S. 233. **1905.** — H. Krüß, Zur Flimmerphotometrie. Journal für Gasbeleuchtung **49**. S. 512. **1906.** — J. S. Dow, The Problem of color Photometry. Electrical World **50**. S. 1050. **1907.** — J. S. Dow, The Theory of flicker Photometers. The Electrician (London) **58**. S. 609. 647. **1907.** — J. S. Dow, The speed of flicker Photometers. The Electrician (London) **59**. S. 255. **1907.** — M. Lauriol, Zur Photometrie verschiedenfarbigen Lichtes. Journal für Gasbeleuchtung **50**. S. 895. **1907.** — Kennelly und Whiting, The frequencies of flicker at which variations in illumination vanish. The Electrician (London) **59**. S. 839. **1907.** — J. S. Dow, A Form of cosine flicker Photometer. The Electrician (London) **60**. S. 291. **1908.** — L. Wild, Flicker Photometer. The Illuminating Engineer (London) **1**. S. 825. **1908.** — F. E. Cady, Uniformity in the Photometry of colored Light sources. Electrical World **54**. S. 195. **1909.** — S. W. Ashe, The Flicker Photometer. Electrical World **54**. S. 1288. **1909.** — D. E. Rice, Heterochromatic Photometry. Electrical World **55**. S. 469. **1910.** — J. S. Dow, The flicker Photometer. Electrical World **55**. S. 465. **1910.** — S. W. Ashe, Direct Comparison, acuity and flicker photometric methods compared. Electrical World **56**. S. 734. **1910.** — J. S. Dow, The physiological Principles underlying the flicker photometer. The Electrician (London) **64**. S. 588. **1910.**

Die physiologische Optik lehrt, daß die ä u ß e r e n Teile der
Netzhaut (Stäbchen) eine größere Empfindlichkeit für die Wahrnehmung des F l i m m e r n s besitzen als der mittlere Teil der Netzhaut. Der mittlere Teil der Netzhaut hingegen, der gelbe Fleck (Zapfen),
besitzt ein Maximum der Empfindlichkeit der S e h s c h ä r f e.

§ 123. Untersuchungen von Dow.

Dow verglich an einem Roodschen Photometer die beiden verschieden beleuchteten Flächen eines Ritchieschen Keils einmal nach
der Methode der gleichen Helligkeit und einmal nach der Flimmer-

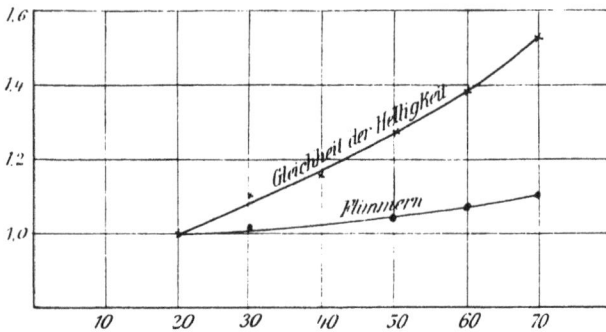

Fig. 204.

methode, wobei das Auge in v e r s c h i e d e n e Entfernungen vom
Photometerschirm gebracht wurde. Die Ergebnisse sind in Fig. 204
dargestellt. Die Abszissen stellen die Entfernungen des Auges vom

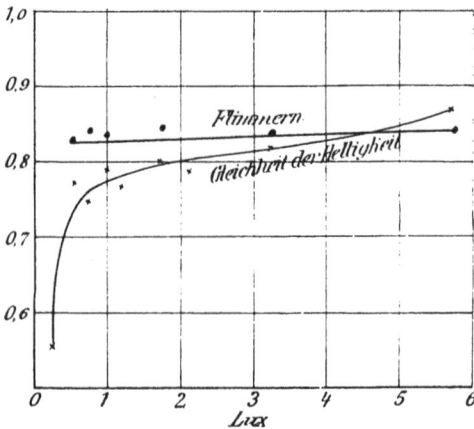

Fig. 205.

Photometerschirm in cm dar,
die Ordinaten das Verhältnis
der Lichtstärken von Rot/Grün.
Aus der Fig. 204 ergibt sich,
daß der Einfluß der Entfernung
des Auges vom Photometer-
schirm erheblicher bei der Methode der gleichen Helligkeit
ist. Mit veränderlicher Entfernung des Auges vom Photo-
meterschirm verändert sich der
Gesichtswinkel, und andere
Stellen der Netzhaut treten in
Wirkung. Dow prüfte ferner,

wie sich das Purkinjesche Phänomen bei den Flimmerphotometern verhält. In Fig. 205 sind die Ergebnisse dargestellt. Die Abszissen bedeuten die Beleuchtung des Photometerschirmes in Lux, die Ordinaten das Verhältnis der Lichtstärken Rot/Grün. Es ergibt sich, daß das Purkinjesche Phänomen schwächer bei der Flimmermethode als bei der Methode der gleichen Helligkeit auftritt.

§ 124. Physiologisches.

Bekanntlich unterscheiden sich die Stäbchen von den Zapfen in bezug auf Licht- und Farbenwahrnehmung. Dow meint nun, daß sie sich auch in bezug auf die Fähigkeit, einen Lichteindruck festzuhalten, unterscheiden. Hiermit würde sich erklären lassen, weshalb das Purkinjesche Phänomen beim Flimmern weniger stark ausgeprägt ist und weshalb die Flimmerinstrumente bei schwachen Beleuchtungen weniger genaue Ergebnisse liefern als bei starken Beleuchtungen.

Daß eine Verschiedenheit in der Zeitdauer, während welcher Stäbchen und Zapfen einen Lichteindruck festhalten, besteht, hat Porter[1]) angegeben. Er fand, daß für Beleuchtungen von 0,25 Lux bis zum 12 800 fachen dieses Wertes die Beziehung zwischen der kritischen Wechselzahl einer Sektorenscheibe (d. h. die Wechselzahl, bei welcher das durch die Rotation hervorgerufene Flimmern gerade verschwindet) und der Beleuchtung durch die Gleichung ausgedrückt werden kann

$$n = k \cdot \log E + p,$$

wo n die Zahl der Umdrehungen pro Sekunde bedeutet, wenn das Flimmern aufhört, k und p Konstanten und E die Beleuchtung der Scheibe sind. Nun ergab sich für Beleuchtungen unterhalb 0,25 Lux eine ähnliche Beziehung, jedoch fiel die Konstante k hierbei auf die Hälfte ihres früheren Wertes, und die Kurve zwischen n und $\log E$ zeigte einen Knick. Dies bedeutet, daß bei Beleuchtungen unterhalb dieses Wertes die Zeitdauer, während welcher ein Lichteindruck in seiner Lichtstärke unverändert beibehalten wird, erheblich größer ist und daß die kritische Wechselzahl entsprechend kleiner ist.

Nun fand Dow die Beleuchtung von 0,25 Lux als denjenigen Punkt, an welchem die Zapfen plötzlich ihre Wirksamkeit einzustellen scheinen und das Zapfensehen durch Stäbchensehen ersetzt wird. Es scheint daher, daß der plötzliche Sprung im Wert von k dem Ersatz des Zapfensehens durch das Stäbchensehen entspricht

---

[1]) T. C. Porter, Proceedings of the Royal Society (London) **70**. S. 315. 1902.

und daß die Flimmerempfindung bei geringerer Wechselzahl zu verschwinden scheint, wenn die Stäbchen sehen, als wenn die Zapfen
sehen. Die Flimmerempfindung, welche eintritt, wenn dem Licht
der Teil der Netzhaut ausgesetzt wird, auf dem die Stäbchen vor-
herrschen (äußere Teile der Netzhaut), ist verschieden von der, welche
eintritt, wenn nur der Teil der Netzhaut, welcher vorzugsweise Zapfen
enthält (zentraler Teil der Netzhaut), dem Lichte ausgesetzt wird.
Im ersten Falle scheint nicht nur ein Unterschied in der kritischen
Wechselzahl zu bestehen, bei welcher das Flimmern aufhört, sondern
auch in der Art des Flimmerns selbst. Es gibt nämlich zwei Arten
des Flimmerns. Bei niedrigen Wechselzahlen besteht eine starke,
grobe Flimmerempfindung, die mit höherer Wechselzahl allmählich
in eine feine, zitternde Empfindung übergeht; letztere wird gewöhnlich
in den Flimmerphotometern benutzt. Dow schreibt nun die Wahrnehmung des starken, groben Flimmerns den Stäbchen zu und das
feine, zitternde Flimmern den Zapfen. Es scheint, daß bei sehr schwacher Beleuchtung nur das starke Flimmern bemerkt werden kann,
so daß wahrscheinlich in diesem Falle nur die Stäbchen (äußerer Teil
der Netzhaut) in Tätigkeit sind. Bei starken Beleuchtungen, wenn
die Wechselzahl derart ist, daß auch das feine, zitternde Flimmern
auftritt, kann es mit dem mittleren Teil der Netzhaut wahrgenommen
werden, auf dem vorzugsweise Zapfen sind. Porter fand auch,
daß die kritische Wechselzahl, bei welcher die Flimmerempfindung
verschwindet, von dem Winkel abhängt, den das Auge mit der das
Flimmern erzeugenden Oberfläche einschließt, d. h. von dem Teil
der Netzhaut, auf welchem das Bild der Oberfläche empfangen wird.
Polimanti fand, daß die Beobachtungen am Flimmerphotometer mit
denjenigen an anderen Photometern übereinstimmen, wenn der zentrale Teil der Netzhaut ausgeschaltet wird und das Licht nur auf
die äußeren Netzhautteile fällt.

§ 125. Ergebnisse von Ashe.

Ashe verglich zwei 16kerzige (gleichfarbige) Kohlenfadenglühlampen
auf einem Photometer mit Ritchieschem Keil einmal nach der Methode
der gleichen Helligkeit, dann nach der Methode gleicher Sehschärfe
und schließlich nach der Flimmermethode. Es ergab sich folgendes.
Obwohl alle Vorkehrungen getroffen waren, um die möglichen physikalischen und physiologischen Fehlerquellen auszuschalten, fielen die
nach den drei Methoden gewonnenen Mittelwerte nicht zusammen.

Zwischen den Ergebnissen nach der Methode der gleichen Helligkeit und der Flimmermethode war stets ein Unterschied von 1 bis 3%. Die nach der Flimmermethode erhaltenen Ablesungen lagen dem Mittelwert am nächsten; die Ablesungen nach der Methode der gleichen Helligkeit wichen vom Mittelwerte um das Doppelte, die nach der Methode gleicher Sehschärfe um das Fünffache ab. Was das Flimmerphotometer allein anbetrifft, so war es nach Ashe viel leichter, v e r - s c h i e d e n f a r b i g e Lichtquellen zu vergleichen als gleichfarbige; das Flimmern war bei verschiedenfarbigen Lichtquellen deutlicher als bei gleichfarbigen. Diese Beobachtung stimmt nicht mit den Angaben mancher anderer Beobachter überein, welche behaupten, daß das Flimmern lediglich eine Funktion der Helligkeit ist. Wurden grüne und blaue Glühlampen miteinander verglichen, so lagen die Ablesungswerte für das Flimmerphotometer näher zusammen als bei der Methode der gleichen Helligkeit, wo sie doppelt so weit auseinanderlagen als bei der Flimmermethode; bei der Methode der gleichen Sehschärfe lagen sie wie bei der Flimmermethode.

§ 126. Der heutige Stand.

Einige Beobachter arbeiten gern mit den Flimmerphotometern und finden, daß sie beim Vergleichen verschiedenfarbiger Lichtquellen g e n a u e r e Ergebnisse zu erzielen gestatten als die anderen Methoden zum Vergleichen verschiedenfarbigen Lichtes. Einige finden, daß die Flimmerphotometer erst ungenau werden, wenn mit sehr schwachen Beleuchtungen gearbeitet wird. Andere hingegen finden, daß das Arbeiten mit dem Flimmerphotometer für die Augen sehr ermüdend ist und daß die Ermittelung der richtigen Umdrehungszahl viel Ausdauer und Sorgfalt erfordert. Der Tätigkeitsbericht der Physikalisch-Technischen Reichsanstalt[1]) für das Jahr 1908 erwähnt, daß Versuche mit verschiedenen Ausführungsformen des Flimmerphotometers für die in Betracht kommenden Farbenunterschiede in bezug auf Schnelligkeit und Sicherheit der Einstellung keinen Vorteil vor der üblichen Messungsmethode für den geübten Beobachter ergeben haben.

Bei Versuchen darüber, ob man bei Farbenverschiedenheit mit dem Flimmerphotometer stets genau die gleichen Einstellungen erhält wie mit gewöhnlichen Gleichheits- oder Kontrastphotometern, zeigte sich, daß Personen mit etwas verschiedener Helligkeitsempfin-

[1]) Zeitschrift für Instrumentenkunde **29**. S. 185. **1909**.

dung für verschiedene Farben nach beiden Meßmethoden Abweichungen
in demselben Sinne erzielten. Durch diese Beobachtungen wurde von
neuem die auch aus theoretischen Gründen nicht sehr wahrschein-
liche Behauptung von Simmance und Abady widerlegt, daß mit dem
Flimmerphotometer Personen mit verschiedenem Farbensinn allgemein gleiche Einstellungen ausführen.

Stuhr[1]) gelangt zu dem Ergebnis, daß für monochromatische
und gleichfarbige Lichtquellen die Methode der Flimmerphotometrie
eine empfindliche und von der Eigenart des Auges unabhängige Ein-
stellungsmöglichkeit biete und daß in diesen Fällen die Einstellungen
mit denjenigen nach der Methode der Flächenhelligkeit übereinstimmen. Indes leisteten die bisherigen bedeutend einfacher zu hand-
habenden Photometer mindestens dasselbe. Die Frage, ob das Flimmerphotometer auf dem Gebiete der verschiedenfarbigen Photometrie
die Übelstände zu heben vermöge, die bisher einen Vergleich verschiedenfarbiger Lichtquellen erschwerten, verneint er. Denn es zeigte
sich, daß, je weiter die Farben der Lichtquellen im Spektrum aus-
einanderliegen, die Sicherheit der Einstellung geringer wird.

Die Frage der Zuverlässigkeit und der Wirkungsweise der Flimmerphotometer ist heute noch nicht abgeschlossen und bedarf noch
eingehender Erforschung. Insbesondere wird es notwendig sein, daß
eine erhebliche Anzahl von Beobachtern, deren physiologische Augen-
eigenschaften genau bekannt sind, unter genau festgelegten physikalischen und physiologischen Bedingungen die sehr widerspruchs-
vollen bisherigen Ergebnisse aufzuklären versucht.

D. Spektrophotometrie.

Spektrophotometer sind Apparate, durch welche die Lichtstärke
eines bestimmten Spektralbezirkes einer Lichtquelle mit der Lichtstärke desselben Spektralbezirkes einer anderen Lichtquelle verglichen wird. Die Spektrophotometer erzeugen Spektren von den
beiden zu vergleichenden Lichtquellen, und zwar müssen die beiden
gleichfarbigen Spektralbezirke beider Lichtquellen derart nebeneinander liegen, daß sie bequem miteinander verglichen werden können.
Um nun zwei Spektralbezirke auf gleiche Helligkeit einzustellen,
kann man die in der gewöhnlichen Photometrie üblichen Methoden
der Einstellung auf gleiche Helligkeit benutzen, z. B. das Entfernungsgesetz, rotierende Sektoren oder die Polarisationserscheinungen.

---

[1]) Stuhr, Dissertation S. 43 ff. Kiel 1908.

Eine in der gewöhnlichen Photometrie nicht benutzte Methode zur Einstellung auf gleiche Helligkeit ist die in der Spektrophotometrie verwendete Methode des verstellbaren Spaltes. Da man in der Spektrophotometrie die Farben und Lichtstärkenverhältnisse einer Normallampe, z. B. der Hefnerlampe, als gegeben annehmen muß, ist in der Spektrophotometrie die Normallampe weniger eine Einheit der Lichtstärke als vielmehr eine Einheit der Farbe. Man vergleicht zunächst das Rot der zu untersuchenden Lichtquelle mit dem Rot der Normallampe, dann das Orange, das Gelb, Grün usw.

Im folgenden sollen einige der gebräuchlichsten Spektrophotometer[1]) besprochen werden.

§ 127. Spektrophotometer von Vierordt.

Ein Spektroskop besteht bekanntlich aus dem Spaltrohr, auch Kollimator genannt, einem Zerstreuungsprisma und einem Fernrohr, durch welches das von dem Zerstreuungsprisma erzeugte Spektrum betrachtet wird. Vierordt[2]) schuf nun ein Spektrophotometer, indem er den einfachen Spalt der Spektralapparate durch einen Doppelspalt ersetzte. Den beiden Spalthälften entsprechen im Beobachtungsfernrohr zwei übereinander liegende Spektren. Vierordt nahm an, daß beide Spektren gleich lichtstark sind, wenn beide Hälften des Spaltes gleich breit sind. Man läßt nun zu einem spektrophotometrischen Vergleich zweier Lichtquellen das Licht der einen Lichtquelle auf die eine Hälfte des Spaltes, das Licht der anderen Lichtquelle auf die andere Hälfte des Spaltes fallen. Dann stellt man durch Regulierung der Breiten beider Spalthälften Gleichheit der Helligkeit in beiden Spektren her. Bedeuten J_1 und J_2 die Lichtstärken der beiden Lichtquellen 1 und 2 bei der Wellenlänge λ und s_1 und s_2 die bei gleicher Helligkeit sich ergebenden Spaltbreiten, die an den beiden mit Teilkreisen versehenen Mikrometerschrauben i in Fig. 206 abgelesen werden können, dann ist

$$J_2 = \frac{s_1}{s_2} \cdot J_1. \quad \ldots \ldots \ldots \quad 1)$$

Bei der ursprünglichen Einrichtung des Vierordtschen Doppelspaltes war die eine Schneide fest, die andere bewegliche Schneide

---

[1]) Bezüglich ausführlicher Darstellungen wird verwiesen auf: G. u. H. Krüß, Kolorimetrie und quantitative Spektralanalyse. Leipzig 1891 bei L. Voß. — Kayser, Handbuch der Spektroskopie. 4. Bde. Leipzig 1900—1908 bei S. Hirzel.

[2]) K. Vierordt, Poggendorffs Annalen 137. S. 200. 1869. 140. S. 172. 1870. — K. Vierordt, Wiedemanns Annalen 3. S. 357. 1878.

war in zwei Hälften geteilt. Der Spalt war demgemäß einseitig, unsymmetrisch zur optischen Achse geöffnet und da den beiden Spalthälften bei der Messung verschiedene Weiten gegeben werden, so werden
zur Erzeugung des Bildes in der oberen und unteren Hälfte des Okularspaltes Strahlen von etwas verschie-
dener Wellenlänge beitragen und dadurch einen Fehler hervorrufen, der
unter Umständen die Genauigkeit der
Messung beeinträchtigen kann. Dietrich[1]) und später Murphy[2]) haben theoretisch den Einfluß dieser unsymme-
trischen Spaltverbreiterung bestimmt.
Um diesen Fehler zu vermeiden, hat
Krüß den in Fig. 206 dargestellten
Mikrometerspalt konstruiert, bei
welchem beide Spalthälften stets
symmetrisch zur optischen Achse
bleiben. Je zwei einander gegenüberliegende Spaltschlitten sind
durch einen Hebel derart miteinander verbunden, daß sich beide
Schlitten gleichmäßig aber in entgegengesetztem Sinne bewegen
müssen; bei dieser Bewegung bleiben ihre Schneiden stets symmetrisch zur optischen Achse.

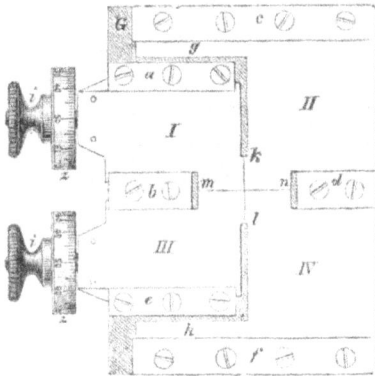

Fig. 206.

Eine von Voit und Krüß[3]) angegebene Modifikation des Vierordtschen Spektrophotometers ist in Fig. 207 dargestellt. A stellt den
Spektralapparat mit dem symmetrischen Doppelspalt S dar. B ist
ein gewöhnliches Bunsenphotometer. Beide Teile sind durch ein Ge-
stell C verbunden, das um die Achse D drehbar ist. Der ganze Apparat
kann auf einer Photometerbank zwischen den beiden miteinander
zu vergleichenden Lichtquellen verschoben werden. Vor dem Doppel-
spalte S befinden sich zwei kleine Reflexionsprismen, das eine vor der
oberen, das andere vor der unteren Spalthälfte; das eine Reflexionsprisma reflektiert Licht von der einen, das andere Licht von der
anderen Lichtquelle auf den Spalt. Wird der Apparat so aufgestellt,
daß die Ebene des Spaltes in der Verbindungslinie a b der beiden
Lichtquellen liegt, so wird bei Drehung des ganzen Stativs um 180°

---

[1]) Dietrich, Die Anwendung des Vierordtschen Doppelspaltes in der Spektralanalyse. Stuttgart 1881.

[2]) Murphy, Astrophysical Journal 6. S. 1. 1895.

[3]) H. Krüß, Zeitschrift für analytische Chemie 21. S. 182. 1882.

um die Achse D die auf der Mitte des Fettflecks in B Senkrechte $a'b'$ in diese Verbindungslinie fallen. Man kann somit mit diesem Apparat unmittelbar die gesamte Lichtstärke zweier Lichtquellen als auch ihre Lichtstärken in bestimmten Spektralbezirken miteinander vergleichen.

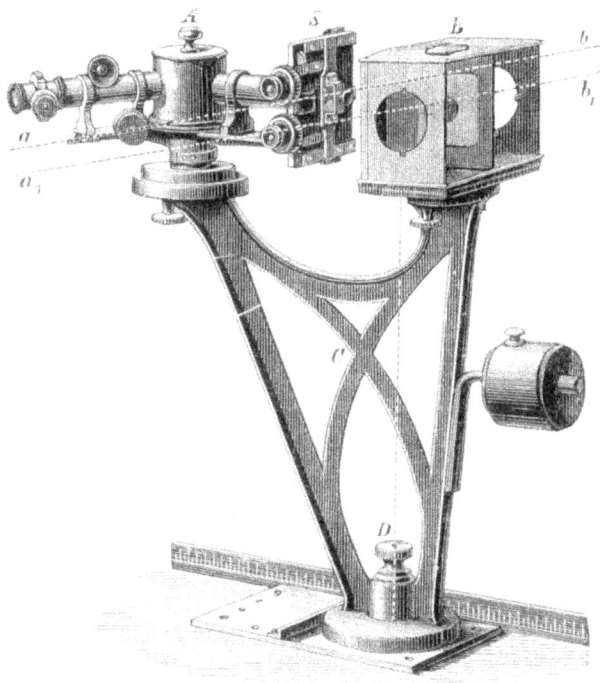

Fig. 207.

§ 128. Polarisationsspektrophotometer.

Die Spektrophotometer von Glan[1]), Trannin[2]), Hüfner[3]), Glazebrook[4]), Crova[5]), Wild[6]) und Königsberger[7]) benutzten die Erscheinungen der Polarisation zur Messung der Lichtstärke. Die optische Ein-

[1]) Glan, Wiedemanns Annalen 1. S. 351. 1877.

[2]) Trannin, Journal de Physique 5. S. 297. 1876.

[3]) Hüfner, Journal für praktische Chemie (2) 16. S. 290. 1877. Zeitschrift für physikalische Chemie 3. S. 562. 1889.

[4]) R. T. Glazebrook, Proceedings of the Cambridge Philos. Soc. 4. S. 304. 1883.

[5]) Crova, Annales de Chimie et de Physique (5) 29. S. 556. 1883.

[6]) Wild, Wiedemanns Annalen 20. S. 452. 1883.

[7]) Königsberger, Zeitschrift für Instrumentenkunde 21. S. 129. 1901. 22. S. 88. 1902.

richtung des Glanschen Spektrophotometers ist in Fig. 208 schematisch
dargestellt. In dem Spaltrohr S befindet sich der Spalt, der durch einen
4 mm breiten Streifen in zwei gleiche Hälften von je 4 mm Länge
geteilt ist. Aus der Linse des Spaltrohrs, in deren Brennebene sich
der Spalt befindet, treten zwei parallele Lichtbündel aus, welche von
den beiden zu vergleichenden Lichtquellen erzeugt werden. Diese
beiden Lichtbündel treten in ein Wollastonsches Prisma W ein,

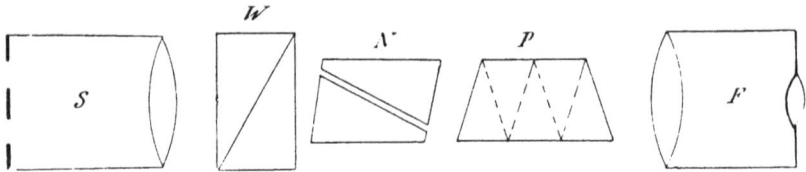

Fig. 208.

welches jeden Strahl in zwei Strahlen zerlegt, die in zueinander senkrechten Ebenen polarisiert sind und von denen das eine Bündel nach
oben, das andere nach unten verschoben wird. Das Prismensystem P
zerlegt die Strahlen der beiden zu vergleichenden Lichtquellen in
zwei parallele, einander berührende Spektren, deren einzelne Teile
durch einen in dem Beobachtungsfernrohr F verschiebbaren Spalt
beobachtet werden können. Diese beiden Spektren waren vor Eintritt in das Nicolsche Prisma N in zueinander senkrechten Ebenen
polarisiert. Durch dieses Nicolsche Prisma N geht ein Teil des Lichtes
hindurch, der von dem Winkel a zwischen den Hauptabschnitten
des Prismas N und eines der Prismen des Polarisators W abhängt.
Durch Drehung von N kann man die gleichfarbigen Teile beider
Spektren gleich hell machen. Der Beobachter sieht im Fernrohr F

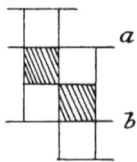

Fig. 209.

zwei Bilder der beiden Spalthälften, welche um soviel
gegeneinander verschoben sind, daß die obere Hälfte des
einen Bildes genau auf die untere Hälfte des anderen
Bildes zu liegen kommt. Die Lage der Spaltbilder ist
in Fig. 209 besonders dargestellt; sie überdecken sich
zwischen a und b; nur der Teil der Spaltbilder zwischen
a und b ist im Fernrohr F sichtbar.

Bezeichnet man nun mit J_1 und J_2 die Lichtstärke der beiden
gleichfarbigen Teile beider von den beiden zu vergleichenden Lichtquellen erzeugten Spektren, bedeuten ferner c_1 und c_2 die Durchlässig-
keitskoeffizienten der Teile des Photometers für gleichfarbige aber
verschieden polarisierte Strahlen, dann ist die Helligkeit der im Fern-
rohr F beobachteten Streifen gleich $J_1 \cdot c_1 \cdot \cos^2 a$ und $J_2 \cdot c_2 \cdot \sin^2 a$.

Ist das Nicolsche Prisma N derart eingestellt, daß

$$J_1 \cdot c_1 \cdot \cos{^2 a} = J_2 \cdot c_2 \cdot \sin^2 a \quad . \quad . \quad . \quad . \quad . \quad . \quad 1)$$

ist, so wird

$$\frac{J_2}{J_1} = \frac{c_1}{c_2} \cdot \operatorname{cotg}^2 a \quad . \quad . \quad . \quad . \quad . \quad . \quad 2)$$

Das Verhältnis $\frac{c_1}{c_2}$ läßt sich ermitteln, indem man den ganzen Spalt auf eine gleichmäßig beleuchtete Fläche richtet; dann ist $J_1 = J_2$. Erscheinen dann für alle Drehungswinkel des Nicols $a = a_0$ die Bilder gleich hell, dann gilt $\frac{c_2}{c_1} = \operatorname{cotg}^2 a_0$.

Ein Nachteil der Polarisationsspektrophotometer liegt in dem Umstande, daß sie infolge der Lichtabsorption in den polarisierenden Mitteln eine geringere Lichtstärke besitzen als z. B. das Vierordtsche Spektrophotometer. Dieser Lichtverlust macht sich besonders in den Instrumenten mit Flußspatprismen im brechbareren Teile des Spektrums geltend, da Flußspat eine erhebliche selektive Absorption im Blauen besitzt.

Das Spektrophotometer von König[1]) ist handlicher als das Glansche und läßt eine bequemere Beobachtung zu. Das Gesichtsfeld erscheint an allen Stellen in demselben nahezu monochromatischen Lichte leuchtend. Die optische Einrichtung des Königschen Spektralphotometers in der Neukonstruktion von Martens[2]) ist in Fig. 210 dargestellt.

Das alte Königsche Instrument war nach Art eines Kirchhoff-Bunsenschen Spektroskopes gebaut, die brechende Kante des Zerstreuungsprismas lag also v e r t i k a l. Als Vergleichsfelder dienten die beiden Hälften eines zwischen den Objektiven liegenden Zwillingsprismas. Die von den beiden Vergleichsfeldern ausgehenden Lichtbündel waren durch ein Wollastonprisma in zwei zueinander senkrechten Richtungen polarisiert und konnten durch Drehen eines Nicols meßbar geschwächt werden.

Die Neukonstruktion ist im wesentlichen ein Spektroskop mit h o r i z o n t a l e r Lage der brechenden Kante des Zerstreuungsprismas. Die vom Spalte I, II in Fig. 210 ausgehenden Strahlen werden von der Objektivlinse O_1 parallel gemacht, durch das Flintglasprisma P nach Maßgabe der Wellenlänge abgelenkt und durch die Objektiv-

---

[1]) Artur König, Wiedemanns Annalen **53**. S. 783. **1894**.
[2]) F. F. Martens und F. Grünbaum, Drudes Annalen (4) **12**. S. 984. **1903**.

linse O_2 zu einem Spaltbilde am Orte des Okularspaltes S_2 vereinigt.
Der durch S_2 blickende Beobachter sieht die ganze Fläche der Objektive gleichmäßig und einfarbig beleuchtet. Die beiden Prismen
p_1 und p_2 aus Crownglas haben die Aufgabe die zweimalige Reflexion
von Strahlen an den optischen Flächen, die bei der alten Konstruktion
sehr störend wirkte, unschädlich zu machen. In der schematischen
Darstellung in Fig. 210 muß man sich die Ebene der Zeichnung im
Zerstreuungsprisma P umgebogen denken. Der Eintrittsspalt I, II ist
durch Blenden in zwei Spalte a und b geteilt, in welche die miteinander
zu vergleichenden Lichtbündel I und II eintreten. Nimmt man zunächst an, daß das Wollastonprisma W und das Zwillingsprisma Z
nicht vorhanden seien, dann werden von den Spalten a und b zwei
Bilder b und A entstehen, wie es im Teil C der Fig. 210 dargestellt ist.

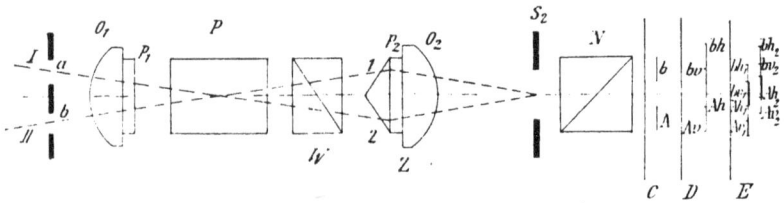

Fig. 210.

Denkt man sich jetzt das Wollastonprisma, welches aus zwei verkitteten Kalkspatprismen (nicht Quarzprismen, wie bei der älteren
Konstruktion) besteht, eingesetzt, dann entstehen durch Doppelbrechung zwei Bilder b_h und A_h (in D in Fig. 210) mit horizontaler
Schwingungsrichtung der elektrischen Komponente des Lichtes,
ferner zwei andere Bilder b_v und A_r mit vertikaler Schwingungsrichtung. Nimmt man nun weiter an, daß auch das Zwillingsprisma Z
eingeführt werde, dann entwirft die in Fig. 210 obere Hälfte 1 eine
nach unten abgelenkte Spaltbilderreihe b_{h1}, b_{v1}, A_{h1}, A_{v1}; die untere
Hälfte 2 entwirft eine nach oben abgelenkte Spaltbilderreihe b_{h2}, b_{v2},
A_{h2}, A_{v2}. Nur das Licht der zentralen Bilder b_{v1} und A_{h2} wird nun vom
Okularspalt durchgelassen. Mithin sieht ein am Okularspalt befindliches
Auge das Feld 1 mit vertikal schwingendem Lichte vom Spalte b beleuchtet, das Feld 2 mit horizontal schwingendem Lichte vom Spalte a.
Dieser Strahlengang ist in der Fig. 210 durch die gestrichelten Strahlenbüschel I und II angedeutet. Das Zwillingsprisma ist die eigentliche
Vergleichsvorrichtung, auf die gleiche Helligkeit der beiden Hälften der
photometrischen Vergleichsfelder wird bei allen Messungen eingestellt.

Da das von den Vergleichsfeldern ins Auge kommende Licht in zwei zueinander senkrechten Richtungen polarisiert ist, kann man leicht eine Vorrichtung zur meßbaren Änderung der Lichtstärken konstruieren; hierzu dient ein meßbar drehbares Nicol N, welches sich zwischen Okularspalt und Auge befindet.

Die Kante des Zwillingsprismas wirkt wie eine planparallele Platte; von der Kante kommt also Licht ins Auge, welches von den aneinandergrenzenden Teilen der Spaltbilder b_v und A_v (vgl. Teil D in Fig. 210) herrührt. Die gleichmäßige Helligkeit und die unmittelbare Berührung dieser Spaltbilder ist die notwendige und hinreichende Bedingung für das Verschwinden der Trennungslinie.

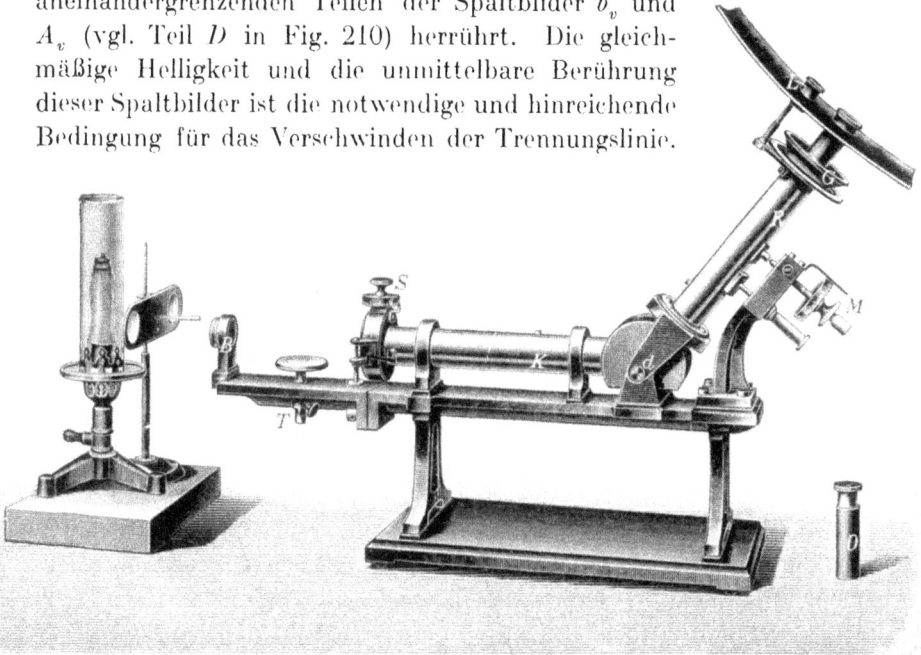

Fig. 211.

Bei der früheren Konstruktion lag das Zerstreuungsprisma P zwischen dem Wollastonprisma und dem Okularnicol N. Durch geringe Doppelbrechung von P wurde der Fehler bewirkt, daß die Schwingungsrichtungen der Vergleichsfelder nicht genau 90° miteinander bildeten; dieser Übelstand ist bei der Neukonstruktion vermieden, da sich nur geringe Dicken feingekühlten Glases zwischen Wollastonprisma und Okularnicol befinden. Sorgfältige Versuche über die Lagen des Nicols, in denen das eine oder das andere Feld ausgelöscht ist, zeigten, daß sie um genau 90° auseinander liegen.

Eine Ansicht der Neukonstruktion des Königschen Spektrophotometers in der Ausführung von Schmidt & Haensch ist in Fig. 211 dargestellt. S ist der Bilateralspalt, durch welchen das Licht in das

Kollimatorrohr K eintritt. Die Wellenlänge des aus dem Okularspalt austretenden Lichtes wird durch die Mikrometerschraube M durch Drehen des Beobachtungsrohres R um die Achse d geändert. Auf gleiche Helligkeit der Vergleichsfelder wird durch Drehen des Okularnicols eingestellt; die Stellung des mit dem Nicol mitgedrehten Teilkreises G wird durch eine darüber befindliche Lupe L abgelesen. Die Ablesung der Mikrometerschraube und des Teilkreises sowie die Einstellung auf gleiche Helligkeit können vom Beobachter ohne Kopfverstellung vorgenommen werden. Das Auge wird durch einen schwarzen Schirm vor den Strahlen der Lichtquelle geschützt; an der vom Auge abgekehrten Seite des Schirmes wird zweckmäßig eine kleine Glühlampe zur Beleuchtung des Teilkreises befestigt. Wenn zwei Lichtquellen miteinander verglichen werden sollen, schlägt man vor eine der Spaltöffnungen a bzw. b ein Reflexionsprisma.

§ 129. Spektrophotometer mit Lummer-Brodhunschem Würfel.

Lummer und Brodhun[1]) gaben ein Spektrophotometer an, bei welchem ihre bekannte Würfelkonstruktion (s. S. 188) benutzt wurde. Ihr Spektrophotometer ist seiner Grundform nach ein Spektralapparat mit abgelenktem Strahl nach Bunsen und Kirchhoff: dem Apparat ist ein zweites Kollimatorrohr beigefügt, welches senkrecht zu dem gewöhnlichen Kollimatorrohr steht. Im Kreuzungspunkte der beiden Kollimatorrohre befindet sich das Lummer-Brodhunsche Prismenpaar, welches in bekannter Weise das von dem einen Spalt kommende Licht hindurchläßt, das von dem anderen Spalt kommende Licht reflektiert und so beide Lichtstrahlen in derselben Richtung auf das Zerstreuungsprisma und nach dem Austritt aus letzterem in das Beobachtungsfernrohr leitet.

Auf Anregung von Turnbull konstruierte Krüß[2]) ein Spektrophotometer unter Verwendung des Lummer-Brodhunschen Würfels, das sich wie ein gewöhnlicher Photometerkopf auf einer Photometerbank zwischen den beiden zu vergleichenden Lichtquellen hin und herbewegen läßt und außerdem nicht nur die Lichtstärke der beiden Lichtquellen in einzelnen Spektralbezirken, sondern die gesamte Lichtstärke der Lichtquellen wie ein gewöhnliches Photometer zu vergleichen gestattet.

---

[1]) O. Lummer und E. Brodhun, Zeitschrift für Instrumentenkunde **12.** S. 132. **1892.**

[2]) H. Krüß, Zeitschrift für Instrumentenkunde **18.** S. 12. **1898. 24.** S. 201. **1904.**

Eine Gesamtansicht des Krüßschen Spektrophotometers ist in Fig. 212 dargestellt.

Die beiden seitlichen Kästen f in Fig. 212 mit den daran befestigten Kollimatorrohren C, welche die Spalte A tragen, sind verschiebbar. In der einen Stellung, welche sie einnehmen können, die in Fig. 213 schematisch dargestellt ist, werden die beiden Seiten des Photometerschirmes P direkt von den beiden Lichtquellen beleuchtet, und ihre

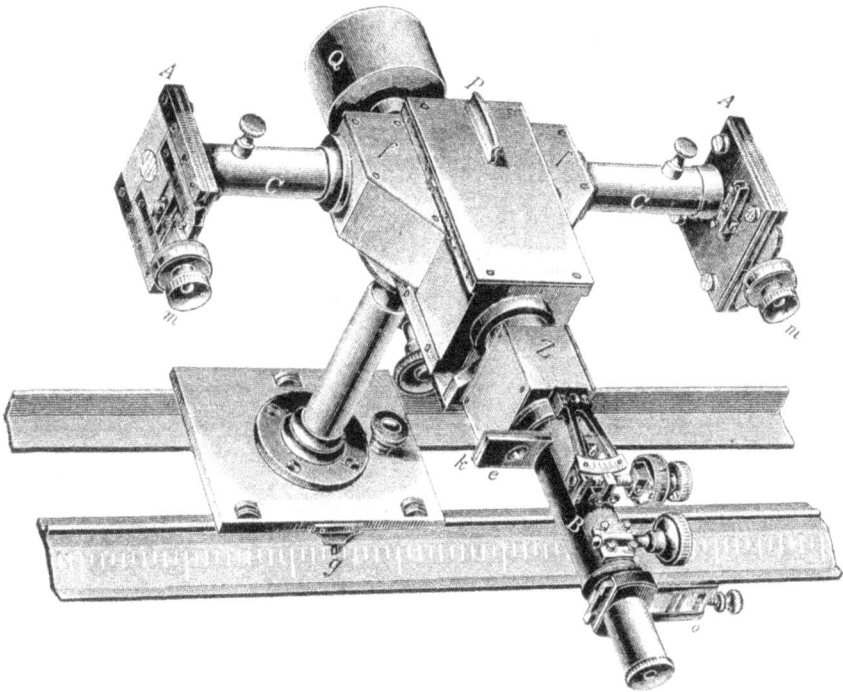

Fig. 212.

Helligkeit wird in der sonst bei dem Lummer-Brodhunschen Photometerkopf üblichen Weise durch Mitwirkung der Spiegel S (Fig. 213) auf den Feldern des Würfels R, der durch das Beobachtungsrohr B betrachtet wird, verglichen.

Um das Instrument als Spektrophotometer benutzen zu können, sind mit den Spiegeln S die Reflexionsprismen f und die Kollimatorrohre C fest verbunden und können mit ihnen, wie aus Fig. 212 ersichtlich ist, parallel der Ebene des Photometerschirmes verschoben werden, bis die Achse der Kollimatorrohre in die Senkrechte auf der

Mitte des Photometerschirmes fällt. Diese Stellung und der dann stattfindende Strahlengang ist in Fig. 214 schematisch dargestellt.

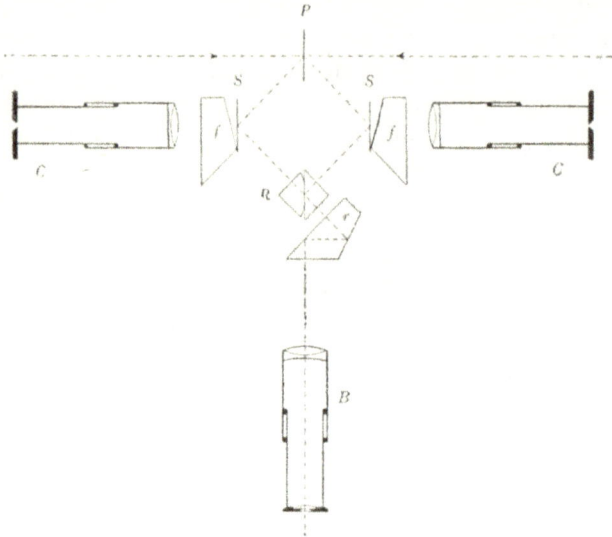

Fig. 213.

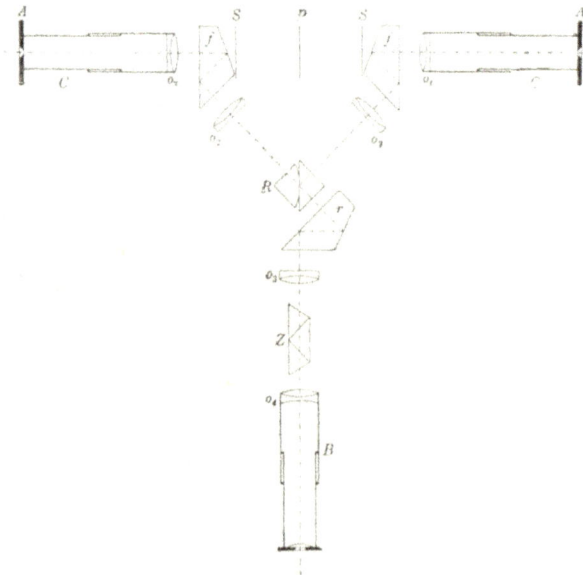

Fig. 214.

Die Spiegel S sind aus der Stellung, welche sie in Fig. 213 als gewöhnliches Photometer inne hatten, entfernt und außer Tätigkeit gesetzt; desgleichen wirkt der Photometerschirm P nicht mehr mit. Dagegen ist nun eine Öffnung in jeder Seitenwand des Photometergehäuses frei geworden, welche bisher durch die Spiegel S verschlossen war. Anderseits sind die seitlichen Öffnungen in der Höhe des Photometerschirmes P nun durch die Spiegel S verschlossen.

Die Kollimatorobjektive o_1 in Fig. 214 stehen um ihre Brennweite entfernt von den Spalten A, sie senden also parallele Strahlenbüschel durch die Reflexionsprismen f. Dicht hinter diesen sind die Objektive o_2 aufgestellt, deren Brennpunkt in der Hypotenusenfläche des Würfels R liegt; hier wird also ein Bild der beiden Spalte erzeugt; wird diese Fläche scharf eingestellt, so entsteht auch ein scharfes Bild der Spalte. Die Spaltbilder in R dienen nun als sekundäre Spalte; das zu diesen gehörige Kollimatorobjektiv befindet sich um die Länge seiner Brennweite davon entfernt in o_3, so daß nunmehr ein paralleles Strahlenbündel auf das zerstreuende Prisma Z trifft. In der Brennebene des Objektives o_4 des Beobachtungsrohres B entsteht sodann das Bild des Spektrums; wird das Okular darauf eingestellt, so sieht man gleichzeitig die Felder der Hypotenusenfläche des Prismenwürfels scharf. Von den drei untereinander liegenden, scharf aneinander grenzenden Spektren stammt das mittlere von dem Lichte, welches auf den linken Kollimatorspalt fällt, das obere und das untere von dem auf den rechten Spalt fallenden Lichte.

Während bei dem Lummer-Brodhunschen Würfel für gewöhnliche photometrische Messungen die Hypotenusenfläche des einen Prismas rund abgeschliffen ist, so daß man im Beobachtungsfernrohr zwei Kreise erblickt (s. Fig. 105 S. 108) haben Lummer und Brodhun gezeigt, daß die Grenzlinien zwischen den von der einen und der anderen Lichtquelle beleuchteten Würfelfeldern senkrecht zur brechenden Kante des Zerstreuungsprismas, im Falle der Krüßschen Anordnung also horizontal verlaufen müssen, weil sonst keine scharf getrennten Spektren der beiden Lichtquellen entstehen. Es war deshalb das eine Prisma nicht rund, sondern bis auf einen schmalen horizontalen Streifen abzuschleifen, und mit diesem gegen die Hypotenusenfläche des anderen Prismas zu pressen, so daß hier der das Licht durchlassende Teil a des Würfelfeldes als ein Streifen erscheint (Fig. 215), gegen welchen oben und unten andere Streifen b grenzen, von welchen das Licht reflektiert wird. Bei spektrophotometrischen Messungen erscheinen die Streifen a und b in der Farbe des betreffenden Spektralbezirkes.

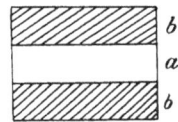

Fig. 215.

Das Spektrophotometer von Brace[1]) stellt eine Vereinfachung des Lummer-Brodhunschen Spektrophotometers dar, indem das photometrische Vergleichsfeld in das brechende Prisma selbst verlegt ist, auf welches die Strahlen aus zwei Kollimatoren fallen. Das Bracesche Spektralphotometer ist in Fig. 216 dargestellt. Die beiden miteinander zu vergleichenden Lichtbündel treten durch die Spalte S und B ein, durch den Okularspalt A im Fernrohr F aus. Zur meßbaren

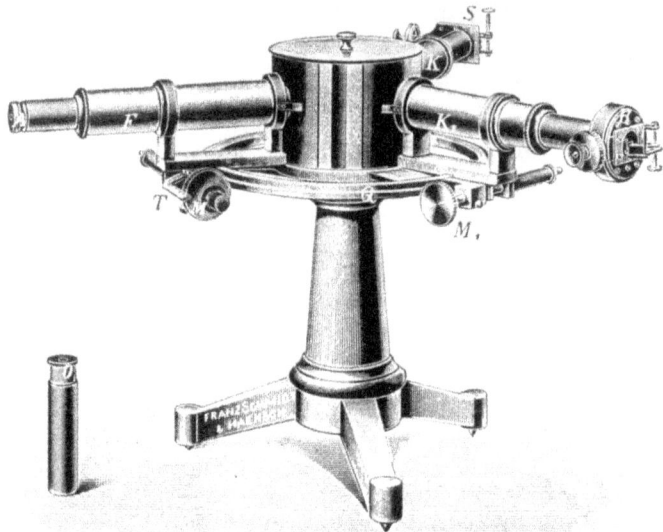

Fig. 216.

Schwächung des einen Lichtbündels kann entweder die Breite des Bilateralspaltes B geändert werden oder es wird ein rotierender Sektor in den Lichtstrahlengang eingeschaltet. Das Bracesche Prisma besteht aus einem 60° Prisma, welches in der Mitte durchschnitten und mit entsprechend eingeblasenen Figuren versehen ist, welche den im Lummer-Brodhunschen Würfel für Kontrastprinzip angeordneten Figuren entsprechen.

§ 130. Kolorimeter von Ives.

Das Kolorimeter von Ives[2]) ist eigentlich zur Bestimmung der Färbung von Lösungen oder Stoffen gedacht, es läßt sich aber auch

---

[1]) Brace, Philosophical Magazine (5) **48**. S. 420. **1899**. Astrophysical Journal **11**. S. 6. **1900**.

[2]) H. E. Ives, Transactions of the Illuminating Engineering Society. New York **3**. S. 361. **1908**.

zur Bestimmung der Farbe von Lichtquellen in gewisser Annäherung
benutzen und besitzt den Spektrophotometern gegenüber die Annehmlichkeit, daß es sich viel bequemer handhaben läßt. Mit diesem
Instrument läßt sich die Färbung einer Lichtquelle durch die drei
Elementarfarben Rot, Grün und Blau ausdrücken. Das in Fig. 217

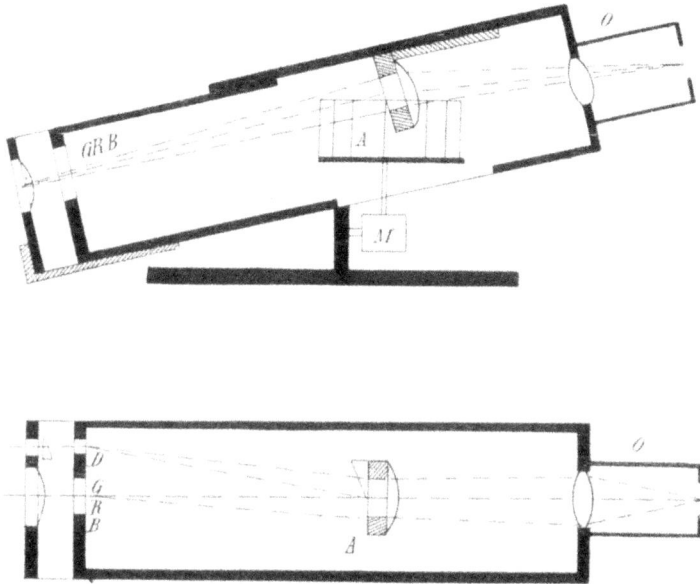

Fig. 217.

im Grundriß und Aufriß schematisch dargestellte Kolorimeter von
Ives besteht aus einem Holzkasten, an dessen einem Ende das Okular O
angebracht ist; das andere Ende enthält vier verstellbare Spalte
D, G, R, B. Durch den Spalt D tritt Licht ein, welches die eine Hälfte
des photometrischen Gesichtsfeldes beleuchtet. Vor die Spalte G,
R, B wird je eine grüne, rote und blaue Glasscheibe geschaltet. Durch
diese drei Spalte tritt das Licht der zu untersuchenden Lichtquelle
ein und beleuchtet die andere Hälfte des photometrischen Gesichtsfeldes. Die grün, rot und blau gefärbten Lichtstrahlen werden durch
einen im Inneren des Kastens angebrachten Linsenring A, der durch
einen Elektromotor M in schnelle Rotation versetzt werden kann,
vermischt, so daß der Beobachter in der betreffenden Hälfte des Gesichtsfeldes Mischlicht von der zu untersuchenden Lichtquelle sieht.
Die Spaltweite von G, R, B läßt sich durch Hebel meßbar verstellen.
Durch Verändern der relativen Spaltweiten von G, R, B läßt sich

auch die Farbentönung in der betreffenden Hälfte des Gesichtsfeldes
des Photometers in weiten Grenzen verändern. Das Instrument
wird für weißes Licht eingestellt, indem zuerst Licht von einer hell-
leuchtenden weißen Oberfläche durch sämtliche vier Spalte eintritt.
Die Spaltweiten von *G. R* und *B* werden nun derart eingestellt, daß
die zerlegte und wieder vereinigte Farbe in der einen Hälfte des Gesichtsfeldes gleich der direkt durch *D* erzeugten Färbung in der anderen
Hälfte des Gesichtsfeldes wird. Die Beleuchtung durch die Spalte *GRB*
wird hierauf unverändert gelassen und durch *D* mit der unbekannten
Lichtquelle beleuchtet. Hierauf werden die Spaltweiten von *G, R, B*
verstellt, bis beide Hälften des Gesichtsfeldes gleich geworden sind.
Die Verhältnisse der Spaltweiten *GRB* der zweiten Einstellung zur
ersten Einstellung geben die Verhältniszahlen von grünem, rotem
und blauem Licht der unbekannten Lichtquelle im Vergleich zur
Normallichtquelle. Die Zusammensetzung des Lichtes der unbekannten Lichtquelle wird also in Prozenten des Grün, Rot und Blau
der Normallichtquelle ausgedrückt.

Ives erhielt mit seinem Instrument folgende Zahlen der relativen
Farbwerte verschiedener Lichtquellen.

Lichtquelle	Rot in %	Grün in %	Blau in %
Tageslicht im Mittel	100	100	100
Blauer Himmel	100	106	120
Bedeckter Himmel	100	92	85
Sonnenlicht (nachmittags)	100	91	56
Hefnerlampe	100	35	3,8
Offene Gasflamme (Fischschwanzbrenner) . .	100	40	5,8
Gasglühlicht, Glühkörper mit $^3/_4$% Cer . . .	100	81	28
» » » $1^1/_4$ » » . . .	100	69	14,5
» » » $1^3/_4$ » » . . .	100	63	12,3
Kohlenfadenglühlampe 3,1 Watt pro Kerze .	100	45	7,4
Metallisierte Kohlenfadenlampe 2,5 Watt . .	100	48	8,3
Tantallampe 2 Watt	100	49	8,3
Nernstkörper, nackt	100	51,5	11,3
Wolframlampe 1,25 Watt	100	55	12,1
Gleichstrom-Reinkohlenlichtbogen	100	64	39
Flammenbogen	100	36,5	9
Quecksilberlichtbogen	100?	130	190
Mooresche Röhre mit CO_2-Füllung.	100	120	520
» » » Stickstoff-Füllung . .	100	28	6,6

§ 131. Vergleichszahlen von Voege.

Voege[1]) hat die Färbung verschiedener Lichtquellen festgestellt, indem er aus dem Licht der Lichtquellen jeweils durch Einschalten eines gefärbten Glases einen bestimmten Spektralbezirk herausblendete und in diesem Lichte auf gewöhnliche Weise photometrierte. Wählt man Tageslicht bei bedecktem Himmel als Einheit, so ergeben sich nach Voege folgende Werte.

Lichtquelle	Spektralgebiet				
	Blau $\lambda =$ 0,40—0,47 μ	Grün $\lambda =$ 0,47—0,56 μ	Gelbgrün $\lambda =$ 0,5—0,65 μ	Rot $\lambda =$ 0,59—0,65 μ	Äußerstes Rot λ 0,66—0,75 μ
Bedeckter Himmel . .	1,00	1,00	1,00	1,00	1,00
Blauer Himmel[2]) . . .	1,60	1,33	1,00	0,77	0,65
Sonnenlicht[2])	0,65	0,85	1,00	0,9	0,8
Kohlenfadenglühlampe .	0,197	0,79	1,00	1,76	2,70
Tantallampe	0,214	0,79	1,00	1,63	2,14
Osmiumlampe	0,234	0,80	1,00	1,68	—
Nernstlampe	0,24	0,84	1,00	1,58	2,14
Petroleumlampe . . .	0,12	0,73	1,00	2,1	3,62
Azetylen	0,27	0,86	1,00	1,37	—
Auerstrumpf	0,22	0,88	1 00	1,21	—
Quecksilberdampflampe	0,58	0,78	1,00	—	—
Reinkohlenbogenlampe .	0,45	0,97	1,00	1,35	1,70
Flammenbogen:					
Gelbe Kohle . . .	0,24	0,75	1,00	1,16	—
Rote Kohle	0 45	0,90	1,00	1,68	—
Weiße Kohle . . .	1,05	1,21	1,00	0,97	—

[1]) W. Voege, Journal für Gasbeleuchtung **48**. S. 513. **1905**.
[2]) Von Else Köttgen spektrophotometrisch gefunden. Wiedemanns Annalen **53**. S. 807. **1894**.

XIV. Kapitel.

Selenphotometer.

§ 132. Absolute Lichtstärkemessungen.

Seit den Veröffentlichungen über die Lichtempfindlichkeit des Selens von Sale[1]) und Smith[2]) hat es nicht an Versuchen gefehlt, die Eigenschaft des Selens, mit der Belichtung seinen elektrischen Widerstand zu ändern, zu photometrischen Zwecken auszunutzen. Der erste Vorschlag in dieser Richtung wurde von Rolls[3]) gemacht. Sehr eingehend befaßte sich dann Siemens[4]) mit diesem Gegenstande. Das Selenphotometer von Siemens bestand aus einem Hohlzylinder, an dessen Boden im Innern die lichtempfindliche Zelle angebracht war. Die andere offene Seite des Zylinders wurde abwechselnd den beiden zu vergleichenden Lichtquellen zugekehrt und bei jeder Einstellung an einem Galvanometer der Widerstand der Zelle abgelesen. Die Entfernung der einen Lichtquelle von der Selenzelle wurde so lange verändert und die Ablesung am Galvanometer entsprechend so oft wiederholt, bis es für beide Lichtquellen den gleichen Ausschlag zeigte. Die Ausführung der Messung war so zeitraubend und umständlich, daß an eine Verwendung dieses Apparates in der Praxis nicht gedacht werden konnte.

Spätere Versuche[5]) auf diesem Gebiete bezweckten hauptsächlich, direkt aus dem Widerstande einer Selenzelle auf die Stärke ihrer Beleuchtung einen Schluß zu ziehen. Es sollte zunächst durch Aufnahme einer Charakteristik der betreffenden Zelle die Abhängigkeit ihres Widerstandes von ihrer Beleuchtung festgestellt und mit Hilfe der gefundenen Kurve und des gemessenen Widerstandes sollte die Lichtstärke d i r e k t aus der Kurve entnommen werden können. Schon

---

[1]) Sale, Proceedings of the Royal Society **21**. S. 283. **1873.**

[2]) Willougby Smith, American Journal of Science **5**. S. 301. **1873.**

[3]) Rolls. Photographic News S. 407. London 1875, Piper & Carter.

[4]) W. Siemens, Poggendorffs Annalen **156**. S. 334. **1875. 159.** S. 117. **1876.** — Dinglers Polytechn. Journal **217.** S. 61. **1875.** Wiedemanns Annalen **2.** S. 521. **1877.**

[5]) Es wird auf folgende Abhandlungen verwiesen: Lavoro Amaduzzi, Il Selenio. Bologna 1904, Ditta Nicola Zanichelli. 141 Seiten. 19 Fig. 8⁰. — Christian Ries, Die elektrischen Eigenschaften und die Bedeutung des Selens für die Elektrotechnik. Berlin-Nikolassee 1908. Verlag »Der Mechaniker«. 95 Seiten. 52 Fig. 8⁰.

Siemens hatte jedoch gefunden, daß der elektrische Widerstand einer Selenzelle von so vielen bekannten und unbekannten Faktoren abhängt, daß eine einwandfreie Messung auf diesem Wege nicht erzielt werden kann.

Die hauptsächlich in Betracht kommenden Einflüsse auf den Zellenwiderstand sind außer der Beleuchtungsstärke vor allem die Temperatur und der Feuchtigkeitsgehalt, die Dauer der Belichtung und ihre Stärke und die Dauer derjenigen Beleuchtung, welche der Messung vorangegangen ist. Sehr störend wirkt ferner die Veränderung, welche der Zellenwiderstand im Lauf der Zeit erleidet. Derartige spontane Veränderungen sind unter Umständen namentlich bei Zellen mit verhältnismäßig niedrigem Widerstande so bedeutend, daß der Widerstand im Laufe einiger Wochen auf ein Vielfaches des ursprünglichen Anfangswiderstandes steigen kann. Sehr unübersichtlich werden die Verhältnisse außerdem dadurch, daß sich die einzelnen Zellen je nach der Temperatur, bei welcher sie hergestellt wurden und der Dauer der Erhitzung bei der Herstellung ganz verschieden verhalten, denn das Selen der Selenzellen stellt ein Gemisch zweier Selenmodifikationen vor, die durchaus verschiedene physikalische Eigenschaften zeigen. Die eine Modifikation besitzt z. B. einen negativen Temperaturkoeffizienten, die andere einen positiven. Außerdem hängt der Widerstand einer Selenzelle, wie schon Siemens nachgewiesen hat, im allgemeinen von der Stromrichtung ab. Auch mit der Größe der zur Messung benutzten elektrischen Spannung ändert sich, wie Adams[1]) zuerst gezeigt hat, der Selenwiderstand in weitgehendem Maße.

Es ist daher nicht zu verwundern, daß die Versuche, auf dem angedeuteten Wege ein brauchbares Selenphotometer zu konstruieren, zu keinem brauchbaren Ergebnis führen konnten, und es ist bezeichnend für die ganze Sachlage, daß schon Siemens, der diese Verhältnisse vollständig übersah, seine in dieser Richtung unternommenen Versuche als aussichtslos aufgegeben hat.

Es ist nicht möglich, bei Lichtmessungen das Auge durch rein physikalische Einrichtungen zu ersetzen, wenn man absolute Werte der Lichtstärke messen will. Es ist nicht zulässig, aus der Wirkung der Lichtstrahlen auf irgend eine Substanz auf die Lichtstärke zu schließen, denn die Wirkungen verändern sich in Abhängigkeit von der Wellenlänge des Lichtes bei den Selenzellen und dem Auge in verschiedenem Maße.

---

[1]) Adams, Proceedings of the Royal Society **23**. S. 535. **1875**. **24**. S. 163. **1875**.

§ 133. Relative Messungen.

Die Selenmethoden werden für die Photometrie brauchbar, wenn man nicht ein bestimmtes Maß der Einwirkung des Lichtes einer Lichtquelle beobachtet sondern die unbekannte Lichtquelle mit der bekannten Lichtquelle vergleicht und die Differenz der Wirkungen beider Lichtquellen auf den Wert Null bringt, wie es Presser[1]) angegeben hat.

Bewegt man demnach eine Selenzelle in einer zweckmäßig kurz gewählten Zeit aus dem durch die eine Lichtquelle erzeugten Lichtstrom in den durch die andere Lichtquelle erzeugten Lichtstrom ohne daß die Zelle beim Übergange anderen Beleuchtungen ausgesetzt wird und zeigt die Zelle keine Veränderung ihres Widerstandes, so ergibt sich, daß die Wirkung beider Energieströme, auch beider Lichtströme auf das Selen die gleiche ist.

Bei gleichfarbigen oder angenähert gleichfarbigen Lichtquellen entstehen durch diese Methode keine Bedenken.

Die Bewegung der Zelle aus dem einen Lichtstrome in den anderen und zurück muß so schnell erfolgen, daß die Zelle sich in der kurzen Zeit einer Teilbewegung nicht merkbar verändert. Die durch den Beleuchtungswechsel hervorgerufenen Widerstandsschwankungen der Selenzelle werden in einem elektrischen Meßinstrument beobachtet und die Entfernungsverhältnisse zwischen den beiden Lichtquellen und Selenzelle dann soweit geändert oder die Lichtstärke der einen Lichtquelle durch die anderen bekannten Hilfsmittel soweit geschwächt, daß die beobachteten Stromschwankungen verschwinden. Die Lichtstärke der unbekannten Lichtquelle ergibt sich dann nach denselben Gesetzen wie bei den anderen photometrischen Einrichtungen.

Schon Werner Siemens hebt am Schlusse seines Vortrages über sein Selenphotometer hervor, daß der Apparat objektive Messungen gestattet und im Gegensatz zu den subjektiven Ablesungen bei den anderen Photometern bestimmte Angaben macht, über deren Bedeutung man sich verständigen kann.

Die letzten Worte kennzeichnen die ganze Sachlage. Angenommen, es werde eine Lichtquelle beliebiger Färbung mit einer Normallichtquelle mit Hilfe der Augen durch eine große Anzahl von Ablesungen verglichen und ein bestimmter Lichtstärkenwert in HK gefunden, so hat man einfach diese gemessene Lampe vor das Selenphotometer zu stellen, dasselbe auf den Wert a Kerzen einzustellen und die als

---

[1]) Ernst Presser. E. T. Z. **28**. S. 560. **1907**.

Normallampe des Selenphotometers dienende Lichtquelle so weit in ihrer Lichtstärke oder ihrer Entfernung zu verändern, daß das Selenphotometer beide Beleuchtungsstärken als gleich anzeigt. Die Einstellung ist also so, daß die Lichtstärke der farbigen Lichtquelle den Ablesungen des Auges entsprechend von dem Selenphotometer richtig angegeben wird, d. h. die Normallampe des Selenphotometers ist jetzt auf diese Farbe oder auf diese Lampenart geeicht. Alle weiteren Lampen dieser Art können nun schnell und sicher mit dem so vorbereiteten Selenphotometer gemessen werden. Für Massenmessungen, wie sie z. B. in Glühlampenfabriken vorkommen, bedeutet dies einen erheblichen Fortschritt, denn ist die erste Lampe, welche zur Eichung dient, durch eine größere Anzahl von Ablesungen verschiedener Beobachter mit Hilfe der Augen gemessen worden, so kann das erhaltene Resultat als verhältnismäßig sicherer Mittelwert betrachtet werden. Für die ferneren Messungen mit Hilfe des Selenphotometers genügt aber nun für jede Lampe eine einzige Ablesung, welche einen ebenso sicheren Wert liefert wie das Mittel aus der Summe der Beobachtungen bei der ersten Lampe. Die Zeitersparnis ist ohne Vergrößerung der Unsicherheit der Messung bedeutend.

Könnte man die Selenzelle aus der einen Beleuchtung in die andere und zurück in der Weise bewegen, daß die Zelle während des Überganges von keinem anderen Licht als von dem der beiden zu vergleichenden Lichtquellen getroffen wird, so wäre es möglich, ein in den Zellenstromkreis eingeschaltetes Galvanometer zu beobachten und die Lichtquellen so einzustellen, daß die Zeigerschwankungen an dem Galvanometer verschwinden, woraus geschlossen werden könnte, daß die beiden zu vergleichenden Beleuchtungen auf Gleichheit eingestellt sind. Die erwähnte Forderung des störungsfreien Überganges der Selenzelle aus der einen in die andere Beleuchtung ist jedoch praktisch nur schwer zu erfüllen und außerdem macht sich die Trägheit der Selenzelle gerade bei den hier herrschenden geringen Beleuchtungsunterschieden stark bemerkbar.

In Fig. 218 ist die Schaltung und in Fig. 219 die Meßeinrichtung in Ansicht dargestellt, wie sie von der Gesellschaft für elektrotechnische Industrie in Berlin nach Angaben von E. Presser ausgeführt wird.

In Fig. 218 ist s eine Selenzelle, welche mit Hilfe des rotierenden schräg stehenden Reflektors r abwechselnd von den beiden Lichtquellen a und b beleuchtet wird. r ist eine diffus reflektierende Fläche.

Man erreicht durch diese Anordnung, daß die Selenzelle in zwei sich gegenüberliegenden Lagen des Reflektors r von den beiden Licht-

quellen voll beleuchtet wird, während die Zelle in der Stellung des
rotierenden Reflektors, welche um 90° gegen die Verbindungslinie der
beiden Lichtquellen verschoben ist, keine Lichtstrahlen empfängt.
Durch die Zelle *s* geht ein von der Batterie *d* gelieferter Strom, welcher
unter der Einwirkung des Beleuchtungswechsels auf der Zelle in
schwach pulsierenden Gleichstrom übergeführt wird. Die Pulsationen
dieses Gleichstromes werden mit Hilfe des Transformators *f* von der
Gleichstromkomponente befreit und über einen Kommutator *g* dem
Galvanometer *h* zugeführt. Der Kommutator *g* sitzt auf der Achse
des Reflektors *r*, so daß die Kommutierung genau mit dem Beleuch-

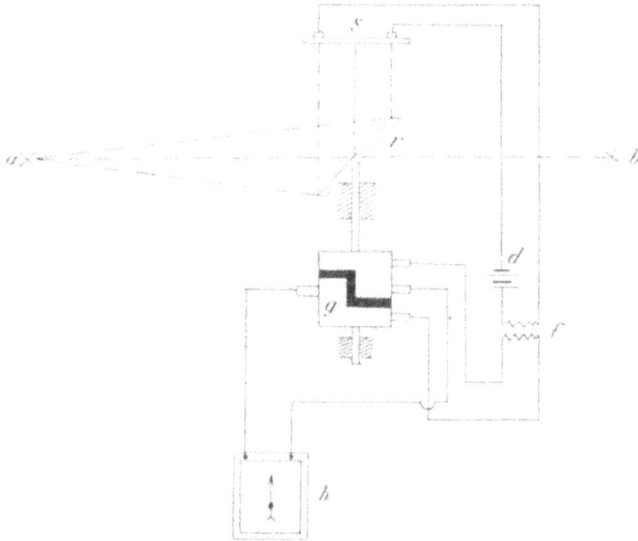

Fig. 218.

tungswechsel auf der Zelle zusammenfällt. Durch den Kommutator *g*
wird der von dem Transformator *f* gelieferte Wechselstrom von der
doppelten Periodenzahl benutzt und zwar in der Weise, daß der
Stromstoß, der durch den Beleuchtungsstoß von *a* erzeugt wird, den
Zeiger des Galvanometers nach links zieht, während der Beleuchtungsstoß durch die Lichtquelle *b* in gleicher Weise eine Ablenkung des
Zeigers nach rechts bewirkt. Da die einzelnen Stromstöße sehr schnell,
etwa 30 bis 40 mal in der Sekunde aufeinander folgen, so können die
einzelnen Stromstöße an dem Zeiger des Galvanometers nicht beobachtet werden. Der Zeiger nimmt vielmehr eine Mittellage ein, welche
der Differenz der nach rechts und links wirkenden Drehmomente ent-

spricht. Verschiebt man nun eine der Lichtquellen oder den rotierenden
Spiegel *r* samt lichtempfindlicher Zelle *s* so weit, daß der Zeigerausschlag des Galvanometers Null wird, so ist die Einwirkung der
Lichtquelle *a* auf die Zelle gleich der Einwirkung der Lichtquelle *b*.
Aus den Entfernungsverhältnissen zwischen Photometer
und Lichtquellen kann dann
die Lichtstärke der unbekannten Lichtquelle berech
net werden.

Als lichtempfindliche Zelle
kommt eine Selenzelle zur Anwendung, welche neben einem
bedeutenden photoelektrischen Effekt eine große Dauerhaftigkeit besitzt, so daß eine
genügende Betriebssicherheit
gewährleistet ist. Die lichtempfindliche Schicht ist von
der Atmosphäre abgeschlossen
und die Elektroden der Zelle
bestehen aus Platin, so daß
chemische Zersetzungsvorgänge innerhalb der Zelle als
ausgeschlossen gelten können.

Fig. 219.

Als Meßinstrument kommt ein gewöhnliches Drehspulengalvanometer zur Anwendung, welches für die meisten praktischen Fälle eine
genügende Genauigkeit der Ablesung gestattet. Für wissenschaftliche
Messungen, bei denen größte Genauigkeit der Ablesung verlangt wird,
kann auch ein Spiegelgalvanometer verwendet werden.

XV. Kapitel.
Photometrieren des Gases.

§ 134. Bestimmung der Lichtstärke des Gases.

Obgleich infolge der Einführung des Gasglühlichtes die L i c h t -
s t ä r k e des Gases eine geringere Bedeutung als die Heizkraft des
Gases hat, sind die Gasanstalten zum Teil noch durch Vertragsbestim-
mungen verpflichtet, Gas von einer bestimmten Lichtstärke zu liefern.
Daher sind gelegentliche Messungen der Lichtstärke des Gases notwendig.

Die Lichtmeßkommission des Deutschen Vereins von Gas- und
Wasserfachmännern hat Vorschriften für das Photometrieren des
Leuchtgases[1] zusammengestellt, von denen nachstehend die wichtigsten
angeführt werden.

1. Der Photometerraum.

Der Photometerraum soll ein Zimmer oder abgeschlossener Raum
sein, welcher stets zum Zweck genügender Lüftung mit freier Luft in
Verbindung gebracht werden kann.

Da die Länge des Normalphotometers ca. 2,6 m beträgt, so sollen
die Maße des Photometerraums wenigstens 4 m Länge auf 2,6 m Breite
betragen. Es ist hierbei gedacht, daß sich in der Mitte des Raumes
ein Tisch von 2,8 m Länge und 0,75 m Breite befindet, auf welchem
das Photometer nebst Gasmesser und Druckregler steht. Hierdurch
bleibt ein vollständiger Umgang um den Tisch, welcher in der Länge
beiderseits 0,6 m, in der Breite ca. 0,9 m beträgt. Die Höhe des Raumes
soll wenigstens 3 m betragen. Für Photometerräume, in denen hochkerzige Preßgaslampen usw. gemessen werden sollen, sind die Abmessungen des Raumes größer zu wählen.

Es ist zweckmäßig, im Photometerraum ein Fenster zu haben,
damit Änderungen an Rohrleitungen u. dgl. bei Tageslicht vorgenommen werden können. Das Fenster muß beim Photometrieren mittels
eines Ladens, Vorhänge, eines Rolladens, schwarzem Tuch oder Lino-
leum derart verschlossen werden, daß kein Licht eindringen und auch
Zugwind vom Fenster her nicht entstehen kann.

---

[1] Vorschriften für das Photometrieren des Leuchtgases, die Bestimmung
der Heizkraft des Gases und die Prüfung von Glühkörpern. Neue Ausgabe
1905. München, R. Oldenbourg.

Eine Lüftung des Photometerraums soll möglich sein durch zwei Kanäle von wenigstens 15 qcm Querschnitt, von denen einer am Boden, der andere in der Nähe der Decke ins Freie hinausführt; beide sind durch Drahtsiebe verschlossen und mit Fallklappen versehen, welche während der Lichtmessung geschlossen werden.

Der Photometerraum darf nicht als chemisches Laboratorium benutzt werden.

Die Farbe des Photometerraumes soll matt dunkel (nicht weiß) sein, mittels Leimfarbe hergestellt. Der Tisch soll vollständig mattschwarz gestrichen und der Fußboden dunkel gehalten sein.

Die Aufstellung der Apparate (Fig. 220) auf dem Tische soll derart sein, daß sich vorn das Photometer befindet, rückwärts Druckregler und Gasmesser, beide oder wenigstens der Gasmesser erhöht stehend, so daß die Ablesung und Regulierung an

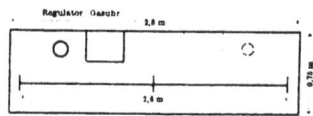

Fig. 220.

demselben bequem vorgenommen werden kann. Hierbei ist angenommen, daß sich die zu messende Flamme am linken Ende des Photometers befindet. Ist sie rechts aufgestellt, so kann die Aufstellung von Gasmesser und Regulator auf der rechten Seite vorgenommen werden, doch stets so, daß der Gasmesser wenigstens 0,5 m von der Flamme entfernt steht, damit eine Erwärmung des Gasmessers vermieden wird.

2. Der Experimentier-Gasmesser.

Der Experimentier-Gasmesser soll mit Eichschein der Normal-Eichungskommission in Berlin versehen sein und nicht mehr als $\pm 0,25^0/_0$ Abweichung zeigen.

Behufs richtiger Stellung soll der Gasmesser vier Stellschrauben und eine Dosenlibelle besitzen, doch ohne Läutwerk eingerichtet sein da letzteres stets ungleichmäßigen Gang bedingt. Der Gasmesser soll auf seinem Standort wagerecht eingestellt sein. Er soll wöchentlich mindestens einmal mit reinem Wasser aufgefüllt werden und nach dem Auffüllen 5 Minuten abtropfen, und zwar ohne Druck, bei offenem Ein- und Ausgang, wobei der Gasmesser mit der Gasleitung aber nicht in Verbindung steht.

Als Beispiel geben die Vorschriften die kurze Beschreibung von Elsters Experimentier-Gasmesser:

Dieser Experimentier-Gasmesser (Fig. 221) ist ein für die Untersuchungen von Leuchtgas bestimmter, besonders sorgfältig justierter Gasmesser, dessen Zählwerk so eingerichtet ist, daß man den Gas-

verbrauch möglichst schnell und bequem erkennen kann. Zu diesem
Zwecke sind zwei Zeiger auf dem Zifferblatt vorhanden: der kleinere
A gibt den wirklichen Durchgang von Gas an, der längere *B* läuft
60 mal schneller und gestattet so nach Beobachtung seines Weges
während einer Minute den stündlichen Verbrauch abzulesen.

Auf dem Eingang des Gasmessers sitzt vermittelst einer Ver-
schraubung ein Schlauchhahn zur Verbindung mit der Gasleitung,
und auf dem Ausgang trägt die Verschrau-
bung einen Rohraufsatz *G*, an welchem sowohl ein durch Mikrometerschraube fein
einstellbarer Ausgangshahn *H* als auch ein
Manometer *J* zur Ablesung des Druckes
hinter dem Gasmesser angebracht ist; man
kann auch zur genauen Ablesung des
Druckes einen multiplizierenden Druck-
messer benutzen, dessen Zuleitung an Stelle
des Manometers angeschraubt ist. Die Aus-
strömung erfolgt durch ein oberhalb des
Manometers befindliches Kniestück *K*,
dessen Tülle *L* durch einen Schlauch oder
Bleirohr mit dem Brenner auf dem Photometer verbunden wird. Die richtige Füllung
des Messers erfolgt durch Eingießen von
Wasser in die hinter dem Zifferblatt an-

Fig. 221.

gebrachte Füllschraube *M*, bis zum Abfließen des überflüssigen Wassers
aus der an der Vorderseite des Gehäuses sitzenden Ablaßschraube.

Um den Wasserspiegel im Gasmesser konstant zu halten, soll er
nie einem außergewöhnlich hohen Druck ausgesetzt sein, sondern
stets einem gleichmäßigen Druck von höchstens etwa 50 mm Wasser-
säule. Hierzu wird vorher der Druck mittels des Druckreglers verringert und gleichmäßig erhalten.

Das Regulieren des Gasverbrauchs geschieht somit zum Teil mittels
des Druckreglers, zum Teil mittels der Regulierschraube am Ausgang
des Gasmessers.

3. Der Druckregler.

Der Druckregler wird zwischen Gasleitung und Gasmesser mittels
Blei- oder Zinnrohr oder gebrauchtem Gummischlauch eingeschaltet.

Als Beispiel sei hier Elsters Experimentierregler angeführt (Fig. 222).
Je nach der Stellung des Gewichts *G* auf dem Hebel *H* wird die Mem-

bran M mehr oder weniger belastet und demzufolge der Druck unter
der Membran größer oder kleiner. Der Eingangsdruck herrscht nur
bis zum Kegelventil; oberhalb desselben ist der Gasdruck durch die
Belastung des Ventils bzw. der Membran gegeben. Die geringste
Steigerung des Druckes unter der Membran würde ein Heben derselben, mithin ein Schließen des Kegelventils hervorbringen. Durch Verschieben des Gewichtes G mittels
Zahnstange und Schnecke kann somit der Druck auf
die gewünschte Höhe eingestellt werden und wird dann
durch den Regler unverändert gehalten.

Die Membran des Reglers muß während des Ge-
brauchs jeder Druckänderung entsprechend frei schwingen, sich also in Tätigkeit befinden; sie darf weder
durch zu hohen Druck in die Höhe gepreßt, noch durch
zu starke Belastung völlig niedergedrückt sein. Sollte

Fig. 222.

vor dem Regler sehr hoher Druck herrschen, z. B. voller Behälter-
druck, so muß dieser bis zu passender Höhe durch teilweises Schließen
des Eingangshahnes verringert werden.

4. Die Sekundenuhr.

Erforderlich ist eine genaue Sekundenuhr mit Abstellvorrichtung,
welche einzelne Sekunden durch einen Laut angibt. Sehr praktisch
ist die Anwendung einer Sekundenuhr, bei welcher eine Zurückstellung
des Zeigers auf Null möglich ist.

5. Der Normalgasbrenner.

Zu den Messungen wird entweder der durch Vertrag festgesetzte
Brenner oder der Elstersche Normalargand mit Glaszylinder von
210 mm Höhe benutzt.

Sämtliche Verbindungen zwischen der Leitung und den Apparaten
sowie zwischen letzteren selbst sollen aus Blei-, Zinn- oder Kom-
positionsrohr bestehen, doch ist auch alter, gebrauchter Gummischlauch gestattet.

6. Das Normalphotometer.

Das von der Lichtmeßkommission konstruierte und zum Gebrauch in Gasanstalten empfohlene Photometer[1] muß auf einem
festen Tisch von passender Höhe aufgestellt werden.

---

[1] Journal für Gasbeleuchtung **38**. S. 691. **1895**.

Die Länge des Photometers beträgt 2,50 m zwischen den beiden Endpunkten der Teilung. An jedem Ende des Photometers befindet sich ein mittels Zahn und Trieb in der Höhe verstellbarer Träger, in welchen Halter für Gasbrenner, Hefnerlampe und Kerze eingesetzt werden können.

Der Photometermaßstab trägt zwei Teilungen in Lichteinheiten, in Fig. 223 oben links sichtbar, welche den beiden möglichen Aufstellungen der Lichteinheit (Hefnerlampe, Kerze) oder der Vergleichslichtquelle am einen Ende der Bank oder in fester Verbindung mit dem Photometerschirme entsprechen.

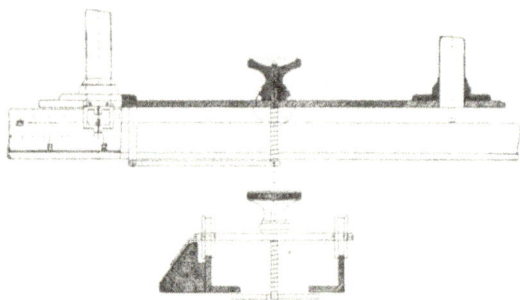

Fig. 223.

Auf dem Wagen, welcher den Photometerkopf zu tragen bestimmt ist (Fig. 223), sind zwei Träger in 30 cm Entfernung voneinander angebracht; für den Fall, daß die Lichteinheit in fester Entfernung vom Photometerschirme benutzt werden soll, wird auf den links befindlichen Träger der Photometerkopf, auf den rechten Träger die Hefnerlampe oder besser ein Halter für eine elektrische Glühlampe gesteckt, die als Vergleichslichtquelle dient. Auf dem linken Endpunkte des Photometers wird die zu photometrierende Lichtquelle aufgestellt, und es gilt dann die Ablesung auf der unteren Teilung, welche vom Einfachen bis zum Fünfzigfachen der Vergleichslichtquelle geht.

Soll die Lichteinheit fest an einem Ende der Photometerbank aufgestellt werden, so kann dies entweder am linken oder an dem rechten Ende der Bank geschehen. Für diesen Fall gilt die obere Teilung des Maßstabes, bei welcher der Strich »1« in der Mitte der Bank liegt, während die Teilung nach beiden Seiten bis 200 geht. Der Photometerkopf kann bei dieser Benutzungsart des Photometers sowohl auf den einen wie auf den anderen Träger des mittleren Wagens gesetzt werden; zu diesem Zwecke entspricht jedem dieser beiden Träger ein Zeiger, an welchem die Einstellung des Photometerkopfes abgelesen werden kann.

Als Photometerkopf soll ein solcher nach dem von Lummer und Brodhun angegebenen Prinzip verwendet werden, s. S. 187.

Die Photometerköpfe nach Lummer und Brodhun können im ganzen um eine horizontale Achse um 180⁰ gedreht werden, so daß eine etwaige Ungleichseitigkeit des ganzen Apparates unschädlich gemacht werden kann durch Feststellung des Mittels aus der Einstellung des Photometerkopfes in einer Lage und der Einstellung des Apparates nach Drehung um 180⁰. Auch bei größerer Ungleichseitigkeit entspricht dieses Mittel immer dem richtigen Verhältnis der beiden miteinander verglichenen Lichtquellen. Man sollte sich also nie mit der Einstellung in einer Lage des Photometers begnügen, sondern stets eine Drehung des Photometerkopfes vornehmen. Diese ist unbedingt erforderlich bei verschiedenfarbigen Lichtquellen; es findet hier beim Umdrehen auch ein Wechsel in der Farbe des mittleren Teiles des Gesichtsfeldes und seiner Umgebung statt, und es wird so eine etwa vorhandene Bevorzugung der einen Farbe durch das Auge unschädlich gemacht.

Nach längerem Gebrauch, namentlich in Räumen, deren Luft mit Staub und allerlei Gasen erfüllt ist, kann eine Veränderung des Photometerkopfes eintreten, welche in dem Beschlagen der einzelnen Glasflächen seinen Grund hat. Zur Beseitigung dieses Übelstandes übergebe man den Photometerkopf dem Fabrikanten, da die einzelnen Teile auseinandergenommen, gereinigt, wieder eingesetzt werden müssen und das Ganze wieder justiert werden muß. Diese Reinigung des Apparates sollte dann eintreten, wenn der Unterschied zwischen den beiderseitigen Einstellungen 5⁰⁰ übersteigt.

7. Die Hefnerlampe siehe Seite 52.

8. Das Amylazetat siehe Seite 58.

9. Allgemeine Vorschriften für das Photometrieren.

Die Lichtmeßkommission stellte folgende Regeln auf:

a) Der Photometerraum muß gut gelüftet sein, darf aber beim Photometrieren nicht durch Tageslicht erhellt sein.

b) Die Temperatur des Photometerraumes soll möglichst $17\frac{1}{2}$⁰ C betragen. Größere Abweichungen sind zu vermeiden.

Temperatur, Luftdruck und Wasserdampfspannung werden bei den gewöhnlichen Messungen nicht berücksichtigt. Bei wissenschaftlichen Messungen ist das Gasvolumen unter Berücksichtigung der

Wasserdampfspannung auf die Normalumstände (0^{0} und 760 mm Druck) nach der Formel

$$V_n = \frac{V + (b - w)}{760 \cdot \left(1 + \dfrac{t}{273}\right)}$$

zu reduzieren.

c) Der Experimentiergasmesser soll mindestens einmal wöchentlich nach richtigem Einstellen mittels Stellschraube und Libelle bei offenem Ein- und Ausgangsrohr aufgefüllt werden. Der Ablauf der Füllungsflüssigkeit soll ohne Druck im Gasmesser wenigstens 5 Minuten dauern.

d) Die Zeiger des Experimentiergasmessers sollen sich vollständig gleichmäßig bewegen; Läutewerke, welche stets den regelmäßigen Gang beeinflussen, sind zu vermeiden.

e) Der verlangte Verbrauch des Brenners soll genau eingestellt werden. Umrechnungen von geringerem oder größerem Verbrauch auf den Normalverbrauch sind nicht gestattet.

f) Bei Aufbesserung des Gases mittels flüssiger Aufbesserungsstoffe soll für aufgebessertes und nicht aufgebessertes Gas je ein eigener Gasmesser verwendet werden.

g) Die Sekundenuhr soll wenigstens jährlich einmal auf ihre Genauigkeit geprüft werden.

h) Der Druckregler, vor der Gasuhr eingeschaltet, soll weder vollständig in die Höhe gepreßt sein noch untätig festliegen, sondern richtig schwingen, so daß er Unterschiede im Druck wirklich ausgleicht. Bei sehr hohem Druck ist schon vor dem Regler der Gashahn teilweise zu schließen, bis der Regler schwingt.

i) Der benutzte Normalbrenner soll rein und sauber sein und eine reine Flamme ohne Spitzen und rußende Ecken ergeben; er muß jährlich durch einen neuen ersetzt werden.

k) Wird ein Brenner mit Glaszylinder benutzt, so müssen stets Glaszylinder von der gleichen Höhe verwendet und vor jeder Lichtmessung gereinigt werden.

l) Leitung und Apparate sollen vollkommen dicht sein und kein Leuchtgas entweichen lassen.

m) Vor Beginn der Lichtmessung soll das Gas die Leitung und die Apparate bei voll brennender Flamme wenigstens eine Viertelstunde lang durchstreichen, so daß beide vollkommen von Luft befreit sind.

n) Die P h o t o m e t e r b a n k soll wagerecht in bequemer Höhe für den Beobachter aufgestellt sein; der Schlitten sei leicht und ohne Klemmen beweglich.

o) Die m i t t l e r e H ö h e d e r N o r m a l f l a m m e soll in einer horizontalen Ebene mit der Mitte des Photometerkopfes und der Mitte der Flamme der Hefnerlampe liegen.

p) Der L u m m e r - B r o d h u n s c h e P h o t o m e t e r k o p f soll ein vollkommen klares und deutliches Bild zeigen.

q) Die H e f n e r l a m p e soll von Zeit zu Zeit mittels der Lehre (vgl. S. 56) auf das Vorhandensein der richtigen Justierung geprüft werden.

r) Bildet sich G r ü n s p a n in der Hefnerlampe, so muß die Verzinnung des Innern der Lampe erneuert werden.

s) Das A m y l a z e t a t darf blaues Lackmuspapier nicht stark rot färben.

t) Jede amtliche Messung soll erhalten werden durch das arithmetische Mittel aus wenigstens zehn Einzelmessungen, angestellt in Zwischenräumen von je einer Minute.

Für Betriebskontrollen genügen vier Messungen kurz hintereinander.

u) Nach je fünf bzw. zwei Messungen ist der Photometerkopf zu drehen und dieses durch einen Strich in den Aufschreibungen anzudeuten.

v) Das Auge des Beobachters muß durch einen dunklen Schirm gegen die direkten Strahlen der beiden Flammen geschützt sein. Dieser Schirm wird an dem Photometerkopf befestigt.

w) Der Photometerkopf muß gegen die von der weißen Scheibe des Experimentiergasmessers reflektierten Strahlen geschützt werden, am besten durch Anbringung eines Streifens schwarzen Tuches oder schwarzer Pappe seitlich am Gasmesser.

x) Es empfiehlt sich, zwischen die Lichtquelle und den Photometerkopf »Blenden« (mit Samt überzogene Schirme mit Ausschnitten in Höhe der Lichtquelle) einzuschalten und seitliches Licht vom Photometerschirm abzuhalten. Bei der Messung starker Lichtquellen (Auerbrenner etc.) ist die Verwendung der Blenden unerläßlich.

10. Verlauf einer Lichtmessung.

Zur Anstellung einer amtlichen photometrischen Probe wird nach wenigstens viertelstündigem vollen Brennen des Normalbrenners der Verbrauch möglichst genau eingestellt, so z. B. bei Elsters Normal-Argandbrenner auf 150 l stündlichen Verbrauch. Mittels der Sekundenuhr wird erst der Verbrauch festgestellt und durch Drehen an der Regulierschraube so lange geändert, bis zwei aufeinanderfolgende Messungen von je 1 Minute, vom Nullpunkte des Gasmessers begonnen, den richtigen Durchgang aufweisen. Am einfachsten ist es, eine Sekundenuhr mit Zurückstellung auf Null anzuwenden. Man setzt die Sekundenuhr bei dem Nullstand des Gasmessers in Gang und liest nach 60 Sekunden und ferner nach Verlauf von mehreren Minuten den Verbrauch ab. Bei wissenschaftlichen Messungen ist es besser die Zeit zu bestimmen, die eine volle Umdrehung des Gasmesserzeigers erfordert, und daraus den Stundenverbrauch zu berechnen.

Vor Beginn der Probe wird der Glaszylinder durch einen reinen Zylinder ersetzt, die Hefnerlampe wird entzündet und wenn nötig, ihr Docht abgewischt und gerade geschnitten. Die Hefnerlampe soll wenigstens 10 Minuten vor der Lichtmessung gebrannt haben. In dieser Zeit wird die Flammenhöhe mittels des optischen Flammenmessers oder des Visiers auf genau 40 mm eingestellt.

Zur Vornahme amtlicher Messungen soll die Hefnerlampe an dem einen, der Gasbrenner an dem anderen Ende der Photometerbank aufgestellt werden, eine Aufstellung der Hefnerlampe auf dem beweglichen Wagen ist für amtliche Messungen unstatthaft, sie ist nur bei Messungen zur Betriebskontrolle erlaubt. Nach richtigem Brennen beider Flammen wird mit dem Einstellen des Photometerkopfs begonnen; der Wagen muß so leicht beweglich sein, daß das Verschieben ohne Störung der Flammen vor sich geht. Der Lummer-Brodhunsche Photometerkopf wird so lange verschoben, bis der scharf sichtbare innere Fleck vollständig verschwunden ist oder bei geringer Verschiebung ein Umschlag in den Helligkeitsverhältnissen eintritt. Nunmehr wird an der Skala, wenn nötig unter Beleuchtung mittels eines kleinen Handspiegels, abgelesen, das Einstellen und Ablesen wird fünfmal in Abständen von je einer Minute wiederholt. Zweckmäßig ist es, die erste Messung nur als Vorprüfung anzunehmen und dann erst zehn Einstellungen vorzunehmen, hiervon fünf in einer Stellung des Photometerkopfes, fünf nach Umdrehen desselben. Das Umdrehen des Photometerkopfs nach fünf Messungen wird in den Notierungen durch einen Strich vermerkt.

Das arithmetische Mittel der zehn Messungen ergibt die richtige Zahl für die Lichtstärke des Gases in Hefnerkerzen, bei Anwendung des vorschriftmäßigen Brenners und des festgesetzten Verbrauchs, so z. B. »15 Hefnerkerzen bei 150 l stündlichem Verbrauch im Elsterschen Normal-Argandbrenner«.

Bei jeder Lichtprüfung wird der Druck in Millimetern Wasser am Ausgang des Experimentiergasmessers, somit kurz vor dem Brenner, und die Temperatur des Photometerraums aufgezeichnet.

Bei Betriebskontrollen werden nur vier Einzelmessungen angestellt und zwar kurz hintereinander.

11. Ort der Prüfung und Nebenumstände bei derselben.

In größeren Städten ist diejenige Lichtstärke des Stadtgases als die vertragsmäßige oder festgesetzte zu bezeichnen, welche nicht in der Gasfabrik, sondern in der Mitte der Stadt oder in den über die Stadt verteilten Photometerstationen gemessen wird, welche wenigstens 1 km von den Gaswerken entfernt sind. Die Lichtstärke soll nicht nur des Abends, sondern zu jeder Zeit bei Tag oder bei Nacht nicht unter die festgesetzte Grenze sinken.

Es ist nicht nur zu geringe Lichtstärke des Gases zu beanstanden, sondern auch sonstiges außergewöhnliches Verhalten, z. B. starkes Hinausschlagen der Flammen über die übliche Zylinderhöhe bei dem festgesetzten Verbrauch, Rußen der Flammen im Argandbrenner, außergewöhnlich kurze Flammen. Alle diese Vorkommnisse deuten auf Störungen im Betrieb des Gaswerks oder auf Veränderung des Gases in der Rohrleitung hin und machen sich auch im spezifischen Gewicht des Gases bemerkbar.

Für normale Verhältnisse ist auf spezifisches Gewicht des Gases und Kohlensäuregehalt wenig Wert zu legen.

§ 135. Bestimmung der Heizkraft des Gases.

Die Internationale Lichtmeßkommission, welche hauptsächlich aus Gasfachleuten besteht, hat auf ihrem 3. Kongreß in Zürich 1911 folgende Resolution[1]) einstimmig angenommen:

»Die Internationale Lichtmeßkommission ist mit Rücksicht auf die gegenwärtigen Verwendungsarten des Leuchtgases der Ansicht, daß die Bestimmung der Leuchtkraft[2]) von Gasflammen ihre Bedeutung verloren hat und daß die Bestimmung des H e i z - w e r t e s als des wichtigsten Kriteriums für seine Bewertung an die Stelle der Bestimmung der Leuchtkraft[2]) treten soll.«

---

[1]) Journal für Gasbeleuchtung **54**. S. 1002. **1911.**
[2]) Soll wohl heißen: Lichtstärke.

Der Deutsche Verein von Gasfachmännern empfiehlt, die Bestimmung der Heizkraft des Gases mit Hilfe des Junkersschen Kalorimeters[1]) vorzunehmen.

Junkers gibt folgende Gebrauchsanweisung für das Kalorimeter:
Man stelle das Kalorimeter so auf, daß man die beiden Thermometer für das zufließende und abfließende Wasser gut beobachten
kann (Fig. 224). Der Stutzen für die Abgase des Kalorimeters ist
gegen Zugluft zu schützen. Den Gasmesser stelle man so auf, daß man
seinen Zeiger beobachten kann, während man das aus dem Kalorimeter
abfließende Wasser zur Messung auffängt, damit alle Messungen
durch eine Person geschehen können.

Den mittleren Anschlußstutzen a verbindet man durch Gummischlauch mit der Wasserleitung. Den Überlaufstutzen b versehe man
mit einem Abfluß, jedoch so, daß das ablaufende Wasser sichtbar ist,
damit man sich überzeugen kann, daß der Überlauf während der Messung funktioniert (z. B. durch Einschalten eines kurzen Glasröhrchens
in die Schlauchleitung). Den Abflußstutzen c für das aus dem Kalorimeter tretende Wasser verbinde man mit einem Schlauch in der Weise,
daß man das ausfließende Wasser bequem und ohne Spritzwasser
in ein bereit gehaltenes Gefäß einleiten kann. Als zweckmäßig hat sich
die in Fig. 224 angedeutete Anordnung erwiesen. Alles Abflußwasser
wird durch einen Trichter fortgeführt, dessen oberer Rand sich in
gleicher Höhe mit dem dicht daneben stehenden Meßgefäß befindet.
Die Überleitung des durch Schlauch c fließenden Wassers kann dann
augenblicklich und ohne jeden Verlust geschehen, wie auch die Unter-
brechung des Auffangens durch eine kurze Bewegung des Schlauches
augenblicklich erfolgen kann.

Unter das Röhrchen d stelle man das kleinere zylindrische Meßgefäß zum Auffangen des Kondensationswassers.

Nach Einsetzung der beiden Thermometer von 0 bis 50⁰ mittels
der beigegebenen Gummistopfen öffne man den Regulierhahn e (senkrechte Stellung des Zeigers) und lasse das Kalorimeter vollaufen,
bis der Abfluß durch c erfolgt. Hierbei erkennt man die innere Dichtigkeit des Apparates daraus, daß kein Wasser aus dem Röhrchen d
austritt.

Für Gase von hoher Heizkraft (Leuchtgas) empfiehlt sich die
Anwendung eines Bunsenbrenners, für Gase mit geringer Heizkraft
(Wasserstoff, Kohlenoxyd usw.) wird es meistens genügen, die kleine

---

[1]) Journal für Gasbeleuchtung **36**. S. 81. **1893**.

Düse des Brenners gegen die beigegebene größere auszuwechseln. Sonst kann auch ein einfaches Metallrohr als Brenner dienen.

Bezüglich der Größe der Flamme diene als Anhalt, daß das Kalorimeter eine Wärmemenge bis etwa 2000 Kalorien stündlich aufnehmen kann, im Mittel etwa 1000 bis 1200 Kalorien. Je kleiner der Heizwert, um so größer nehme man also den Verbrauch, z. B. stündlich:

bei Leuchtgas . . . . . . 100— 300 l

» Wasserstoffgas . . . . 200— 600 l

» Dowsongas . . . . . 400—1000 l

Bevor man zur Messung übergeht, prüfe man die Dichtigkeit der ganzen Gaszuleitung, indem man den Hahn am Brenner absperrt und beobachtet, ob der Zeiger am Gasmesser stillsteht. Man öffne nun den Wasserzufluß und achte darauf, daß Wasser am Überlauf b austritt.

Vor dem Öffnen des Gashahnes nehme man den Brenner heraus und entzünde ihn außerhalb, führe ihn aber erst dann ein, wenn das Kalorimeter ganz gefüllt ist, also Wasser am Abfluß c erscheint. Der Brenner soll so weit in die Verbrennungskammer eingeschoben werden, daß das obere Ende des Brennerrohres mindestens 15 cm in das Kalorimeter hineinragt (Fig. 225).

Mit der am Abfluß- stutzen der Gase ange- brachten Drosselklappe kann der Luftüberschuß bei der Verbrennung

Fig. 224.

reguliert werden. Eine besondere Einstellung des Luftüberschusses ist für gewöhnlich nicht erforderlich, man öffne die Klappe zur Hälfte oder ganz. Bei zu großer Öffnung tritt zuweilen ein Singen der Flamme ein. Man schließe alsdann die Klappe ein wenig. Auch kann das Singen durch Verstellen der Luftregulierhülse am Brenner beseitigt werden.

Nach Einführung des Brenners steigt die Temperatur des Abfluß- wassers, bis in einigen Minuten der Beharrungszustand eintritt und das Thermometer auf einem Punkte stehen bleibt. Der Hahn e be- zweckt, die Menge des durchfließenden Wassers und dadurch die

Temperaturdifferenz zwischen dem Zufluß- und Abflußwasser zu verändern. (In den gewöhnlichen Fällen empfiehlt sich eine Differenz von 10 bis 20⁰ C.) Man achte besonders darauf, daß die Temperatur

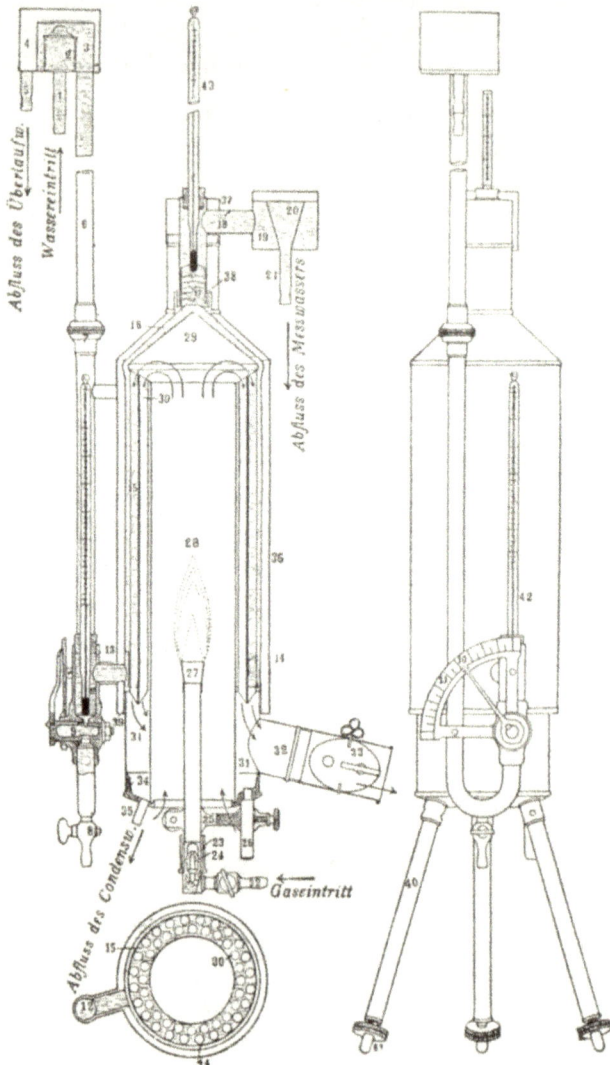

Fig. 225.

nicht so hoch steigt, daß der Quecksilberfaden oben anstößt und die Röhre des Thermometers sprengt. Vor dem Anzünden des Brenners lasse man das Wasser einige Augenblicke durch den Hahn *f* ausströmen, um etwa vorhandene Luftblasen zu entfernen.

Die Ablesung kann man passend in folgender Weise vornehmen:
Wenn der Zeiger der Gasuhr durch Null oder eine ganze Zahl geht,
leite man durch schnelles Seitwärtsbewegen des Schlauches das Ab-
laufwasser aus c in das größere zylindrische Meßgefäß so lange, bis
der Zeiger einen ganzen Umlauf gemacht oder eine beliebige Zahl von
ganzen Litern zurückgelegt hat. Während dieser Zeit lese man in regelmäßigen Zwischenräumen die Wassertemperatur am Abflußthermo-
meter zur Feststellung der mittleren Temperatur ab, da die Abgangs-
temperatur stets kleinen Schwankungen unterliegt. Wenn der Zeiger
den betreffenden Teilstrich passiert, zieht man den Schlauch schnell
aus dem Gefäß zurück und liest dann die Kubikzentimeter des aufgefangenen Wassers an dem kalibrierten Meßgefäße ab.

Der Heizwert des Gases ist nun $H = \dfrac{W \cdot T}{G}$ wobei H der Heizwert pro Liter in Kalorien, W die Wassermenge des aufgefangenen
Wassers in Kilogramm (bzw. in Litern), G die verbrannte Gasmenge
in Litern, T die Temperaturdifferenz zwischen Abfluß- und Zufluß-
wasser ist.

Heizwert eines Kubikmeters $= 1000\,H$.

Gasverbrauch . . . . 3,000 l
Aufgefangene Wassermenge . . . . . 0,900 l
Temperatur des zufließenden Wassers 8,77º C
Temperatur des abfließenden Wassers
während des Versuchs . . . . . . 26,75º »
26,70º »
26,82º »
26,80º »
26,65º »
26,80º »
---
im Mittel 26,77º C.

Es ist also $W = 0,900$
$T = 26,77 - 8,77 = 18,00^0$
$G = 3.$

Der Heizwert eines Liters Gas ist danach $H = \dfrac{0,900 \cdot 18}{3} =$
5,400 Kalorien und der Heizwert eines Kubikmeters dieses Gases
$= 5400$ Kalorien.

In dem so gefundenen, sog. »oberen« Heizwerte ist diejenige
Wärmemenge mit gemessen, welche bei der Kondensation des in den

Verbrennungsgasen enthaltenen Wasserdampfes entsteht. Um dieselbe festzustellen, fängt man das durch d abfließende Kondensationswasser in dem kleinen Meßgefäß auf, multipliziert die Anzahl der von 10 l verbrannten Gases aufgefangenen Kubikzentimeter Kondenswasser mit 60 und zieht die so erhaltene Zahl von dem mit dem Kalorimeter gefundenen Heizwert eines Kubikmeters Gas ab. Der so erhaltene »untere« oder »praktische« Heizwert kommt überall da in Frage, wo die Heizgase mit Temperaturen von über 65⁰ abgehen (also z. B. bei Gasmotoren etc.). Für Leuchtgas ist, wie zahlreiche Versuche ergeben haben, der untere Heizwert etwa 10% geringer als der obere.

Für gewöhnliche Betriebskontrollen genügt die vorangeführte Art der Bestimmung der Heizkraft; für die Erzielung genauer Resultate, wie sie z. B. für die Überwachung von Kontrakten notwendig sind, ist folgendes Verfahren zu empfehlen: Während es bei ersterem nicht notwendig ist, die Berücksichtigung des Luftdrucks und der Temperatur vorzunehmen, ist dies für genaue Resultate durchaus erforderlich. Es wird am zweckmäßigsten auf 760 mm Barometer und 0⁰ C umgerechnet.

Das Verfahren für genaue Resultate ist folgendes:

Man trägt durch Anzünden einiger Flammen zuerst Sorge, daß die betreffende Gasleitung sicher mit dem frisch hinzutretenden Gase ausgespült ist, ebenso, daß der verwendete Druckregler und Gasmesser dasselbe Gas enthält, indem man die Flamme am Bunsenbrenner 10 Minuten brennen läßt. Das Kalorimeter wird aus der Wasserleitung mit Wasser gefüllt und dies einige Zeit laufen gelassen bis ziemlich konstante Temperatur am Eingangsthermometer erreicht ist, was stets etwa 5 Minuten in Anspruch nimmt.

Nachdem gleichmäßige Temperatur erreicht ist, wird der mit etwa 110 l Konsum gespeiste Brenner eingeschoben und unter das Ablaufröhrchen einstweilen ein Becherglas zum Eintropfen des Kondenswassers gestellt. Durch Verschieben des Regulierhahns wird der Wasserzulauf so reguliert, daß die Differenz der Temperaturen des eintretenden und austretenden Wassers 12 bis 13⁰ C beträgt. Sobald aus dem Ablaufröhrchen nun regelmäßig Kondenswasser austropft, wird unter Ablesen des Gasmessers ein gewogenes 250 ccm-Fläschchen mit Trichter oder ein enger Meßzylinder untergestellt.

Nach etwa ¼ Stunde, während welcher Zeit am Wasserzulauf noch kleinere Änderungen vorgenommen werden können, wird die Temperatur des austretenden Wassers beobachtet. Bleibt diese nahezu

konstant, so kann mit den Messungen in der Dauer von 10 Minuten
begonnen werden. Bei einer ganzen Zahl des Gasmessers wird die
Sekundenuhr in Tätigkeit gesetzt und zugleich eine gewogene Glas-
flasche von 10 bis 11 l Inhalt unter den Wasserablauf gesetzt. Zu
Anfang und jede halbe Minute werden die beiden Thermometer am
Wasser-Einlauf und -Ablauf abgelesen und die Stände notiert. Nach
genau 10 Minuten werden die Ablesungen eingestellt und bei der
nächsten ganzen Zahl des Gasmessers der Wasserablauf aus der Flasche
genommen.

Die Flasche mit Kühlwasser wird auf der Dezimalwage abermals
gewogen. Die Ablesungen können nun wiederholt und auch ein drittes
Mal vorgenommen werden.

Nachdem etwa 100 bis 110 l Gas verbrannt sind, wird das Fläsch-
chen oder der Zylinder mit dem Kondenswasser unter Ablesen des
Gasmessers entfernt und abermals auf der Zentigrammwage gewogen.

Ein ganzer Versuch mit Kohlengas verläuft z. B. folgendermaßen:

Kondenswasser:

5 Uhr 20 Min.	Gasmesserstand	4 l
6 Uhr 17 Min.	»	113 l

verbraucht 109 l Gas.

Temperatur des Gasmessers	22° C
Barometerstand	749,5 mm
Glas mit Kondenswasser	199,30 g
Glas	101,80 g
Kondenswasser	97,50 g.

Ausrechnung: $109 : 97,5 = 1000 : x$

$$x = 894,5 \text{ g Wasser auf 1 cbm Gas.}$$

$$0,6 \times 894,5 = 537 \text{ Kalorien auf 1 cbm Gas.}$$

Ablesungen:

Zeit Minuten	Gasmesser	Wassertemperatur Eingang	Ausgang
0	84	16,65	29,25
—	—	»	29,3
1	—	»	29,3
—	—	»	29,2
2	—	»	29,1
—	—	16,7	29,1
3	—	»	29,15
—	—	»	29,05

Zeit Minuten	Gasmesser	Wassertemperatur Eingang	Ausgang
4	—	16,7	29,0
—	—	»	29,05
5	—	»	29,0
—	—	»	29,1
6	—	»	29,1
—	—	»	29,1
7	—	»	29,1
—	—	»	29,2
8	—	»	29,2
—	—	16,75	29,15
9	—	16,7	29,1
—	—	»	29,2
10	103	16,75	29,1

Ausrechnung: Verbrauch 19 l Gas.

Differenz der Temperaturen	12,44° C
Glasflasche mit Kühlwasser	15,799 kg
Glasflasche	7,379 »
Kühlwasser	8,420 kg.

$$\frac{8,420 \times 12,44 \times 1000}{19,0} = 5514 \text{ Kalorien.}$$

$$5514 - 537 = 4974 \text{ Kalorien pro cbm.}$$

Anbringung der Korrektur auf 760 mm Druck und 0° C.

$$\frac{1 \times 273 \times (749,5 - 19,6)}{(273 + 22) \times 760} = 0,8887 \text{ cbm reduziert.}$$

$$0,8887 : 4974 = 1 : x$$
$$x = 5597 \text{ Kalorien pro cbm (unterer Heizwert).}$$

In der Regel wird der sog. untere Heizwert angegeben, z. B. 2536 Kalorien pro cbm Wassergas (unterer Heizwert).

§ 136. Prüfung von Glühkörpern.

Für die Prüfung von Glühkörpern gab die Lichtmeßkommission des Deutschen Vereins von Gasfachleuten folgende Regeln an:

A r t e n   d e r   G l ü h k ö r p e r.

Die Glühkörper kommen in zwei Arten vor:

1. abgebrannte, kollodionierte (schellackierte),
2. unabgebrannte (flache).

1. Behandlung der abgebrannten Glühkörper.

Die abgebrannten kollodionierten Glühkörper werden auf einen Haken gehängt und oben angezündet, so daß der schützende Überzug verbrennt.

2. Behandlung der nicht abgebrannten Glühkörper.

Die nicht abgebrannten Glühkörper sind vor allem bis zum Abbrennen vor Feuchtigkeit zu schützen, also in möglichst trockenem Zustande zu beziehen und an trockenem Orte aufzubewahren.

Vor dem Abbrennen werden die Glühkörper über ein Formholz derartig gezogen, daß bei aufrechter Stellung desselben die Maschen und die obere Kante des Kopfes möglichst horizontal verlaufen. Etwaige Falten am Kopfe werden durch Herausstreichen geglättet. Die zum Aufhängen des Glühkörpers dienende Asbestschlinge wird durch einen Haken herausgeholt, wobei man den Kopf des Glühkörpers mit der einen Hand umspannt. Damit der Glühkörper später genau senkrecht hängt, ist die Asbestschlinge so zu biegen, daß ihr Knick in die Verlängerung der Achse des Formholzes fällt.

3. Abbrennen der Glühkörper.

Der über dem Formholz gestreckte Glühkörper wird mit einem Haken vom Formholz abgenommen und frei aufgehängt; auch empfiehlt sich die Aufhängung des unteren Teiles über einer Glas- oder Drahtpyramide, um das Zusammenklappen des unteren Teiles des Glühkörpers beim Abbrennen zu verhindern. Dasselbe läßt sich durch die Anwendung zweier von der Hand gehaltenen, unten in den Glühkörper eingeführte Glasstäbe erreichen.

Das Abbrennen geschieht mittels einer Bunsenflamme, welche man am Kopfe des Glühkörpers anfangend rund um ihn herumführt. Die Verbrennung schreitet dann von oben nach unten gleichmäßig fort, das Gewebe brennt unter Flammenbildung heraus, und das Aschenskelett bleibt zurück. Der Kopf des Glühkörpers muß vollständig abglimmen, bevor man zu der folgenden Operation schreitet.

4. Formen und Härten des Glühkörpers.

Nach erfolgtem Abbrennen wird der Glühkörper geformt und gehärtet. Hierzu dient ein mit Preßgas gespeister besonderer, meist durch eine Kappe aus Drahtnetz oben abgeschlossener Bunsenbrenner, bei welchem die Flamme nicht nach oben brennt, sondern eine seitliche Ablenkung erfährt; der hierzu erforderliche Druck ist je nach der Sorte der Glühkörper verschieden.

Anfänglich wird durch sorgfältige Regulierung zunächst ein schwacher Druck gegeben und der an einem Haken gehaltene Glühkörper so weit über den feststehenden Preßgasbrenner gesenkt, daß sein Kopf noch etwa 1½ cm von dem Ende des letzteren absteht. Bei verstärktem Druck forme man dann zunächst den Kopf des Glühkörpers und hebe den Glühkörper dann langsam, so daß er in seiner ganzen Länge die richtige Form erhält. Bei noch stärkerem Druck hebe und senke man hierauf langsam den Glühkörper mehrmals und härte ihn so. Natürlich kann man auch umgekehrt verfahren und bei feststehendem Glühkörper den Brenner auf und nieder bewegen.

Damit ein nach allen Richtungen gleichmäßiges Leuchten erzielt wird, müssen die Glühkörper so geformt sein, daß sie am Brennerkopf leicht anliegen; ein zu weiter Glühkörper verursacht durch seine Beweglichkeit ein Flackern des Lichtes und beansprucht außerdem zu viel Gas. Ist der gehärtete und geformte Glühkörper noch zu lang, so wird er unten abgeschnitten.

5. Beschaffenheit der Brenner.

Brenner verschiedener Konstruktion geben keine untereinander vergleichbaren Resultate in bezug auf die Leistungen der Glühkörper; deshalb sind zu vergleichenden Prüfungen von Glühkörpern immer gleiche Brenner zu benutzen.

Die zu verwendenden Brenner sind ohne Glühkörper auf gleichmäßiges und regelmäßiges Brennen zu prüfen; besonders muß die Gestalt der Flamme und ihres Kernes vollkommen gleichmäßig sein.

Vor jeder Prüfung ist der Brenner durch Ausblasen von Staub und Schmutz zu befreien.

Der Tragstift soll so hoch sein, daß der Abstand zwischen der oberen Kante des Glühkörpers und der Oberkante des Brenners mindestens 70 mm beträgt. Es kommen auch Glühkörper vor, welche infolge der Beschaffenheit ihres Gewebes zur Erzielung größtmöglichster Lichtausbeute einen größeren Abstand verlangen.

Der Glaszylinder soll für den gebräuchlichen Brenner von 110 bis 130 l stündlichem Verbrauch eine Länge von 25 cm haben; es muß ein gerader, dünnwandiger, glatter Zylinder und kein Lochzylinder sein.

6. Das Einregulieren der Düsen.

Die Brennerrohre sollen untereinander gleich sein und Luft-
zutrittsöffnungen von derselben Größe haben. Die Düsen sollen so
einreguliert werden, daß bei einem Gasdruck von 35 bis 40 mm ein
stündlicher Verbrauch von 110 bis 130 l erzielt wird.

Vor Einregulierung der Düsen, welche, wie üblich, auf einer
Rampe angebracht sind und alle unter den gleichen Luft- und Gas-
zutrittsverhältnissen stehen, läßt man die Glühkörper mindestens
eine halbe Stunde auf Brennern von ca. 120 l stündlichem Gasverbrauch glühen.

Die Einregulierung der Düsen geschieht dann so, daß man die
Düsenöffnungen allmählich erweitert, bis bei einem gleichbleibenden,
zwischen 35 und 40 mm liegenden Drucke die größte Lichtwirkung
erreicht ist. Zur Kontrolle der richtigen Regulierung ermäßigt man
den Druck mittels der Mikrometerschraube des Experimentiergasmessers um etwa 5 mm und überzeugt sich, daß dadurch ein Zurück-
gehen der Lichtstärke hervorgerufen wird. Hierauf stellt man den
richtigen Druck wieder her.

Es empfiehlt sich, mehrere Brennerrohre mit richtig einregu-
lierten Düsen von verschiedenem, zwischen 110 und 130 l liegendem
stündlichen Verbrauch vorrätig zu halten und diese für die photometrischen Messungen dauernd zu benutzen.

7. Photometrische Prüfung der Glühkörper.

Um ein Urteil über die Lichtstärke einer Glühkörpersorte zu
gewinnen, sind mindestens vier Glühkörper der Sorte zu photometrieren.

Das Photometrieren geschieht bei demselben Druck, für welchen
die Düsen einreguliert worden sind, nämlich 35 bis 40 mm, und bei
einem Gasverbrauch von 110 bis 130 l in der Stunde.

Für bestimmte Zwecke empfiehlt es sich, die Glühkörper auf
höchste Lichtstärke einzustellen und zwar sowohl durch Regelung
des Gasverbrauchs als der Luftzuführung.

Bevor mit der Lichtmessung begonnen wird, soll der Glühkörper
mindestens fünf Minuten gebrannt haben, damit der ganze Brenner
gleichmäßig erwärmt ist.

Es genügt nicht, die Lichtstärke der Glühkörper nur in einer
einzigen Richtung zu bestimmen, es ist vielmehr die Messung nach
mindestens vier verschiedenen horizontalen Richtungen auszuführen.

Zu diesem Zwecke muß nicht nur der Brennerkopf mit dem Glühkörper, sondern die Düse mit Brennerkopf und Glühkörper gedreht werden. Man bedient sich zweckmäßig hierbei eines kleinen, drehbaren Aufsatzes[1]), der in Fig. 226 dargestellt ist.

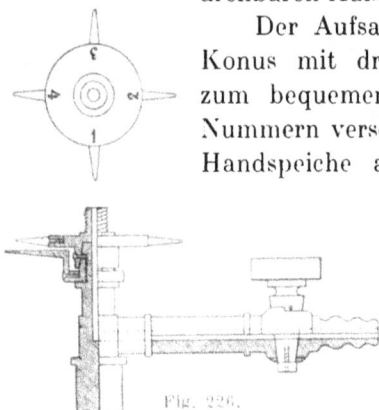

Der Aufsatz besteht aus einem feststehenden Konus mit drehbarem Oberteil; letzterer ist hier zum bequemen Einstellen mit Handspeichen und Nummern versehen. Bei dem Drehen wird stets eine Handspeiche auf den feststehenden Arm mittels zweier Finger gestellt.

Das Mittel aus den in verschiedenen Richtungen bestimmten Lichtstärken ergibt die mittlere horizontale Lichtstärke des Glühkörpers bei dem gemessenen Druck und Gasverbrauch.

Fig. 226.

8. Die Vergleichslichtquelle.

Als Vergleichslichtquelle kann direkt die Hefnerlampe benutzt werden. Es gehört jedoch einige Übung dazu, mit ihr zu arbeiten. Ungeübte Beobachter werden zuerst eine außerordentliche Erschwerung der Einstellung durch den Farbenunterschied zwischen der Hefnerlampe und dem Glühkörper empfinden. Diese Schwierigkeit wird für die meisten Beobachter durch Benutzung eines Photometers mit Kontrastwürfel (vgl. S. 191) vermindert; immerhin bedarf es einiger Übung, um mittels der Hefnerlampe brauchbare Resultate zu erzielen. Auch wird bei Messung von Glühkörpern mit einer Lichtstärke von 70 bis 100 HK die Entfernung zwischen der Hefnerlampe und dem Photometerschirm etwas klein und eine geringe Verschiebung des Photometerschirms entspricht einer verhältnismäßig großen Veränderung des Messungsresultates. Eine Verlängerung der Photometerbank über die sonst übliche Länge wird aber in den meisten Fällen nicht zweckmäßig sein.

Aus diesen Gründen ist namentlich für längere Untersuchungen die Einschaltung einer Zwischenlichtquelle zu empfehlen. Als solche ist eine kleine elektrische durch Akkumulatoren gespeiste Glühlampe, deren durch Widerstände konstant zu erhaltende Spannung durch ein genaues Voltmeter dauernd kontrolliert wird, sehr zweck-

---

[1]) Journal für Gasbeleuchtung **47**. S. 559. **1899**.

mäßig. Wo aber eine solche nicht zur Verfügung steht, bietet guten Ersatz auch ein Liliput-Gasglühlichtbrenner mit vorgeschaltetem Druckregler. Derselbe muß, um nicht störenden Veränderungen seiner Lichtstärke während der Versuchsdauer unterworfen zu sein, vor der Benutzung zum Photometrieren mindestens 50 Stunden gebrannt haben.

Die Lichtstärke der Zwischenlichtquelle wird am Anfang und am Ende des Versuchs mittels der Hefnerlampe festgestellt. Benutzt man eine elektrische Glühlampe unter Anwendung einer geringeren Spannung, als für welche sie bestimmt ist, so braucht man ihre Lichtstärke nur in längeren Zwischenräumen zu bestimmen. Während der Versuche muß die Zwischenlichtquelle natürlich ruhig stehen bleiben und darf nicht gedreht werden, damit immer die gleiche Lichtausstrahlung zur Wirkung kommt. Die Hefnerlampe und der Liliputbrenner sollten feststehen und nicht verschoben werden, während die elektrische Glühlampe auf dem Wagen mit dem Photometerkopf in konstanter Entfernung von demselben aufgestellt und mit dem Photometerkopf verschoben werden kann, wobei die Beleuchtungsstärke des Photometerschirmes konstant bleibt.

Weichen die Anfangs- und Endmessungen der Zwischenlichtquelle allzusehr voneinander ab, so ist natürlich die Versuchsreihe überhaupt nicht zu brauchen. Im allgemeinen wird aber bei vorsichtiger Handhabung die erste und die letzte Messung fast dasselbe Resultat ergeben, und das Mittel aus beiden Messungen ergibt dann die Lichtstärke der Zwischenlichtquelle in Hefnerkerzen. Mit dieser Zahl muß die für den untersuchten Glühkörper erhaltene Zahl multipliziert werden, um seine Lichtstärke ebenfalls in Hefnerkerzen zu ergeben.

9. Dauerprüfung der Glühkörper.

Über den Wert eines Glühkörpers entscheidet nicht nur seine Anfangslichtstärke, sondern auch die Veränderung seiner Lichtstärke mit zunehmender Brenndauer. Es gibt Glühkörper, welche am Anfang eine sehr große Lichtstärke besitzen, nach verhältnismäßig kurzer Brenndauer aber schon erheblich in ihrer Lichtstärke gesunken sind, während bei anderen Glühkörpern dieser Übelstand nicht hervortritt oder zuweilen sogar für eine gewisse Zeitdauer eine Erhöhung der Lichtstärke stattfindet.

Um das Verhalten der Glühkörper in dieser Beziehung festzustellen, genügt es, die Messung der Lichtstärke nach einer Brenndauer von 24, 100, 300 und 600 Stunden zu wiederholen.

In den Zwischenzeiten müssen die Glühkörper in vorschriftsmäßiger Weise brennen, und der Gasdruck muß auf der vorgeschriebenen Höhe von 35 bis 40 mm bleiben. Es ist also in die Zuleitung zu der für die Dauerversuche dienenden Rampe stets ein Druckregulator von genügender Größe vorzuschalten, der auch während des Abenddruckes die Druckverschiedenheiten ausgleicht.

Zu den Dauerversuchen können vorteilhaft andere Düsen als zu den photometrischen Messungen benutzt werden, doch müssen sie natürlich auch auf den richtigen stündlichen Gasverbrauch einreguliert sein.

Da während des Dauerversuches die Zylinder häufig etwas beschlagen, so ist vor jeder Lichtmessung ein reiner Glaszylinder aufzusetzen.

XVI. Kapitel.
Photometrieren elektrischer Glühlampen.

§ 137. Allgemeines.

Unter der Lichtstärke einer Glühlampe versteht man im allgemeinen ihre mittlere horizontale Lichtstärke. Die mittlere sphärische Lichtstärke wird bei Glühlampen seltener bestimmt. Bei Lieferungsverträgen über Glühlampen und im Handel mit Glühlampen allgemein gilt stets die m i t t l e r e   h o r i z o n t a l e Lichtstärke als Lichtstärke der Glühlampe. Die mittlere sphärische Lichtstärke ist von Bedeutung, wenn der Wirkungsgrad von Glühlampen bestimmt werden soll.

In der Technik ist es bisher nicht üblich, die mittlere sphärische Lichtstärke zu bestimmen, sondern nur die mittlere horizontale Lichtstärke J_h. Das Verhältnis $\dfrac{\text{Wattverbrauch}}{\text{Lichtstärke } J_h}$ nennt man den spezifischen Effektverbrauch der Glühlampen.

Die in den Glühlampenfabriken fertiggestellten Lampen werden, bevor sie in den Handel gegeben werden, sortiert, d. h. es wird für jede Lampe die Spannung (Meßspannung) ermittelt, bei welcher sich die auf ihrem Sockel verzeichnete mittlere horizontale Lichtstärke ergibt. Die Kontrolle von Glühlampen hat sich deshalb darauf zu erstrecken, ob die angegebene Spannung und der Effektverbrauch richtig sind, bzw. ob sie sich innerhalb der zulässigen Toleranzgrenzen bewegen. Hieraus ergeben sich die Aufgaben bei den Glühlampen die mittlere horizontale Lichtstärke, die Spannung und den Effektverbrauch zu messen. Da nun bei einer gegebenen Glühlampe die beiden elektrischen Größen in engem Zusammenhange stehen, so daß der spezifische Verbrauch eine Funktion der Spannung ist, anderseits die Lichtstärke ebenfalls eine Funktion der Spannung ist, muß bei einer Messung eine dieser beiden Größen gegeben sein. Gewöhnlich wird die Lichtstärke als gegeben angenommen und die Spannung gemessen; bei Normallampen gilt dagegen die Spannung als gegeben. Wenn es sich um die Beurteilung von Handelsglühlampen handelt, muß auch noch der spezifische Effektverbrauch bestimmt werden. Dies geschieht entweder mit Hilfe besonderer Einrichtungen direkt (s. § 146) oder durch Berechnung aus Spannung, Stromstärke und Lichtstärke.

Zur Bestimmung der mittleren horizontalen Lichtstärke von Glühlampen sind hauptsächlich folgende 4 Methoden in Gebrauch:

1. die Methode der direkten Messung,
2. die Winkelspiegelmethode des Verbandes Deutscher Elektrotechniker von 1897,
3. die Winkelspiegelmethode von Siemens & Halske,
4. die Rotationsmethode.

Fig. 227.

§ 138. Die Methode der direkten Messung.

Bei der Methode der direkten Messung werden die Lampen in vertikaler Stellung auf ein mit einer Winkelteilung versehenes Stativ aufgesetzt und von einer auf dem Lampensockel durch einen Strich kenntlich gemachten Ausgangsrichtung aus in 36 um je 10° auseinander liegenden Richtungen einer Horizontalebene photometriert. In Fig. 227 ist ein solches Glühlampenstativ dargestellt.

Diese Methode ist sehr zeitraubend. Man hat deshalb andere Methoden ersonnen, welche in kürzerer Zeit hinreichend genaue Resultate zu erzielen gestatten sollen.

§ 139. Die Winkelspiegel-Methode des Verbandes Deutscher Elektrotechniker.

(Alte Verbandsmethode von 1897.)

Der Verband Deutscher Elektrotechniker hat auf seiner Jahresversammlung in Frankfurt a. M. die folgenden Vorschriften[1]) für die Lichtmessung an Glühlampen angenommen. Da im Jahre 1897 nur Kohlenfadenglühlampen hergestellt wurden, beziehen sich diese Vorschriften naturgemäß nur auf Kohlenfadenglühlampen.

»Unter Lichtstärke wird die mittlere Lichtstärke in der zur Lampenachse senkrechten Ebene verstanden. (Man hat Abstand genommen, ein Verfahren zur Bestimmung der mittleren räumlichen Lichtstärke oder des Lichtstromes anzugeben, weil die Messung dieser Größe zurzeit nicht in genügend einfacher Weise ausgeführt werden kann.) Die Lichtstärke wird für hufeisen- oder einfach schleifenförmigen Faden mit Hilfe der in Fig. 228 skizzierten Anordnung be-

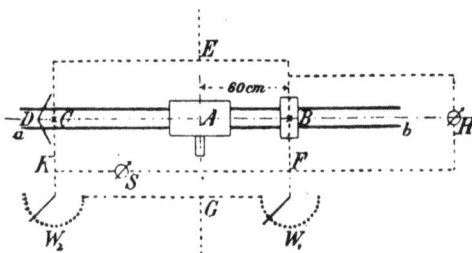

Fig. 228.

stimmt. Es bedeutet ab eine gerade Photometerbank von 2,5 m Länge, A den Photometerkopf, B eine Hilfslichtquelle (Vergleichslichtquelle), C die zu messende Lampe bzw. die Normallampe, D einen Winkelspiegel. A und B ruhen auf Wagen oder Schlitten und lassen sich miteinander fest verbinden, so daß sie gemeinschaftlich der Lampe C genähert oder von ihr entfernt werden können. Die Entfernung zwischen A und B beträgt 60 cm und muß um 6 cm nach jeder Seite verstellbar sein. Der Winkelspiegel besteht aus zwei quadratischen Stücken guten, ebenen Glasspiegels (Silberspiegels) von 13 cm Seitenlänge und 2 bis 5 mm Dicke, welche einen Winkel von 120° einschließen. Er ist mit vertikaler Scheitelkante am Ende a der Bank so aufgestellt, daß er zu ihrer Längsachse symmetrisch steht und dem Photometerkopf zugewandt ist. Der Abstand der Scheitelkante von der Achse der Lampe C beträgt 9 cm. Die Achse der Lampe C soll vertikal stehen; die Endpunkte des Kohlenfadens müssen in einer zur Photometerachse senkrechten Ebene liegen. Die Photometerbank trägt eine nach dem Entfernungsgesetz berechnete Teilung in Kerzen

---

[1]) E.T.Z. 18. S. 473. 1897.

in der Weise, daß der Nullpunkt dem Scheitel des Winkelspiegels entspricht und der Teilstrich 10 um 1 m von dem Nullpunkt entfernt ist. Die Zehntelkerzen sollen noch durch Teilstriche bezeichnet sein. Mit Hilfe von schwarzen Schirmen, am besten Samtschirmen, ist zu verhüten, daß fremdes Licht auf den Photometerschirm gelangt. Anderseits darf kein Teil der Lampen oder ihrer Spiegelbilder abgeblendet werden.

Als Normale dienen Glühlampen mit einem Energieverbrauch von $3\frac{1}{2}$ bis $4\frac{1}{2}$ Watt für eine Kerze, welche ungefähr dieselbe Spannung und genau dieselbe Lichtstärke besitzen, welche die zu messenden Lampen haben sollen. Demnach sind zufolge der Einschränkungen dieser Bestimmungen auf Lampen bestimmter Lichtstärken Normallampen von 10, 16, 25 und 32 Kerzen erforderlich.

Als Hilfsquelle dient eine fehlerfreie Glühlampe von etwa 10 Kerzen und für ungefähr dieselbe Spannung, für welche die zu messenden Lampen bestimmt sind. Es empfiehlt sich, diese Lampe 20 bis 30 Stunden vor Benutzung zu brennen, um die bei neuen Lampen auftretenden Änderungen der Lichtstärke zu vermeiden.

Zur Ausführung der Spannungsmessung liegen in den parallelen Zweigen EFG und EKG einerseits die Lampe B und der Regulierwiderstand W_1, anderseits die Lampe C und der Regulierwiderstand W_2. Bei K und F ist ein Spannungsmesser S für geringe Spannungen angelegt; außerdem liegt an B ein technischer Spannungszeiger H, welcher dazu dient, der Lampe B mit Hilfe von W_1 die vorgeschriebene Spannung zu geben; die Lampe C erhält jedesmal die ihr zukommende Spannung, indem man unter Benutzung von W_2 im Spannungsmesser S die entsprechende Spannungsdifferenz zwischen den Lampen C und B herstellt. (Streckersche Methode, vgl. Strecker, Hilfsbuch, Jahrgang 1888, S. 267.)

Die Lichtmessung geschieht nun folgendermaßen: Zunächst erhält die Hilfslichtquelle B die richtige Spannung mit Hilfe von W_1 und H. Dann wird:

1. Bei C die Normale aufgesetzt und mit Hilfe von S und W_2 einreguliert; hierauf wird der Photometerkopf A auf die der Lichtstärke der Normale entsprechende Entfernung eingestellt und durch Veränderung der Entfernung AB eine photometrische Einstellung ausgeführt. Dann werden A und B fest miteinander verbunden.

2. Nun wird bei C an die Stelle der Normale die zu messende Lampe gesetzt und unter Benutzung von S und W_2 einreguliert, d. h.

auf die auf der Lampe verzeichnete Spannung eingestellt. Dann wird
eine photometrische Messung durch Verschiebung des mit der Lampe B
fest verbundenen Photometerkopfes ausgeführt.«

Diese Meßmethode für Glühlampen (Winkelspiegelmethode) beruht auf der Annahme, daß die Glühlampe und ihre beiden Spiegelbilder durch eine im Scheitelpunkt des Winkelspiegels befindliche
äquivalente Lichtquelle ersetzt werden können. Diese Annahme ist
aber nur angenähert richtig, wie folgende Rechnung zeigt.

Es sei zunächst angenommen, daß die 9 cm vor der Spiegelkante
stehende Lichtquelle eine nach allen Richtungen gleiche Horizontallichtstärke J habe. Der Reflexionskoeffizient des Spiegels, d. h das
Verhältnis der von ihm reflektierten zu der auf ihn auftreffenden
Lichtstrahlung sei μ. Dann wird der Photometerschirm beleuchtet
durch die Lichtstärken 1) J, 2) $\mu \cdot J_1 = \mu \cdot J$ und 3) $\mu J_2 = \mu \cdot J$. Diese
drei Lichtstärken müssen nun durch die Lichtstärke J' einer gedachten
auf der Photometerachse befindlichen Lichtquelle so ersetzt werden,
daß diese gleich der Summe der Lichtstärken der wirklichen Lichtquelle und ihrer Spiegelbilder ist, und daß durch sie auf dem Photometerschirme die gleiche Beleuchtung erzielt wird wie durch die wirkliche Anordnung mit dem Spiegel. Die wirkliche Beleuchtung des
Photometerschirmes setzt sich zusammen aus der Beleuchtung $\dfrac{J}{l^2}$, er-
erzeugt durch J selbst und aus der Beleuchtung $2 \dfrac{\mu \cdot J}{r_1^2} \cos a$ (s. S. 256),
hervorgerufen durch die beiden Spiegelbilder von J. Soll die gedachte
Lichtquelle J' die gleiche Beleuchtung hervorrufen, so ist ihre Entfernung x vom Photometerschirm so zu bestimmen, daß:

$$\frac{J}{l^2} + \frac{2 \mu \cdot J}{r_1^2} \cos a = \frac{J'}{x^2}, \quad \dots \dots \quad 1)$$

oder, da nach Voraussetzung $J' = J + 2 \mu J$:

$$\frac{1}{l^2} + \frac{2 \mu}{r_1^2} \cos a = \frac{1 + 2 \mu}{x^2}. \quad \dots \dots \quad 2)$$

Für das vom Verband Deutscher Elektrotechniker zur Photometrierung von Glühlampen empfohlene Winkelspiegelsystem von
1897 gelten die in Fig. 229 eingeschriebenen Beziehungen. Es ergibt
sich daraus:

$$r_1 = \frac{l + 13,5}{\cos a} \quad \text{und} \quad \cos a - \frac{l + 13,5}{\sqrt{(l + 13,5)^2 + (9/2\sqrt{3})^2}},$$

also:

$$\frac{1}{l^2} + \frac{2\mu(l + 13,5)}{(\sqrt{(l + 13,5)^2 + 60,75})^3} = \frac{1 + 2\mu}{x^2}.$$

Hieraus erhält man abhängig von l, d. h. von der Entfernung der wirklichen Lichtquelle vom Photometerschirme die gesuchte Entfernung x der gedachten Lichtquelle; es ergibt sich x zu:

$$x = l \cdot \sqrt{\frac{(1 + 2\mu)(\sqrt{(l + 13,5)^2 + 60,75})^3}{(\sqrt{(l + 13,5)^2 + 60,75})^3 + 2\mu l^2(l + 13,5)}}. \quad \dots 3)$$

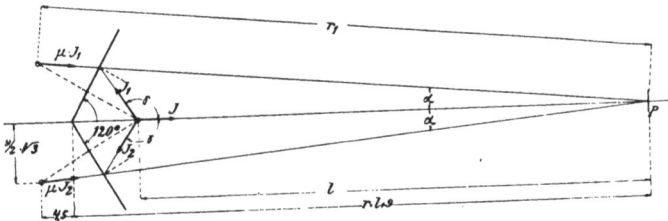

Fig. 229.

Nimmt man den Spiegelreflexionskoeffizienten μ zu 0,86 an (vgl. S. 256), so liefert die Formel 3) folgende Werte. Es wird für

$l = 50$ cm	100 cm	200 cm	300 cm	400 cm
$x = 1{,}150\,l$	1.081 l	1,042 l	1,027 l	1,021 l
$x = 57{,}5$ cm	108,1 cm	208,4 cm	308,1 cm	408,4 cm
statt 59,0 cm	109,0 cm	209,0 cm	309,0 cm	409,0 cm
der Fehler beträgt 5,45 %	1,71 %	0,69 %	0,53 %	0,30 %

und zwar erscheint um diesen Prozentsatz die Lichtstärke zu groß. Der Fehler des Verfahrens liegt bei einem Abstande, welcher größer als 200 cm ist, innerhalb der Grenze der Beobachtungsfehler.

Nun trifft aber die bei der Ableitung der Formel für x gemachte Voraussetzung, daß die Lichtquelle nach allen Richtungen in einer zu ihrer Achse senkrechten Ebene gleiche Lichtstärke besitze, nur in besonderen Fällen zu (angenähert z. B. bei der einfadigen Photometerglühlampe von S. & H. S. 73); im allgemeinen dagegen sind die Lichtstärken in den drei in Betracht kommenden Richtungen verschieden, und gerade für solche Lampen ist ja das vorbeschriebene Verfahren bestimmt. Ist z. B. (Fig. 229) $J_1 = m \cdot J$; $J_2 = n \cdot J$;

wobei J die Lichtstärke in der dem Photometer zugekehrten Richtung ist, während J_1 und J_2 die Winkel γ mit J bilden, so empfängt das Photometer die Beleuchtung:

$$\frac{J}{l^2} + \frac{m \cdot J\mu}{r_1^2} \cos \alpha + \frac{n \, J\mu}{r_1^2} \cos \alpha; \quad \ldots \ldots \quad 4)$$

setzt man diese Beleuchtung wieder gleich derjenigen, welche durch die gedachte Lichtquelle von der Lichtstärke $J' = J + mJ\mu + n \cdot J\mu$ im Abstande x vom Photometerschirme hervorgebracht wird, so ergibt sich daraus der Abstand:

$$x = l \cdot \sqrt{\frac{(1 + [m + n]\,\mu) \cdot \sqrt{(l + 13,5)^2 + 60,75}^3}{\sqrt{(l + 13,5)^2 + 60,75}^3 + (m + n)\,\mu\, l^2\,(l + 13,5)}}.$$

Um streng richtig zu verfahren, müßte man also bei der Untersuchung einer Glühlampensorte zunächst für eine der Prüflampen durch direkte Beobachtung, d. h. ohne Spiegel, die Lichtstärken J, J_1 und J_2 bestimmen, um aus ihnen die Verhältniszahlen $m = \dfrac{J_1}{J}$ und $n = \dfrac{J_2}{J}$ zu erhalten; dabei wäre zu beachten, daß γ seine Größe mit l ändert; es wird 120^0 für $l = \infty$ und 126^0 für $l = 50$ cm. Darauf hätte man mittels obiger Formel für eine während aller Versuche konstant zu belassende Entfernung l der Prüflampe vom Photometerschirme die Entfernung $x - l$ der Spiegelmarke von der Prüflampe zu ermitteln. In der Praxis würde sich aber dieses umständliche Verfahren kaum lohnen, von anderen Gründen ganz abgesehen schon deshalb nicht, weil wie vorher gezeigt, bei einigermaßen großem l die Fehler unerheblich sind und weil die Formel für x einer Abweichung der Lichtquelle von der Punktförmigkeit nicht Rechnung tragen kann.

Bei der praktischen Anwendung der Verbandsmethode verfährt man folgendermaßen:

Über dem Nullpunkte der Teilung der Photometerbank steht vertikal der Winkelspiegel, 9 cm vor ihm die Normallampe von bekannter mittlerer horizontaler Lichtstärke. Das Photometer wird nun auf den dieser mittleren horizontalen Lichtstärke entsprechenden Teilstrich eingestellt und fest mit der Zwischenlampe verbunden in einem Abstande, der zwischen 54 und 66 cm liegen soll. Darauf wird die Zwischenlampe geeicht, d. h. ihre Spannung wird derart geändert, daß beide Seiten des Photometerschirmes gleich beleuchtet sind. Dieser Spannungswert ist während der folgenden Messung beizubehalten. Es wird nunmehr die Normallampe durch die Prüflampe ersetzt, die

Spannung der Prüflampe auf einen bestimmten Wert, z. B. 110 Volt, einreguliert und das Photometer zugleich mit der Zwischenlampe solange verschoben, bis beide Schirmseiten wieder gleich stark beleuchtet sind. Ist dies der Fall, so kann unter der Marke des Photometers unmittelbar die gesuchte mittlere horizontale Lichtstärke abgelesen werden. Auf diese Weise vollzieht sich die Lichtstärkenprobe. Soll die Spannungsprobe gemacht werden, d. h. die Spannung gesucht werden, bei der die Prüflampe eine bestimmte mittlere horizontale Lichtstärke, z. B. 16 HK, besitzt, so wird zunächst genau wie vorher die Zwischenlampe geeicht, die Normallampe durch die Prüflampe ersetzt und ohne daß die Verbindung zwischen Photometer und Zwischenlampe gelöst oder geändert wird, das Photometer auf den Teilstrich eingestellt, an dem die gewünschte horizontale Lichtstärke abgelesen wird. Darauf wird unter gleichzeitiger Beobachtung des Gesichtsfeldes im Photometerkopfe die Spannung der Prüflampe auf jenen Wert eingestellt, bei dem die Beleuchtung beider Schirmseiten gleich ist. Die so gefundene Spannung ist die gesuchte.

Die Methode arbeitet mit der stets konstanten und für die photometrischen Beobachtungen sehr günstigen Beleuchtung des Photometerschirmes von ungefähr 25 bis 30 Lux (vgl. S. 213). Dies ist ein nicht zu unterschätzender Vorteil, weil bei gleicher Beleuchtung auch die Beobachtungsfehler gleich sind. Ein größerer Nachteil liegt indessen in der Notwendigkeit einer festen Verbindung zwischen Photometer und Vergleichslampe. Das verhältnismäßig große zu verschiebende Gewicht bringt nämlich eine rasche Ermüdung des Beobachters mit sich und beeinträchtigt auch die Genauigkeit der Einstellung etwas. Über die der Methode anhaftenden Fehler hat Liebenthal[1]) theoretische Untersuchungen angestellt, aus denen er die Forderung ableitet, Prüflampe und Normallampe sollen möglichst genau gleiche Lichtstärke und gleiche Fadenform, also möglichst kongruente Polarkurven der Lichtstärke besitzen. Demnach ginge es nicht an, etwa eine 10 kerzige Normallampe für eine 32 kerzige Prüflampe zu benutzen, oder eine 110 Volt-Lampe mit einer Schlinge mit einer 220 Volt-Lampe mit zwei Schlingen oder endlich Lampen mit Klarglasglocken mit Lampen mit mattierten Glocken zu vergleichen.

Uppenborn[2]) hat ebenfalls diese Frage experimentell geprüft und gefunden, daß, wenn man Glühlampen von gleicher Lichtstärke und

---

[1]) Liebenthal, Lichtverteilung und Methoden der Photometrierung von elektrischen Glühlampen. Zeitschrift für Instrumentenkunde 19. S. 193. 225. 1899.
[2]) Uppenborn, E. T. Z. 28. S. 139. 1907.

gleicher Fadenform miteinander vergleicht, die Methode eine genügende Genauigkeit ergibt. Sie kann also unter diesen Vorsichtsmaßregeln als zuverlässig bezeichnet werden.

§ 140. Die Winkelspiegel-Methode von Siemens & Halske.

In Fig. 230 ist die von Siemens & Halske konstruierte Photometerbank abgebildet. Ihre Meßlänge beträgt 2 m. An beiden Enden der Teilung stehen feste Winkelspiegel, während der Photometerkopf

Fig. 230.

beweglich ist. Sein Tubus steht rechtwinklig aus dem das ganze Photometer umschließenden Kasten durch einen langen horizontalen Schlitz heraus, welcher an beiden Seiten des Photometerkopfes durch über Rollen laufende Bänder verschlossen ist, so daß man also mit einem solchen Photometer in einem nicht verdunkelten Zimmer arbeiten kann. Allzu starke Beleuchtung des Zimmers muß allerdings vermieden werden, da sie die Genauigkeit der Messungen beeinträchtigt. Das Photometer ist mit zwei Skalen versehen, von denen die eine in Zentimeter, die andere in Hefnerkerzen geteilt ist. Der Teilstrich für 10 Kerzen befindet sich in der Mitte der Bank, also in

1 m Entfernung vom Nullpunkte. Die Teilung folgt dem Gesetze:

$$r = \frac{200}{1 + \sqrt{\dfrac{10}{J}}} \quad \text{oder} \quad J = 10 \left(\frac{r}{200 - r}\right)^2,$$

worin J eine bestimmte horizontale Lichtstärke und r die zugehörige Entfernung vom Nullpunkte in Zentimetern ist. Die Beleuchtung E des Photometers ist hier nicht konstant, sondern abhängig von r, nämlich

$$E = \frac{100\,000 \cdot a}{(200 - r)^2},$$

worin a das Verhältnis der durch den Spiegel an der Normallampe vergrößerten Lichtwirkung zur mittleren horizontalen Lichtstärke der Normallampe ist. Das Prüfverfahren ist im übrigen genau das gleiche wie bei der Verbandsmethode von 1897, nur daß Photometer und Zwischenlampe nicht miteinander verbunden werden. Erwähnt sei noch, daß bei der Eichung der Zwischenlampe diese, wenn beide Schirmseiten gleich beleuchtet sind, in der Richtung gegen den Photometerkopf stets und unabhängig von der Lichtstärke der Normallampe eine Lichtstärke von 10 HK annimmt, vorausgesetzt, daß die Wirkungen beider Spiegel gleich sind. Sonst tritt zu 10 noch das Verhältnis beider Spiegelwirkungen als Faktor hinzu.

Bei den umfangreichen Versuchen Uppenborns ergab sich, daß man mit dieser Photometriermethode eine befriedigende Genauigkeit erhält, solange Lichtstärke und Fadenform von Prüf- und Normallampe möglichst übereinstimmen.

§ 141. Die Rotationsmethode.

Die Rotationsmethode beruht auf dem Talbotschen Gesetz, das auf S. 195 angeführt ist. Wenn man demnach eine Glühlampenfassung auf einer Photometerbank drehbar derart aufstellt, daß die Glühlampenachse vertikal steht und ihr Lichtschwerpunkt in die Photometerachse fällt, so kann man, wenn man die Lampe in eine so schnelle Rotation versetzt, daß ein kontinuierlicher Lichteindruck entsteht, durch eine e i n z i g e Messung ihre mittlere horizontale Lichtstärke bestimmen. Die Rotationsmethode mit vertikaler Rotationsachse (Fig. 231) ist seit längerer Zeit fast allgemein in Amerika im Gebrauch. Hyde und Cady[1]) berichteten im Jahre 1906 über gute

---

[1]) Hyde und Cady, Electrical World **48**. S. 956. **1906**.

Erfahrungen mit dieser Methode. Bei Kohlenfadenglühlampen liegt die Umdrehungszahl bei 180 Umdrehungen in der Minute. Die An-

Fig. 231.

wendung der Rotationsmethode ist an zwei sich widersprechende Be-dingungen geknüpft. Einerseits soll die Umdrehungszahl der rotierenden Lampen möglichst hoch sein, damit im Gesichtsfelde des Photometers kein störendes Flimmern auftritt, ander-seits darf die Umdrehungszahl nicht so hoch sein, daß durch die auftre-tende Fliehkraft die Fäden der Glüh-lampe verzerrt oder beschädigt wer-den. Die Konstruktionen der rotie-renden Fassungen sind sehr verschie-den. Erfolgt die Stromzuführung zur rotierenden Lampe mittels Schleif-ringen und Bürsten wie in Fig. 231, so empfiehlt es sich, die Zuführungs-drähte zum Voltmeter unmittelbar an die Schleifringe vermittelst besonderer von den stromzuführenden Bürsten isolierter Bürsten anzulegen; lagen sie an den stromzuführen-

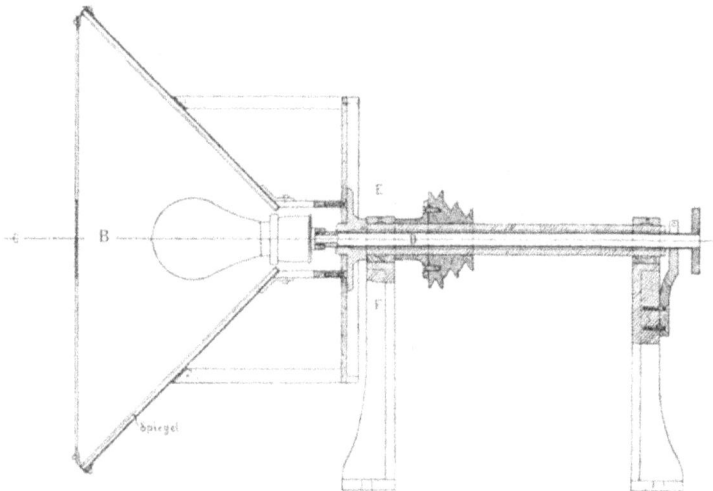

Fig. 232.

den Bürsten, so fand Uppenborn einen Spannungsverlust bis zu 4°/₀. Bei den rotierenden Vorrichtungen, bei denen der Strom der Lampe über Quecksilberkontakte zugeführt wird, ist dieser Übelstand des Spannungsverlustes vermieden.

Eine Rotationsmethode, bei welcher die Glühlampe feststeht, ist von Brodhun angegeben worden. Diese Methode, die von der Physikalisch-Technischen Reichsanstalt benutzt wird, besteht darin, daß die Glühlampe, wie Fig. 232 zeigt, mit ihrer Längsachse in der Photometerachse ruhend befestigt wird. Der direkte Strahlengang der Glühlampe wird durch einen rotierenden Schirm *G* abgeblendet; durch zwei rotierende, unter 45⁰ gegen die Lampenachse geneigte Winkelspiegel wird die mittlere horizontale Lichtstärke bestimmt. Bei dieser Methode ist also der Fehler der durch die Zentrifugalkraft bewirkten Verzerrung der Fäden vermieden. Über die in Fig. 232 sichtbare Stufenscheibe läuft eine Schnur, welche von dem in Fig. 233 sichtbaren Eelektromotor angetrieben wird.

Vom Jahre 1906 an begannen die Metallfadenglühlampen, die Tantallampen und Wolframlampen den bekannten Umschwung in der Anwendung der Glühlampen einzuleiten. Da diese Glühlampen gegenüber der Kohlenfadenlampe mit einer Schleife eine größere Anzahl von Fadenelementen aufwiesen, die symmetrisch um eine zentrale Glasachse angeordnet waren, schien es, als ob die für die hufeisen- oder einfach

Fig. 233.

schleifenförmigen, f r e i h ä n g e n d e n Kohlenfäden zugeschnittene Winkelspiegelmethode des Verbandes Deutscher Elektrotechniker den geänderten Verhältnissen nicht mehr genügen würde.

Paulus[1] zeigte, daß bei der d i r e k t e n Bestimmung der mittleren horizontalen Lichtstärke durch Aufnahme von 72 Meßpunkten (von 5⁰ zu 5⁰ gemessen) einer Horizontalebene die größten Abweichungen vom Mittelwert der horizontalen Lichtstärke bei einer Wolframlampe $+4,7-7,0\%$, bei einer Tantallampe $+4,3-2,7\%$ betrugen. Der Grund für diese verhältnismäßig großen Abweichungen lag darin,

---

[1] Cl. Paulus, Zeitschrift für Beleuchtungswesen **14.** S. 195. 206. **1908.**

daß die Fäden nacheinander durch den zu ihrer Stützung dienenden
zentralen Glasstab verdeckt werden. Ferner fand Paulus, daß die
Winkelspiegelmethode für Wolframlampen nicht wesentlich genauer
ist als die Messung in einer einzigen Richtung.

Weitaus die besten Ergebnisse erzielte Paulus mit der Rotationsmethode. Es wurde bei zwei Wolframlampen und der Tantallampe
vollkommene Übereinstimmung mit dem g e n a u e n Wert der mittleren horizontalen Lichtstärke und bei der dritten Wolframlampe
lediglich eine Abweichung von 0,2% erhalten. Die Einwände, die man
gegen die Brauchbarkeit der Rotationsmethode erheben könnte,
erwiesen sich bei den Versuchen von Paulus mit vertikal rotierendeh
Lampen als nicht stichhaltig. Eine Gefahr, daß der Glühfaden infolge
der Fliehkraft verzerrt oder beschädigt werde, besteht bei der kleinen
Umlaufsgeschwindigkeit von 40 Umdrehungen in der Minute, die
zweckmäßig sogar auf 80 Umdrehungen in der Minute erhöht wird,
nicht, und auch das zweite Bedenken, daß das bei kleinen Umdrehungs-
zahlen auftretende Flimmern im Gesichtsfelde des Photometers die
Meßgenauigkeit beeinträchtigt, ist unbegründet. Objektive Fehler
traten bei der Rotationsmethode auch bei der kleinsten Umdrehungszahl nicht auf und daß auch die subjektiven Fehler zu vernachlässigen
sind, zeigt folgender Versuch von Paulus: Eine der drei Wolframlampen wurde zuerst im Ruhezustande (Umdrehungszahl $n = 0$) in
einer bestimmten Ausstrahlungsrichtung und dann bei verschiedenen
Umlaufszahlen photometriert; es wurden jedesmal rasch hintereinander und ohne daß der Beobachter ihm ungünstig erscheinende
Werte unterdrückte, 15 Beobachtungen gemacht und daraus der
mittlere Fehler einer einzelnen Messung berechnet; er betrug:

für $n = 0$	36	100	130	180 Umdrehungen i. d. Minute
0,31	0,26	0,29	0,24	0,31 % des Mittelwertes,

hatte also schon bei der kleinsten Geschwindigkeit die bei photometrischen Messungen überhaupt übliche Größe.

Auf Grund dieser Ergebnisse und eigener Erfahrungen stellte
Monasch[1]) auf der Jahresversammlung des Verbandes Deutscher
Elektrotechniker in Köln den Antrag, daß die Glühlampenmeßvor-
schriften des Verbandes den veränderten Verhältnissen angepaßt
würden. Die Ergebnisse der hierauf folgenden Kommissionsarbeiten
sind die neuen Vorschriften für die Messung der mittleren horizontalen

---

[1]) E.T.Z. **30.** S. 737. **1909.**

Lichtstärke von Glühlampen[1]), die im folgenden in der jetzt gültigen Fassung von 1911 mitgeteilt sind.

§ 142. Neue Vorschriften des Verbandes Deutscher Elektrotechniker für die Messung der mittleren horizontalen Lichtstärke von Glühlampen (1910).

»Unter Lichtstärke einer Glühlampe versteht man, wenn nichts anderes bemerkt ist[1]), die mittlere Lichtstärke in einer zur Lampenachse senkrechten, durch die Mitte des Leuchtkörpers gelegten Ebene. Diese Lichtstärke wird als m i t t l e r e   h o r i z o n t a l e   L i c h t - s t ä r k e bezeichnet, da die Lampenachse bei der Messung meistens eine vertikale Lage hat.

Die mittlere horizontale Lichtstärke wird nach der Methode der rotierenden Lampe bestimmt. Hierzu wird die zu messende Lampe in vertikaler Lage mittels einer Rotationsvorrichtung um ihre Achse gedreht. Die Umdrehungsgeschwindigkeit ist so zu bemessen, daß kein störendes Flimmern im Photometerkopf und keine schädliche Verbiegung der Glühfäden auftritt. Ist letzteres nicht zu vermeiden, so ist eine andere Methode mit nicht rotierender Lampe zu wählen, z. B. die Brodhunsche Methode der rotierenden Spiegel (Liebenthal, »Praktische Photometrie«, S. 331)[2]) oder die Methode der Photometrierung in einer größeren Anzahl von Ausstrahlungsrichtungen.

Als Normallampen dienen von der Reichsanstalt geprüfte Glühlampen. Die Richtung, in der die Lichtstärke bestimmt worden ist, muß auf den Lampen bezeichnet sein und bei der Messung mit der optischen Achse der Photometerbank zusammenfallen. An Stelle der Normallampen können auch, zumal bei länger dauernden Messungen, andere fehlerfreie Glühlampen benutzt werden. Ihre Lichtstärke muß durch unmittelbaren Vergleich mit einer Normallampe festgestellt werden. Sie sollten vorher mindestens 50 Stunden gebrannt haben und in ihrer Lichtfarbe mit derjenigen der zu messenden Lampe möglichst übereinstimmen. Das letztere gilt auch von den Zwischenlichtquellen (*B* in Fig. 235).

Die Beleuchtungsstärke auf dem Photometerschirm soll 30 Lux nicht wesentlich übersteigen. Dementsprechend ist die Länge der

---

[1]) E.T.Z. **31**. S. 302. 1910. E.T.Z. **32**. S. 402. **1911.**

[2]) Ist die Kenntnis der mittleren sphärischen Lichtstärke erwünscht, so wird empfohlen, diese mittels der Ulbrichtschen Kugel zu bestimmen.

[3]) S. dieses Buch Seite 365.

Photometerbank zu wählen. Für Lichtstärken bis zu etwa 100 HK genügt eine Banklänge von 2,5 m und eine Lichtstärke der Normallampe von 10 bis 25 HK. Die Bank kann metrisch und nach Kerzen geteilt sein.

Mit Hilfe von schwarzen Schirmen, am besten Samtschirmen, ist zu verhüten, daß fremdes Licht auf den Photometerschirm gelangt; es darf jedoch kein Teil der Lampe selbst abgeblendet werden.

Die Spannungsmessung muß stets an den Klemmen der Glühlampe erfolgen.

Die Messung geschieht nach einer der folgenden Methoden:

1. Methode.

Die in eine Rotationsvorrichtung gesetzte zu messende Lampe x und die Normallampe n bleiben in konstanter Entfernung voneinander. Die photometrische Einstellung erfolgt durch Verschiebung des Photometerkopfes P (Fig. 234).

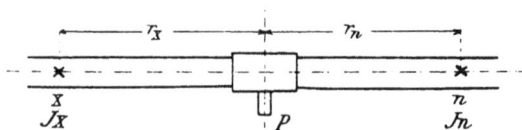

Fig. 234.

Bedeuten J_x die Lichtstärke der zu messenden Lampe x, J_n die Lichtstärke der Lampe n in Richtung der optischen Achse der Photometerbank, r_x und r_n die sich bei der Einstellung ergebenden Abstände des Photometerschirmes von den Lampen x und n, so ist:

$$J_x = \frac{r_x{}^2}{r_n{}^2} \cdot J_n.$$

Die Gleichseitigkeit des Photometerkopfes ist hierbei vorausgesetzt.

Es empfiehlt sich im allgemeinen, die Lampen x und n an den Enden der Photometerbank aufzustellen und eine nach dem Entfernungsgesetz berechnete Kerzenteilung zu benutzen, deren Teilstrich 1 in der Mitte zwischen x und n liegt. Die Lichtstärke der zu messenden Lampe ist dann gleich der Lichtstärke der Normallampe n multipliziert mit der an der Kerzenteilung abgelesenen Zahl.

II. Methode.

Der Photometerkopf A (Fig. 235) wird mit einer Zwischenlichtquelle B fest verbunden und mit dieser zugleich verschoben. In C befindet sich die in eine Rotationsvorrichtung gesetzte zu messende

Lampe bzw. die Normallampe. Der Abstand zwischen A und B muß verstellbar sein. Die Photometerbank trägt eine nach dem Entfernungsgesetz berechnete Kerzenteilung, deren Nullpunkt in der Achse der Lampe bei C liegt und deren Teilstrich 1 um 1 m von dem Nullpunkt entfernt ist.

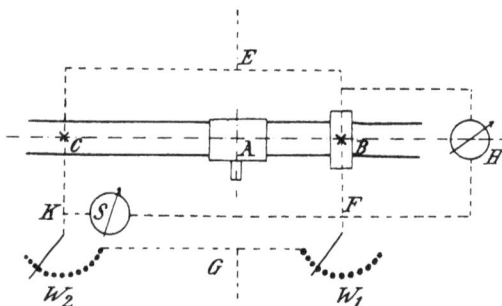

Fig. 235.

Die Lichtmessung geschieht, indem nacheinander die beiden folgenden Einstellungen (a und b) ausgeführt wurden.

Einstellung a.

Zunächst erhält die Zwischenlichtquelle B die richtige Spannung. Hierauf wird bei C die nicht rotierende Normallampe aufgesetzt und einreguliert; sodann wird der Photometerkopf A auf den Teilstrich 1 der Kerzenteilung eingestellt und durch Änderung der Entfernung AB eine photometrische Einstellung ausgeführt. Danach werden A und B fest miteinander verbunden.

Einstellung b.

Bei C wird an die Stelle der Normallampe die zu messende Lampe gesetzt und einreguliert. Dann wird eine photometrische Messung durch Verschieben des mit B fest verbundenen Photometerkopfes A ausgeführt. Die gesuchte Lichtstärke ist dann gleich der Lichtstärke der bei der Einstellung a benutzten Normallampe, multipliziert mit der an der Kerzenteilung abgelesenen Zahl.

Schaltungen.

Bei beiden Methoden I und II können folgende Schaltungen angewendet werden:

Steht konstante Spannung zur Verfügung, so kann die direkte Schaltung angewendet werden. Jede Lampe hat einen gesonderten Stromkreis, in dem sich ein Regulierwiderstand und ein Strommesser befindet. An den Klemmen jeder Lampe liegt ein Spannungsmesser.

Bei schwankender Spannung wird zweckmäßig die in Fig. 235 angegebene Differenzschaltung angewendet. Die Spannungen der zu vergleichenden Lampen dürfen hierbei nicht zu weit auseinander liegen. In den parallelen Zweigen EFG und EKG liegen einerseits die Lampe B und der Regulierwiderstand W_1, anderseits die Lampe C und der Regulierwiderstand W_2. Zwischen K und F ist ein Spannungsmesser S für geringe Spannungen angelegt; außerdem liegt an B ein technischer Spannungszeiger H, der dazu dient, der Lampe B mit Hilfe von W_1 die vorgeschriebene Spannung zu geben; die Lampe C erhält jedesmal die ihr zukommende Spannung, indem man unter Benutzung von W_2 im Spannungsmesser S die entsprechende Spannungsdifferenz zwischen den Lampen C und B herstellt. (Vgl. Strecker, Hilfsbuch 1907, S. 285.)«

§ 143. Dauer-Proben.

Unter der Nutzbrenndauer einer Glühlampe versteht man diejenige Brenndauer, innerhalb welcher die Anfangslichtstärke der Glühlampe um 20% abgenommen hat. Bei der Ausführung von Dauerproben werden die zu prüfenden Glühlampen mit der auf ihnen verzeichneten Spannung in Betrieb gesetzt, und die Spannung wird möglichst konstant gehalten oder die Lampen werden, wenn sie den Verhältnissen der Praxis entsprechend beobachtet werden sollen, an ein Netz geschaltet, dessen Spannung dieselben Schwankungen mitmacht, denen die Lampen beim Gebrauch in Anlagen ausgesetzt zu sein pflegen. Zur Eintragung der Beobachtungen diene das nachfolgende Schema:

Prüfungsprotokoll über eine Dauerprobe

von **Glühlampen** für .... Volt................ Watt .... HK

Fabrikat: ....

Brenndauer .... Datum der Prüfung ....

Lampe Nr.	Volt	Amp.	Watt	Photo-meter-Ablesung	a	b	$\left(\dfrac{a}{b}\right)^2$	Licht-stärke in HK	$\dfrac{\text{Watt}}{\text{HK}}$	Brenn-dauer in Stunden

Hierbei bedeuten a die Entfernung der zu prüfenden Lampe und b die Entfernung der Normallampe vom Photometerkopf.

§ 144. Glühlampenprüfer ohne photometrische Einrichtung.

Unter »Glühlampenprüfern« versteht man vielfach im Handel kleine Apparate, die eine Fassung zur Aufnahme von Glühlampen tragen und außerdem noch ein kleines Amperemeter, Wattmeter oder ein kombiniertes Voltmeter und Amperemeter enthalten. Eine photometrische Einrichtung fehlt diesen Apparaten. Trotzdem werden diese Apparate vielfach, wenn auch unsachgemäß, zur rohen Ermittelung des spezifischen Effektverbrauchs von Glühlampen benutzt, indem man als Lichtstärke der Glühlampe die auf dem Sockel der Lampe angegebene Lichtstärke in die Rechnung einführt. Hierbei wird nicht beachtet, daß die Nennlichtstärke von Glühlampen gewissen Toleranzgrenzen unterworfen ist und daher in den seltensten Fällen wirklich genau den auf dem Sockel verzeichneten Wert besitzt. Monasch[1]) zeigte, daß man hierbei Fehler bis zu 28,6% machen kann, und daß den Glühlampenprüfern ohne photometrische Einrichtung das Recht abgesprochen werden muß, zur Prüfung von Glühlampen verwendet zu werden, wenn unter Glühlampenprüfung die Bestimmung des spezifischen Effektverbrauchs (Watt/HK) verstanden wird. Bei der Bestimmung des gesamten Wattverbrauches einer Glühlampe mit diesen Apparaten muß verlangt werden, daß die Effektmessung bei derjenigen Spannung erfolgt, für welche die Glühlampe bestimmt ist und welche auf dem Sockel der Glühlampe verzeichnet ist; keinesfalls darf die Effektmessung bei einer diesen Spannungswert übersteigenden Spannung erfolgen.

§ 145. Glühlampenprüfer mit photometrischer Einrichtung.

1. Das Betriebsphotometer von Herrmann[2]), das von den Veifa-Werken, Frankfurt a. M., gebaut wird, beruht auf dem Lambertschen Schattenprinzip. Es ist in einem tragbaren Holzkasten untergebracht. In Fig. 236 ist das Prinzip dieses Photometers und in Fig. 237 die Gesamtansicht dargestellt.

Ein senkrecht stehendes Metallstäbchen A wird gleichzeitig von zwei Lichtquellen beleuchtet, nämlich von einer der dem Apparate beigegebenen Normallampen B und einer Prüflampe C. Hierdurch werden zwei Schattenbilder des Stäbchens auf einen hinter diesem liegenden weißen Schirm D aus Milchglas geworfen. Das Stäbchen wird längs einer parallel zur Verbindungslinie der beiden Lichtquellen

---

[1]) B. Monasch, E. T. Z. **30**. S. 1253. **1909**.

[2]) Herrmann, Elektrotechnischer Anzeiger **26**. S. 103. **1909**.

liegenden Skala *E* so lange verschoben, bis die Schattenbilder gleich
stark beleuchtet sind, also gleich hell erscheinen. In diesem der Falle
verhalten sich die Lichtstärken der beiden Lichtquellen wie die
Quadrate ihrer Entfernungen von den durch sie beleuchteten Schatten-
bildern und umgekehrt wie die Kosinus der Einfallswinkel.

$$\frac{J_B}{J_C} = \frac{r_B{}^2}{r_C{}^2} \cdot \frac{\cos a_C}{\cos a_B}.$$

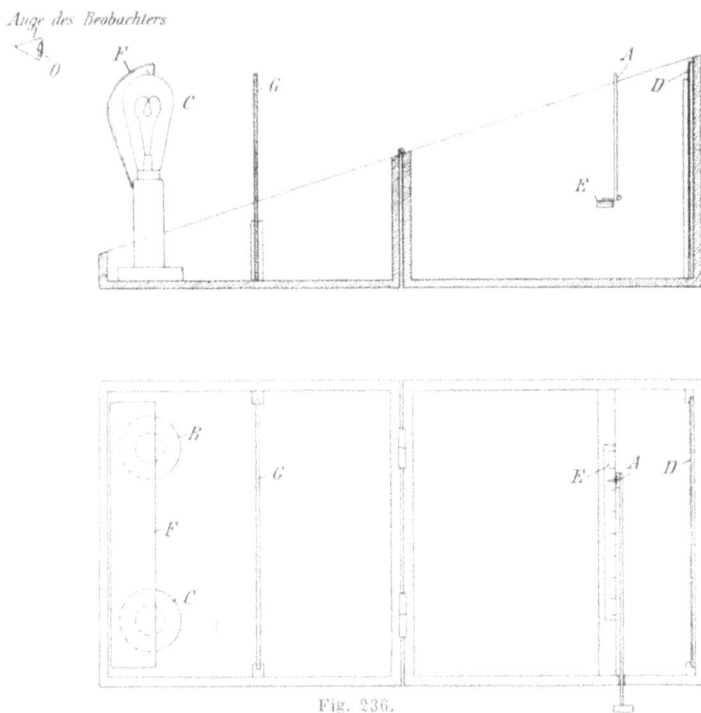

Fig. 236.

Die Skala *E* ist für bestimmte Lichtstärken der Normallampe *B*
empirisch nach Hefnerkerzen geteilt, so daß nach der photometrischen
Einstellung des Stäbchens *A* unter diesem sofort die Lichtstärke
der Prüflampe abgelesen werden kann. Dem Apparat sind 3 Normallampen und eine dazu passende Mehrfachskala beigegeben, welche für
die 16 kerzige Normallampe von 12 bis 20 HK, für die 25 kerzige
Normallampe von 20 bis 30 HK und für die 32 kerzige Normallampe
von 26 bis 38 HK reicht. Der Normallampe ist die Lichtstärke, die
sie in einer bestimmten, durch einen Pfeil gekennzeichneten Richtung
liefert, und die Spannung, mit der sie brennen soll, aufgedruckt.

Bei dieser Spannung ist aber die Lichtstärke etwas geringer als die aufgedruckte, und zwar aus folgenden Gründen: Die Normallampe brennt bei dem Versuche mit der richtigen Gebrauchsspannung, die zu prüfende mit der um den Spannungsverlust im Strommesser verminderten Spannung. Während des Versuches zeigt diese letztere Lampe also eine geringere Lichtstärke, als sie bei voller Spannung haben würde. Um diesen Fehler zu korrigieren, hat man die Normallampe bei einer um den oben genannten Spannungsverlust im Strommesser erhöhten Spannung geeicht, so daß beim Versuch nunmehr auch sie (ebenso wie die zu prüfende Lampe) mit zu niedriger Spannung brennt. Man vergleicht auf diese Weise also Lampen, deren Lichtstärke beide in demselben Verhältnis vermindert sind.

Fig. 237 b.   Fig. 237 a.

Fig. 237a zeigt das Instrument in transportfähigem Zustand. Zur Ausführung einer Lichtmessung wird der vordere Teil des Holzkastens herausgezogen (Fig. 237b), der zur Aufnahme der Normalglühlampe und der zu untersuchenden Lampe bestimmt ist. Der schattenwerfende Körper wird durch einen an der Seite des Kastens herausragenden Knopf verschoben. Diese neuere Anordnung hat gegenüber der früheren, in Fig. 236 dargestellten Anorduung den Vorteil, daß keine Störung der Lichtmessung durch die äußere Beleuchtung erfolgt. Die elektrischen Meßinstrumente sind fest in den Kasten eingebaut.

Paulus[1]) hat eine ältere Ausführungsform dieses Instruments geprüft und gefunden, daß man im Mittel immerhin mit Fehlern bis zu 5% rechnen muß. Bei wirklichen Betriebsmessungen, bei denen die Normallampen fehlerhaft sein können und der Fehler möglicherweise nicht richtig korrigiert ist, können die Abweichungen unter Umständen noch beträchtlich größer sein, wenn sich die verschiedenen Fehler nicht zufällig wenigstens zum Teile aufheben. Immerhin dürfte das Instrument in allen Fällen brauchbar sein, in denen es sich nicht um eine eigentliche Messung der Lichtstärke, sondern nur um eine Ausscheidung unbrauchbarer Lampen handelt.

2. S i e m e n s & H a l s k e [2]) bauen ein tragbares Glühlampen-photometer, das in Fig. 238 dargestellt ist.

Fig. 238.

Der Apparat besteht aus drei Kasten, von denen die beiden äußeren mit dem mittleren durch zusammenfaltbare Balgen verbunden sind und beim Gebrauch nach Art einer Harmonika auseinander gezogen werden. Auf den Kasten sind zwei zusammenlegbare Führungsschienen, die zugleich Teilungen nach Millimeter und Kerzen tragen, befestigt. In die Kasten werden ein Voltmeter und ein Amperemeter eingebaut. Diese Instrumente sind derart in den Stromkreis geschaltet, daß sie nur den durch die Lampe gehenden Strom und die unmittelbar an der Lampe abgenommene Spannung anzeigen; der Wattverbrauch der Glühlampe wird daher allein gemessen und folgt aus den Angaben der beiden Instrumente durch einfache Multiplikation. Dies gilt auch für Wechselstrom, da der Verbrauchsstromkreis praktisch induktionsfrei und der Leistungsfaktor nahezu 1 ist.

---

[1]) Cl. Paulus. Journal für Gasbeleuchtung **53**. S. 166. **1910**.
[2]) Siemens & Halske, E. T. Z. **29**. S. 412. **1908**.

Um eine Nachprüfung der Instrumente jederzeit zu ermöglichen, oder die Messung mittels Präzisions-Wattmeters oder getrennter Volt- und Amperemeter vornehmen zu können, sind besondere Klemmen zum Anschluß solcher Instrumente angebracht, so daß der Apparat auch für genauere Laboratoriumsmessungen verwendbar ist.

Als photometrische Methode ist die Bunsensche verwendet worden, wobei der gewöhnliche Fettfleck durch einen Silberfleck zwischen zwei mattierten Glasplatten ersetzt wurde. Dieses Silberplättchen übernimmt die Rolle des undurchsichtigen Teiles des Bunsenschirmes, während die auf den beiden äußeren Seiten matt geschliffenen Glasplatten den eigentlichen Fettfleck darstellen. Da nun die Reflexion des auf das Silberplättchen fallenden Lichts eine vollkommenere ist, wie die des beim alten Bunsenschirm verwendeten Papiers, und da die beiden diffus reflektierenden Außenflächen der Glasplatten eine ganz gleichmäßige Mattierung besitzen, so tritt bei Gleichheit der beiden zu vergleichenden Lampen ein fast vollständiges Verschwinden des Silberfleckes ein. Die Ablesung der Meßinstrumente und Skalen sowie die Beobachtung des Schirmes erfolgt von oben, so daß man mit dem Apparat schnell und bequem arbeiten kann.

Die beiden seitlichen Kasten des Apparates enthalten je zwei unter 120° zueinander geneigte Spiegel und die Normallampe bzw. die zu prüfende Lampe. Die Lampen sind hängend angeordnet, so daß der Apparat auch für nur hängend zu brennende Lampen brauchbar ist. Der Apparat kann durch einen beigegebenen Stöpsel mit Leitungsschnur an eine gewöhnliche Lampenfassung angeschlossen werden und ist dann ohne weiteres betriebsfertig. Die Messungen können an beliebigem Orte bei vollem Tageslicht vorgenommen werden. Da die Normallampe und die Vergleichslampe im Apparat parallel geschaltet sind und die Normallampe außerdem einen dem Widerstande des Amperemeters, welches im Stromkreise der Vergleichslampe liegt, entsprechenden Vorschaltwiderstand besitzt, so liegen beide Lampen genau an derselben Spannung, können also ohne weiteres miteinander verglichen werden.

Um auch in solchen Fällen die Lichtstärke bestimmen zu können, in denen die Netzspannung höher oder tiefer liegt, als die auf den Sockeln der Lampen angegebene Nennspannung, kann man die Normallampe in verschiedener Entfernung vom Schirm feststellen, so daß die gleiche Beleuchtung am Schirm entsteht wie bei der Nennspannung. Aus einer dem Photometer beigegebenen Zahlentafel kann man dann leicht ohne weiteres ersehen, auf welchem Teilstrich der Skala oder

in welcher Entfernung vom Schirm die Normallampe bei dieser bestimmten Spannung eingestellt werden muß. Schnell vorübergehende
Spannungsschwankungen haben keinen Einfluß auf die Messungen,
da Normallampe und Vergleichslampe parallel geschaltet sind.

3. Hartmann und Braun[1]) bauen einen Glühlampenprüf-
apparat, der in Fig. 239 im Grundriß dargestellt ist. Der Apparat be-
aus einem Holzkasten, in welchem sich zwei durch die Kammern $R_1 R_2$
gegeneinander lichtdicht abgeschlossene Glühlampen, eine Normallampe L_n und die zu prüfende Lampe L_x befinden. Um der sich ent-
wickelnden Wärme Abzug zu verschaffen, ist die Rückwand des
Kastens durchbrochen. Durch seitliche Türen sind die Lampen zugänglich. Die Lampenfassungen sind, um die Bedienung einfach zu

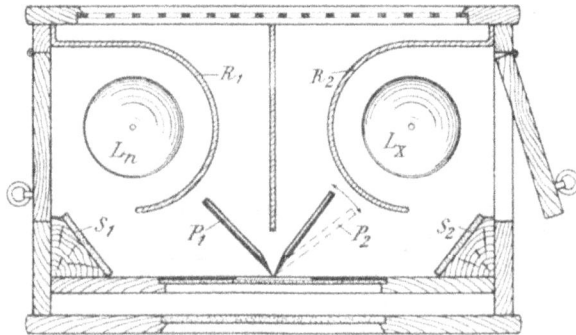

Fig. 239.

gestalten, zum Einstecken der Lampen eingerichtet; und zwar derart, daß
die Lampen hängend brennen. Die beiden Lampen werfen Lichtbündel
auf die Spiegel $S_1 S_2$, und diese werden sodann auf die in einer Kante
zusammenstoßenden diffus reflektierenden Flächen $P_1 P_2$ reflektiert.
Von diesen Flächen aus wird ein kreisförmiges, durch die Trennkante
der beiden Flächen halbiertes Feld von 3 cm Durchmesser auf der
Strom- und Spannungsskala des Apparates beleuchtet. Dieses Feld
ist in Fig. 240, die den Apparat in Gesamtansicht darstellt, zu erkennen.
Die Fläche P_2 ist mittels eines oben auf dem Meßgerät angebrachten
Knopfes in ihrer Winkelstellung veränderlich, und es kann daher
durch Änderung des Einfallswinkels bei verschieden starken Lichtquellen L_n und L_x eine gleichmäßige Beleuchtung der beiden Halbkreise eingestellt werden. Eine Teilung, auf welcher ein mit dem
drehbaren Knopfe verbundener Zeiger spielt, gestattet die Lichtstärke

---

[1]) Hartmann und Braun, E. T. Z. **30.** S. 906. 1909.

der Lampe L_x bzw. das Verhältnis der Lichtstärken beider Lampen abzulesen. Die örtliche Trennung der Zeigerskala (für die Stellung der Fläche P_2) und des Beleuchtungsfeldes ist vorgesehen worden, um eine Selbstkontrolle des Beobachters zu ermöglichen. Der Beobachter ist dadurch in der Lage, zwei Ablesungen für dieselbe Lampe zu machen, ohne daß er bei der Einstellung auf gleiche Helligkeit durch die jeweilige Stellung des Zeigers beeinflußt wird.

Fig. 240.

Um eine möglichst diffuse Reflexion der Lichtstrahlen herbeizuführen, sind die Flächen $P_1 P_2$ und die Wände der Lampenkammern $R_1 R_2$ mit Gips belegt. Hat man auf gleiche Beleuchtung der beiden Halbkreise eingestellt, so ist die Lichtstärke der zu messenden Lampe L_x gleich dem Verhältnis der beiden Kosinus der Einfallwinkel der Lichtstrahlen, multipliziert mit der bekannten Lichtstärke der Normallampe L_n. Die Lichtverhältnisteilung des Photometers ist nicht nur nach den Werten der Verhältniszahlen der möglichen Kosinuswerte ermittelt, sondern auch mittels Normalglühlampen empirisch geeicht. Der Vorzug einer derartigen Teilung liegt darin, daß das Photometer auch dann richtige Werte ergibt, wenn sich etwa die Normallampe in ihrer Lichtstärke ändern sollte. Als Normallampen werden geeichte Glühlampen verwendet.

In den Kasten ist ferner noch ein Meßgerät eingebaut, welches beim Niederdrücken des in Fig. 240 erkennbaren linken Knopfes die

Lampenspannung und beim Drehen des rechtssitzenden Schalterwirbels
die Lampenstromstärke der zu prüfenden Lampe oder der Normallampe nacheinander anzeigt. Diese Schaltorgane gehen nach Aufhebung
des Druckes selbsttätig in die Ausschaltstellung zurück. Die Messung
der Lichtstärke wird am besten in einem schwach beleuchteten Raume
ausgeführt; in hellen Räumen ist darauf zu achten, daß beide Halbkreise von außen her gleichmäßig beleuchtet werden.

§ 146. Glühlampenprüfer zur direkten Ablesung des spezifischen Effektverbrauchs.

Die Glühlampenprüfer, welche eine direkte Ablesung des spezifischen Effektverbrauchs gestatten, bieten eine große Annehmlichkeit
für solche Stellen, welche häufig Glühlampen zu prüfen haben. Das
erste derartige Instrument wurde von Hyde und Brooks[1] angegeben.
Das Instrument beruht auf dem Gedanken, daß der Nebenschlußwiderstand eines Wattmeters, das den Effektverbrauch der Prüflampe mißt, zwangläufig mit der Bewegung, die zur Herbeiführung
der photometrischen Einstellung erforderlich ist, derart geändert
wird, daß der neue Wattmeterausschlag, abgesehen von einer Konstanten, unmittelbar den spezifischen Effektverbrauch der Prüflampe in »Watt pro Kerze« angibt. Der Zusammenhang zwischen
Nebenschlußwiderstand des Wattmeters und Bewegung des photometrischen Organes ist verschieden je nach der Methode der photometrischen Einstellung, in allen Fällen aber durch ein rein analytisches
Gesetz darstellbar. Hyde und Brooks haben ihre Anordnung auf
einer gewöhnlichen Photometerbank getroffen, an deren Enden die
Prüflampe und die Vergleichslampe fest angebracht sind, während
die photometrische Einstellung durch Verschieben des Photometerkopfes erfolgt. Demgemäß muß mit diesem ein Kontakt verbunden
sein, der auf einem Widerstande schleift und von ihm je nach der
Entfernung x des Photometerkopfes von der Prüflampe einen bestimmten Teil vom Betrage y in den Wattmeternebenschluß einschaltet.
Die Beziehung zwischen x und y ist von Hyde und Brooks dargestellt
worden durch die Gleichung:

$$y = R \left[\frac{J_z}{n} \cdot \left(\frac{x}{l-x} \right)^2 - 1 \right];$$

[1] E. P. Hyde und H. B. Brooks, An efficiency meter for electric incandescent lamps. The Electrician. **59**. S. 427. **1907**.

hierin bedeutet R den gesamten Nebenschlußwiderstand des Wattmeters, wenn dieses Watt anzeigt, J_z die Lichtstärke der Vergleichslampe, n eine Wattmeterkonstante und l die ganze Länge der Photometerbank.

Im wesentlichen auf dem gleichen Gedanken beruht ein transportables Glühlampenphotometer der Firma Everett Edgcumbe & Co. in London, das in Fig. 241 dargestellt ist. Die Theorie dieses Instrumentes ist von Paulus[1]) angegeben worden.

Fig. 241.

Bei diesem Instrument steht der Photometerkopf fest und die photometrische Einstellung erfolgt durch Verschieben der Prüflampe längs einer nach Kerzen geteilten rechts in Fig. 241 erkennbaren Skala. Das Prüfverfahren ist folgendes: Eine Normallampe von bekannter Lichtstärke wird in die für die Prüflampen bestimmte Fassung gebracht und über dem ihrer Lichtstärke entsprechenden Kerzenteilstriche eingestellt. Ist sodann durch Verschieben der Zwischenlampe gleiche Beleuchtung beider Photometerseiten erzeugt, so wird die Normallampe durch eine der Prüflampen ersetzt und diese so lange verschoben, bis wiederum gleiche Beleuchtung entsteht; dann kann unter der Prüflampe ohne weiteres ihre Lichtstärke abgelesen werden. Ist J_n die Lichtstärke der Normallampe, J_z die der Zwischenlampe und J_x die der Prüflampe, und ist nach erfolgter photometrischer Einstellung b die Entfernung der Normallampe, a die Entfernung der Zwischenlampe und x die Entfernung der Prüflampe vom Photometerkopfe, so gelten die Beziehungen:

$$J_z = J_n \cdot \left(\frac{a}{b}\right)^2$$

und
$$J_x = J_z \cdot \left(\frac{x}{a}\right)^2 = J_n \cdot \left(\frac{x}{b}\right)^2 \quad \ldots \ldots \quad 1^{\cdot}$$

---

[1]) Cl. Paulus, E. T. Z. **29.** S. 166. **1908.**

Für eine zweite Prüflampe von der Lichtstärke J_x' sei die Entfernung x', so daß also:

$$J_x' = J_n \cdot \left(\frac{x'}{b}\right)^2.$$

Durch Vergleich mit Gleichung (1) ergibt sich:

$$J_x = J_x' \cdot \left(\frac{x}{x'}\right)^2 \quad \dots \dots \dots \quad 2)$$

Damit ist die Teilung der Photometerskala festgelegt, wenn man für einen Wert J_x' das zugehörige x' passend wählt.

Da aber auch

$$\frac{J_x}{x^2} = \frac{J_x'}{x'^2} = E \quad \dots \dots \dots \quad 3)$$

ist, so sieht man, daß die Beleuchtung E des Photometers ein für allemal konstant und nur abhängig von der Wahl zweier zusammengehöriger Werte J_x' und x' ist. Die Veränderung des Wattmeternebenschlusses erfolgt hier natürlich durch einen an der Prüflampenfassung befestigten Kontakt. Es fragt sich nun, um welchen Betrag y der Nebenschlußwiderstand R des Wattmeters bei einer gewissen Einstellung x der Prüflampe geändert werden muß, damit dieses statt des Effektverbrauches $\mathfrak{E}$ den spezifischen Effektverbrauch $\mathfrak{E}'$ der Prüflampe anzeigt.

Am Wattmeter sei die Einheit des Effektverbrauches dargestellt durch m, die Einheit des s p e z i f i s c h e n Effektverbrauches durch n Teilstriche; ist die Lichtstärke der Prüflampe J_x, dann ist ihr spezifischer Effektverbrauch $\mathfrak{E}' = \dfrac{\mathfrak{E}}{J_x}$, oder nach Gleichung (3):

$$\mathfrak{E}' = \frac{\mathfrak{E}}{E \cdot x^2} \quad \dots \dots \dots \quad 4)$$

Soll nun statt des Effektverbrauches $\mathfrak{E}$ der s p e z i f i s c h e Effektverbrauch $\mathfrak{E}'$ angezeigt werden, so muß der Nebenschlußwiderstand R geändert werden in $R + y$, wobei die Beziehung besteht:

$$\frac{m \cdot \mathfrak{E}}{n \cdot \mathfrak{E}'} = \frac{R + y}{R};$$

daraus erhält man die Widerstandsänderung

$$y = R \cdot \left(\frac{m}{n} \cdot E \cdot x^2 - 1\right) \quad \dots \dots \quad 5)$$

in Abhängigkeit von der Einstellung x.

Für eine zweite Prüflampe mit der Lichtstärke J_x' und der Einstellung x' nimmt die Gleichung (5) die Form an:

$$y' = R \cdot \left(\frac{m}{n} \cdot E \cdot x'^2 - 1 \right).$$

Durch Subtraktion der beiden Gleichungen ergibt sich die Beziehung:

$$y - y' = R \cdot \frac{m}{n} \cdot (J_x - J_x') \quad \ldots \ldots \quad 6)$$

und daraus die für die Konstruktion des Zusatzwiderstandes sehr wichtige Tatsache, daß für gleiche Intervalle der Lichtstärke die Unterschiede des Zusatzwiderstandes gleich sind. Diese Tatsache gilt natürlich auch für jede andere Methode der photometrischen Einstellung. Das Vorzeichen der Größe y in Gleichung (5) hängt von der Wahl des Verhältnisses $\frac{m}{n}$ ab; im vorliegenden Falle ist $m = 1$ und $n = 20$; besitzt daher eine Lampe die Lichtstärke $Ex^2 = J_x = 20$, so wird $y = 0$, d. h. das Wattmeter zeigt, ohne daß sein Nebenschlußwiderstand geändert werden muß, gleichzeitig den Effektverbrauch und den spezifischen Effektverbrauch an; für Lampen kleinerer Lichtstärke wird y negativ, Widerstand muß abgeschaltet werden, für Lampen größerer Lichtstärke wird y positiv, R ist zu vergrößern.

Wollte man die Widerstandsänderung kontinuierlich gestalten, so müßte man parallel zur Photometerskala einen Streifen von geringer Dicke aus Isolationsmaterial anbringen und mit eng nebeneinander liegenden, senkrecht zu seiner Längsausdehnung verlaufenden Windungen bewickeln. Die eine Längsschmalseite wäre gerade und parrallel zur Photometerachse; auf ihr müßte der an der Prüflampenfassung sitzende Kontakt schleifen, die andere Längsschmalseite wäre wie Paulus angab, nach einer bestimmten Kurve $z = f(x)$ derart gekrümmt, daß y für jeden Wert von x die in Gleichung (5) ermittelte Größe behielte; z ist also die Streifenhöhe senkrecht zur Photometerachse in der Entfernung x vom Photometerkopf. Ist b die Streifendicke (senkrecht zu z und senkrecht zur Photometerachse), d der Durchmesser des Widerstandsdrahtes, σ sein spezifischer Widerstand, so ist der in einem Element von der Länge dx und der mittleren Höhe z enthaltene Widerstand:

$$d y = \frac{d x}{d} \cdot \frac{2 (z + b)}{d^2 \pi} \cdot \sigma;$$
4

da aber nach Gleichung (5)

$$d\,y = 2\,R \cdot \frac{m}{n} \cdot E \cdot x \cdot d\,x.$$

so ist:

$$z = R \cdot \frac{m}{n} \cdot \frac{d^3\,\pi}{4\,\sigma} \cdot E \cdot x - b \quad\ldots\ldots\quad 7)$$

Da die Faktoren bei x lauter Konstanten sind, so ist die zweite Längsschmalseite des Widerstandsstreifens ebenfalls eine Gerade, aber gegen die Photometerachse um einen Winkel geneigt, dessen Tangente gleich dem Faktor bei x ist. Für das Photometer von Hyde und Brooks lautet die Beziehung zwischen z und x unter Einführung der hier gebrauchten Symbole:

$$z = \frac{R}{n} \cdot \frac{d^3\,\pi}{4\cdot\sigma} \cdot J_z \cdot \frac{l\cdot x}{(l-x)^3} - b.$$

Diese letzte Formel ist von Hyde und Brooks zur Konstruktion eines Widerstandsstreifens benutzt worden. Bei dem Apparat von Everett Edgcumbe & Co. ist dagegen auf die Anbringung eines kontinuierlichen Widerstandes verzichtet. Bei diesem Wattphotometer ist die ganze photometrische Einrichtung in einem Kasten untergebracht, der ein Gewicht von 15 kg und in geschlossenem Zustande eine Länge von 74, eine Höhe von 27 und eine Tiefe von 23 cm besitzt. Für den Transport sind auf der Oberseite zwei Lederhandgriffe vorgesehen. Für den Gebrauch wird der Kasten der Länge nach um die Mitte einer Schmalseite aufgeklappt; er besitzt in geöffnetem Zustande demnach eine Länge von 148, eine Höhe von 27 und eine Tiefe von 11,5 cm. In der linken Kastenhälfte, unmittelbar an der inneren Schmalseite, befindet sich das Wattmeter, unter diesem ist das etwas herausgezogene Rohr des Photometerkopfes zu sehen. Der übrige Teil der linken Kastenhälfte dient zur Aufnahme der Zwischenlampe, die auf einer Gleitbahn mittels eines links neben dem Wattmetergehäuse sitzenden Triebes in der Längsachse des Kastens hin und her geschoben werden kann. In der rechten Hälfte des Kastens, ebenfalls mittels eines Triebes verstellbar, ist der Halter für die Prüflampe untergebracht; er trägt einen Index, der über der Photometerskala spielt. Der »Photometerraum« wird gegen das Eintreten des Tageslichtes durch zwei Deckel, je einen in jeder Kastenhälfte geschützt, die um Scharniere nach oben aufgeklappt werden können, wodurch die Lampenhalter zugänglich werden. In Figur 241 sind beide Deckel geöffnet. Zum weiteren Schutze gegen fremdes Licht

sind vor beiden Lampenhaltern Schirme angebracht. Auf diese Weise
ist es möglich gemacht, mit dem Apparat bei vollem Tageslicht zu
arbeiten. Damit das Licht der Prüflampe zum Photometerkopf gelangen kann, sind die beiden Kastenwände, die im geöffneten Zustande des Kastens aneinander liegen, in der photometrischen Achse
durchbrochen; die Öffnungen sind für gewöhnlich durch Schieber
verschlossen, die nur im Gebrauchszustande des Photometers herausgezogen werden können, wie dies die Figur zeigt. Der Photometerkopf ist sehr einfach ausgeführt. Das Licht beider Lampen fällt auf
vertikal gestellte weiße Papierschirme und wird von diesen aus durch
ein kreisförmiges Diaphragma hindurch diffus auf einen Spiegel reflektiert, der um 45° gegen die Horizontale geneigt ist. Im Beobach-

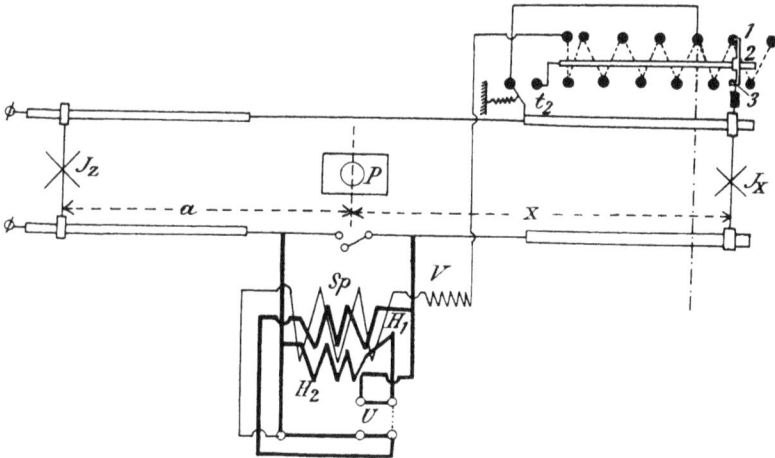

Fig. 242.

tungsrohre erscheint dann ein kreisförmiges Gesichtsfeld, das durch
einen Durchmesser, das Bild der Schirmkante in zwei Hälften geteilt
ist. Am Prüflampenhalter sitzt ein Kontakt, durch den die Einschaltung des Zusatzwiderstandes vorgenommen wird. Dieser ist unter
der Gleitbahn für die Prüflampe im Innern des Kastens untergebracht. Die Einschaltung erfolgt sprungweise von 0,5 zu 0,5 Kerzen,
für kleinere Lichtstärken als 10 HK von 0,25 zu 0,25 Kerzen. Die
Schaltanordnung ist in Fig. 242 dargestellt. Darin bedeutet, von den
bereits eingeführten Bezeichnungen abgeshen, P den Photometerkopf und H_1, H_2 die beiden Hauptstromspulen des Wattmeters. Diese
sind für gewöhnlich durch den Taster t_1 (in Fig. 241 links neben dem
Beobachtungsrohr) kurzgeschlossen und können mittels des Um-

schalters U (in Fig. 241 ein vernickelter Griff am linken Rande des Wattmetergehäuses) für Leistungen unter 120 Watt hintereinander, für größere Leistungen parallel geschaltet werden.

Die Veränderung des Wattmeternebenschlusses geschieht folgendermaßen: Am Prüflampenhalter (Fig. 242) sitzen, von ihm durch ein Zwischenstück isoliert, drei Kontaktfedern, die unter sich in leitender Verbindung stehen. Die mittlere, 2, schleift auf einer Kontaktschiene, die beiden äußeren, 1 und 3, gleiten über Kontaktklötze, zwischen denen zickzackförmig, in Fig. 242 durch gestrichelte Linien angedeutet, die Widerstandssätze angeordnet sind. Der eigentliche Wattmeternebenschluß R umfaßt den Widerstand Sp der Spannungsspule, einen festen Vorschaltwiderstand V und den Zusatzwiderstand bis zum Kerzenteilstrich 20,0. Der Umschaltetaster t_2 liegt gewöhnlich links; dann besteht, ohne Rücksicht auf die Stellung der Prüflampe, der Nebenschlußwiderstand aus R Ohm, und das Wattmeter zeigt, wenn t_1 geöffnet wird, den Effektverbrauch der Lampe an; wird jedoch t_2 durch einen Druck nach rechts gelegt, so wird, je nach der Stellung der Prüflampe, R um einen bestimmten Betrag vergrößert oder verkleinert, und am Wattmeter liest man, wenn man gleichzeitig t_1 öffnet, den spezifischen Effektverbrauch ab. Die photometrische Skala reicht bis zu 22 Kerzen. Für Lampen größerer Lichtstärke wird zunächst die Normallampe auf den ihrer halben Lichtstärke entsprechenden Teilstrich eingestellt und die für die Prüflampe erhaltene Ablesung mit 2 multipliziert. Zur Ersparung dieser Rechnung ist unter die erste Skala eine zweite Skala gesetzt, bei der diese Multiplikation bereits ausgeführt ist.

Paulus prüfte ein derartiges Instrument, indem er 5 Lampen zuerst auf einer Präzisionsphotometerbank untersuchte. Die Ergebnisse sind in folgender Tabelle niedergelegt:

Vergleich der Meßergebnisse des Wattphotometers mit Präzisionsmessungen.

Lampe Nr.	Effektverbrauch Watt		Lichtstärke HK		Spezifischer Effektverbrauch Watt/HK		Spezifischer Effektverbrauch Watt/HK, berechnet aus den Angaben des Wattphotometers
	Präzisionsmessung	Wattphotometer	Präzisionsmessung	Wattphotometer	Präzisionsmessung	Wattphotometer	
1	19,9	21,0	5,73	5,7	3,475	3,66	3,68
2	33,8	34,4	9,8	9,6	3,450	3,55	3,59
3	57,3	57,0	17,6	17,7	3,250	3,16	3,22
4	83,1	81,5	30,9	31,0	2,690	2,70	2,62
5	101,1	100,9	37,5	37,4	2,690	2,75	2,70

Es ergibt sich, daß die Übereinstimmung der Lichtstärkenwerte trotz der primitiven photometrischen Einrichtung des »Wattphotometers« überraschend groß ist; nicht ganz befriedigend dagegen war bei dem von Paulus geprüften Apparat die Genauigkeit des Wattmeters, und auch der Zusatzwiderstand y scheint nicht genau genug abgeglichen zu sein, denn sonst müßten die Werte der letzten Tabellenspalte, die aus den am Wattphotometer abgelesenen Werten des Effektverbrauches und der Lichtstärke berechnet wurden, übereinstimmen mit den am Wattmeter unmittelbar abgelesenen Werten der vorletzten Spalte. Tatsächlich ergab auch eine Kontrolle des Zusatzwiderstandes mit Hilfe der Gleichung (6) ziemliche Fehler; doch könnten diese auch von Übergangswiderständen herrühren, die bei der Messung mit in Kauf genommen werden mußten, da die einzelnen Verbindungsstellen schlecht zugänglich waren.

XVII. Kapitel.
Photometrieren elektrischer Bogenlampen.

A. Normalien.

§ 147. Vorbemerkungen.

Im Jahre 1893 haben verschiedene Vertreter elektrischer Firmen aus Chicago folgenden Antrag beim Vorsitzenden des Internationalen Elektriker-Kongresses eingebracht:

»Die Bezeichnung 2000 Kerzen bei Bogenlampen bedeutet einen Lichtbogen, welcher von einem Strome von 10 Amp. und 45 Volt Spannungsdifferenz zwischen den Kohlen hervorgebracht wird oder einen 450 Watt-Bogen. Die Kerzenstärke der Lichtbogen, welche von Strömen von mehr oder weniger Amp. Stärke oder Volt Spannungsdifferenz hervorgebracht werden, wird proportional berechnet.«

Zwar gab es im Jahre 1893 noch nicht diese große Auswahl von Lichtquellen, über welche die heutige Beleuchtungstechnik verfügt, dennoch dürfte wohl selten in der Geschichte der Technik ein Antrag gestellt worden sein, der eine solche Fülle von Unkenntnis der in Betracht kommenden Verhältnisse und eine solche Oberflächlichkeit verrät, wie der vorliegende Antrag.

Bogenlampen sind Lichtquellen von verhältnismäßig großer
Lichtstärke. Die Frage nach ihrer Lichtstärke und nach den dauernden
Aufwendungen für das geleistete Licht lag daher jedem nahe, der
sich eine Bogenlampe anzuschaffen hatte. Die Bogenlampenindustrie
wußte nicht recht, was sie bei Bogenlampen angeben sollte, ob die
sphärische oder die untere hemisphärische Lichtstärke. Die horizontale Lichtstärke war ja gewöhnlich sehr klein, mit ihr war kein
Geschäft zu machen. So kam es, daß eine Firma die maximale Lichtstärke ihrer Bogenlampe schlechthin als Lichtstärke ihrer Bogenlampe
angab, die maximale Lichtstärke der Berechnung des spezifischen
Effektverbrauches zugrunde legte, ohne anzugeben unter welchem
Lichtausstrahlungswinkel etwa die maximale Lichtstärke lag. Bei derartigen Maßnahmen läßt sich ein unredlicher Zug nicht verkennen.

Schon seit den ersten Elektrizitätsausstellungen in den Jahren
1881 bis 1883 hatte man die sphärische Lichtstärke der Bogenlampe angegeben, weil sie »alles Licht« umfasse. Die spätere Entwicklung der Bogenlampenkonstruktionen ließ die Angabe der sphärischen Lichtstärke allein nicht mehr ein richtiges Bild des beleuchtungstechnischen Wertes der Lampe liefern. Es dauerte recht lange,
bis die maßgebenden Kreise sich der Lichtbewertungsfrage der Bogenlampen annahmen. Teichmüller[1]) wies auf dem Verbandstag Deutscher
Elektrotechniker in Kassel im Jahre 1904 auf die offensichtlichen
Unrichtigkeiten hin, die in Bogenlampenprospekten verbreitet waren
und wünschte Bestimmungen, »wie wir die Leistung der Lampen in
der Beleuchtung ausdrücken sollen«. Norden regte dann bei Uppenborn die Aufgabe der Schaffung von Normen für Bogenlampen an,
mit dem Ergebnis, daß die Vereinigung der Elektrizitätswerke sofort
eine Kommission zur Schaffung von Normen einsetzte. Nordens[2])
Vortrag auf dem Verbandstage Deutscher Elektrotechniker in Dort-
mund im Jahre 1905 hatte den Erfolg, daß die Schaffung von Normen
für Bogenlampen zur Verbandssache gemacht wurde und eine Kommission eingesetzt wurde, welche gemeinsam mit der Kommission
der Vereinigung der Elektrizitätswerke die Aufgabe gründlich be-
arbeitete. Das Ergebnis war der in der E. T. Z. vom 17. Mai 1906
veröffentlichte Entwurf[3]), der nach einigen Umarbeitungen und nach
Hinzufügung einiger im Laufe der Zeit notwendig gewordener Er-
gänzungen im folgenden in der jetzt gültigen Fassung abgedruckt ist.

---

[1]) Teichmüller, E.T.Z. **25.** S. 661. **1904.**
[2]) Norden, E.T.Z. **26.** S. 578. **1905.**   [3]) E.T.Z. **27.** S. 479. **1906.**

§ 148. Normalien für Bogenlampen.[1]) (Verband Deutscher Elektrotechniker.)

»Die Leistung einer Bogenlampe wird praktisch bewertet nach ihrem wichtigsten Anwendungsgebiet, nämlich der direkten Beleuchtung des Raumes unterhalb einer durch die Lichtquelle gelegten Horizontalebene. Als ihr praktisches Maß gilt daher die mittlere untere hemisphärische Lichtstärke ($J_\circ$ sprich kurz J hemisphärisch), gemessen in HK, wobei dieses Zeichen mit dem Index $\circ$ zu versehen, also zu schreiben ist: $HK_\circ$ (sprich Hefnerkerzen hemisphärisch). Dahinter ist in Klammern derjenige Faktor anzufügen, mit welchem man die mittlere untere hemisphärische Lichtstärke multiplizieren muß, um die mittlere sphärische Lichtstärke zu erhalten, in der Form ($k_\circ = \ldots$.).

Diese Angaben beziehen sich auf den betriebsmäßigen Zustand der Bogenlampe, jedoch ohne Außenreflektor und nach Ersatz der sonst im Betriebe benutzten Glocken (bei Dauerbrandlampen nach Ersatz der Innen- und Außenglocken) durch möglichst schlierenfreie Klarglasglocken von gleicher Abmessung.

Angaben über den Einfluß zerstreuender Glocken, von Außenreflektoren u. dgl., sind auf die in Abs. 1 und 2 definierte Lichtstärke der Bogenlampe zu beziehen.

Als praktischer Effektverbrauch einer Bogenlampe gilt der Gesamtverbrauch eines Bogenlampen-Stromkreises, gemessen an der Abzweigstelle vom Netz, dividiert durch die Anzahl der Lampen. Bei Angabe dieses Effektverbrauches ist die Netzspannung mit anzugeben.

Als praktischer spezifischer Effektverbrauch einer Bogenlampe gilt der so gekennzeichnete Effektverbrauch, dividiert durch die Lichtstärke $J_\circ$. Zur Bezeichnung dieser Größe dient der Ausdruck »$W/HK_\circ$ bei n Volt Netzspannung« (sprich Watt pro Hefnerkerze hemisphärisch usw.).

Angaben für Wechselstromlampen sind, wenn nichts anderes bemerkt ist, für sinusförmige Kurve der Betriebsspannung und eine Frequenz von 50 Perioden zu verstehen. In jedem Falle ist anzugeben, in welcher Schaltung die Lampe photometriert und ob induktionsfreier oder induktiver Vorschaltwiderstand angenommen worden ist.

Der Wert »$HK_\circ/W$ bei n Volt Netzspannung« wird als praktische Lichtausbeute bezeichnet.«

[1]) E.T.Z. **28**. S. 304. **1907**. **29**. S. 440. **1908**. **31**. S. 302. **1910**.

§ 149. Vorschriften für die Photometrierung von Bogenlampen.[1]
(Verband Deutscher Elektrotechniker.)

»Vor der photometrischen Messung sind die Bogenlampen mit Kohlen von vorgeschriebenen Durchmessern und Marken von einer Länge, welche etwa der halben Brenndauer der Lampe entspricht, zu versehen und eine Stunde lang in normalen Betrieb zu nehmen. Hieran schließt sich unmittelbar die Photometrierung, ohne daß der erreichte Beharrungszustand durch Abnehmen der Glocke oder sonstwie gestört werden darf.

Die Bogenlampen sollen beim Messen so einreguliert sein, daß ihre mittlere Stromstärke mit der für sie angegebenen übereinstimmt. Für Wechselstromlampen ist die Schaltung bei der Photometrierung möglichst den praktischen Verhältnissen anzupassen.

Die Bestimmung von J_o erfolgt entweder mit Hilfe eines Integrators (Ulbrichtsche Kugel) oder durch Auswertung der mittleren Polarkurve.

Bei Benutzung eines Integrators sind genügend viele Messungen in möglichst gleichen Zeitabständen zu machen, um den wirklichen Mittelwert der Lichtstärke zu erhalten.

Die für J_o maßgebende mittlere Polarkurve wird in der Weise erhalten, daß man, auf zwei gegenüber liegenden Seiten der Lampe gleichzeitig in möglichst gleichen Zeitabständen messend, punktweise den ganzen photometrischen Körper der Lichtausstrahlung in die untere Hemisphäre aufnimmt, dabei sowohl in vertikaler als in horizontaler Richtung höchstens um Winkel von 10 zu 10⁰ fortschreitend. Zur punktweisen Bestimmung von J_o ist also insgesamt die Aufnahme von mindestens $9 \cdot 36 + 1$ Punkten des Lichtausstrahlungskörpers erforderlich.

Die Messung geschieht am besten in der Weise, daß unter jedem festgesetzten Vertikalwinkel der Lichtausstrahlung die Lampe mittels einer geeigneten Einrichtung gedreht wird und mindestens 36 Punkte ringsum aufgenommen werden. Die Vertikalwinkel sind von der nach unten gerichteten Vertikalen aus zu zählen.

Bei der Messung in der Ulbrichtschen Kugel ist die die untere hemisphärische Lichtstärke begrenzende Horizontalebene durch den Lichtschwerpunkt[2] der Bogenlampe zu legen. Die Ulbrichtsche Kugel muß einen Durchmesser von mindestens 1,5 m haben.«

---

[1] E.T.Z. **32.** S. 403. 576. **1911.**
[2] »Siehe E.T.Z. **28.** S. 777. **1907.**« Hier besprochen auf Seite 276.

B. Erläuterungen.[1]

§ 150. Hemisphärische Lichtstärke.

Die Kommission war sich bewußt, daß die Festsetzung einer bestimmten Lichtstärke als Norm für Bogenlampen lediglich die Bedeutung einer rohen Bezeichnung ihres Handelswertes besitzen würde, denn der Beleuchtungstechniker, welcher eine Straßenbeleuchtung oder eine Raumbeleuchtung zu entwerfen hat, ist auf die Kenntnis der Lichtausstrahlungskurve angewiesen. Auch zum Vergleichen verschiedener Bogenlampenarten untereinander oder verschiedener Lichtquellen wie Bogenlampen und Preßgaslampen sind die Mittelwerte der räumlichen Lichtstärke ganz allgemein ungeeignet. Die generelle Vergleichung zweier Lichtquellen an sich ohne Rücksicht auf den Anwendungszweck hat überhaupt keinen p r a k t i s c h e n Zweck. Der wahre Wert einer Lichtquelle kann sehr verschieden sein, je nach der Art der Beleuchtung, welcher die Lichtquelle dient. Man kann daher einen Vergleich verschiedener Bogenlampenarten oder Lichtquellen überhaupt nur an Hand konkreter Beleuchtungsbeispiele durchführen, wobei, um ein wirkliches Bild der Wirtschaftlichkeit zu erlangen, die Höhe der Aufhängung, die äußere Verkleidung (Armaturen, Reflektoren), die Bedienungs-, Unterhaltungs- und Amortisationskosten nicht zu vergessen sind.

Wollte man einen Mittelwert der Lichtstärke als Norm annehmen, so mußte man zwischen J_0 und J_ω wählen. Diese Wahl ist in der Kommission Gegenstand eines lebhaften Meinungsaustausches gewesen. Unter Berücksichtigung des Zweckes der Normalien konnte diese Auswahl nur unter einem praktischen Gesichtspunkte erfolgen. Es ist nun unzweifelhaft, daß für die Aufgaben der praktischen Beleuchtungstechnik in der überwältigenden Mehrheit der Fälle nur der u n t e r e h e m i s p h ä r i s c h e L i c h t s t r o m nutzbar gemacht wird. Hierher gehören alle Fälle der unmittelbaren Bodenbeleuchtung, Straßen-, Platz-, Gleisbeleuchtung, die Beleuchtung großer Hallen, in welchen wesentliche Reflexwirkungen von oben her nicht eintreten; auch die Beleuchtung geschlossener Räume durch d i r e k t e s Licht hängt in erster Linie von dem in die untere Hemisphäre entsandten Lichtstrom ab, dem gegenüber der in die obere Hemisphäre aus-

---

[1] Zu den Normalien und Vorschriften für die Photometrierung von Bogenlampen waren kurze Erläuterungen von Norden (J. Springer, Berlin 1908, Taschenausgabe 25 Pf., vergriffen; auch E.T.Z. 27. S. 479. 1906) erschienen, die im folgenden erweitert und der heutigen Fassung der Normalien angepaßt wurden.

gestrahlte und durch Reflexion teilweise für die Beleuchtung nutzbar gemachte Lichtstrom nur von geringer Bedeutung bleibt. Die Bogenlampen für direkte Beleuchtung werden konstruktiv so eingerichtet, daß der untere hemisphärische Lichtstrom möglichst groß ist, wenn nicht schon von Natur aus alles Licht in die untere Hemisphäre gestrahlt wird, wie bei den Lampen mit nebeneinander stehenden, abwärts geneigten Effektkohlen. Wechselstrombogenlampen mit übereinander stehenden Kohlen, die theoretisch eine nach oben und unten annähernd gleichmäßige Lichtausstrahlung besitzen, werden in der Praxis niemals anders als mit Lichtpunktreflektoren verwendet (s. S. 118), welche den ursprünglich nach oben entsandten Teil des Lichtstromes so vollkommen nach unten reflektieren, daß die Lichtausstrahlungskurven der im Handel befindlichen Wechselstrom-Reinkohlenbogenlampen fast gar keine Erhebung über die Horizontale aufweisen. Das einzige Gebiet, auf welches diese Ausführungen nicht zutreffen, ist das der indirekten Beleuchtung: für sie gelten die Normalien nicht. Auf Grund dieser Erwägungen konnte die Kommission nur J_u als Norm festsetzen. Sie hat aber anderseits auch anerkannt, daß für alle übrigen Fälle, in denen die Kenntnis von J_o von Wert ist, wie z. B. bei dem rein wissenschaftlichen Vergleichen verschiedenartiger Lichtquellen, bei der Betrachtung des energetischen Nutzeffekts, die Möglichkeit zur Kenntnis von J_o gegeben werden müsse. Diesem Zweck dient die Hinzufügung des Umrechnungsfaktors k_o. Es ist also $k_o = \dfrac{J_o}{J_u}$.

Monasch[1]) gibt folgende Mittelwerte für k_o an, die sich auf Bogenlampen mit einer lichtstreuenden Glocke von 20% unterem hemisphärischen Lichtverlust beziehen.

Offene Bogenlampe mit übereinander stehenden Reinkohlen für Gleichstrom . . . . $k_o = 0{,}635$

Offene Bogenlampe mit übereinander stehenden T. B. (Blondel) Kohlen für Gleichstrom und Wechselstrom $k_o = 0{,}594$

Offene Bogenlampe mit nebeneinander stehenden Effektkohlen für Gleichstrom und Wechselstrom . . . . $k_o = 0{,}566$

Geschlossene Bogenlampe mit übereinander stehenden Reinkohlen, Klarglasinnenglocke, Opalinaußenglocke (Dauerbrandlampen) . . . . $k_o = 0{,}638$

Bei Klarglasglocken und dichteren Glocken verschiebt sich der Wert von k_o, s. auch Fig. 69.

¹) B. Monasch, Elektrische Beleuchtung Teil II. S. 15. Hannover 1910.

§ 151. Betriebsmäßiger Zustand.

Daß die Bogenlampen in betriebsmäßigem Zustande photometriert werden sollen, hat den Zweck, einen Wert der Lichtstärke zu erhalten, wie er bei der praktischen Verwendung der Bogenlampe erzielt wird. Es sollte also vor allem vermieden werden, daß die Lichtstärke des nackten Lichtbogens als Norm angegeben wird, weil beim nackten Lichtbogen nicht dieselben physikalischen Bedingungen wie z. B. Spitzenbildung der Kohlen, Luftzirkulation und Lichtbogenlänge vorliegen, als wenn die Lampe mit Glocke brennt. Zum betriebsmäßigen Zustand der Bogenlampe gehört auch, daß sie bei der Messung so einreguliert ist, daß ihre mittlere Stromstärke mit der für sie angegebenen übereinstimmt. Eine als 5 Amp. Sparbogenlampe verkaufte Bogenlampe darf daher bei der Messung nicht mit 5,5 Amp. im Mittel brennen, sondern muß mit 5,0 Amp. im Mittel brennen. Auf den betriebsmäßigen Zustand bezieht sich auch der erste Absatz der Vorschriften für die Photometrierung der Bogenlampen. Denn daß die Bogenlampen während der Lichtmessung mit Kohlen von denjenigen Durchmessern und der Marke besteckt sein sollen, deren Verwendung am Gebrauchsort beabsichtigt ist, wäre eigentlich selbstverständlich. Es war jedoch nötig diese Vorschrift besonders zu betonen, da früher zum Paradephotometrieren gern dünnere Kohlen eingesetzt wurden, die unter sonst gleichen Verhältnissen eine g r ö ß e r e Lichtstärke ergeben. Die Lampe soll ferner vor Beginn der photometrischen Messung eine Stunde lang in normalem Betrieb brennen.

Die Kohlen sollen deshalb von einer Länge sein, welche etwa ihrer halben Brenndauer entspricht, weil mit abnehmender Kohlenlänge im allgemeinen die Lichtbogenspannung ansteigt, denn in den Kohlenstiften findet ein Spannungsverlust statt, der mit abnehmender Kohlenlänge kleiner wird. Der Spannungsverlust ist größer bei Kohlen ohne Metallader als bei Kohlen mit Metallader, wenn letztere ihren Zweck wirklich erfüllt; bisweilen versagt sie. Man würde, wenn man bei ganz langen Kohlen photometriert, eine zu kleine, bei ganz kurzen Kohlen eine zu große Lichtstärke erhalten. Man erhält daher den Mittelwert der Lichtstärke während der Brenndauer eines Kohlenpaares, wenn die Kohlenlänge kurz vor der Messung der halben Brennzeit des Kohlenpaares entspricht. Die richtige Länge muß durch Versuch bestimmt werden unter Berücksichtigung der Abbrandzahlen für die betreffende Kohlensorte in der betreffenden Lampe. Die Vorschrift gilt nicht als erfüllt, wenn man mit Kohlenstiften von der halben Anfangslänge

photometrieren würde, weil man dann weder die unausgenutzt bleibenden Kohlenstummel, noch die im Verlaufe einer Brennschicht
etwa auftretenden Abbrandunterschiede berücksichtigen würde. Daß
die Bogenlampe eine Stunde vor Beginn der photometrischen Messung
in normalen Betrieb zu nehmen ist, hat den Zweck, daß bei Beginn
der Messung der Reguliermechanismus und der Lampenkörper betriebsmäßig erwärmt ist, daß die Spitzen der Kohlen sich richtig ausgebildet
haben, daß sich in der Lampenglocke die richtige Atmosphäre ausgebildet hat und daß sich etwa reflektierende Beschläge am Sparer
abgesetzt haben. Dieser letztere Punkt ist besonders wichtig bei
Lampen mit beschränkter Luftzufuhr. Beschläge, die sich während
des einstündigen Vorbrennens etwa auf der Innenseite der Glocke
festgesetzt haben, dürfen vor der Messung n i c h t entfernt werden,
da die Glocke nicht während des Vorbrennens abgenommen werden
darf. Außenreflektoren sollen bei der Normalmessung fortgelassen
werden, obwohl sie eigentlich auch bisweilen zum betriebsmäßigen
Zustand der Lampe gehören, um die Lampe nicht so schwerfällig
während des Photometrierens zu machen. Der Einfluß solcher Reflektoren auf die Lichtstärke ist im übrigen nicht erheblich und kann
durch einen für jede Bogenlampenart wiederkehrenden Mittelwert
angegeben werden.

§ 152. Glocken.

Eine Ausnahme erleidet die Vorschrift, daß die Lampe in betriebsmäßigem Zustand gemessen werden soll, durch die Bestimmung,
daß die sonst im Betriebe benutzten Glocken durch möglichst
s c h l i e r e n f r e i e K l a r g l a s g l o c k e n von gleicher Abmessung zu ersetzen sind. Diese Bestimmung hat folgenden Grund. Nackt
sollte der Lichtbogen nicht gemessen werden. In der Praxis werden
Bogenlampen in den weitaus meisten Anwendungsfällen mit lichtstreuenden Glocken verwendet. Klarglasglocken sind in Deutschland
eigentlich nur bei sehr hoher Aufhängehöhe in Gleisanlagen üblich.
In Amerika und Südeuropa sieht man auch häufig Bogenlampen
mit Klarglasglocken in normaler Aufhängehöhe ohne daß Schädi-
gungen der Augen oder grobe ästhetische Verletzungen der Vorüber-
gehenden beobachtet worden wären. Das einfachste wäre jedenfalls,
wenn man die Lampe in d e r Glocke mißt, mit der sie später brennen
soll. Nun bereiten aber matte Glocken dadurch erhebliche Schwierigkeiten, daß ihre Absorption innerhalb weiter Grenzen schwankt
und kaum zwei Glocken zu finden sein dürften, welche genau dieselbe

Absorption besitzen. Die Messung einer Bogenlampe mit matter Glocke ist daher nach einiger Zeit zu Kontrollzwecken nicht mehr reproduzierbar, wenn die ursprüngliche Glocke entweder nicht mehr vorhanden ist oder im Gebrauch gelitten hat. Bekanntlich leiden Bogenlampenglocken im Betriebe bei gewissen Bogenlampenarten, z. B. bei Bogenlampen mit leuchtsalzgetränkten Kohlen, wo die sich auf der Glocke absetzende Fluorkalziumschicht allmählich unter besonderen Umständen erhärtet und die Glocke optisch dichter macht.

Die einzige Glockenart, deren Absorption nur in verhältnismäßig engen Grenzen schwankt, ist die Klarglasglocke; deshalb wurde sie für die Normalmessungen bestimmt. Für punktförmige Aufnahme der Lichtstärke muß das Klarglas möglichst frei von Schlieren sein, weil sonst störende Reflexe auftreten. Daher soll eine »Meßglocke« nicht der Handelsware entnommen sein, sondern soll besonders in der Glashütte bestellt werden und der Glashütte die Lieferung s c h l i e r e n f r e i e n Glases ausdrücklich zur Pflicht gemacht werden.

Die Absorption durch Mattglasglocken kann durch Angabe erfahrungsmäßiger Mittelwerte berücksichtigt werden; Angaben über den Einfluß zerstreuender Glocken, von Außenreflektoren u. dgl. sind aber auf die hemisphärische Lichtstärke zu beziehen, wenn die hemisphärische Lichtstärke angegeben wird, denn die prozentualen Glockenverluste sind verschieden, je nachdem man sie auf die hemisphärische oder sphärische Lichtstärke bezieht. Bei den lichtstreuenden Glocken ist der auf die ganze Kugel bezogene Verlust gewöhnlich kleiner als der auf die Halbkugel bezogene Verlust. Es ist daher irreführend, wenn man die prozentualen Glockenverluste für bestimmte Glassorten sphärisch festlegt und mit diesen Zahlen bei Angaben der hemisphärischen Lichtstärke rechnet. Monasch[1]) bemerkt, daß z. B. Stort[2]) in einer Versuchsreihe sphärische und hemisphärische Lichtstärken, aber nur sphärische Verluste angibt. Daher gelangt er zu prozentualen Verlustziffern, z. B. 11% für den sphärischen Verlust einer Überfangglasglocke, die, da sie sich in der Literatur verbreitet haben, oft irrtümlich auch für hemisphärische Angaben verwendet werden und für diese zu klein sind. Berechnet man aus den Stortschen Werten den hemisphärischen Lichtverlust, so erhält man für die Opalüberfangglocke einen hemisphärischen Verlust von 22%, ein Wert, der mit den sonst bei Opalüberfangglocken üb-

[1]) B. Monasch, Elektrische Beleuchtung Teil I. S. 171. 1910.
[2]) Stort, E.T.Z. 16. S. 500. 1895.

lichen hemisphärischen Verlustwerten gut übereinstimmt. Da man
selten lichtstreuende Glocken von absolut derselben Beschaffenheit
findet, muß man bei Angabe der Glockenverluste für eine Glockenart
ziemlich weite Grenzen zulassen. Monasch gibt folgende Mittelwerte
für die hemisphärischen Verluste an:

Bei Klarglasglocken   zwischen 5 und 15%, meistens 10%
Bei Opalüberfangglasglocken   »   10 und 35%   »   25%
Bei Alabasterglocken   »   20 und 50%   »   35%.

In Klarglasglocken sieht man häufig ein Spiegelbild des Lichtbogens. Wie dieses beim Photometrieren in der Ulbrichtschen Kugel
zu berücksichtigen ist, ist auf S. 277 gezeigt worden. Um auszuschließen,
daß bei der punktweisen Aufnahme der Lichtausstrahlungskurve in
Klarglasglocke eine Richtung zum Photometrieren ausgesucht wird,
in der das Spiegelbild liegt und in der sich daher ein unzulässiger
Mehrbetrag an Licht ergeben würde und um ferner den lichtabsor-
bierenden Einfluß der Gestängeschatten zu berücksichtigen, haben
die Vorschriften für die Photometrierung von Bogenlampen im Jahre
1911 eine Verschärfung erfahren, indem bestimmt wurde, daß bei
punktweiser Messung der g a n z e photometrische Körper der Bogenlampe in Klarglasglocke aufzunehmen ist. Es ist also die gewaltige
Arbeit einer Aufnahme von 325 Meßpunkten notwendig.

§ 153. Praktischer spezifischer Effektverbrauch.

Der p r a k t i s c h e E f f e k t v e r b r a u c h einer Bogenlampe
soll den auf sie entfallenden Verbrauch im Vorschaltwiderstand,
in der Drosselspule oder im Transformator einschließen, weil nur bei
Berücksichtigung desselben die Angabe des Effektverbrauches für
Rentabilitätsberechnungen praktischen Wert besitzt. Der einfachste
Weg zur Ermittelung des praktischen Effektverbrauches ist der in
den Normalien angegebene, nämlich die Messung des Gesamtverbrauches an der Abzweigstelle von Netz (bei Wechselstrombogenlampen mit Hilfe eines Wattmeters) und Division dieses Wertes
durch die Anzahl der Lampen eines abgezweigten Kreises. Die besondere Angabe der Netzspannung ist deswegen nötig, weil der so
gemessene Effektverbrauch verschieden ausfällt, je nachdem z. B.
eine Gruppe von zwei Lampen an 110 Volt oder 120 Volt Netzspannung
angeschlossen ist, also auch die Netzspannung zur Charakterisierung
des Falles gehört, für welchen die Angabe gelten soll. Dagegen braucht
die Anzahl der in der Gruppe brennenden Lampen nicht besonders

erwähnt zu werden, da sie kein neues Moment zur Beurteilung des angegebenen Effektverbrauches beibringt. Früher hat man sich häufig damit begnügt, den einfachen Effektverbrauch der Bogenlampe als solcher ohne Rücksicht auf ihre Schaltung im Stromkreis anzugeben, indem man den Effektverbrauch an den »Klemmen der Lampe« maß. Eine 10 Amp.-Gleichstromlampe, die mit 42 Volt Lichtbogenspannung brennt, wurde als 420 Watt-Lampe ausgegeben. Diesem Effektverbrauch kommt gar keine andere praktische Bedeutung zu als die, die Lampe fälschlich als geringeren Energieverbraucher erscheinen zu lassen, als sie es tatsächlich ist. Denn da der Lichtbogen als Gasstrecke, um stabil zu sein, stets eine Widerstandsreserve vorgeschaltet erhalten muß, muß auch der Energieverbrauch dieses Widerstands mitberücksichtigt werden, denn der Lampenbesitzer muß auch den durch den Vorschaltwiderstand verbrauchten Strom bezahlen. Deshalb führte der Verband den Begriff des praktischen Effektverbrauches ein. Brennen nun die beiden 10 Amp. 42 Volt Bogenlampen an einem Netz von 110 Volt, so wird der praktische Effektverbrauch

$$\frac{10 \cdot 110}{2} = 550 \text{ Watt},$$

also erheblich höher als der auf den Lichtbogen bezogene Effektverbrauch von 420 Watt. Brennen die Lampen gar an einem 120 Volt-Netze, so wird der praktische Effektverbrauch noch höher, nämlich 600 Watt. Daß es der Bogenlampentechnik bisweilen gelingt, die im Vorschaltwiderstande für den Beleuchtungszweck nutzlos vergeudete Energie dadurch für die Beleuchtung nutzbar zu machen, daß eine dritte Lampe in den Kreis geschaltet wird, mag nebenbei erwähnt sein.

Aus dem p r a k t i s c h e n Effektverbrauch leitet sich der p r a k t i s c h e s p e z i f i s c h e E f f e k t v e r b r a u c h ab, also der Wert

$$\frac{\text{praktischer Effektverbrauch}}{J_\circ}.$$

Zwar wird auch der praktische spezifische Effektverbrauch größer als der bloße spezifische Effektverbrauch und läßt die Bogenlampe als unwirtschaftlichere Lichtquelle erscheinen, als wenn der bloße spezifische Effektverbrauch betrachtet wird; dafür ist seine Angabe redlich und für praktische Wirtschaftlichkeitsberechnungen direkt verwendbar. Dadurch, daß der Verband für den »Wirkungsgrad« die Worte »p r a k t i s c h e r s p e z i f i s c h e r E f f e k t v e r - b r a u c h« offiziell einführte, ist das schreckliche Wort Ö k o n o m i e, das früher fast ausschließlich gebraucht wurde und gegen dessen unlogischen Begriffsinhalt Monasch[1]) gekämpft hatte, für die Beleuchtungstechnik gänzlich entbehrlich geworden und mag nun ausschließlich zur Bezeichnung landwirtschaftlicher Betriebe weiter benutzt werden. In der fehlerhaften Anwendung des Wortes Ökonomie in der Beleuchtungstechnik ist daher dank der Verbandsvorschriften in den letzten Jahren ein erfreulicher Rückgang festzustellen.

§ 154. Beachtenswertes bei Wechselstrombogenlampen.

Bei Wechselstrombogenlampen hat man zu beachten, daß man zwischen tatsächlichem und scheinbarem Effektverbrauch des Lichtbogens unterscheidet. Der t a t s ä c h l i c h e Effektverbrauch W wird mit dem Wattmeter gemessen, der s c h e i n b a r e Effektverbrauch ist das Produkt aus Lichtbogenspannung E und Stromstärke J. Das Verhältnis $C = \dfrac{W}{E \cdot J}$, das kleiner als 1 ist, heißt L e i s t u n g s f a k t o r. Die Verschiedenheit von W und $E \cdot J$ ist durch Kurvendeformation bedingt[2]). Eine Phasenverschiebung zwischen Strom und Spannung kommt im Lichtbogen nicht vor. Daher soll der Ausdruck Phasenverschiebung in bezug auf den Lichtbogen nicht benutzt werden. Für die Bestimmung des praktischen Effektverbrauches im Sinne der Normalien kommt der t a t s ä c h l i c h e Effektverbrauch in Betracht, da er vom Konsumenten bezahlt wird. Daher muß der praktische Effektverbrauch mit dem W a t t m e t e r gemessen werden.

Es wäre nicht richtig, den praktischen Effektverbrauch von Wechselstrombogenlampen allgemein lediglich auf induktionslosen Widerstand zu beziehen, weil dies eine Benachteiligung der Wechselstrombogenlampen in denjenigen Fällen bedeuten würde, in denen sie mit Drosselspulen brennen. Ebensowenig darf man aber auch den praktischen Effektverbrauch lediglich auf induktiven Widerstand beziehen, sondern muß diejenige Art der Vorschaltung bei der Ermittelung des praktischen Effektverbrauches und der Lichtstärke berücksichtigen, mit der bei der definitiven Installation die Lampe brennen soll. Es war schon lange bekannt, daß Vorschaltdrosselspulen bei Wechselstrombogenlampen an Stelle von Vorschaltwiderständen Energie zu sparen gestatten. Bei Reinkohlenbogenlampen ist damit die Wir-

---

[1]) B. Monasch, Elektrische Beleuchtung. Vorwort S. VI. Hannover 1910.

[2]) Über die näheren Verhältnisse beim Wechselstromlichtbogen s. Monasch, Der elektrische Lichtbogen S. 57 ff. Berlin 1904. Auch H. Th. Simon, Der elektrische Lichtbogen, Leipzig 1911.

kung der Vorschaltdrosselspulen erschöpft, bei Lampen mit Leuchtsalze enthaltenden Kohlen (lange Lichtbogen) kommt noch eine zweite
Wirkung der Drosselspule hinzu, sie erhöht die Lichtstärke der Lampe
wesentlich. In einem Beispiel von Heyck[1]) war in einer Wechselstrombogenlampe mit nebeneinander stehenden Effektkohlen, die
in Zweischaltung bei 110 Volt unter sonst gleichen Verhältnissen
einmal mit Vorschaltwiderstand und einmal mit Vorschaltdrossel-
spule brannte:

	Vorschaltwiderstand	Drosselspule
Leistungsfaktor	0,83	0,68
J_0	1620 HK	2100 HK
prakt. spezifischer Effektverbrauch .	0,28 Watt/HK	0,18 Watt/HK
Ersparnis an Energie	—	36 %

Leider verbieten heute noch verschiedene Elektrizitätswerke die
Verwendung von Vorschaltdrosselspulen bei Wechselstrombogenlampen.
Sie verhindern dadurch, daß eine Lichtquelle unter den für sie wirt-
schaftlichsten Bedingungen benutzt werden kann. Heyck sagt daher
mit Recht, daß die Erhöhung der Wirtschaftlichkeit durch die Vor-
schaltdrosselspule so hoch ist, daß gegenüber dieser Verbesserung
der Beleuchtung der Einfluß auf die Phasenverschiebung (im Netze)
bei dem heutigen Umfange der Elektrizitätswerke nicht mehr in
Betracht kommen dürfte.

Ist die Kurve der Betriebsspannung bei der Photometrierung
nicht sinusförmig oder beträgt die Periodenzahl nicht 50 Perioden
pro Sekunde, so ist die Art der Betriebsspannung und die Periodenzahl
im Protokoll besonders hervorzuheben. Denn Högner[2]) hat gezeigt,
daß unter sonst gleichen Verhältnissen die Lichtstärke w ä c h s t ,
wenn die Spannungskurve des Generators steil ist, ferner wenn die
Periodenzahl wächst. Ferner zeigte Högner, daß die Lichtstärke der
Wechselstrom-Flammenbogenlampen nicht nur von der Art der Vorschaltung, sondern auch von der G r ö ß e der Vorschaltung abhängig
ist. Deshalb dürfen Wechselstrom-Flammenbogenlampen nur in d e r
Schaltung photometriert werden, in der sie später benutzt werden
sollen. Werden Lampen, die im späteren praktischen Betriebe in
Zweischaltung an 110 Volt brennen sollen, in Einzelschaltung bei
110 Volt photometriert, so wird eine g r ö ß e r e Lichtstärke gemessen.

---

[1]) P. Heyck, E.T.Z. **30**. S. 1079. **1909**.
[2]) P. Högner, E.T.Z. **29**. S. 1168. **1908**. **31**. S. 726. **1910**.

als sie die Lampe später in Zweischaltung ergibt. Es besteht wohl beim Photometrieren aus Bequemlichkeitsgründen die Neigung, eine Wechselstrombogenlampe in Einzelschaltung an 110 Volt zu brennen, dies ist aber unkorrekt und liefert falsche Ergebnisse.

C. Andere Prüfungen.

§ 155. Prüfung des Mechanismus und der Kohlen.

Teichmüller[1]) gab einen Apparat an, welcher die Bewegung der Kohlen in der Bogenlampe zwischen zwei Regulierungen, die Anzahl der Regulierungen und die Größe des jeweiligen Kohlennachschubs in Abhängigkeit von der Zeit selbsttätig aufzuzeichnen gestattet.

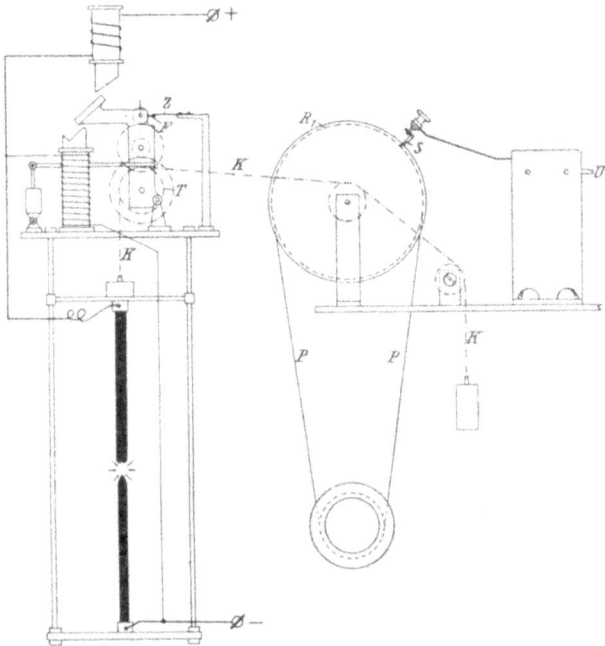

Fig. 243.

Die Wirkungsweise des Teichmüllerschen Apparats in Verbindung mit einer Bogenlampe ist aus den Fig. 243 und 244 zu ersehen. In einer Bogenlampe mit Laufwerk (Fig. 243) wird ein durch die Schwere der oberen Kohle bewegbares Räderwerk während der Zeit zwischen

---

[1]) J. Teichmüller, Journal für Gasbeleuchtung **51**. S. 1210. **1908.**

zwei Regulierungen dadurch arretiert, daß das letzte Rad des Getriebes, ein Flügelrad, mit einem Flügel F gegen eine feststehende Zunge Z stößt. Mit zunehmendem Abbrande, also bei Differentiallampen mit zunehmendem scheinbaren Lichtbogenwiderstande, gleitet der gehaltene Flügel mehr und mehr der Zunge entlang, bis er sie verläßt, wodurch das Räderwerk freigegeben wird und ein Kohlenfall erfolgt. Im Falle idealer Kohlen und einer Lampe mit idealem Mechanismus vollziehen sich alle Vorgänge völlig gleichmäßig; die unmittelbar nach einer Regulierung heftig nach oben gezogene obere Kohle sinkt gleichmäßig nach unten, den Flügel des Rades ebenso gleichmäßig mehr und mehr von der Zunge abziehend. Die Regulierungen erfolgen stets nach gleichen Zeitabständen, und die Größe des Kohlenfalls, des »Nachschubes«, ist immer dieselbe.

Jede Ungleichmäßigkeit in den Kohlen, eine Verschiedenheit in der Dichte, in der Stärke des Dochtes usw., welche die Ruhe des Lichtbogens beeinträchtigt, muß sich auch in einer Ungleichmäßigkeit der beschriebenen Vorgänge ausdrücken.

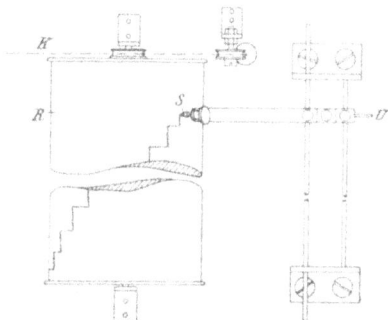

Fig. 244.

Die Kette KK der Lampe, an der die obere Kohle aufgehängt ist und die über die Trommel T des Räderwerks gelegt ist, wird in der gewöhnlichen Lampe an der anderen Seite der Trommel etwa in einer Röhre heruntergeführt und an ihrem Ende mit einem Gegengewicht belastet, das dem Gewicht der Kohlen und ihres Tragbalkens entgegenwirkt. Um nun die gesuchten Unregelmäßigkeiten in Abhängigkeit von der Zeit sichtbar und meßbar zu machen, entfernt Teichmüller diese Kette K aus der Röhre und benutzt sie zum Antrieb einer Rolle (R_1 in Fig. 243, R in Fig. 244), über die ein Papierstreifen P läuft. Die Rolle und mit ihr der Papierstreifen werden also jedesmal, wenn die Kohle aufwärts und abwärts schwebt oder infolge der Regulierungen abwärts fällt, ein Stück weit gedreht. Quer zur Richtung dieses Papierstreifens wird durch ein Uhrwerk ein Schreibstift S derart bewegt, daß er mit vollkommen gleichbleibender Geschwindigkeit voranschreitet. Dieses Uhrwerk denke man sich bei U angreifend. Der Schreibstift S zeichnet also während des Brennens der Lampe Diagramme auf, die, wie in Fig. 244 zu erkennen ist, treppenförmige Gestalt haben; die Höhe der Stufen bedeutet die Größe der Regu

lierungen, d. h. die Größe des Kohlennachschubes in senkrechter
Richtung, die Tiefe der Stufen entspricht der Zeitdauer zwischen je
zwei Regulierungen. Die Linien in der Richtung des Papierstreifens
sind gerade, das Voranschreiten des Stiftes in der Richtung der Trommel-
achse erfolgt dagegen in mehr oder weniger entschiedenen Zickzack-
linien, die den Schwebungen der Kohlen entsprechen, und deren
Zacken man leicht durch mechanische Mittel vermindern kann, wenn
man die treppenförmige Gestalt deutlicher zum Ausdruck kommen
lassen will. Die Breite des Streifens muß bei dieser Art der Registrier-
vorrichtung der Brennzeit während des Versuchs entsprechen. Teichmüller hat den beschriebenen Apparat zur Untersuchung der Einwirkung des Blasmagneten auf das Regulieren der Lampen mit nebeneinander stehenden Kohlen[1]) benutzt.

XVIII. Kapitel.

Photometrieren der Scheinwerfer.

§ 156. Scheinwerfer.

Die Scheinwerfer, welche heute im Landkriege und besonders
im Seekriege eine sehr bedeutende Rolle spielen, sind Apparate, in
denen der Lichtstrom einer Bogenlampe in ein schwach divergierendes
Strahlenbündel verwandelt wird. Der Scheinwerfer ist aus dem alten
Handregulator mit Parabolspiegel hervorgegangen, der seit der Mitte
des vorigen Jahrhunderts eine gewisse Rolle in der Bühnentechnik
spielte. Diese aus Neusilberblech gedrückten und galvanisch versilberten Parabolspiegel wurden mit Hilfe von Schablonen hergestellt.
Infolgedessen war ihre Form wenig genau. Zudem besaßen sie einen

---

[1]) J. Teichmüller, E.T.Z. **29**. S. 1211. 1908.

[2]) Literatur: F. Nerz, Scheinwerfer und deren Verwendung. Zeitschrift des
Vereins Deutscher Ingenieure **36**. S. 955. 1892. — F. Nerz, Scheinwerfer und
Fernbeleuchtung. Stuttgart 1899 bei Ferdinand Enke. — A. Blondel, Théorie des
projecteurs électriques. Lille 1894. Imprimerie Lefebvre-Ducrocq. — A. Blondel,
Sur les propriétés photométriques des lentilles de projection. Comptes rendus
de l'Association française pour l'avancement des Sciences. 1889. — E. Klebert,
Leuchtfeuer und Nebelsignale. Journal für Gasbeleuchtung **52**. S. 445. 466. 1909. —
C. Francis Harding und A. N. Topping, Headlight Tests. Trans. Americ. Institute
of Electrical Engineers **29**. S. 1053. 1910. — König, Parabolspiegel mit elektrischem
Glühlicht. E.T.Z. **28**. S. 47. 1907.

großen Reflexionsverlust und da sie der starken Wärmestrahlung und den Verbrennungsprodukten des Lichtbogens ausgesetzt waren, verloren sie sehr bald ihre Politur. Es lag nun nahe, an Stelle von Metallspiegeln Glasspiegel anzuwenden, da der Reflexionsverlust bei guten mit Silber belegten Glasspiegeln nur ca. 10% beträgt. Allein solange man keine Glasparabolspiegel schleifen konnte und auf sphärische Spiegel angewiesen war, konnte man infolge der Abweichung des Sphäroids vom Paraboloid nur einen kleinen Teil des Lichtstromes der Bogenlampe ausnutzen. Man verwendete daher zunächst Fresnelsche Linsen, welche sich auf dem Gebiete des Leuchtturmwesens bewährt hatten. In Fig. 245 ist eine solche Fresnelsche Linse im Schnitt mit dem Strahlengange dargestellt. Der mittlere dioptrische Teil besteht aus einer Linse und zwei umgebenden dioptrischen Ringen.

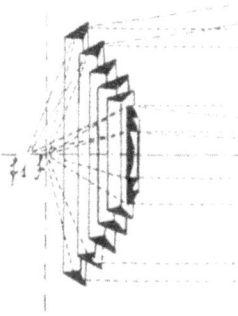 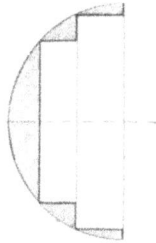 

Fig. 245.   Fig. 246.   Fig. 247.

Der mittlere Teil des ganzen Systems kann so aus einer Vollinse entstanden gedacht werden, daß zwei kreisförmige Glasplatten, welche zur optischen Wirkung der Linse überflüssig sind und einen starken Absorptionsverlust verursachen, aus dem Körper einfach herausgeschnitten sind, wie es Fig. 246 erkennen läßt. Die den mittleren dioptrischen Teil des Systems umgebenden Ringe sind kreisförmig gebogene totalreflektierende Prismen.

Mit Hilfe des in Fig. 245 dargestellten Systems konnte zwar schon ein sehr großer Teil des Lichtstromes einer Bogenlampe ausgenutzt werden, indessen ist es in der Praxis sehr schwierig zu erreichen, daß die Brennpunkte aller Glasringe tatsächlich zusammenfallen. Eine sehr unangenehme Eigenschaft eines solchen zusammengesetzten Systems ist ferner der Umstand, daß beim Herausgehen der Lichtquelle aus dem Brennpunkte f die das dioptrische System treffenden

Strahlen im umgekehrten Sinne abgelenkt werden wie diejenigen, welche das katoptrische System treffen. Bei Verlegung der Lichtquelle in den Punkt f_1 (Fig. 245) werden die Strahlen des dioptrischen Systems konvergierend, die des katoptrischen divergierend.

Für Leuchtfeuer wird die Fresnelsche Linse noch heute verwendet, für Scheinwerfer wurde sie später durch den Manginspiegel überholt. Wie der französische Genieoberst Mangin nachwies, läßt sich bei sphärischen Hohlspiegeln die Abweichung von der parallelen Reflexion dadurch nahezu vollständig kompensieren, daß man den Glaskörper nicht gleich stark macht, sondern ihm die Gestalt einer schwachen Konvex-Konkavlinie gibt (Fig. 247).

Durch die Linsenform erleidet der auf den Spiegel fallende Lichtstrahl eine Brechung, welche gleich und umgekehrt der Abweichung vom Parallelismus ist, welche durch die Kugelgestalt hervorgerufen ist.

In Fig. 247 ist ein nach diesem Prinzip im Jahre 1876 hergestellter Spiegel abgebildet[1]). Der Krümmungsradius der Vorderfläche betrug 1200 mm, derjenige der Rückfläche 1600 mm, die Brennweite 1010 mm, der Nutzwinkel 60°. Die Kompensation wird aber bei solchen Spiegeln nur dann erreicht, wenn der Durchmesser des Spiegels nicht größer gewählt wird als seine Brennweite, und hieraus ergibt sich der geringe Nutzungswinkel.

Schuckert und Munker gelang es im Jahre 1886, eine Schleifmaschine zur Herstellung von Glasparabolspiegeln zu erfinden. Die so hergestellten Spiegel haben vor den Manginspiegeln den großen Vorzug, daß sie viel größere Nutzwinkel ermöglichen, und hiermit ist die Scheinwerferkonstruktion zu ihrem Ziele gekommen.

Setzt man einen vollkommenen Parabolspiegel und eine in seinem Brennpunkte angeordnete punktförmige gleichförmige Lichtquelle von der Lichtstärke J voraus, und nimmt man z. B. eine 50 Amp.-Bogenlampe an, so kann man nach dem vorliegenden Beobachtungsmaterial für J den Wert 9800 HK oder rund 10000 HK einsetzen. Nimmt man den halben Nutzwinkel zu 70°, den Spiegeldurchmesser zu 60 cm an, so berechnet sich der auf den Spiegel fallende Lichtstrom zu

$$\Phi = 2\pi J \left[-\cos \alpha\right]_0^{70} = 2\pi J \left[1 - \cos 70^\circ\right] = 41888 \sim 41900 \text{ Lumen.}$$

Der Absorptionsverlust des Spiegels beträgt ca. 10%, es ergibt sich daher der reflektierte Lichtstrom Φ_r

$$\Phi_r = 0.9 \cdot 41\,900 = 37\,710 \text{ Lumen.}$$

---

[1]) Näheres: E.T.Z. **11**. S. 371. **1890**.

Dieser Lichtstrom wird nun durch den Reflektor zu einem zylindrischen Lichtbündel von 60 cm Durchmesser oder 0,2827 qm Querschnitt ausgebreitet. Eine rechtwinkelig durch dieses Lichtbündel hindurch gelegte Ebene empfängt daher eine Beleuchtung

$$E = \frac{37\,710\ (\text{Lumen})}{0,2827\ (\text{m}^2)} \sim 133\,000 \text{ Lux.}$$

Läßt man den Absorptionsverlust in der Atmosphäre unberücksichtigt, so würde das Lichtbündel in jeder beliebigen Entfernung vom Spiegel stets die nämliche Beleuchtung hervorrufen; in Wirklichkeit beträgt der Absorptionsverlust der Atmosphäre bei sichtiger Luft pro Kilometer ca. 10%. Die tatsächliche Beleuchtung in einer gewissen Entfernung vom Spiegel würde sonach sein:

$$E_1 = 0,9^d \cdot E,$$

worin d die Entfernung in Kilometern bedeutet. Die Ermittelung der Lichtstärke einer solchen Lichtquelle bedeutet nichts anderes, als die Ersetzung des Scheinwerfers durch eine punktförmige Lichtquelle von solcher Lage und solcher Lichtstärke, daß in einer gewissen Entfernung die gleiche Beleuchtungswirkung entsteht. Man muß also die Strahlen nach rückwärts durch den Spiegel verlängern, ihren Schnittpunkt bestimmen und dann nach dem photometrischen Entfernungsgesetz die Lichtstärke berechnen. Verfährt man derart im vorliegenden Falle, so findet man, daß der Schnittpunkt des Systems im Unendlichen liegt. Mithin ist im vorliegenden Falle die Aufgabe nicht lösbar. Man könnte wohl die Beleuchtung und den Lichtstrom messen, aber keine äquivalente einfache punktförmige Lichtquelle berechnen.

Außerdem zeigt sich, daß ein solcher Scheinwerfer auch völlig unbrauchbar wäre. Denn wäre es selbst möglich, in 1000 m Entfernung Gegenstände von der Größe der Spiegelfläche innerhalb einer Sekunde zu erkennen, so würde bei dieser Entfernung das Absuchen des Horizontes beinahe 3 Stunden dauern. Ersetzt man den Spiegel von 60 cm Durchmesser des vollkommenen Parabolspiegels und der im Brennpunkte desselben befindlichen gleichförmigen und punktförmigen Lichtquelle durch einen Spiegel von 6 cm Durchmesser und ebenfalls auf den zehnten Teil reduzierter Brennweite, dann wird derselbe Lichtstrom auf einen zylindrischen Strahl von 6 cm Durchmesser ausgebreitet, und die Beleuchtung erreicht den außerordentlich hohen Wert von 13 300 000 Lux. Mit einem so dünnen Strahl läßt sich natürlich der Horizont noch weniger absuchen.

In Wirklichkeit haben aber die praktischen Lichtquellen alle eine gewisse räumliche Ausdehnung, und infolgedessen besitzt jeder Scheinwerfer eine gewisse Eigenstreuung. Der Kraterdurchmesser der positiven Kohle einer Scheinwerferbogenlampe von 20 Amp. beträgt 9,3 mm, derjenige einer 150 Amp.-Bogenlampe 23 mm.

In Fig. 248 ist ein Parabolspiegel dargestellt, in dessen Brennpunkt eine größere leuchtende Fläche von einem Durchmesser $d = ac$ aufgestellt ist. Von den von dieser Fläche auf den Reflektor fallenden Strahlen werden nur die vom Brennpunkte ausgehenden zu einem parallelen Lichtbündel umgeformt. Je weiter ein leuchtender Punkt von dem Brennpunkte entfernt liegt, um so mehr wird der vom Spiegel reflektierte Strahl vom Parallelismus abweichen. Der vom Punkte a auf den Scheitelpunkt A fallende Strahl wird vom Spiegel in der Richtung Ac reflektiert. Nach dem Rande zu wird die Abweichung, wie Fig. 248 erkennen läßt, geringer: der größte Divergenzwinkel wird Leuchtwinkel oder Eigenstreuung genannt. Er ergibt sich aus dem Vorstehenden zu

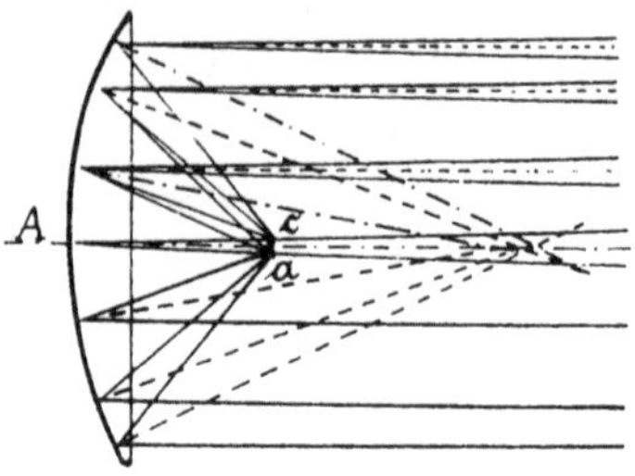

Fig. 248.

$$\operatorname{tg} \frac{a}{2} = \frac{d}{2f}$$

wobei f die Brennweite des Spiegels bedeutet.

In der Praxis liegt der Winkel zwischen 2^0 und $3^0 30'$. Eine genauere Zahlenangabe ist nicht möglich, da der Krater keine kreisförmige, volle Scheibe ist und sein Durchmesser bei verschiedenem Kohlenmaterial sich ändert. In einer größeren Entfernung m vom Scheinwerfer wird eine Fläche beleuchtet, deren Durchmesser F sich ergibt aus

$$F = \frac{m \cdot d}{f}.$$

Nennt man nun D den Durchmesser des Parabolspiegels und E_0 die mittlere Beleuchtung des Lichtkegels in unmittelbarer Nähe des Scheinwerfers, so wird in der Entfernung m der Lichtstrom auf eine Fläche vom Durchmesser F verteilt und die Beleuchtung E_m

$$E_m = \frac{D^2}{F^2} \cdot E_0$$

sein.

Streng genommen müßte man, wenn man das photometrische Grundgesetz anwenden will, den Strahlenkegel des Scheinwerfers nach rückwärts hinter den Spiegel bis zum Schnittpunkte verlängern und von diesem Schnittpunkte an rechnen.

Bei 3° Streuung liegt der Schnittpunkt schon 11,5 m hinter dem Spiegel. Nachdem aber die Entfernung *m* praktisch nach Kilometern gemessen wird, ist dieser kleine Fehler außer Betracht zu lassen, um so mehr, als die Absorption in der Luft die Beleuchtung wesentlich verkleinert.

Durch den Spiegel tritt eine erhebliche Verstärkung der mittleren Lichtstärke ein, denn ein Lichtkegel, welcher von dem Lichtpunkte und dem Spiegelumfange eingeschlossen wird, wird verdichtet in einen solchen, welcher von dem Spiegelmittelpunkt und dem Umfange der Lichtquelle eingeschlossen wird. Mit einer für die Praxis genügenden Annäherung können an Stelle der Kugelflächen die Quadrate der Durchmesser von Spiegel und leuchtender Fläche eingesetzt werden. Das Verstärkungsvermögen ist mithin

$$\frac{D^2}{d^2}$$

Von großer Bedeutung für die Leistungsfähigkeit eines Scheinwerfers ist die Anordnung der Bogenlampe. Bei den älteren dioptrischen Scheinwerfern wurden die Kohlenstäbe vertikal angeordnet. Mangin ordnete sie etwas geneigt an (20 bis 30°), um dem Spiegel den Krater der positiven Kohle möglichst gut darzubieten, während Schuckert & Co. die Kohlenstäbe

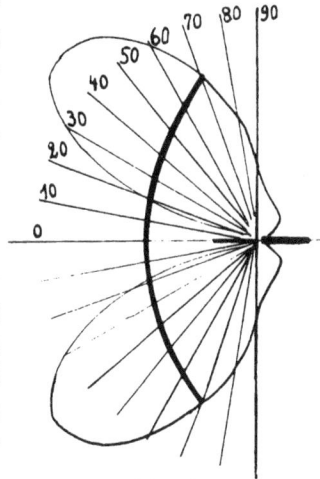

Fig. 249.

horizontal anordneten. Die letztere Anordnung ist, wie ein Blick auf das Diagramm Fig. 249 lehrt, offenbar die günstigste, wenn der Spiegel einen großen Nutzwinkel hat.

Die photometrischen Aufgaben, welche sich bei den Scheinwerfern darbieten, sind im wesentlichen folgende:

1. Feststellung des Polardiagrammes der Lichtstärke der Bogenlampe und Messung des Kraterdurchmessers der positiven Kohle.
2. Bestimmung der Absorption des Glases.
3. Bestimmung des Reflexionsverlustes des Spiegels.
4. Messung der in größerer Entfernung durch den Scheinwerfer bewirkten Beleuchtung.

Aus diesen Messungen lassen sich die sonst zur Beurteilung eines Scheinwerfers nötigen Größen ableiten.

Im nachstehenden sollen die photometrischen Aufgaben der Reihe nach behandelt werden.

§ 157. Aufnahme des Polardiagrammes der Bogenlampe und Messung des Kraterdurchmessers der positiven Kohle.[1])

Zur Aufnahme des Polardiagrammes der Lichtstärke wird die in Fig. 250 dargestellte Anordnung getroffen. Die Lampe L wird auf einem mit Gradeinteilung versehenem Drehgestell D aufgestellt, so daß der Krater unter beliebigem Winkel dem Photometer P oder der Kamera K gegenüber gestellt werden kann. Die letztere dient zur Ermittelung der Größe des Kraters. Die Messungen werden in der Weise ausgeführt, daß unmittelbar nach der photometrischen Messung die Lampe um 180^0 gedreht wird. Der Krater befindet sich dann unter dem soeben photometrierten Winkel vor der Kamera K,

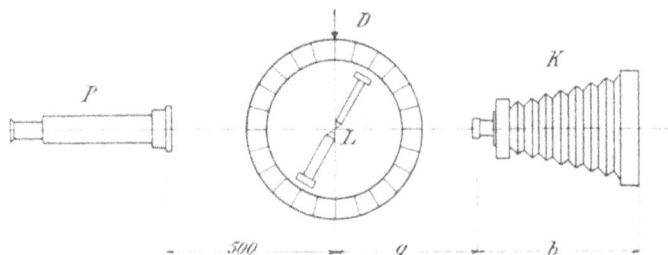

Fig. 250.

und seine Projektion wird photographisch aufgenommen. Dieses Verfahren, welches schon auf der Wiener elektrotechnischen Ausstellung im Jahre 1883 mit Erfolg angewendet wurde, ist wohl das einzige, das im vorliegenden Falle angewendet werden kann, um mit einiger Genauigkeit die Abmessungen der leuchtenden Kraterfläche zu ergeben. Außer dem Krater ist auch noch die Drehachse aufzunehmen. Zur Ausführung dieser Aufgabe erwiesen sich nach längeren Versuchen zwei Silberbleche als geeignet, deren Mitte durch eine Kerbe bezeichnet ist (Fig. 251). Die Kanten versieht man mit einer spiegelnden Fläche, die sich auch bei sehr kurzer Belichtung noch abbildet. Die untere Facette ist leicht rein zu halten, die obere über dem Lichtbogen angeordnete muß wenige Augenblicke vor der Momentaufnahme von

---

[1]) Nach privaten Mitteilungen der Siemens-Schuckertwerke bearbeitet.

neuem blank gemacht werden. Außerdem empfiehlt es sich, sie nach vollzogener Aufnahme nachzubelichten, indem der Kassettenschieber 2 cm gelüftet wird. Als Objektiv eignet sich z. B. ein Görzsches Doppelanastigmat (Serie III, Nr. 8, $F = 480$ mm, mit Blende 394 und Momentverschluß von $^1/_{30}$ Sekunde). Die große Brennweite des Objektivs erlaubt es, die Bilder im Maßstabe 2 : 1 aufzunehmen.

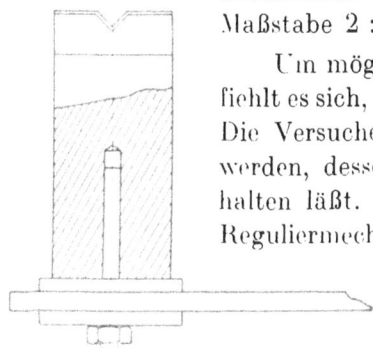

Fig. 251.

Um möglichst gute Meßergebnisse zu erhalten, empfiehlt es sich, folgende Vorsichtsmaßregeln zu gebrauchen. Die Versuche müssen in einem Zimmer vorgenommen werden, dessen Luft sich verhältnismäßig unbewegt erhalten läßt. Ferner muß man dafür sorgen, daß der Reguliermechanismus der Bogenlampe dauernd auf die gleiche Stromstärke und Spannung eingestellt wird. Zu diesem Zwecke wird in den Stromkreis des Nebenschlußmagneten ein regulierbarer Widerstand geschaltet, der in dem Maße, als sich die Wicklung erwärmt, vermindert wird. Aus einer größeren Anzahl von Kohlen sind durch eine Vorprobe die gleichmäßigsten auszuwählen. Ebenso empfiehlt es sich, nach je sechs Messungen den Versuch zu unterbrechen, um den Krater neu zu zentrieren und einzubrennen. Auf diese Weise läßt sich eine starke Verzerrung der Lichtstärkekurven vermeiden.

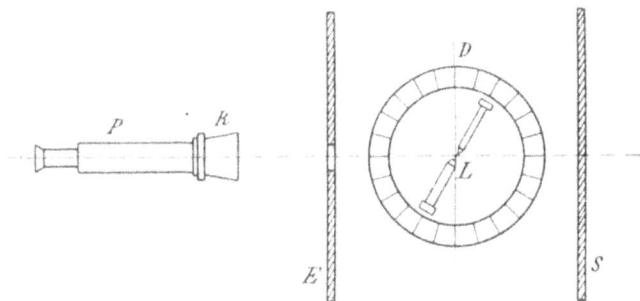

Fig. 252.

Ist das Photometerzimmer nicht dunkel gestrichen, so muß man durch die in Fig. 252 dargestellte Anordnung das Nebenlicht möglichst abhalten. Hinter der Lampe wird ein schwarzer Schirm S und vor der Lampe ein Diaphragma E angebracht; außerdem wird der Tubus des Weberschen Photometers P durch eine 80 cm lange geschwärzte

Röhre *R* verlängert. Auf alle Fälle empfiehlt es sich, die Stärke des Nebenlichtes durch eine besondere Messung, bei welcher man den Lichtbogen durch einen Schirm abblendet, festzustellen. Bei einer solchen Messung wurde in einem Falle eine Nebenbeleuchtung von 5 Lux ermittelt.

Für die Lichtmessungen an Scheinwerfern eignet sich in erster Linie das Webersche Photometer wegen seines durch vorgesetzte Milchglasplatten in weitesten Grenzen veränderlichen Meßbereiches. Der lichtschwächende Plattensatz ist möglichst während der ganzen Messung beizubehalten. Aus dem nachstehend mitgeteilten Messungsprotokoll der Siemens-Schuckert-Werke ist ersichtlich, daß der Plattensatz nur einmal, nämlich bei Ablesung 15, gewechselt wurde. Jede Lichtstärke ist aus dem Mittelwerte zweier Einstellungen berechnet. Eine größere Zahl von Ablesungen ist unnötig und sogar nachteilig, weil dadurch sowohl die ganze Versuchsdauer (2 bis 3 Stunden) als auch die Zeitdifferenz zwischen der Messung und der photographischen Aufnahme vergrößert wird.

Horizontal-Bogenlampe für 30 Amp.
(Meßinstrument: Webersches Photometer.)

Nr. der photo-graph. Platte	Winkel der Lampen-ein-stellung	Plattensatz des Photometers		Einstellung			Licht-stärke	Strom-stärke	Lam-pen-span-nung	Bemerkung
		Nr.	Kon-stante	a	b	Mittel-wert	HK	Amp.	Volt	
1	20⁰	3,4,5,6	4,62	187,5	181,0	184,25	3400	30,0	45,8	
2	340⁰	»	»	189,0	185,5	187,25	3290	30,0	46,5	
3	30⁰	»	»	144,5	147.0	145,75	5440	30,0	46,0	
4	330⁰	»	»	146,5	148,0	147,50	5310	29,5	46,0	Lampe ausge-schaltet, neue
5	40⁰	»	»	135,0	134,5	134,75	6370	30,0	46,5	photogr. Platten
6	320⁰	»	»	140,0	139,0	139,50	5940	30,0	46,0	eingesetzt,
7	45⁰	»	»	128,5	129,0	128,75	6970	30,0	46,4	Kohlen gerichtet, den Krater
8	315⁰	»	»	139,0	135,5	137,25	6120	30,0	46,5	¹/₄ Stunde neu
9	50⁰	»	»	128,5	131,5	130,00	5830	29,7	46,0	einbrennen lassen.
10	310⁰	»	»	141,5	138,5	140,00	5900	30,0	46,8	
11	60⁰	»	»	145,0	141,5	143,00	5650	30,0	46,2	
12	300⁰	»	»	150,5	149,5	150,00	5130	30,0	46,4	
13	70⁰	»	»	174,5	174,0	174,25	3810	30,0	46,2	
14	290⁰	»	»	184,0	186,0	182,00	3480	30,0	46,2	
15	80⁰	3,4,5	2,39	148,5	149,5	149,00	2690	30,0	46,6	Desgl.
16	280⁰	»	»	158,0	157,0	157,50	2410	30,0	46,8	
17	90⁰	»	»	186,0	182,0	184,00	1730	30,0	46,2	
18	270⁰	»	»	292,0	291,0	291,50	705	30,0	46,2	

Der Abstand zwischen Lichtquelle und Photometerplatte betrug bei allen Messungen 5,00 m, der Abstand der die Drehachse markierenden Bleche (in der Nähe der Kerben gemessen) 50,00 mm.

In Fig. 253 ist das Polardiagramm und das Rousseausche Diagramm der vorstehenden Messungsreihe dargestellt.

Die mittlere Lichtstärke zwischen

0⁰ und 60⁰ beträgt 5560 HK,
0⁰ » 70⁰ » 5360 HK,
0⁰ » 90⁰ » 4440 HK.

Der Lichtstrom zwischen

0⁰ und 60⁰ beträgt 35 900 Lumen,
0⁰ » 70⁰ » 44 200 »
0⁰ » 90⁰ » 55 800 »

Von dem Lichtstrom kann gewöhnlich der innerhalb des Nutzwinkels von 2 · 70⁰ fallende Teil praktisch ausgenutzt werden.

§ 158. Messung der Verluste.

Verluste entstehen sowohl durch Absorption des Glases als auch bei der Reflexion. Wenn ein Lichtstrom auf den Spiegel fällt, so werden an der Vorderseite des Glases etwa 5 bis 7% reflektiert. Dies Licht geht aber nicht verloren, sondern wird beim Glasparabolspiegel voll ausgenutzt. Dagegen findet beim Durchgang des Lichtes durch das Spiegelglas ein Absorptionsverlust statt. Ist J_a die ursprüngliche Lichtstärke einer Lichtquelle, J_b die durch Vorsetzen eines Glases von der Dicke d in Zentimeter geschwächte Lichtstärke, so ist:

$$J_b = 0,978^d \cdot J_a.$$

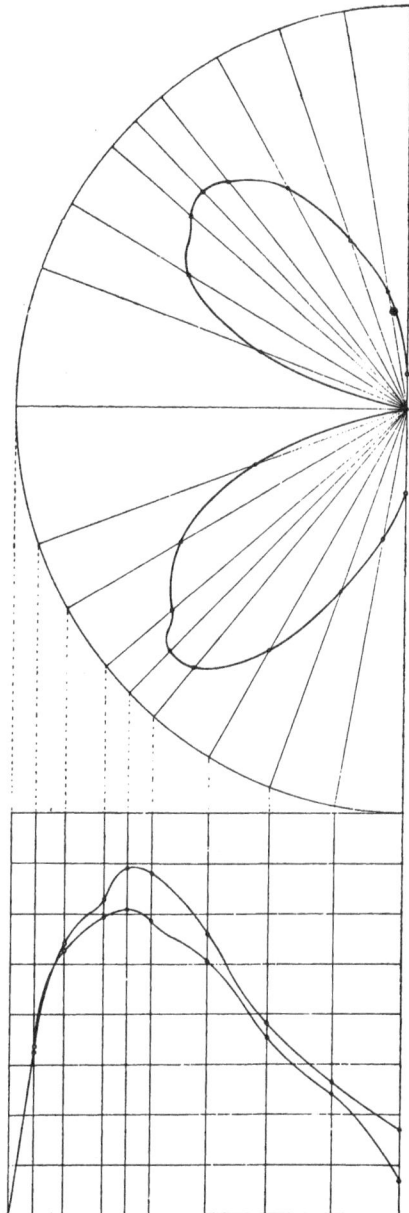

Fig. 253.

Ist $d = 1$ cm, so beträgt der Verlust 2,2%. Im allgemeinen beträgt dieser Verlust 4 bis 5%. Diese und die folgenden Zahlen haben nur Geltung für die Scheinwerfer der Siemens-Schuckertwerke.

In dem Silberbelag gehen nur 8% Licht verloren. Dieser Wert stimmt gut überein mit den von Hagen und Rubens[1]) angegebenen Zahlen für poliertes Silber.

§ 159. Messung der Beleuchtung.

Zur Messung der Beleuchtung muß der Scheinwerfer auf einem entsprechend hohen Beleuchtungsturm aufgestellt werden. Das Webersche Photometer wird in etwa 1 km Entfernung ebenfalls erhöht aufgestellt. Mit dem Photometer wird die Beleuchtung an verschiedenen Punkten I bis IX des Strahlenkegels gemessen und hieraus die Lichtstärke eines Strahles berechnet, welcher aus der gegebenen Entfernung die gleiche Beleuchtung hervorbringen würde.

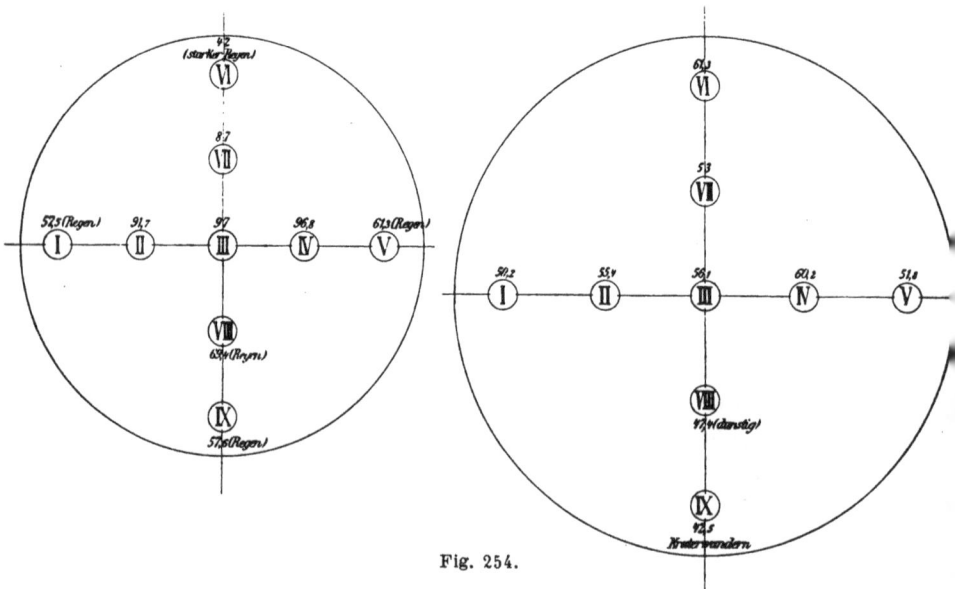

Fig. 254.

Ein Messungsprotokoll ergab folgendes:

Zeit	Lampen-spannung	Stromstärke	Spiegelstelle	Photometer-ablesung
9 h 46 min	42 Volt	34 Ampere	I	114,4

---

[1]) Hagen und Rubens, Zeitschrift für Instrumentenkunde **19.** S. 305. **1899.**

Die Konstante des Photometers betrug 0,326, daher ergibt sich eine Beleuchtung E:

$$E = \left(\frac{1}{0,1144}\right)^2 \cdot 0,326 \sim 25 \text{ Lux.}$$

Die Entfernung zwischen Photometer und Scheinwerfer betrug 1290 m, daher ist die Lichtstärke des Strahles

$$J = 1290^2 \cdot 25 = 41\,600\,000 \text{ HK.}$$

In Fig. 254 ist das Resultat einer derartigen Photometrierung eines Scheinwerfers graphisch dargestellt. Die in Fig. 254 bei den einzelnen Meßpunkten angegebenen Zahlen bedeuten die Lichtstärke in Millionen HK bei 120 Amp.

Namen- und Sachregister.